博士后文库
中国博士后科学基金资助出版

中国与两极海域桧叶螅科刺胞动物多样性

宋希坤　著

厦门大学近海海洋环境科学国家重点实验室、海洋与地球学院
中国科学院海洋研究所海洋生物分类与系统演化实验室、海洋生物标本馆
中国科学院大学

科学出版社
北京

内 容 简 介

本书结合形态学与分子系统学等研究手段，系统描述了我国 60 多年来在中国和南、北极海域 30 多个科学考察航次所采集到的近 2000 号、104 种桧叶螅科刺胞动物，发现 2 新属、2 新种，修订 1 属，建立 7 个分类新组合，图文并茂，并发现主要单系群呈平行进化、趋同进化及地域性分布等特点，为该类群在我国及极地海域的生物多样性认知、资源开发与保护提供了基础资料，契合我国极地国家战略需求。本书是我国极地科学考察首部动物系统学专著，也是我国首部水螅类系统学与多样性专著。

本书可供海洋生物学、海洋生物多样性、极地科学领域的教学、科研与管理人员使用。

图书在版编目 (CIP) 数据

中国与两极海域桧叶螅科刺胞动物多样性 / 宋希坤著. —北京: 科学出版社, 2019.10

(博士后文库)

ISBN 978-7-03-061849-8

Ⅰ. ①中… Ⅱ.①宋… Ⅲ. ①水螅纲—生物多样性—研究
Ⅳ. ①Q959.131

中国版本图书馆 CIP 数据核字(2019)第 142976 号

责任编辑：张会格　白　雪 / 责任校对：郑金红
责任印制：吴兆东 / 封面设计：刘新新

科学出版社出版
北京东黄城根北街 16 号
邮政编码：100717
http://www.sciencep.com

北京凌奇印刷有限责任公司印刷

科学出版社发行　各地新华书店经销

*

2019 年 10 月第 一 版　开本：B5 (720×1000)
2021 年 1 月第二次印刷　印张：17 1/2
字数：358 000

定价：198.00 元

(如有印装质量问题，我社负责调换)

Biodiversity of Sertulariidae Lamouroux, 1812 (Cnidaria: Hydrozoa) in Chinese Seas, with records from Chinese National Arctic and Antarctic Research Expeditions

Xikun Song

State Key Laboratory of Marine Environmental Science, College of Ocean and Earth Sciences, Xiamen University
Department of Marine Organism Taxonomy and Phylogeny, Marine Biological Museum, Institute of Oceanology, Chinese Academy of Sciences
University of Chinese Academy of Sciences
Email: xksong@xmu.edu.cn

Science Press
Beijing

本书献给我国两位海洋生物学家

中国科学院海洋研究所：刘瑞玉院士（1922—2012）

厦门大学海洋底栖生物学实验室：李复雪教授（1928—2018）

This monograph is dedicated to two marine biologists in China:

Ruiyu Liu (J. Y. Liu, 1922 - 2012), CAS academician, Institute of Oceanology, Chinese Academy of Sciences

Fuxue Li (1928 - 2018), professor, Laboratory of Marine Benthology, Xiamen University

《博士后文库》序言

1985年，在李政道先生的倡议和邓小平同志的亲自关怀下，我国建立了博士后制度，同时设立了博士后科学基金。30多年来，在党和国家的高度重视下，在社会各方面的关心和支持下，博士后制度为我国培养了一大批青年高层次创新人才。在这一过程中，博士后科学基金发挥了不可替代的独特作用。

博士后科学基金是中国特色博士后制度的重要组成部分，专门用于资助博士后研究人员开展创新探索。博士后科学基金的资助，对正处于独立科研生涯起步阶段的博士后研究人员来说，适逢其时，有利于培养他们独立的科研人格、在选题方面的竞争意识以及负责的精神，是他们独立从事科研工作的“第一桶金”。尽管博士后科学基金资助金额不大，但对博士后青年创新人才的培养和激励作用不可估量。四两拨千斤，博士后科学基金有效地推动了博士后研究人员迅速成长为高水平的研究人才，“小基金发挥了大作用”。

在博士后科学基金的资助下，博士后研究人员的优秀学术成果不断涌现。2013年，为提高博士后科学基金的资助效益，中国博士后科学基金会联合科学出版社开展了博士后优秀学术专著出版资助工作，通过专家评审遴选出优秀的博士后学术著作，收入《博士后文库》，由博士后科学基金资助、科学出版社出版。我们希望，借此打造专属于博士后学术创新的旗舰图书品牌，激励博士后研究人员潜心科研，扎实治学，提升博士后优秀学术成果的社会影响力。

2015年，国务院办公厅印发了《关于改革完善博士后制度的意见》（国办发〔2015〕87号），将“实施自然科学、人文社会科学优秀博士后论著出版支持计划”作为“十三五”期间博士后工作的重要内容和提升博士后研究人员培养质量的重要手段，这更加凸显了出版资助工作的意义。我相信，我们提供的这个出版资助平台将对博士后研究人员激发创新智慧、凝聚创新力量发挥独特的作用，促使博士后研究人员的创新成果更好地服务于创新驱动发展战略和创新型国家的建设。

祝愿广大博士后研究人员在博士后科学基金的资助下早日成长为栋梁之才，为实现中华民族伟大复兴的中国梦做出更大的贡献。

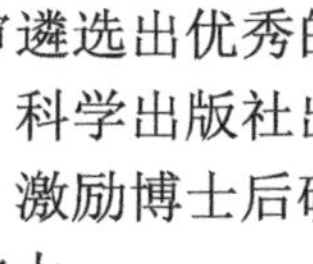

中国博士后科学基金会理事长

前　言

中国自然环境的形成和演化是地球系统的一部分，极地的存在和演化关乎中国的环境和生态系统。极地蕴含丰富的能源、矿产、渔业、遗传基因等资源，关乎极地和非极地国家的国家利益和政策选择，而推动极地科学考察是进而实现各国（包括中国）政治、科研、经济政策和利益的关键环节。

近 60 年来，我国在中国及南、北极海域开展了大量海洋科学综合考察，获得了丰富的海洋底栖生物样品，分散保存于中国科学院海洋研究所、自然资源部第一海洋研究所、自然资源部第三海洋研究所、厦门大学等单位。主要的航次有全国第一次海洋普查及中越北部湾联合考察（1958-1960，1962），东海大陆架调查（1975-1976），中国科学院西沙群岛海洋生物科学考察（1975-1978），中国科学院南沙群岛海区综合科学考察（1984-2000），我国第一次（1999）、第三次（2008）、第四次（2010）、第五次（2012）、第六次（2014）北极科学考察，我国第一次（1984-1985）和第二十二次（2005-2006）南极科学考察，以及近年来国家自然科学基金委渤黄海、东海共享航次等。

海洋水螅类是重要的大型底栖动物类群，是上述航次中常见的底栖刺胞动物优势类群之一，广泛分布于全球海洋环境中的硬质基底上，部分水螅如巨螅目桧叶螅科（刺胞动物门：水螅虫纲）的种类在海底形成大面积“海草床”，为其他生物提供栖息环境，或附生于码头、网箱、船底等人工设施上，是重要的污损生物成员。尽管我国积累了大量水螅类标本，但其系统分类学和多样性研究除笔者外极少有人涉及，更缺乏系统性的研究成果。

本研究充分利用上述 30 多个科学考察航次积累的 4000 多号水螅样品，对其中近 2000 号桧叶螅科水螅类（刺胞动物门：水螅虫纲：巨螅目）样品开展了较全面、系统的分类学与分子系统学研究，并从美国自然历史博物馆、德国巴伐利亚州动物收藏馆等国外单位租借百余号相关标本，共描述 104 种桧叶螅科种类，发现 2 新属、2 新种，建立 7 个分类新组合，对部分属、种的分类学地位进行了厘定。对采自全球的近 90 种桧叶螅的分子和形态数据进行了分析，发现桧叶螅科主要单系群间呈现平行进化关系，重复出现简单与复杂的分枝方式，在不同进化支上出现芽鞘多列、特化的雌性生殖体保护结构等趋同进化特征，各单系群内具较多共源特征，部分单系群具明显的地域性，仅分布在北极等北方海域或南极海域，少数广布种则重获水母体阶段。

本书是我国极地科学考察首部动物系统学专著，也是我国首部水螅类系统学与多样性专著，为该类群在我国及极地海域的生物多样性认知、资源开发与保护提供基础资料，契合我国极地国家战略需求，对极地生物资源管理、应对全球变化具重要参考价值。本书第 1 章介绍了研究背景；第 2 章介绍了研究的航次、样品来源及研究方法；第 3 章介绍了分子系统学结果，并作为本书分类系统的依据；第 4 章为系统分类与物种多样性；第 5 章以近全球的视野，对研究类群的进化趋势进行了分析，并对该研究进行了总结和展望；最后在附录中列出了近 2000 号研究标本的详细信息，包括采集时间、海域、底质类型等，可进一步用于生物地理学分析。本书的部分学术观点、研究思路和新属、新种已在 *Polar Biology*、*Zootaxa*、*Invertebrate Systematics*、*Systematics and Biodiversity* 等专业权威 SCI 期刊上发表，获国际同行认可，其中发表的雪龙桧叶螅是我国北极科学考察发表的第一个大型底栖动物新物种、深海新物种。

本书反映了笔者在博士和博士后 10 年期间的持续研究积累与集成。同时研究我国在中国和极地海域积累的样品，样品海域来源广，但聚焦于进化和遗传上密切关联的同一海洋生物类群，有利于未来对科学问题进行深入挖掘和提炼，工作量大，具创新性、开拓性和研究特色，对笔者而言是一次巨大的挑战与积极尝试。首先，系统地将水螅类标本从历史航次的底栖动物标本中分选出来，同时兼顾整理、登记其他底栖动物类群，工作量巨大；第二，水螅类多固生或附生于岩石或其他大型底栖动物表面，分选时需借助体视显微镜，增加了研究难度；第三，系统梳理近 200 年的分类学文献资料，并将形态学与分子系统学数据相结合，研究周期长。

本书在笔者导师刘瑞玉院士和柯才焕教授的精心指导下完成，期间得到了王建军、徐奎栋、张素萍、沙忠利、李超伦、李新正、张光涛、刘晨临等研究员及王少青、王永强、帅莲梅等标本馆管理人员的帮助，得到了肖泽丰、陈金晶、于楠、王晓婷、林玮、黄玉霖等 22 位来自聊城大学、中国海洋大学和厦门大学的本科生协助，还得到了 Cinzia Gravili 和 Bernhard Ruthensteiner 等国外教授的帮助。限于航次数量、标本质量及笔者水平，疏漏和错误在所难免，恳请各位读者指正。

本研究在国家自然科学基金（41876180）、中国博士后科学基金（2018M632579、2018T110647）、福建省自然科学基金（2019J01019）、厦门大学近海海洋环境科学国家重点实验室杰出博士后基金、亚洲极地科学基金（KOPRI-APSFP2018）等项目的资助下完成，本书获评 2018 年度中国博士后科学基金会优秀学术专著并资助出版。本书为笔者的科学研究报告 QT06。

著 者

2019 年 5 月 23 日

目　　录

第1章　绪　　论

中国自然环境的形成和演化是地球系统的一部分，极地的存在和演化关乎中国的环境和生态系统，影响经济和社会发展（中国首次北极科学考察队 2000；陈连增 2008）。中国的海洋生态系统也与北冰洋和北太平洋密切相关。例如，北冰洋和北太平洋的冷水生物区系，在晚更新世末次冰期分布到黄海、东海及相邻海域得以生存和保持下来，且在数量上占很大优势（刘瑞玉 2008）。极地蕴含丰富的能源、矿产、渔业、生物遗传基因等资源，关乎极地和非极地国家的利益和政策选择，而推动极地科学考察是美国等国家环境利益的核心，是进而实现政治、科研和经济政策和利益的关键环节（丁煌 2016）。

我国自 1984 年首次南极科学考察以来，已开展 26 次南大洋考察，自 1999 年至今开展 7 次北极科学考察（丁煌 2016），在南大洋、北冰洋和北太平洋等海域采集到丰富而珍贵的生物、冰雪、岩矿、陨石及沉积物样品，部分生物样品（包括本书中的极地样品）已登记至极地标本资源共享平台（http://birds.chinare.org. cn/index/）。进一步深入、系统地研究现有及新采集的极地样品，契合我国的极地国家战略。

海洋水螅类是重要的大型底栖动物类群，广泛分布于全球海洋环境中的硬质基底上，部分水螅如巨螅目的种类在海底形成大面积"海草床"，为其他生物提供栖息环境，或附生于码头、网箱、船底等人工设施上，是重要的污损生物成员。近 60 年来，我国已通过历次海洋调查积累了大量水螅类标本，但其系统分类和多样性除笔者外极少有人涉及，更缺乏系统性的研究成果。

本研究充分利用我国在中国海域及南、北极海域的 30 多个科学考察航次积累的 4000 多号样品，首次对其中近 2000 号桧叶螅科①水螅样品开展了较全面的分类与分子系统学研究。

1.1　海洋水螅类价值与危害

生物学中通常将以水螅形和（或）水母形存在的种类称为水螅水母类，主要包括刺胞动物门 Cnidaria 中的水螅虫纲 Hydrozoa、钵水母纲 Scyphozoa、立方水母纲 Cubozoa，以及栉板动物门 Ctenophora 中的种类（Richardson *et al.* 2009）。根据 Bouillon 等（2006）及 Schuchert（2015，WoRMS）提供的物种名录统计，全

---

①"桧"，汉语拼音 guì 或 huì，因桧叶螅科模式种 *Sertularia argentea* 的群体特征形似植物桧（guì）树（圆柏），读音与桧树一致，读 guì。

球水螅水母约4100种，中国记录669种（Tang & Gao 2008；Chen & Li 2008），约占全球的16%，具体统计数据见表1-1。海洋水螅水母生活史复杂，大部分种类生活史中伴随世代交替，部分种类仅具水螅体或水母体阶段，营底栖或（和）浮游生活（表1-1），环境适应能力强，在海洋环境中广泛分布。大部分水螅水母具水螅体阶段（表1-1），水螅体一直是国内海洋生物学研究中重要但被忽视的阶段。水螅与人类的生产和生活相关，因其对人类的影响方式和程度不同，以及人类对它们的开发、利用方式不同，对人类有利也有弊。

表1-1　海洋水螅水母类分类系统、物种数量统计及生活史

门	总纲/纲/亚纲	世界种数（Bouillon *et al.* 2006/WoRMS 2019）	中国种数（Tang & Gao 2008）	生活史
刺胞动物门 Cnidaria	水螅虫总纲 Hydrozoa	3702/3667	615	
	自生水母纲 Automedusa	134/143	32	无水螅体阶段，终生浮游。浮浪幼体（planulae）不经附着直接发育为水母，少数寄生种类除外。
	辐射水母亚纲 Actinulidae	—	0	
	筐水母亚纲 Narcomedusae	—	13	
	硬水母亚纲 Trachymedusae	—	19	
	水螅水母纲 Hydroidmedusa	**3567/3524**	**583**	
	裸芽螅亚纲 Anthomedusae	**—/1263**	**195**	水螅发达，有水母体阶段，有些种如筒螅 *Tubularia* 水母退化为辐射幼体。
	被鞘螅亚纲 Leptomedusae	**—/2073**	**285**	水螅体发达，从生殖体中释放浮浪幼体，附着变态后形成新水螅体。也有少数种类经浮游的水螅体直接发育为水母体。
	淡水水母亚纲 Limnomedusae	**—/—**	**3**	有水螅体阶段，水螅很小且简单。
	兰水母亚纲 Laingiomedusae	—/—	1	是否有水螅体阶段，未知。
	管水母亚纲 Siphonophorae	—/188	99	无水螅体阶段，除 Rhodaliidae 科个别种类营底栖生活外，绝大多数终身浮游。
	多足螅纲 Polypodiozoa	**1/1**	**0**	早期寄生于鲟科或长吻鲟科鱼类卵巢卵母细胞内，鱼卵排至水中后，寄生结构层经反转形成水螅体，成熟后释放水母。
	钵水母总纲 Scyphozoa	**192（WoRMS 2019）**	**41**	水螅体简单，通过横裂释放水母，水母体发达。
	立方水母总纲 Cubozoa	**47（WoRMS 2019）**	**3**	水螅体简单，水螅体经变态直接发育成水母，水母体发达。
栉板动物门 Ctenophora		200（WoRMS 2019）	10（Cheng & Li 2008）	无水螅体，水母体雌雄同体，体外受精，经球栉水母幼体阶段，不经变态，直接成长为栉水母成体（Brusca *et al.* 2016）。

注：加粗表示具水螅体阶段；本研究中的系统学部分采用WoRMS建议的分类系统（WoRMS 2019）。

大多数水螅体固生于硬质基底之上，是重要的底栖动物功能群。部分大型水螅种类形成大面积“海草床”或“海底草原”。例如，单列羽螅 *Monoserius pennarius* (Linnaeus, 1758)，通常高30–100cm，最高可超过2m，与固生于其表面的小型水螅种类形成的羽螅组合（assemblage），分布在印度—西太平洋热带动物区（印度尼西亚、马来亚区和中日亚区）水深50–100m的中陆架区的泥沙混合海底，数量大，形成“海底草原”的模样（Tang 1991b）。又如，另一种大型水螅，银色桧叶螅 *Sertularia cupressina* Linnaeus, 1758，与其他大型底栖动物如牡蛎等形成底栖群落（Möbius 1877），其生态功能似“海草床”。早在19世纪，欧洲北部的一些国家就存在白色海草渔业（white weed fishery），并配有专用的捕获渔具（Decker 1898），主要捕获对象正是银色桧叶螅，用于各种室内外装潢、装饰等用途（Wagler *et al.* 2009）。

多孔螅科 Milleporidae、柱星螅科 Stylasteridae 的全部种类与介螅水母科 Hydractiniidae 的部分水螅种类具钙质外骨骼，具造礁功能，它们为其他海洋生物提供了栖息环境，其生态功能与造礁珊瑚类似（Stearn & Riding 1973；Miglietta 2005）。据报道，澳大利亚大堡礁中的多孔螅礁石内富含油气资源（Bellamy & Risk 1982）。

附生于码头、网箱、浮标、船底等人工设施上的大型水螅类是重要的污损生物，它们的存在影响水体交换，导致船速下降，增加金属腐蚀速率（Song 2006；Zhang *et al.* 2015）。至1984年，全球记录污损水螅类66属260种，中国沿海记录18属34种，常见的属有筒螅属 *Tubularia*、真枝螅属 *Eudendrium* 和桧叶螅属 *Sertularia* 等（Huang & Cai 1984）。

少数水螅寄生或共生于其他动物体内，如日本真裸水螅水母 *Eutima japonica* Kubota, 1979、日本真瘤水螅水母 *Eugymnanthea japonica* Uchida, 1925等及和平水螅水母科 Eirenidae 的种类，其水螅体共生或寄生于紫贻贝 *Mytilus galloprovincialis* Lamarck, 1819、菲律宾蛤仔 *Venerupis philippinarum* (Adams & Reeve, 1850)等经济双壳类的外套腔内（Kubota 1992），摄食宿主滤食后的残渣及宿主外套腔内寄生吸虫，对宿主有益。而当水螅数量过高时则会影响双壳类的生长，进而影响双壳类的水产养殖（Piraino *et al.* 1994；Mladineo *et al.* 2012）。多足螅 *Polypodium hydriforme* Ussov, 1885 寄生于鲟科 Acipenseridae 或长吻鲟科 Polyodontidae 鱼类的卵母细胞内，对此类国家级保护动物的繁育具有不利影响（Bouillon *et al.* 2006）。

据笔者近期的野外与实验观察结果（未发表数据），一种和平水母 *Eirene* sp. 的水螅体可在短时间内大量、快速繁殖，并捕食经济贝类的稚贝，在48h内对方斑东风螺早期稚贝的捕食致死率近80%，严重危害水产苗种的繁育，造成经济损失。

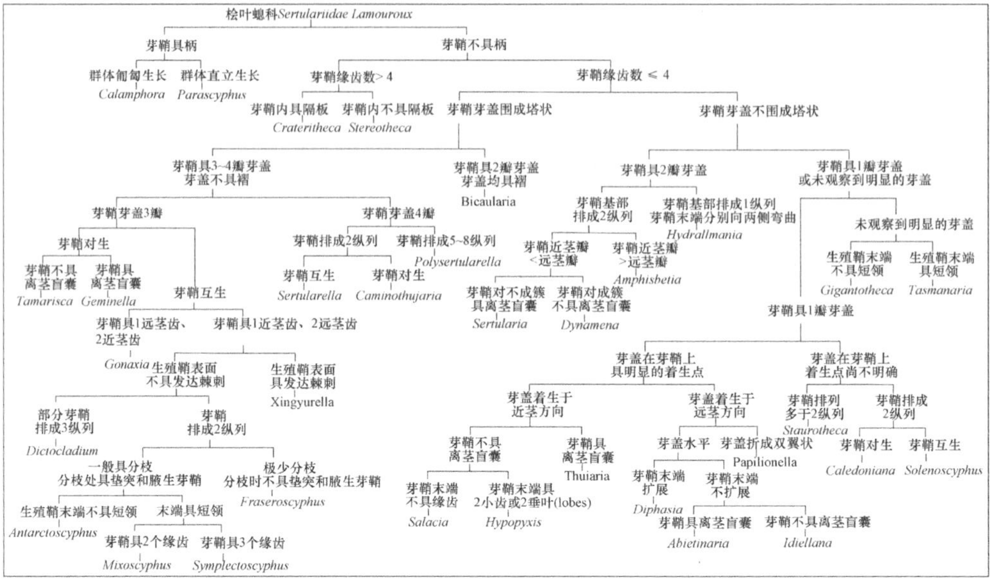

图 1-1 桧叶螅科各属检索表

1.2 分类地位

目前关于水螅虫纲的高级分类系统尚存在争议，主要具两个代表性的分类系统。其中一个是 Bouillon 和 Boero（2000）所提议的系统，主要依据生活史与形态数据，将水螅虫纲提升为水螅虫总纲，下设 3 个纲：Automedusa、Hydroidmedusa、Polypodiozoa（表 1-1）。另一个是目前 WoRMS 中所使用的系统（Schuchert 2015，http://www.marinespecies.org/aphia.php?p=taxdetails&id=1337），基于部分物种的线粒体和核基因数据（Daly *et al.* 2007；Cartwright *et al.* 2008；Collins *et al.* 2008；Kayal *et al.* 2013），未将水螅虫纲提升为总纲，将水螅虫纲分为水螅亚纲 Hydroidolina（3511 种）和硬水母亚纲 Trachylinae（151 种）。按照这两类系统，桧叶螅科的系统学位置分别如下。

Bouillon 和 Boero（2000）、Bouillon 等（2006）：

水螅虫总纲 Hydrozoa Owen, 1843

水螅水母纲 Hydroidmedusa Claus, 1877

软水母亚纲 Leptomedusae Haeckel, 1866（1879）

锥螅水母目 Conica Broch, 1910

桧叶螅科 Sertulariidae Lamouroux, 1812

Schuchert（2015，WoRMS）：

水螅虫纲 Hydrozoa Owen, 1843

水螅亚纲 Hydroidolina Collins, 2000

被鞘螅目 Leptothecata Cornelius, 1992

桧叶螅科 Sertulariidae Lamouroux, 1812

目前这两个系统在近期发表的论文中分别存在，研究人员之间尚未达成一致。Tang 和 Gao（2008）采用 Bouillon 等（2006）的系统，但增设亚门，将刺胞动物门分为珊瑚亚门 Anthozoa 和水母亚门 Medusozoa，水母亚门下设水螅虫总纲 Hydrozoa、钵水母总纲 Scyphozoa 和立方水母总纲 Cubozoa。本研究的主要研究思路综合使用形态和分子数据，在有些情况下更多优先使用分子数据作为引导，因此本研究更倾向于使用 Schuchert（2015）的系统。由于在这两个系统中，桧叶螅科以下的分类阶元基本一致，本研究中具体到种属划分时不受限于这两个系统，而是视数据支撑情况而定。

1.3　系统分类学研究进展

桧叶螅科是最常见的海洋水螅类，其系统学研究史可追溯至林奈时代。在研究早期，几乎所有的水螅虫和部分苔藓虫种类都被归至桧叶螅属 *Sertularia* Linnaeus, 1758，之后大部分物种逐渐从该属中移出（Cornelius 1979，1995）。根据 Bouillon 等（2006）及 Schuchert（2015）所提供的物种名录，桧叶螅科目前已经命名 600 多个物种，本研究追溯了这些物种的原始描述（见第 2 章），大部分物种在 18 世纪、19 世纪及 20 世纪早期命名，形态特征描述简单，如仅有芽鞘形态，缺少分枝方式等特征，或基于不完整的标本，如缺少生殖鞘标本，这给后面的研究（包括本研究）增加了难度。

北欧、北冰洋及北大西洋的桧叶螅类的分类学研究相对系统，已经有较多的研究工作（Clark 1877；Jäderholm 1907；Broch 1910；Kudelin 1914；Naumov 1960；Calder 1970，1972；Antsulevich 1987，2008，2015；Cornelius 1995；Schuchert 2001；Song *et al.* 2016a），形成了相对完整的水螅物种名录，如针对欧亚北冰洋海域（Stepan'yants 2001）及北冰洋海域（Ronowicz *et al.* 2015）的名录。相对而言，西北冰洋、白令海的研究还较薄弱。

对南极（南大洋）的桧叶螅科物种发现和描述相对较晚，在相关研究中的形态描述资料相对完整，已经有较多系统性的形态学修订工作（Tang 1991c；Peña Cantero *et al.* 1997a，1997b，1999，2002）。

中国海域的水螅系统学研究较少，仅在有限的论文中零星描述少数（新）物种（Marktanner-Turneretscher 1890；Jäderholm 1896；Hargitt 1927；Ling 1938；Gao *et al.* 1958；Wei 1959；Zou 1978；Huang 1988；Tang 1991a，1991b，1998；Tang & Huang 1986，1987；Yeh 1995；Zhou *et al.* 2013；He *et al.* 2014；Song *et al.* 2016b，

2018）。对我国水螅类标本整理和研究贡献最大的是中国科学院海洋研究所的唐质灿研究员，除上述所列出的零星研究，目前我国的水螅种类名录几乎完全基于他生前检查的标本（Tang & Gao 2008；Xu *et al.* 2012；Tseng *et al.* 2014）。其中 Tseng 等（2014）的水螅物种名录仅限于台湾水域，标本由唐先生鉴定。遗憾的是，唐先生在生前未出版相关的系统学专著，本书笔者也未曾有机会与他见面，未得到他的任何遗留文献和手稿。Xu 等（2014）依据唐先生的名录（Tang & Gao 2008；Xu *et al.* 2012），对国内零星发表的水螅记录，同时使用国外其他海域已发表的形态资料，对中国海域的水螅类进行了汇编。因此严格意义上讲，我国尚无真正代表我国海域水螅种类的系统性系统学研究专著（如《中国动物志》）。据唐先生整理的名录，中国海域已记录桧叶螅科 11 属 51 种（Tang & Gao 2008），在本研究中重新检查了这些样品，并对鉴定结果进行了厘定。

1.4 主要属级鉴别特征

据 Bouillon 等（2006）的分类系统，桧叶螅科具 25 个属，2 个地位未定属，近十几年另有 *Mixoscyphus* Peña Canter & Vervoort, 2005、*Polysertularella* Antsulevich, 2011、*Solenoscyphus* Galea, 2015、*Caledoniana* Galea, 2015、*Xingyurella* Song *et al.* 2018、*Bicaularia* Song *et al.* 2019 等 5 个属发表，共计 33 个属，该科最新的属级检索表见图 1-1。在 Bouillon 等（2006）的桧叶螅科属检索表中可看出，芽鞘的形态如是否具柄、排列方式、缘齿数目、芽盖着生位置与数目、离茎盲囊有无等特征是常用的属级鉴别特征，而生殖鞘的特征较少使用，一个特例是使用“生殖鞘从芽鞘内生出”这一组合特征区分 *Fraseroscyphus* 与 *Symplectoscyphus*、*Antarctoscyphus* 两个属。水螅群体生长特征也较少用于属级鉴别特征，仅通过群体外形匍匐或直立来区分 *Calamphora* 和 *Parascyphus* 两个属。

Cornelius（1995）也将芽鞘缘齿数目选为重要的桧叶螅科属级鉴别特征，但他未使用生殖鞘和群体特征，而是选用了一些更为细化的特征。例如，他使用芽鞘列数来区分 *Thuiaria*（2 列）和 *Selaginopsis*（4 列，目前多被接受为 *Thuiaria*），使用是否具腋生芽鞘区分 *Abietinaria*（具腋生芽鞘）和 *Diphasia*（不具腋生芽鞘），使用主茎分节处的环轮（收缢）螺旋方向来区分 *Dynamena*（横向）和 *Tridentata*（倾斜），使用芽鞘的长宽比不同来区分 *Symplectoscyphus*（2∶1）和 *Tamarisca*（4∶1）。可见针对桧叶螅科，Cornelius（1995）和 Bouillon 等（2006）选用了不同的属级鉴别特征。

正如上面所提及的鉴别特征，水螅群体特征（与分枝方式相关）和生殖鞘的特征较少在桧叶螅中使用。将分枝和生殖鞘的着生位置作为属级分类特征则更为少见。早期分类学家曾将其选定为属级依据，如 *Synthecium* Allman, 1872

(Syntheciidae)和 *Thecocladium* Allman, 1885 (Sertulariidae)分别是最早使用生殖鞘（*Synthecium*）和分枝（*Thecocladium*）从芽鞘内生出这一组合特征命名的属。*Synthecium* 至今仍在沿用。而 Billard（1910）则将 *Thecocladium* 看作 *Sertularella* Gray, 1848 的同种异名，这一观点目前被广泛接受，如 Millard（1975）、Bouillon 等（2006）及 Schuchert（2015）。Jarvis（1922）发现 *Sertularella thecocarpa* Jarvis, 1922 (Sertulariidae)也具有“生殖鞘从芽鞘内生出”这一特征，因此怀疑这一特征作为属级鉴别依据的有效性，并建议优先基于芽鞘特征，然后基于生殖鞘着生特征，对 *Synthecium* 属进行重新定义。Galea（2010）则不考虑生殖鞘着生特征，将 *Sertularella thecocarpa* 归为 *Sertularella tongensis* Stechow, 1919 的同种异名，并将其归至 *Sertularia* 属。基于形态和分子数据，本研究将其修订为 *Bicaularia tongensis*。

同样依据“生殖鞘从芽鞘内生出”这一特征，Boero 和 Bouillon（1993）将 *Fraseroscyphus* 属从 *Symplectoscyphus* 属中分出，这一想法最早由 Fraser（1948）提出。由于 *Fraseroscyphus* 属使用的特征曾被 Jarvis（1922）质疑，*Fraseroscyphus* 属的有效性尚需验证。从 *Symplectoscyphus* 属中分出的另一个属是 *Antarctoscyphus* Peña Cantero, García Carrascosa & Vervoort, 1997。它在分枝模式和生殖鞘形态上与 *Symplectoscyphus* 属不同。凭传统的属级鉴别依据（Cornelius 1995；Bouillon *et al.* 2006）无法区分上述的 3 属，它们的芽鞘均具 3 个缘齿和 3 瓣芽盖。如果这 3 个属均有效，则需要建立新的属级鉴别特征。

系统地回顾、研究所有桧叶螅科种类的已发表数据有可能会查明“生殖鞘从芽鞘内生出”这一特征是否为 *Fraseroscyphus* 属所特有，是否在 *Antarctoscyphus* 和（或）*Symplectoscyphus* 及桧叶螅的其他属中也存在。类似的分类学争议在桧叶螅科中广泛存在，如存在较多无效属（Bouillon *et al.* 2006；Schuchert 2015），包括 *Pericladium* Allman, 1876、*Pluriserialia* Kirchenpauer, 1876、*Polyserias* Mereschkowsky, 1878、*Selaginopsis* Allman, 1876、*Serta* Stechow, 1920、*Tridentata* Stechow, 1920 等。事实上部分学者对于它们的有效性存在争议（D. Calder，通信），而分子系统学可能为解决这些争议提供参考依据。

1.5　分子系统学研究进展

最近的分子系统学研究并不支持桧叶螅科 Sertulariidae Lamouroux 的单系性（Moura *et al.* 2008；Leclère *et al.* 2009；Peña Cantero *et al.* 2010；Maronna *et al.* 2016）。Maronna 等（2016）将桧叶螅科内所包括的 4 个单系群分别建议为 4 个新科或狭义科：Staurothecidae、Symplectoscyphidae、Sertularellidae、Sertulariidae *sensu stricto* Maronna *et al.*, 2016。在笔者看来，这个新系统最大的问题在于，4 个新提议的科所包含的形态变化尺度不一：其中 Staurothecidae 和 Symplectoscyphidae

两个科分别由单属或多个形似属提升而成，各具相同的共源特征，如在芽鞘缘齿数目、芽盖瓣数方面保持一致；Sertularellidae 则同时包括芽鞘具 3 个缘齿、芽盖 3 瓣和 4 个缘齿、4 芽盖的种类，具有一定变化；而 Sertulariidae *sensu stricto* Maronna *et al.*, 2016 则包含 *Abietinaria*、*Diphasia*、*Idiellana*、*Salacia*、*Thuiaria*、*Amphisbetia*、*Dynamena*、*Hydrallmania*、*Sertularia* 等在形态上具有极大变化的多个属，需加入更多属种的序列验证。

此外，已有的分子系统学研究则表现出分子数据与形态数据的“不协调”（Leclère *et al.* 2009；Peña Cantero *et al.* 2010；Moura *et al.* 2011；Song *et al.* 2016b）。Moura 等（2011）发现由于 *Symplectoscyphus turgidus* 在分子进化树上的“异常”位置，*Symplectoscyphus* 属聚成多系群，14 个 *Sertularella* 种类聚成并系群。Leclère 等（2009）也注意到了 *Symplectoscyphus turgidus* 的这一“异常”。Moura 等（2011）认为应该将 *Symplectoscyphus turgidus* 移回 *Sertularella* 属，或移至另一个属（可能是新属）。另外，Moura 等（2011）发现 *Sertularia* 也聚成多系群。然而 Song 等（2016a）在加入更多 *Sertularia* 物种的序列后，其研究结果支持将 *Sertularia* 属限制到具重复双歧分枝模式、具腋生芽鞘的一组物种中。另外 Song 等（2016a）的分子数据在一定程度上支持恢复 *Polyserias* 属。Peña Cantero 等（2010）发现 *Antarctoscyphus* 和 *Symplectoscyphus* 的单系性由于 *Symplectoscyphus curvatus* (Jäderholm, 1917) 的“异常”位置得不到支持，它“异常”地与 *Antarctoscyphus* 属种类聚在一起。

这些形态与分子数据的不一致对桧叶螅科的系统学提出了挑战，这可能预示着桧叶螅科还需进一步修订或限制，可能还“隐藏”着新科或新属，一些属级鉴别特征在进化上的指示作用需要重新评估，可能需建立新的属级鉴别特征。

1.6 选题与设计

如上所述，我国在水螅类系统学研究方面较为薄弱，而桧叶螅科等巨螅目种类是水螅虫纲中的优势类群，这使得本研究的开展具有一定的必要性和学术价值，同时契合我国极地科学考察、极地资源勘探与开发利用、应对全球气候变化等国家层面的刚性战略需求。国内积累的大量历史标本及近 10 年采集的新鲜标本，为本研究的开展奠定了基础。

本研究尝试综合传统形态分类学、分子系统发育来研究我国、美国及德国等国家在中国海域、北冰洋、白令海、印度洋、南大洋等海域采集的桧叶螅科标本，同时充分利用已发表的形态和分子数据，以期以近全球的尺度研究一个海洋生物类群（科）的系统学，推测其可能的系统进化过程。本研究发现若干新属和新种，为该类群在我国海域及极地海域的生物多样性认知、资源开发与保护提供了基础资料，符合我国极地国家战略，对极地生物资源管理、应对全球变化具重要意义。

第 2 章　材料与方法

2.1　分类学资料电子化

依据 Bouillon 等（2006）及 Schuchert（2015）所列出的桧叶螅科物种名录，将已命名的 600 多种桧叶螅的原始描述电子化，以物种为单位分别保存成 Microsoft Power Point（PPT）2003 格式，以便随时比较与分析。上述电子化资料主要用于研究可能存在的同种异名、确定新物种，统计常用形态特征在整个科内的记录情况，如分枝或生殖鞘着生方式、垫突和腋生芽鞘有无等，详见附录 2。同时还可用于评估新属级鉴别特征在整个科内的适用性。相关的水螅分类学专著（Hartlaub 1901b；Torrey 1902；Nutting 1904；Kudelin 1914；Fraser 1948；Naumov 1960；Millard 1975；Cornelius 1995；Hirohito 1995；Schuchert 2001；Vervoort & Watson 2003；Park 2010）被用作物种鉴定和形态学研究的依据。

2.2　样品整理与登记

标本的分选占据了本研究近 1/3 的工作量。在标本检查之前，笔者首先初步检查了中国科学院海洋研究所海洋生物标本馆（MBMCAS）保存的几乎所有水螅标本近 4000 瓶，将其中的桧叶螅科标本挑出来用于详细检查、研究。保存于中国科学院海洋研究所、自然资源部第一海洋研究所和自然资源部第三海洋研究所的极地大型底栖动物标本大多数未进行系统分选、登记，因此在挑选水螅标本的同时，要兼顾整理其他类群的底栖动物标本。由于水螅经常固生或附生于岩石或其他大型底栖动物表面，分选时需借助体视显微镜，这大大增加了本研究的难度和工作量。

最终本研究共检查、登记桧叶螅科标本近 2000 瓶（号），其中全国第一次海洋普查（The National Comprehensive Oceanographic Survey，1958–1960）及中越北部湾联合考察（The Comprehensive Oceanographic Survey to Beibu Gulf-Gulf of Tonkin，1959–1960，1962）标本 900 余瓶（号），东海大陆架调查（The East China Sea Continental Shelf Comprehensive Oceanographic Survey，1975–1976）100 余瓶（号），中国科学院西沙群岛海洋生物考察（The CAS Xisha Islands marine biology Investigation，1975–1978）及南沙群岛海区综合科学考察（Nansha Islands waters

Comprehensive Scientific Survey，1984–2000）20 余瓶（号），我国第一次（1999）、第三次（2008）、第四次（2010）、第五次（2012）、第六次（2014）北极科学考察（Chinese National Arctic Research Expedition，CHINARE 1，3–6）300 余瓶（号），我国第一次（1984–1985）和第 22 次（2005–2006）南极科学考察（Chinese National Antarctic Research Expedition，CHINAARE 1，22）100 余瓶（号），近年来国家自然科学基金黄东海共享航次（NFSC Yellow Sea & East China Sea Shared Research Expedition，2007–2014）200 余瓶（号），以及保存于国外多家博物馆的模式标本或采自模式产地的标本 100 余瓶（号）。采集方式多为阿氏拖网、三角拖网及桁拖网，少数使用箱式采泥器采集。本书研究样品的采集和登记信息见附录 1，标本号索引缩写、保存单位及数量见附录 3，样品采集站位图见 Song（2016，第 323 页，附录 3）。

2.3 刺细胞封片制备

对于以永久封片形式保存的模式标本，如保存于德国巴伐利亚州动物收藏馆（Zoologische Staatssammlung München，Germany，ZSM）及澳大利亚维多利亚博物馆（Museum of Victoria，Australia，NMV）的模式标本，直接尝试在显微镜下观察刺细胞，否则使用以下两种方法制备新的永久玻片。

第一种，首先使用 200μL 0.005g/mL 明胶包被玻片，50℃烘干 6h 备用。然后从同簇群体不同部位取 5–10 个水螅片段（每段约 5mm）或多个生殖鞘并移至体积为 1.5mL 的离心管中，离心管中含有 1mL 据 David（1973）改良后的细胞解离液（甘油：乙酸：双蒸水=3：2：36）。使用小型眼科剪在离心管中剪碎 10min，然后在快速混匀器上振荡 3s，然后使用移液枪将部分破碎液移至玻片表面，使用解剖针轻轻涂匀，50℃烘干 6h。最后在玻片表面缓慢滴加 120μL 中性树胶，轻轻封片，50℃烘干 24h。最后滴加 1 滴二甲苯将多余的中性树胶擦净，并在玻片上标示标本信息。

另一种方法适用于快速压片，获得少量放射的刺细胞。首先将多段长度约 5mm 的水螅片段放在次氯酸钠液中（NaClO 1.2%–1.3%）浸泡 1–2min，之后移至无水乙醇中快速的浸洗 10s，后将水螅片段移至玻片，玻片上事先滴加 1–2 滴无水乙醇，在体视显微镜下用解剖针轻轻地将围鞘内的组织轻轻挤出或拨出，轻轻涂匀，待无水乙醇完全挥发干后参照第一种方法滴加中性树胶、封片，之后使用铅笔隔着盖玻片垂直敲打玻片或手工挤压 2–3min，后续烘片、修片及标示同第一种方法。

上述两种方法各有优缺点，用第一种方法获得的刺细胞在玻片上分散均匀、在显微镜（微分干涉）下观察时立体感强，不仅刺细胞清晰，而且上皮细胞、间细胞、腺细胞等其他细胞类型也非常清晰，便于细胞数量的统计，缺点是制片时间周期长，使用的水螅材料多，无法在制片中通过人为挤压（会破坏玻片表面的明胶涂层）获得放射的刺细胞，适用于近期采集、标本量丰富的材料。第二种方法的优点是制片速度快，所需标本少，有时可获得极少量放射的刺细胞，缺点是刺细胞的离散性和立体结构不如第一种方法，适合模式标本等珍贵标本。

2.4 选 模

为了进一步明确相关物种的鉴定依据，对所检的模式标本（群模）进行了选模。选模和副选模主要保存于德国巴伐利亚州动物收藏馆（ZSM）、澳大利亚维多利亚博物馆（NMV）和瑞士日内瓦自然历史博物馆（MHNG）。选模信息详见表 2-1、本书第 2 章、第 3 章及附录 3。

表 2-1 本研究检查的模式标本

原命名时的学名	当前接受的学名	检查的标本*	参考文献
Abietinaria elsae-oswaldae Stechow, 1923	*Abietinaria elsae-oswaldae* Stechow, 1923	ST，ZSM20041602	Ruthensteiner 等（2008）；本研究
Sertularella tongensis Stechow, 1919	*Bicaularia tongensis* (Stechow, 1919)	LT，ZSM20041539；PLT，ZSM20041540，ZSM20041541	Ruthensteiner 等（2008）；本研究
Diphasia nuttingi Stechow, 1913	*Diphasia nuttingi* Stechow, 1913	ST，ZSM20041522	Ruthensteiner 等（2008）；本研究
Dynamena nanshaensis Tang, 1991	*Dynamena nanshaensis* Tang, 1991	HT，MBM280300（HY-NS8801）	Tang（1991a）；本研究
Sertularia tongensis Stechow, 1919	*Sertularia tongensis* (Stechow, 1919)	ST，ZSM20041550	Ruthensteiner 等（2008）；本研究
Sertularella sinuosa Fraser, 1948	*Fraseroscyphus hozawai* (Stechow, 1931)	LT，SBMNH347307	Calder 等（2009）；Song 等（2016b）；本研究
Symplectoscyphus hozawai Stechow, 1931	*Fraseroscyphus hozawai* (Stechow, 1931)	LT，ZSM20040228；PLT，ZSM20041654，ZSM20041655	Ruthensteiner 等（2008）；Song 等（2016b）；本研究
Symplectoscyphus huanghaiensis Tang & Huang, 1986	*Fraseroscyphus hozawai* (Stechow, 1931)	HT，MBM102663	Song 等（2016b）；本研究
Sertularella irregularis Trebilcock, 1928	*F. irregularis* (Trebilcock, 1928)	LP，NMV F57894 标本中最大片段；PLT，NMV F57894 其他片段，NMV F57939，NMV F57939.1-F57939.3，NMV F57940，NMV F57941	Trebilcock（1928）；Song 等（2016b）；本研究
Sertularella macrogonus Trebilcock, 1928	*F. macrogonus* (Trebilcock, 1928)	LT，NMV F57892.1 群体照片中箭头所示片段；PLT，NMV F57892.1 群体中其他片段，NMV F57892.2	Trebilcock（1928）；Song 等（2016b）；本研究

续表

原命名时的学名	当前接受的学名	检查的标本*	参考文献
Sertularella mutsuensis Stechow，1931	*Sertularella mutsuensis* Stechow, 1931	LT，ZSM20041658 中具 2 个芽鞘的群体；PLT，ZSM20041658 具单个游离芽鞘	Calder 等(2009)；Song 等（2016b）
Sertularella spirifera Stechow, 1931	*Sertularella spirifera* Stechow, 1931	ST：ZSM20040925，ZSM20040926，ZSM20041665，ZSM20041666	Ruthensteiner 等（2008）；本研究
Sertularella valdiviae Stechow, 1923a	*Sertularella valdiviae* (Stechow, 1923)	LT，ZSM20040930；PLT，ZSM20041566–1569，ZSM20043881，ZSM20050520–20050523	Ruthensteiner 等（2008）；本研究
Sertularia nuttingi Levinsen, 1913	*Thuiaria heteroclada* Jäderholm, 1902	ST，NHMD HYD-000147	Levinsen（1913）；本研究
Thuiaria heteroclada Jäderholm, 1902	*Thuiaria heteroclada* Jäderholm, 1902	ST，UNHM HYDROZOA type#37a，UNHM HYDROZOA type#37b	Jäderholm（1902）；本研究
Sertularia intermedia Levinsen, 1913	*Thuiaria intermedia* (Levinsen, 1913)	ST，NHMD HYD-000134	Levinsen（1913）；本研究
Symplectoscyphus densestriatus Tang, 1991	*Symplectoscyphus densestriatus* Tang, 1991	HT：MBM240443（HY-85-01）	Tang（1991c）；本研究
Symplectoscyphus paulensis Stechow, 1923	*Symplectoscyphus paulensis* Stechow, 1923	LT，ZSM20043882；PLT，ZSM20040973，ZSM20043881，ZSM20043883	Ruthensteiner 等（2008）；本研究
Symplectoscyphus gotoi Stechow, 1913	*Xingyurella gotoi* (Stechow, 1913)	LT，ZSM20040227；PLT，ZSM20050746–20050752	Ruthensteiner 等（2008）；本研究
Sertularia turgida Trask, 1857	*Xingyurella turgida* (Trask, 1857)	NT，CASIZ14595，CASIZ94719，CASIZ94721，MHNG-INVE-29467	Song 等（2018）；本研究
	Xingyurella xingyuarum Song, Gravili, Ruthensteiner, Lyu & Wang 2018	HT，MBM000479；PT，MBM280254，MBM280259，MBM000482，MBM000483，MBM000453，MBM000484	Song 等（2018）；本研究
	Sertularia xuelongi Song, Gravili & Wang, 2016	HT，MBM280308；PT，MBM280309	Song 等（2016a）；本研究

“*”模式标本类型缩写：HT，正模（holotype）；PT，副模（paratype）；LT，选模（lectotype）；PLT，副选模（paralectotype）；NT，新模（neotype）；ST，群模（syntype）。

2.5 扫描电镜

本研究使用了 3 台扫描电镜用以观察样品表面的超微结构。使用的电镜型号在中国科学院海洋研究所为 Hitachi S-3400N、厦门大学为 Gemini LEO1530、美国圣巴巴拉自然历史博物馆（SBMNH）为 Zeiss EVO40。在中科院海洋所进行电镜上机前经 100%乙醇和 100%乙酸异戊酯（1∶1）处理 15min，100%乙酸异戊酯处理 30min，之后经临界点干燥、镀金、上机观察。在厦门大学和圣巴巴拉自然历史博物馆上机的样品在上机前仅经 100%乙醇脱水处理 30min。

2.6　拍照与绘图

本研究中水螅的整体外形照片使用相机（Canon EOS–1D Mark IV camera）拍摄，刺细胞照片由连接在荧光显微镜（ZEISS Axioskop2）上的 CCD（ZEISS Axio Cam plus MRc5）拍摄。线图或形态显微照片借助于连接在体视显微镜（ZEISS Stemi SV11）上的绘图仪或 CCD 绘制或拍摄。线图使用绘图仪（EPSON Perfection V300）扫描，采用黑白模式。扫描前预估图片排版时的缩小率，并设置不同的扫描阈值。水螅群体图的扫描阈值一般设置为 T55，其他图设置为 T85，分辨率设置为 1200dpi。图片处理与拼接在软件 Adobe Photoshop CS 13.0 中完成。

2.7　DNA 提取、扩增、克隆与测序

DNA 提取。在体视显微镜下用解剖针和眼科剪从单簇水螅群体上剪取 1 段长 2–3cm 的片段，为避免组织污染，尽量将其他物种完全剥离，然后使用全式金微量 DNA 提取试剂盒（DNA EE181 Kit，北京全式金生物技术有限公司）提取，具体操作参照产品说明书。对提取到的总 DNA 使用双蒸水从离心柱上冲洗两次至 1.5mL 离心管中，DNA 体积约 60μL，取 1.5μL 使用分光光度计（Thermo Scientific NanoDrop 2000 Spectrophotometer）测定 DNA 浓度后，保存于–20℃备用。本研究共提取 400 多个 DNA 样品，浓度为 5–25ng/μL。

分子标记选择。在水螅虫纲中，后生动物的线粒体细胞色素氧化酶亚基 I（COI）基因的通用引物（Folmer *et al.* 1994）较难扩增（Peña Cantero *et al.* 2010；Moura *et al.* 2011），而 16S rRNA 因易于扩增而被广泛使用（Moura *et al.* 2008，2011），并被推荐为 DNA 条形码标记（Moura *et al.* 2008，2011）。18S rRNA 和 28S rRNA 两个编码核糖体的 RNA 基因是用以解决水螅虫纲高级阶元的常用分子标记（Collins 2000；Collins *et al.* 2005，2006a，2006b，2008），而使用 16S rRNA、COI 和转录间隔区 ITS 序列（ITS1+5.8S+ITS2）进行多基因建树，被用作研究部分属间或种间遗传分化和多样性的标记（Schuchert 2014；Postaire *et al.* 2016）。本研究扩增、测序的基因主要有 COI、16S rRNA、18S rRNA、28S rRNA、ITS1+5.8S+ITS2，针对标本馆保存时间较久的样品，本研究重新设计了 18S 和 28S 引物，分别使用 3 对和 6 对引物扩增多条首尾重叠的短片段，引物信息详见表 2-2。具体至桧叶螅

科，在 GenBank 中，16S rRNA 的数据最为丰富，其次是 18S 和 28S，COI 和 ITS 序列较少。受限于本研究所积累的分子材料及研究设计，16S 和 COI 是重点使用的分子标记，18S 和 28S 用于确定 *Bicaularia*、*Fraseroscyphus*、*Xingyurella* 等属的系统学位置。

表 2-2　本研究中所使用的引物

引物	序列	参考文献
16S F	TCGACTGTTTACCAAAAACATAGC	Cunningham 和 Buss（1993）
16S R	ACGGAATGAACTCAAATCATGTAAG	
COI F	TGAGTATTTTCAACTAATCAYAAAGA	Schuchert（2014）
COI R	AAGTAAGCTCTAGTATCAACRTCCAT	Dr. Peter Schuchert 提供，Song 等（2016b）
18S F	GCTGTATGTACTGTGAAACTGCG	Halanych 等（1998），Govindarajan 等（2006），Leclère 等（2009）
18S R	CACCTACGGAAACCTTGTTACGAC	
18S F'	**GCTGTATGTACTGTGAAACTGCGAAWGGC**	**Song 等（2016b）**
18S R'	**TTCAATCGGTAGTAGCGACGGGC**	
Hydrozoa-18S1F	**GCTGTATGTACTGTGAAACTGCG**	**Song 等（2018）**
Hydrozoa-18S1R	**GGAATTACCGCGGCTGCTGGCACC**	
Hydrozoa-18S2F	**GTTCGATTCCGGAGAGGGAGCCT**	
Hydrozoa-18S2R	**GTTTCGGCCTTGCGACTATACTT**	
Hydrozoa-18S3F	**ACTGCGAAAGCATTTGCCAAGAGT**	
Hydrozoa-18S3R	**CACCTACGGAAACCTTGTTACGAC**	
Hydrozoa-28S1F	**ACAAGGATTCCCTGAGTAACG**	
Hydrozoa-28S1R	**AGACTCCTTGGTCCGTGTTTCAAGAC**	
Hydrozoa-28S2F	**F：CAAGTACCGTGAGGGAAAGAT**	
Hydrozoa-28S2R	**R：CCGCATCGCCAGTTCTGCTTAC**	
Hydrozoa-28S3F	**F：TCTAGTAGCTGGTTCCCTCCGAAG**	
Hydrozoa-28S3R	**R：GGAATGTTAACCCGATGCCCTTTCG**	
Hydrozoa-28S4F	**F：AGTGCAGATCTTGGTGGTAGTAG**	
Hydrozoa-28S4R	**R：AGAGCCAATCCTTTTCCCGAAGTT**	
Hydrozoa-28S5F	**F：CGTACTCATAACCGCAGCAGGTCT**	
Hydrozoa-28S5R	**R：CAGACTAGAGTCAAGCTCAACAGG**	
Hydrozoa-28S6F	**F：AAGGTAGCCAAATGCCTCGTCATCT**	
Hydrozoa-28S6R	**R：GGATTCTGACTTAGAGGCGTTCAG**	
28S1 F	TCCCCTAGTAACGGCGAGTGAAGCG	Leclère 等（2009）
28S1 R	GAGCCAATCCTTWTCCCGARGTT	Medina 等（2001），Leclère 等（2009）
28S2 F	GACAGCAGGACGGTGGYCATGG	

续表

引物	序列	参考文献
28S2 R	TTCYGACTTAGAGGCGTTCAG	
ITS1-5.8S-ITS2 F	CACCGCCCGTCGCTACTACCGATTGAATGG	Martínez 等（2010）
ITS1-5.8S-ITS2 R	CGCTTCACTCGCCGTTACTAGGGGAATCC	
M13-47	CGCCAGGGTTTTCCCAGTCACGAC	宝生物工程公司提供
RV-M	GAGCGGATAACAATTTCACACAGG	

注：使用 Hydrozoa 注释的 18S 及 28S 引物为新设计引物，分别扩增 3 对和 6 对重叠的序列，这些引物在 Leptothecata (Sertulariidae, Campanulariidae) 和 Anthoathecata (Tubulariidae) 中扩增、测序成功，测试时间在样品采集 3–7 年之后，表明可用于更多水螅虫纲样品的扩增与测序。

DNA 扩增。本研究中所使用引物主要使用已打报道的水螅虫纲专用引物（Cunningham & Buss 1993；Halanych *et al.* 1998；Medina *et al.* 2001；Govindarajan *et al.* 2006；Leclère *et al.* 2009；Schuchert 2014；Song *et al.* 2016b），具体参见表 2-2。同时本研究新设计了 1 对 18S 引物（18S F'、18S R'），经桧叶螅及其他科的水螅（*Obelia* sp.、*Tubularia* sp.）测试，其扩增特异性优于 18S F+18S R 引物组合（Halanych *et al.* 1998；Govindarajan *et al.* 2006；Leclère *et al.* 2009）。对于采集时间久、用上述引物较难扩增的样品，本研究设计了一套 18S 和 28S 新引物，分别使用 3 对和 6 对新设计的引物进行扩增，扩增 3 段和 6 段首尾重叠的片段，拼接后获得几乎接近全长的 18S 和 28S 序列，它们在引物列表中分别以 18S-Hydrozoa 和 28S-Hydrozoa 标示（表 2-2）。

本研究一般采用 50μL 的 PCR 反应体系，含 37.25μL 双蒸水、5μL TakaRa 10× Ex *Taq* 缓冲液、4μL dNTP 混合物（2.5mmol/L）、2μL 正向及反向引物（10μmol/L）、0.25μL TakaRa Ex *Taq* 酶（5U/μL）、1μL DNA 模板。对于使用上述体系扩增失败的样品，尝试使用 TakaRa LA *Taq* 酶（5U/μL）及以下 3 种不同的缓冲液：10×LA *Taq* 缓冲液、2×GC 增强型缓冲液 I（5mmol/L Mg^{2+} Plus）、2×GC Enhancer Buffer II（5mmol/L Mg^{2+} Plus）。根据本研究中的扩增和测序结果，推荐使用的酶及缓冲液组合为：16S、ITS，Ex *Taq*+Ex *Taq* 缓冲液；COI，Ex *Taq*+GC Enhancer Buffer I；18S、28S1、28S2，LA *Taq*+LA *Taq* 缓冲液。PCR 采用以下条件：16S（Moura *et al.* 2008）；COI（Schuchert 2014）；18S、28S1、28S2（Leclère *et al.* 2009），ITS（Martínez *et al.* 2010）。

DNA 纯化。为了回收到足量的 DNA 进行后续分子克隆，每个样品采用 50–100μL 的反应体系进行扩增（一般 1 个反应体系足够），全部电泳、切胶回收。少部分样品的切胶工作使用天能凝胶成像系统（紫外光激发，Tanon Gel Image System 2500），大部分样品使用便携式切胶仪（TGreen Transilluminator，OSE-470，天根，北京）。胶回收使用 DNA 纯化试剂盒（Generay Biotech Purification Kit

GK2043-200），具体操作参照产品说明书。纯化后的 DNA 从离心柱上洗涤 1–2 次，至 1.5mL 的离心管中，体积约 30μL，DNA 浓度 0.5–187ng/μL，保存于–20℃备用，在后续分子克隆实验中基本上都获得成功。

DNA 克隆。参照载体（Takara PMD18-T Vector）说明书，将纯化的 DNA 在 16℃下与载体连接过夜（10–12h），然后感染感受态（大肠杆菌细胞 Trans 5a，北京全式金生物技术有限公司）。感染的细胞在含有固体 Luria-Bertani（LB）培养基平板上，在 37℃温度下培养 16h 后进行蓝白斑筛选。LB 培养基中含氨苄青霉素（120μg/mL）、半乳糖苷（40μg/mL）及异丙基-β-d-硫代半乳糖苷（24μg/mL）。每板至少选随机选 6 个“阳性”克隆（白斑），接种至含 0.75mL 液体 LB 培养基（含 120μg/ml 氨苄青霉素）的 1.5mL 离心管中，放置于摇床上 37℃培养 16h。

菌落 PCR 检测。菌落 PCR 使用载体 PMD 18-T 特异的 M13-47、RV-M 引物对，检测引物间插入的外源 DNA 长度是否与目的基因片段长度一致。PCR 反应体系 15μL，对于 16S、COI、ITS 三个基因（短片段），含 10.55μL 双蒸水，1.5μL Ex *Taq* 缓冲液（浓度同上），1.2μL dNTP 混合物，正向、反向引物各 0.3μL，0.15μL Ex *Taq* 酶，1μL 新鲜菌液（培养 16h）。对于 18S、28S1、28S2（长片段），反应体系中含 9.35μL 双蒸水，1.5μL LA *Taq* 缓冲液，2.4μL dNTP 混合物，正向、反向引物各 0.3μL，0.15μL LA *Taq* 酶，1μL 新鲜菌液。PCR 反应条件为：16S、COI、ITS，95℃/5min+35×94℃/1min+55℃/1min+72℃/1min）；18S、28S1、28S2，延伸时间调整为 2min。取 5μL PCR 产物使用 1.5%琼脂糖电泳后初步检测克隆结果。将含有目的片段（长度吻合）的菌液送样测序。

DNA 测序。所有克隆样品的测序均由美吉生物（上海美吉生物医药科技有限公司）使用 ABI 3730 XL Sanger 测序仪测序。16S、COI、ITS 测序 1–6 个克隆（应对可能存在的非特异性扩增、序列多态性及假基因），分别使用载体特异性引物 M13-47 和 RV-M（表 2-2）进行正反向测序。18S、28S1、28S2 至少测序 1 个克隆，测序反应除使用 M13-47 和 RV-M 两个引物外，外加由公司设计的两对内部引物，每个克隆共由 6 个测序反应完成。最终测序公司将质粒寄回，–20℃保存。部分样品经胶回收不经分子克隆，直接在英潍捷基（上海）贸易有限公司进行测序。

2.8 DNA 序列拼接

除个别测序失败的克隆外，所有克隆序列的峰图显示出极高的准确性，在拼接过程中正向与反向序列几乎完全一致，提高了扩增和序列拼接的工作效率。通过 DNAMAN 5 软件（Lynnon Biosoft）将正向和反向序列拼接成一条序列，并通过寻找目的引物去除两侧的载体序列。16S、COI、ITS 使用 2 条序列拼接而成，18S、28S1、28S2 由 6 条序列拼接而成，28S 进一步由 28S1 和 28S2 拼接而成。

所有序列经 GenBank 进行在线比对分析（http://blast.ncbi.nlm.nih.gov/Blast.cgi），将非水螅序列排除。本研究已将部分序列上传至 GenBank 并公开获取（Song *et al.* 2016a，2016b; Song *et al.* 2018）。基于本研究的测序结果，16S、COI、18S、28S 的长度（含引物）分别为 628–637bp、878–898bp、1789–1837bp、3175–3381bp。

2.9 DNA 序列多态性及准确性检测

序列多态性。在本研究早期，通过 PCR 产物直接测序 *Fraseroscyphus hozawai* 的线粒体基因，从未获得成功。所得到的峰图表现为多峰，后来发现是由较高的序列多态性所致。在使用分子克隆技术后，这一问题得到解决。为了探讨可能的序列多态性原因，本研究以 *F. hozawai* 和 *Symplectoscyphus tricuspidatus* 为例，分别克隆多个样品的 16S rRNA 和 COI 序列来推测存在序列多态性的可能原因。上述两个物种的单倍型（haplotype）使用 DnaSP 4.10 软件（Rozas *et al.* 2003）分析，参数为包括不变位点、考虑间隔与缺失位点（included invariable sites，considered sites with gaps/missing）。

为了避免序列多态性及可能的非特异性扩增影响，本研究中大部分序列通过分子克隆获得。对于 5 条通过 PCR 产物直接测序获得并已发表的序列 KR085165-KR085169（Song *et al.* 2016a），本研究补充了它们的克隆序列，进一步确认了它们的准确性。本研究中所获得的克隆序列可用于准确评估比较不同海区或不同群体样品间的遗传差异。

遗传距离。种间及种内的遗传距离估算方法参照 Ortman 等（2010），在 MEGA 6.0 中通过以下参数计算："Kimura 2-parameter model including Transitions and Transversions; Gamma distributed rates among sites，Gamma parameter = 1, same (homogeneous) pattern among lineages; complete deletion of gaps/missing data"。

潜在的问题序列。以水螅 *Eleutheria dichotoma* Quatrefages, 1842 (Hydrozoa: Cladonematidae) 16S rRNA 二级结构域 I–III 为参照（Ender & Schierwater 2003），分析本研究克隆到的水螅 16S rRNA 序列在这三个结构域内的插入与缺失变化，由于明显的插入或缺失可能会影响 rRNA 二级结构的稳定性，影响其行使正常功能，进而从侧面推测部分异常序列出现的可能原因，如 PCR 扩增期间发生的错误、线粒体异质性、存在线粒体假基因（nuclear mitochondrial DNA，NUMT）等。

对于 COI 序列，将所获序列与两列笔螅 *Pennaria disticha* Goldfuss, 1820 的部分线粒体基因组（Kayal *et al.* 2012，GenBank 登记号 JN700950）进行比对，结合在线可读框（open reading frame，ORF）查找与翻译（http://www.ncbi.nlm.nih.gov/gorf/gorf.html），凭本研究中所使用的引物扩增、克隆得到的 COI 序列，理论上可通过代码 4（Code 4：Mold，Protozoan，and Coelenterate Mitochondrial and the

Mycoplasma Code），在 28 至 897 位点之间使用可读框“+1”（Frame +1）翻译成蛋白质。对于不能按照上述方式翻译的 COI，如在序列中检测到终止密码子（termination condon），则假定可能是有问题的序列。为了避免这类序列影响分子系统学分析，本研究中仅使用通过上述方法检测的序列。对于存在较高线粒体序列多态性的物种，除了要满足上述检查之外，在建树时笔者尽量选用同一物种不同样品间所共有单倍型，如 *Fraseroscyphus hozawai* 和 *Symplectoscyphus tricuspidatus* 的 16S rRNA 分别选用了 KT190714 和 KT190735 两条出现次数最多的单倍型序列。

2.10 分子系统学

进化树设计。参照 Moura 等（2011）的分析方法，本研究通过最大似然法（maximum-likelihood phylogenetic analysis，ML）和贝叶斯法（Bayesian inference analysis，BI）构建系统进化树。若两种建树方法所得到的拓扑结构基本一致，则仅保留 ML 的拓扑结构，在 ML 树上标注 BI 后验概率值，如差别较大，则分别显示。

本研究共构建 8 棵进化树（详见第 3 章），分别用于不同的研究目的。其中图 3-2（COI，16S）用于示意在 *Fraseroscyphus* 属中可能存在的线粒体假基因；图 3-3（16S）则显示全球已测序的 90 余种桧叶螅的分子系统发育关系；图 3-4 为使用本研究所获得的 COI 序列构建的系统树；图 3-5（16S）、图 3-6（16S）、图 3-7（16S+18S+28S）用以显示 *Fraseroscyphus* 属和 *Bicaularia* 属的分子系统学位置；图 3-8（16S）和图 3-9（16S+18S+28S）用以显示 *Xingyurella* 属的分子系统学位置。本研究将部分形态学数据注释在进化树上（图 3-7–图 3-9），可直观地显示分子和形态数据，并进行关联分析。

在 GenBank 中获取的序列主要来自 Govindarajan 等（2006）、Cartwright 等（2008）、Moura 等（2008，2011）、Leclère 等（2009）、Ortman 等（2010）、Peña Cantero 等（2010）、Maronna 等（2016）、Peña Cantero 和 Sentandreu（2016）等已发表的序列，或由 C.W. Cunningham（杜克大学）和 P. Schuchert（MHNG）直接上传的序列，在本研究的进化树上对它们的 GenBank 登记号进行了标示，部分序列信息已在笔者发表的文章中（Song *et al.* 2016a，2016b；Song *et al.* 2018）列出。通过预先构建一系列进化树（文中未显示），对本研究及已发表的序列进行筛选，优先考虑模式种以及已发表进化树（Leclère *et al.* 2009；Peña Cantero *et al.* 2010；Moura *et al.* 2011；Maronna *et al.* 2016）上的代表性进化支，排除了一些可能错误的序列，排除了较短的序列。

进化树构建。结合所选基因及序列的可获取性，外类群分别选定为 *Clytia hemisphaerica* (Linnaeus, 1767)、*C. languida* (L. Agassiz, 1862) 或 *Obelia* sp.等较原始的被鞘螅水螅种类。序列在软件 Mafft V7.149（Katoh & Toh 2008）中使用 E-INS-i 算法（Maronna *et al.* 2016）参数进行比对，在软件 MEGA V6.0（Tamura *et al.* 2011）

中将序列两侧修剪、对齐，后在 CLUSTAL X V1.83（Thompson *et al.* 1997）中转化为 PHYLIP 格式，之后使用软件 Modeltest 3.7（Posada & Crandall 1998）或 jModeltest V2.1（Darriba *et al.* 2012）依据 Akaike 信息标准选定替换模型，然后使用软件 PhyMl V3.2（Guindon *et al.* 2010）构建 ML 树。ML 拓扑结构的分支置信度，基于 1000 次重复抽样进行自展检验分析（non-parametric bootstrap）。最后将 PhyML 生成的进化树在 MEGA 中显示，之后复制到 Microsoft Power Point（PPT）2003 中对学名进行标示。对于多基因（16S、18S、28S）建树，按照上述方法对各基因分别比对、对齐，之后串联。将串联后的序列在软件 PAUP 4.0（美国史密森学会）中进行序列合并后的一致性检验（incongruence length difference，ILD），然后将所得的 P 值与普遍接受的两个可以对多基因进行串联分析的标准 $P>0.05$（Farris *et al.* 1994）或 $P>0.01$（Cunningham 1997）进行比较。

贝叶斯树构建时使用与相应的 ML 树相同的数据和进化模型，参照 Schuchert（2014）中使用的参数在软件 MrBayes 3.2.6（Huelsenbeck & Ronquist 2001；Ronquist *et al.* 2012）中构建，BI 树拓扑结构分支置信度使用贝叶斯后验概率值（Bayesian posterior probability value）检验。根据 Schuchert（2014）所使用的参数，本研究中所使用的脚本如下，进化树的标示方法同 ML 树。

```
Begin mrbayes; log start filename = pzg.log append; set autoclose = yes;
outgroup 2048 (depending on different trees);
Lset nst = 6rates = invgamma (depending on differnet models for different trees);
Prset statefreqpr = dirichlet (1,1,1,1);
mcmc ngen = 10000000printfreq = 1000samplefreq = 1000nchains = 8savebrlens = yes filename = DT008 (depending on different trees);
sumt contype = allcompat Relburnin = yes;
begin data.
```

2.11　进化特点分析

为了便于分子系统进化树的解读，特别是物种最为丰富的 16S 树，关联分子和形态数据，笔者对已有分子序列的物种和各属的模式种共 103 个物种的 50 个形态特征进行了统计，包括群体形态、分枝模式、芽鞘及生殖鞘形态、附着盘、育儿袋、生活史（是否具退化的水母体阶段）等，详见附录 2。主要数据来源包括本研究中所检查的标本、相关物种的原始描述（使用本研究已电子化的原始描述数据）、Morphbank 中部分 16S 序列（Moura *et al.* 2011）对应的物种图片（http://www.morphbank.net/）及相关文献资料。另一个表格对 *Fraseroscyphus* 等属的 16 个形态特征进行了比较，详见第 3 章表 3-4。

第 3 章　分子系统发育

3.1　形态分类学争议示例

（1）螅枝或生殖鞘从芽鞘内生出

在本书第 1 章绪论 1.4 节中所提到，*Fraseroscyphus* 属的分类学争议，是我们检查属的有效性，结合形态和分子数据评估原属级鉴别特征适用性、指定新鉴别特征的一个代表性案例。依据“生殖鞘从芽鞘内生出”这一特征，Boero 和 Bouillon（1993）将 *Fraseroscyphus* 属从 *Symplectoscyphus* 属中分出。而通过回顾所有桧叶螅科种类的原始描述及部分分类学专著，这一特征并非仅存在于 *Fraseroscyphus* 中，它还在 *Dynamena*、*Gonaxia*、*Polysertularella*、*Sertularella*、*Sertularia*、*Staurotheca* 及 *Symplectoscyphus* 等其他 7 个属的部分物种中不规律地出现（表 3-1）。经检查 *Fraseroscyhus* 属模式种 *F. sinuosa* 的模式标本和其他采自模式产地的标本（SBMNH347307、MBM280124、CAS14589），表明本属的模式种也具“生殖鞘从芽鞘内生出”这一特征。进一步的文献回顾显示，在桧叶螅科中，“螅枝从芽鞘内生出”这一特征也不是 *Fraseroscyphus* 所独有的，它还存在于 *Abietinaria*、*Sertularella*、*Sertularia* 及 *Symplectoscyphus* 等 4 个属的部分物种中（表 3-1）。“螅枝或生殖鞘从芽鞘内生出”不规律地出现在部分属，表明这两个形态特征在桧叶螅科分类中的价值有待商榷，或者它们在系统学或进化上的指示意义未被充分挖掘。

表 3-1　螅枝或生殖鞘从芽鞘内生出的桧叶螅科记录

	学名	参考文献
螅枝	*Abietinaria abietina* (Linnaeus, 1758)	Kudelin（1914）
	A. gracilis Nutting, 1904	Nutting（1904）
	Fraseroscyphus hozawai (Stechow, 1931)	本研究
	F. macrogonus (Trebilcock, 1928)	本研究
	Sertularella flabellum (Allman, 1885)	Allman（1885）; Billard（1910）; Millard（1975）
	Sertularia birulae Schydlowsky, 1901	Kudelin（1914）
	Sertularia pumila Linnaeus, 1758	Kudelin（1914）
	Sertularia tenera Sars, 1874	Kudelin（1914）
	Sertularia tongensis (Stechow, 1919)	Stechow（1919a）；本研究
	Symplectoscyphus dentiferus (Torrey, 1902)	Torrey（1902）

续表

	学名	参考文献
生殖鞘	*Dynamena crisioides* Lamouroux, 1824	Billard（1925）
	D. crisioides (as *Thuiaria tubuliformis* Marktanner-Turneretscher)	Hargitt（1927）
	D. disticha (Bosc, 1802)	Galea（2008）
	Gonaxia compacta Vervoort, 1993	Vervoort（1993）
	G. compacta Vervoort, 1993	Vervoort（1993）
	Polysertularella polyseriata Antsulevich, 2011	Antsulevich（2011）
	Sertularella billardi Vervoort, 1993	Vervoort（1993）
	Staurotheca vervoorti (El Beshbeeshy, 1991)	Peña Cantero 和 Vervoort（2003）
	* *Sertularella* sp.?	Inaba（1890）
	* *Sertularella* sp.?	Inaba（1890）
	* *Sertularella solidula* Bale, 1882	Stechow（1913a）
	* *Sertularella sinuosa* Fraser, 1948	Fraser（1948）
	* *Sertularella sinuosa* Fraser, 1948	Fraser（1948）
	* *Fraseroscyphus sinuosus* (Fraser, 1948)	Tang 和 Huang（1986）
	Fraseroscyphus hozawai (Stehcow, 1931)	本研究
	F. hozawai (Stehcow, 1931)	本研究
	§ *Sertularella irregularis* Trebilcock, 1928	Ralph（1961a）
	Fraseroscyphus irregularis (Trebilcock, 1928)	本研究
	F. irregularis (Trebilcock, 1928)	本研究
	▲ *Sertularella macrogona* Trebilcock, 1928	Trebilcock（1928）
	Fraseroscyphus macrogonus (Trebilcock, 1928)	本研究
	F. macrogonus (Trebilcock, 1928)	本研究
	Symplectoscyphus sp.2	Galea 和 Schories（2012）
	▪ *Sertularia tongensis* Stechow, 1919	Galea（2010）
	▪ *Sertularella thecocarpa* Jarvis, 1922	Galea（2010）
	▪ *Sertularella minuscula* Billard, 1924	Jarvis（1922）；Morri 等（2009）
	▪ *Sertularia stechowi* Hirohito, 1995	Hirohito（1995）
	▪ *Sertularia stechowi* Hirohito, 1995	Hirohito（1995）

注：在本研究中，使用“*”、“§”、“▲”、“▪”标记的物种，已分别被修订为 *Fraseroscyphus hozawai*、*F. irregularis*、*F. macrogonus*、*Bicaularia tongensis*。

（2）芽盖表面具褶

芽盖的数量在桧叶螅科属级形态分类中占据重要地位，芽盖表面的精细结构是否具有分类学价值尚需探讨。Antsulevich 和 Vervoort（1993）依据芽盖中间具褶且芽盖呈蝶形，建立蝶盖螅属 *Papilionella*。Antsulevich（1988）认为在桧叶螅科内，这种特殊的芽盖可能处于芽盖多瓣和芽盖单瓣种类的中间阶段。由于尚无分子序列信息，其分子系统学地位未知。进一步的文献调研发现，芽盖具褶结构存在于 *Dynamena bilamellata* Watson, 2000、*D. cornicina* Mc Crady, 1859、*D. crisioides* Lamouroux, 1824、*D. decipiens* Levinsen, 1913、*D. inflate* (Versluys, 1899)（Vervoort 1968）、*D. mertoni* (Stechow & Müller, 1923)（Watson 2000）、*D. vervoorti*、*Sertularia malayensis* Billard, 1924、*Idielana pristis* (Lamouroux, 1816)等 11 种桧叶螅科种类中，详细的文献出处见表 3-2。

表 3-2　芽盖具褶状结构的桧叶螅科记录

学名	数量		参考文献
	瓣数	具褶瓣数	
Bicaularia tongensis (Stechow, 1919)	2	2（近茎瓣、远茎瓣）	Morri 等(2009)as *Sertularia thecocarpa*, Galea（2010）as *Sertularia tongensis*
Dynamena bilamellata Watson, 2000	2	1（近茎瓣）	Watson（2000）
D. disticha (Bosc, 1802)	2	1（近茎瓣）	Billard（1925），Vervoort（1941，1967）as *Dynamena cornicina*
D. crisioides Lamouroux, 1824	2	1（近茎瓣）	Vervoort（1968），Song（2006）
D. decipiens (Levinsen, 1913)	2	1（近茎瓣）	Levinsen（1913）
Sertularia marginata (Kirchenpauer, 1864)	2	1（近茎瓣）	Vervoort（1968）as *Sertularia inflata*
S. mertoni (Stechow & Müller, 1923)	2	1（近茎瓣）	Watson（2000）as *Dynamena mertoni*
S. vervoorti Migotto & Calder, 1998	2	1（近茎瓣）	Migotto 和 Calder（1998）
Idiellana pristis (Lamouroux, 1816)	1	1（近茎瓣）	Hirohito（1995），Song（2006）
Papilionella spasskii (Fenyuk, 1947)	1	1（近茎瓣）	Antsulevich 和 Vervoort（1993），Bouillon 等（2006）
Sertularia malayensis Billard, 1924	2	1（近茎瓣）	Billard（1925），Vervoort 和 Vasseur（1977）

本书另一个代表性研究案例是 *Sertularella tongensis* Stechow, 1919，在本研究中提升为双褶螅新属 *Bicaularia*，可通过两瓣具褶的芽盖与其他桧叶螅属相区分。其分类学地位历经百年，终于通过芽盖的扫描电镜结构和分子系统学证据得以解决，详见本书第 4 章 4.6 节。

（3）群体、生殖鞘特征较少用于形态分类

通过回顾所有 600 多种桧叶螅的原始描述及本研究中所检查的 100 多种桧叶螅，仅凭过去常用的属级分类依据，如 Bouillon 等（2006）使用的芽鞘缘齿数目、芽盖数据等）不足以区别桧叶螅科的 33 个属。笔者已观察到群体特征、分枝模式、生殖鞘形态上的规律变化，但这三方面的特征很少被选定为属级鉴别特征。

以生殖鞘为例，图 3-1 示 20 余种桧叶螅科与盾杯螅科代表性生殖鞘的形态图，在列出的几种小桧叶螅属 *Sertularella* 种类中（图 3-1C-V）可观察到生殖鞘表面的环纹与棘刺的有无、生殖鞘末端齿数等特征的较大变化。本书依据形态和分子数据，将生殖鞘的形态特征选定为区分属的依据，建立星雨螅新属 *Xingyurella*，详见本书第 4 章 4.7 节。

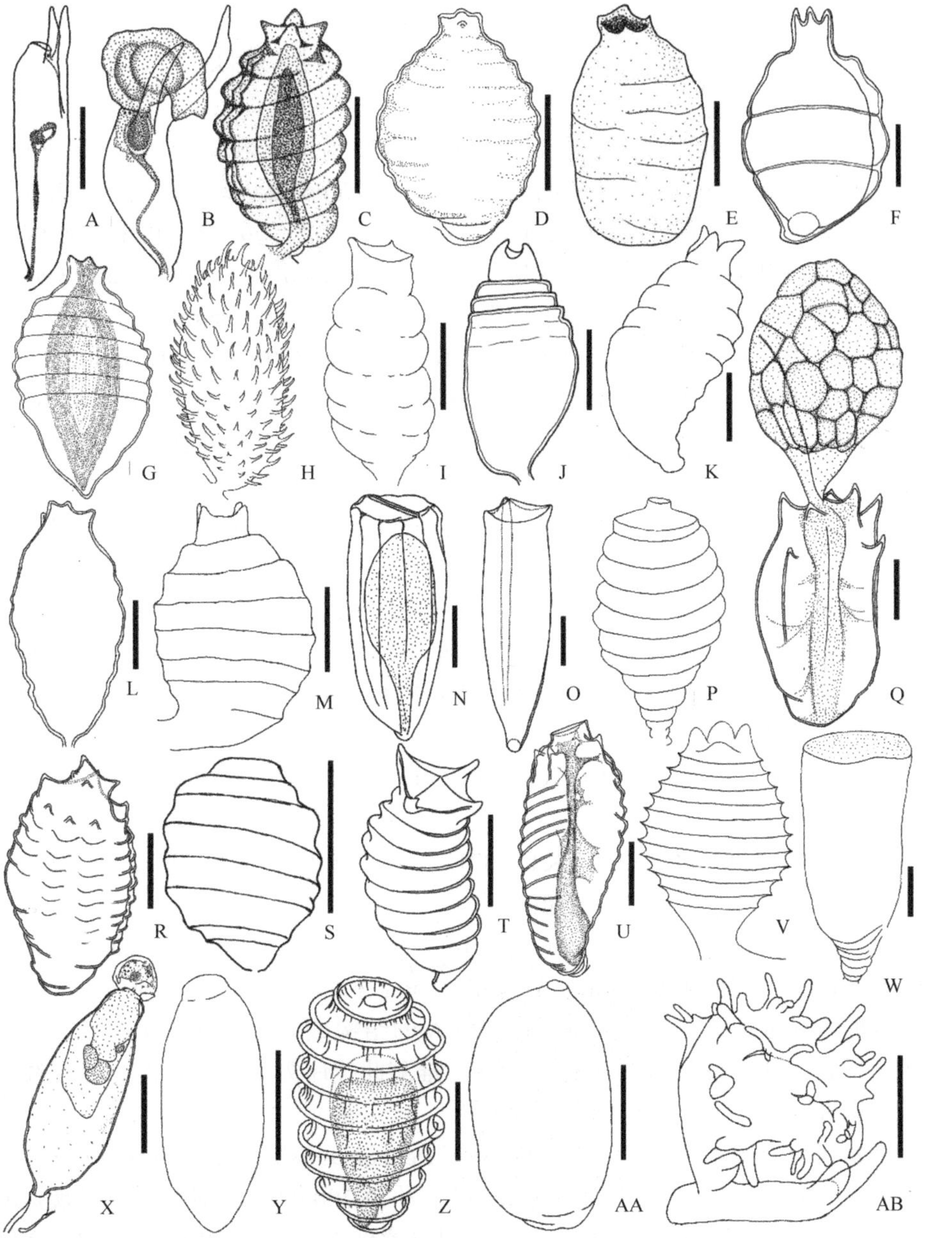

图 3-1　桧叶螅科与盾杯螅科代表性生殖鞘形态图

A–B，*Sertularia robusta*，A 为雄性，B 为雌性；C，*Sertularella mediterranea*；D，*S. ornata*；E，*S. polyzonias*；F，*S. ellisi*；G，*S. africana*；H，*Xingyurella pedrensis*；I，*Sertularella simplex*；J，*S. gayi*；K，*S. robusta*；L，*S. sanmatiasensis*；M，*S. rugosa*；N，*S. diaphana*；O，*S. acutidentata*；P，*S. albida*；Q–R，*S. inabai*，Q 为雌性，R 为雄性；S，*S. mirabilis*；T，*S. quadridens*；U，*S. spirifera*；V，*Calamphora parvula*；W，*Thyroscyphus ramosus*；X，*Fraseroscyphus hozawai*；Y，*Antarctoscyphus elongatus*；Z，*Symplectoscyhus tricuspidatus*；AA–AB，*Staurotheca antarctica*，AA 为雄性，AB 为雌性。参考文献：A–AB，Song 等（2019）。比例尺：G、H、P、V 比例尺未知，其他为 0.5mm

3.2 DNA 序列多态性与假基因

在本研究中，分子序列的多态性提高了测序和分析难度，增加了研究成本。以 *Fraseroscyphus hozawai* 和 *Symplectoscyphus tricuspidatus* 为例，笔者通过分子克隆技术来研究这两个物种不同样品间的序列多态性，并推测可能的原因。它们的序列多态性如图 3-2 和表 3-3 所示。从 *F. hozawai* 或 *S. tricuspidatus* 同一群体、同一水螅片段上分别获得到的 16S 和 COI 平行克隆（paralyzed clone）具有一定的多态性：*F. hozawai*（遗传距离：16S，0.000–0.052；COI，0.000–0.061；18S，0.000–0.001；28S，0.002），*S. tricuspidatus*（16S，0.000–0.008；COI，0.000–0.006；18S，0.007；28S，0.002）。前者的 16S 和 COI 两个基因的序列多态性均高于后者。

分别对这两个物种的 16S 和 COI 序列进行比对（限于篇幅，未显示比对结果），检测到多处单核苷酸缺失和插入，可能是线粒体异质性所引起。然而在 *F. hozawai* 中检测到明显的 2 处多核苷酸缺失和 1 处多核苷酸插入：

1）与其他 16S 单倍型相比，在单倍型 F10 中，在 324 至 331 位点间缺失 8 个核苷酸，该单倍型在本研究中共检测到 3 次，GenBank 序列号分别为 KT190723、KT190732、KT190733。

2）在它的 COI 单倍型 F19（KT190750），在 210 至 227 位点缺失 18 个核苷酸。

3）在它的 16S 单倍型 F1（KT190715）、F2（KT190727）和 F3（KT190716）中，在 281 至 282 位点插入 2 个核苷酸。

对比水螅 *Eleutheria dichotoma* Quatrefages, 1842（Hydrozoa: Cladonematidae）16S rRNA 的二级结构域（Ender & Schierwater 2003），上述第一种和第三种明显的核苷酸缺失或插入主要发生在 16S rRNA 的结构域 II 上，可能影响其二级结构成环，导致无法行使相应的生物学功能。推测此类序列多态性可能与存在线粒体假基因有关。

将本研究获得的 COI 序列与两列笔螅 *Pennaria disticha* Goldfuss, 1820 的线粒体基因组（Kayal *et al.* 2012，GenBank 登记号 JN700950）比对分析后发现，所获得的 COI 理论上的正确翻译方式为：使用可读框“+1”在 28 至 897 位点之间翻译成 1 段蛋白质。应用同样的翻译方式，分别在 13 个 *F. hozawai* COI 单倍型和 11 个 *S. tricuspidatus* 单倍型中检测到终止密码子（termination condon），无法正常翻译，其中包括上述所提及的第二种多核苷酸缺失情况（F19），其他不能正常翻译的序列，详见图 3-2 中的标示。

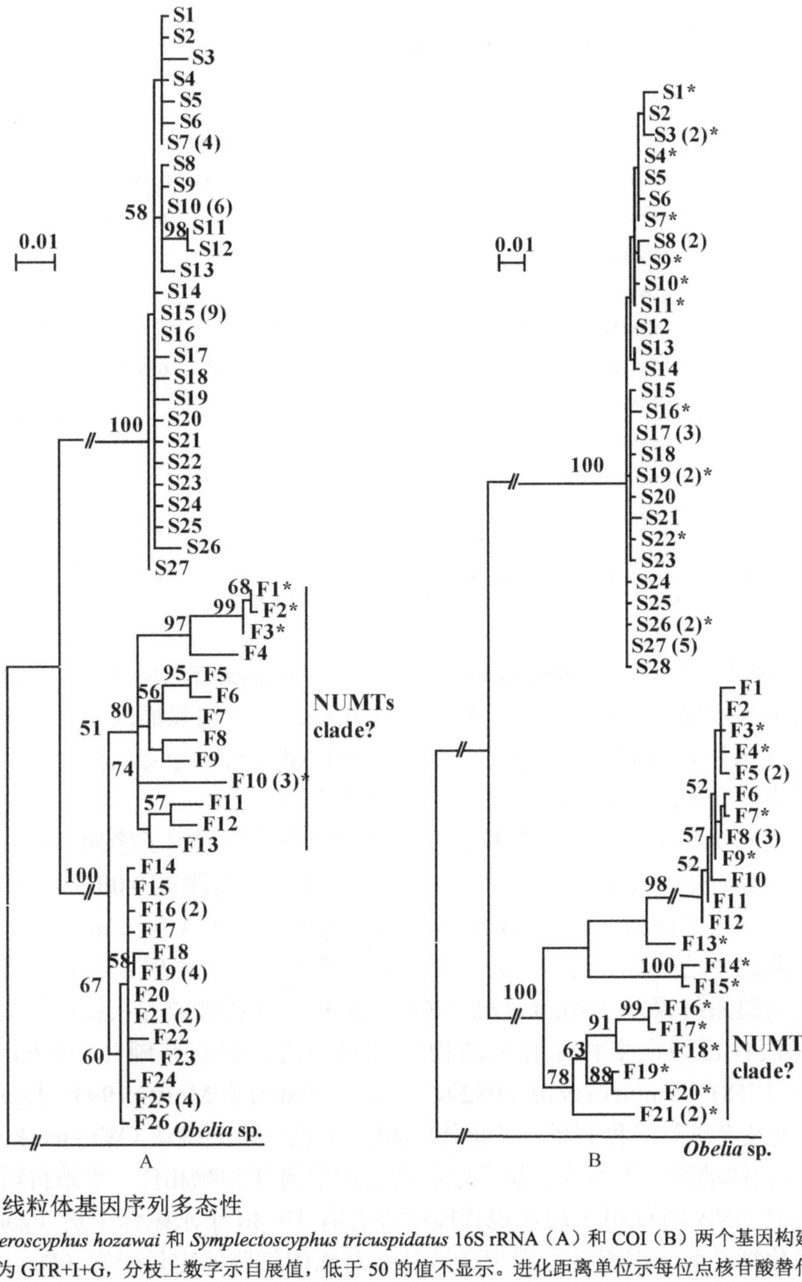

图 3-2　线粒体基因序列多态性

基于 *Fraseroscyphus hozawai* 和 *Symplectoscyphus tricuspidatus* 16S rRNA（A）和 COI（B）两个基因构建的 ML 树。进化模型为 GTR+I+G，分枝上数字示自展值，低于 50 的值不显示。进化距离单位示每位点核苷酸替代数为 0.01。括号中数据示本研究中“挑到”该单倍型克隆的次数。“*”示具问题的序列，在 16S rRNA 二级结构的结构域 II 中检测到明显的碱基插入或缺失，或 COI 序列在翻译过程中检测到内部终止密码子（翻译失败）。建树所使用的单倍型序列（参数设置：包括不变位点，考虑缺失/间隔位点）的样品信息及 GenBank 登记信息见 Song 等（2016b）

表 3-3 *Fraseroscyphus hozawai* 与 *Symplectoscyphus tricuspidatus* 种间及种内遗传距离统计表

基因	物种	标本号	克隆数	MBM280006	MBM280015	MBM240527	MBM240558
16S	*F. hozawai*	MBM280006	10	0.002–0.048*			
16S	*F. hozawai*	MBM280015	11	0.000–0.050	0.000–0.052*		
16S	*S. tricuspidatus*	MBM240527	5	0.103–0.141	0.103–0.144	0.000–0.005*	
16S	*S. tricuspidatus*	MBM240558	6	0.103–0.144	0.103–0.146	0.000–0.011	0.000–0.008*
COI	*F. hozawai*	MBM280006	7	0.000–0.059*			
COI	*F. hozawai*	MBM280015	2	0.003–0.062	0.061*		
COI	*S. tricuspidatus*	MBM240527	6	0.173–0.200	0.179–0.199	0.000–0.006*	
COI	*S. tricuspidatus*	MBM240558	6	0.172–0.196	0.179–0.195	0.002–0.007	0.000–0.005*
18S	*F. hozawai*	MBM280006	2	0.001*		—	
18S	*F. hozawai*	MBM280015	2	0.001	0.000*	—	
18S	*S. tricuspidatus*	MBM240558	2	0.206–0.210	0.207–0.210	—	0.007*
28S	*F. hozawai*	MBM280006	2	0.002*	—	—	
28S	*S. tricuspidatus*	MBM240558	2	0.254–0.259	—	—	0.002*

* 同一样品的不同克隆，取自同一群体上的同段螅茎或螅枝。“—”示无数据。

如图 3-2 所示，与 *S. tricuspidatus* 相比，*F. hozawai* 的 16S 和 COI 两个基因在进化树上均形成明显的两大支。然而 *F. hozawai* 具有明显插入和缺失的有问题序列在 16S 树和 COI 树上均未出现，笔者人为地将这两个分支标记为“疑似线粒体假基因支”（NUMT clade?），需未来进一步确认。

除上述两个物种外，笔者在其他分析的物种中均检测到了序列多态性，包括在深海物种 *Sertularia xuelongi* 的正模中（16S rRNA 遗传距离 0.002–0.006），还包括 2 种被鞘螅类（*Obelia* sp.、*Clytia* sp.）和 1 种裸芽螅类（*Tubularia* sp.）中。因此可以推测这一遗传现象可能广泛存在于水螅虫纲中。这种现象可能归因于 PCR 过程中的实验系统误差（Voigt *et al.* 2004）、线粒体异质性或存在线粒体假基因。线粒体异质性已经在多种无脊椎动物中得到确认，如石珊瑚 *Lophelia pertusa* (Linnaeus, 1758)（Emblem *et al.* 2012）、昆虫（Meusel & Moritz 1993；Lou 2013）等，在人类及老鼠等多种脊椎动物的不同组织中也已得到确认（Wallace & Chalkia 2013）。与软体动物、鱼类等容易获取肌肉组织的海洋动物相比，水螅材料小而细长。在提取 DNA 时使用 1 段水螅片段中却含有 10–30 个水螅体个员（zooid）及共有的消化循环腔。根据使用组织离散技术对水螅细胞的定量研究（David 1973；Song 2006），这样 1 段水螅中可能含有多达数以万计的不同细胞类型，包括上皮细胞、腺细胞、间细胞、神经细胞、刺细胞及处于分化中的细胞。本研究中所检测到的部分单核苷酸差异可能与不同水螅个员或不同细胞类型细胞线粒体序列的异质性有关。序列多态性也可能与线粒体假基因有关（Bensasson *et al.* 2001）。为了降低潜在假基因及其他非特异扩增因素的影响，在实验室切胶回收时，我们仅切取符合目标长度的电泳片段，在建树时仅使用通过上述排查的序列。

限于本书的研究主题，我们无法进一步确认序列多态性的具体原因，未来通过将线粒体提纯后进行扩增测序（Lou 2013），或通过荧光原位杂交（fluorescence in situ hybridization，FISH）技术（Kim *et al.* 2006），有可能查明其原因。

此外，核基因的序列多态性也应引起足够的重视，尽管我们在 18S 和 28S 中所检测到的多态性较低，但 Schuchert（2014）通过分子克隆技术在羽螅 *Plumularia setacea* (Hydrozoa: Plumulariidae)的 ITS1+5.8S+ITS2 基因片段中检测到了较高的多态性。使用本研究中的计算方法，其 737 号 DNA 样品获得的克隆间的遗传距离为 0.002–0.043（KF982109–KF982111）。本研究也成功获得到 30 多个物种的 ITS1+5.8S+ITS2 序列，也明显检测到了该基因在同一水螅片段上的多态性（未发表数据）。

由于序列多态性会直接影响 Sanger 法测序的准确性，降低工作效率，因此本研究中获得的序列大部分通过分子克隆技术。我们建议该领域的科学家尽量使用该技术获得分子系统学数据，确保数据准确，既能确保分子系统学分析结果，也可用于地理群体间的遗传差异与分化。

3.3　构建的分子进化树概况

由于建树用的分子标记和序列来源不同，本研究共建多棵系统进化树来反映桧叶螅科物种间的系统发育关系，分别为：16S rRNA 单基因树、COI 单基因树及 16S+18S+28S 多基因树（图 3-3 至图 3-9）。从整体上可以看出，这些树的自展值（ML 树）和后验概率值（BI 值）以 16S+18S+28S 多基因树的解析度最高，其次是 COI，而 16S 单基因建树的解析度则相对有限。16S 分子标记对北冰洋、白令海及毗邻海域冷水种的解析度有限，与另一棵与本研究相关的 16S 树（Song *et al.* 2016a）的结果一致。

在本研究中 16S 进化树是分析的重点，它包括目前所能获得的所有桧叶螅科物种的序列，共 90 条 16S rRNA 序列，每个物种 1 条序列（物种树），样品来自全球（图 3-3）。由于从 GenBank 中所获序列的长度较短（PCR 产物纯化后直接测序），经预先比对、建树分析，排除了具问题的序列和较短的序列，在两端对齐后仅 494bp，因此某些物种在图 3-3 的位置可能会与实际具一定偏差。

另一进化树包含本研究中所有成功测序样品的 COI 序列（图 3-4），包括 20 个物种的克隆序列，多为集中在北冰洋、北太平洋等北方冷水海域的冷水种，建树时每样品仅随机选取一条克隆序列，数据准确度高，比对后 900bp，序列明显

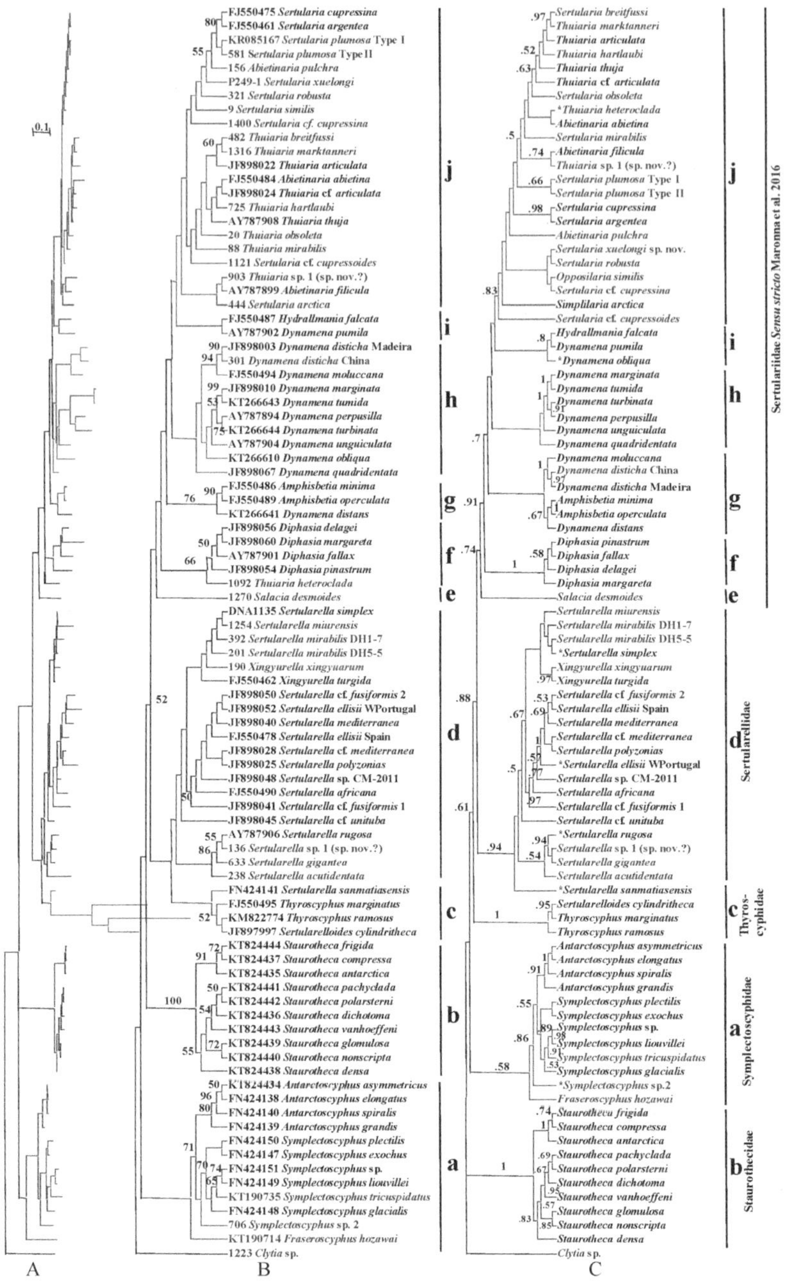

图 3-3　基于全球近 90 种桧叶螅 16S 序列构建的系统进化树（彩图请扫封底二维码）

A–B，ML 树；C，BI 树。序列长度 494bp，进化模型为 GTR+I+G，A 示系统发生图，B–C 示变换树形，A 中进化距离单位示每位点核苷酸替代数为 0.1，分枝上数字示 ML 自展值（B）和 BI 后验概率（C），低于 50 或 0.5 的值未显示。BI 树上的“*”指示与 ML 树出现在不同位置的序列。本研究贡献的序列其学名以蓝色标示，通过分子克隆获得，序列前的数字代表克隆序号

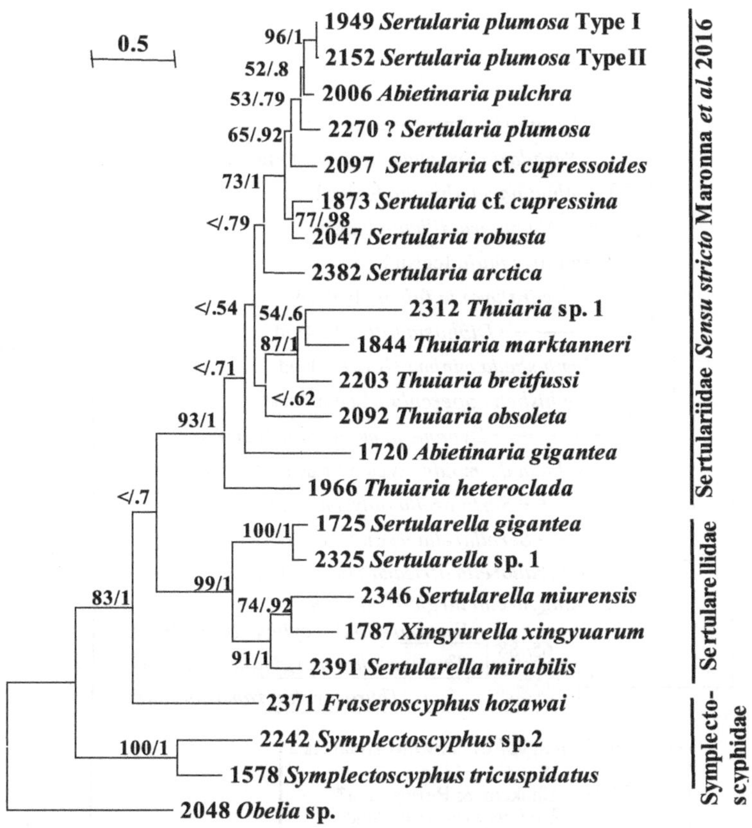

图 3-4　基于 COI 基因部分片段克隆序列（900bp）构建的 ML 树

进化模型为 GTR+I+G，ML 和 BI 树拓扑结构一致，进化距离单位示每位点核苷酸替代数为 0.5，分支上数字示 ML 自展值和 BI 后验概率，低于 50 或 0.5 的值未显示，或用“＜”标示。所有序列通过分子克隆获得，序列前的四位数字代表克隆序号

比 16S 长，但物种覆盖度有限。由于使用这套 COI 序列所建的 ML 树和 BI 树的自展值和后验概率值均较高，拓扑结构基本一致，也是重要的系统学分析依据。

多基因建树使用 16S、18S 和 28S 三个基因，更多用于研究部分种属，如 *Fraseroscyphus*、*Xingyurella*、*Bicaularia* 等属的分子系统学位置，并在进化树上增加了形态注释，便于理解；与此同时，选择 GenBank 中尽可能多的 16S 参考序列（同种多条序列），辅助 16S+18S+28S 多基因树分析（图 3-5 至图 3-9）。本研究中未纳入 COI 进行多基因建树的主要原因是 GenBank 中的参考序列过少。

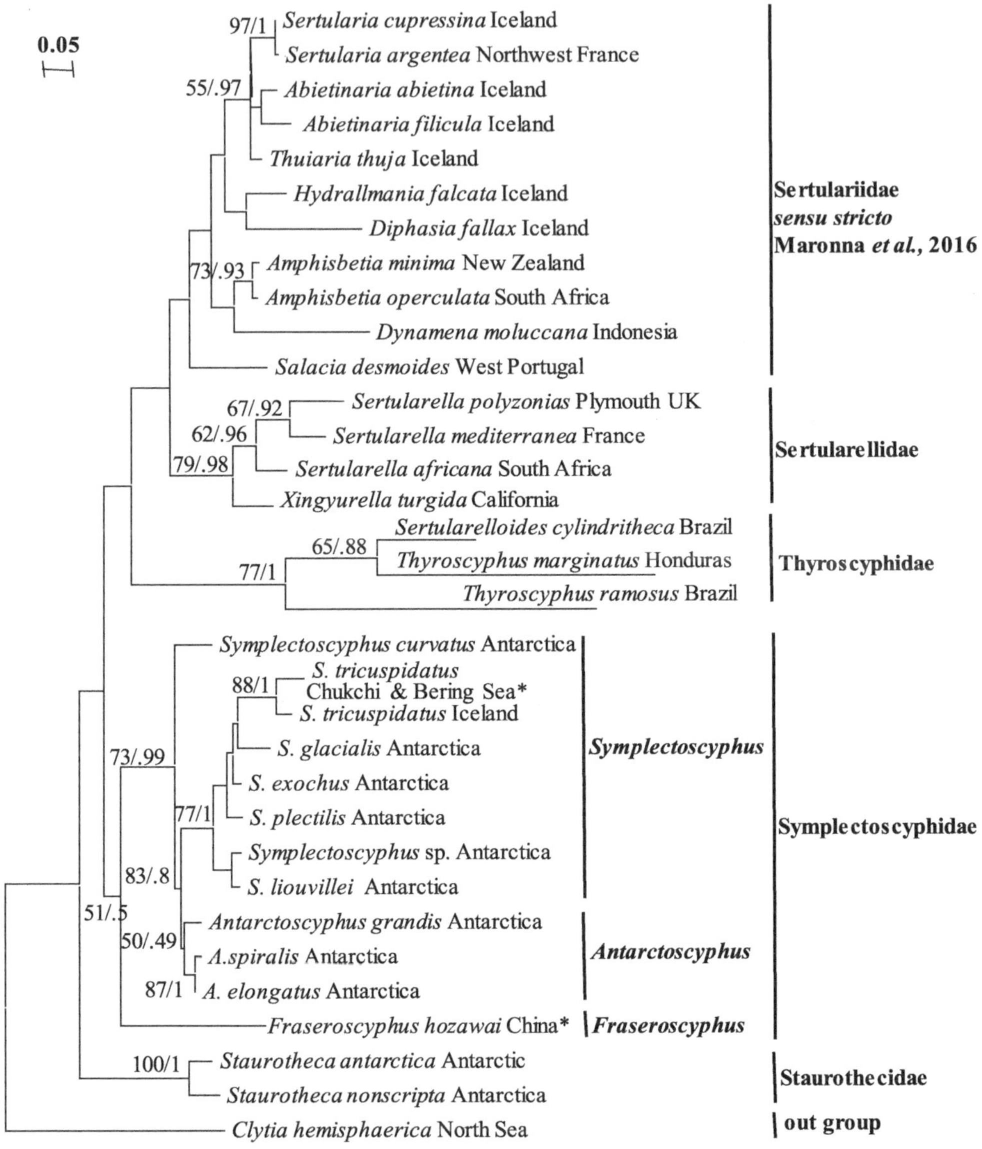

图 3-5 *Fraseroscyphus* 系统学位置（16S rRNA）

基于线粒体 16S rRNA 基因部分片段（479 bp）构建的 ML 树，进化模型为 TIM2+I+G，分支上数字示 ML 自展值和 BI 后验概率，低于 50 或 0.5 的值未显示，或用“<”标示。进化距离单位示每位点核苷酸替代数为 0.05。*为避免可能有问题的序列，*F. hozawai*（KT190714）及 *S. tricuspidatus*（KT190735）分别使用不同样品间出现次数最多的共有单倍型克隆，在比对分析过程中，在其二级结构功能域 I–III 区域未发现具明显核苷酸插入或缺失

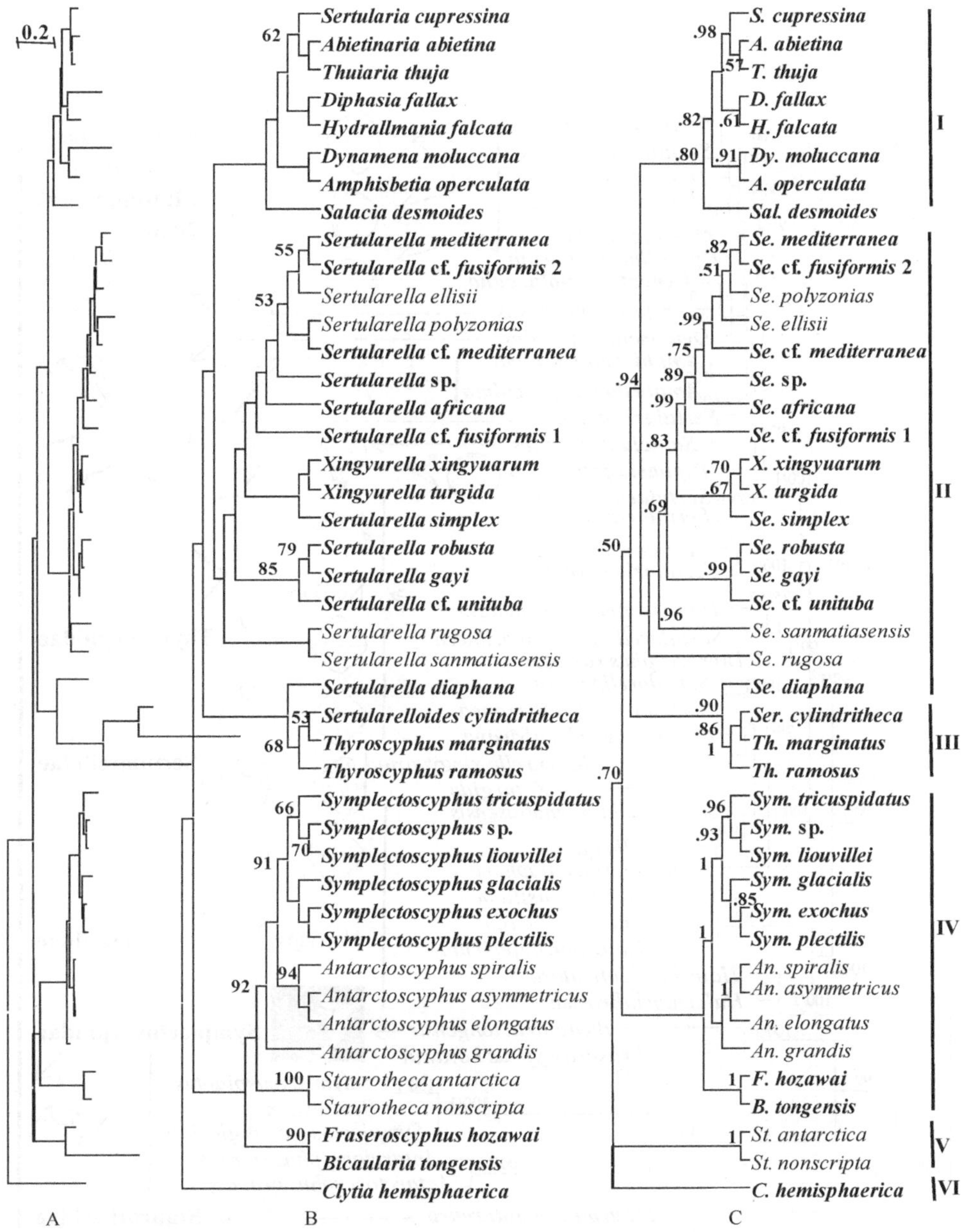

图 3-6 *Fraseroscyphus*、*Bicaularia* 系统学位置（16S rRNA）

基于线粒体 16S rRNA 基因部分片段构建的 ML 树。A–B，ML 树，C，BI 树，序列长度 483bp，进化模型为 TIM+I+G，A 示系统发生图，B–C 示变换树形，A 中进化距离单位示每位点核苷酸替代数为 0.2，分枝上数字示 ML 自展值（B）和 BI 后验概率（C），低于 50 或 0.5 的值未显示。粗体标示的物种在 ML 树和 BI 树上的位置相同。I–VI 代表的进化支分别为 Sertulariidae *sensu stricto* Maronna *et al.* 2016、Sertularellidae、Thyroscyphidae、Symplectoscyphidae、Staurothecidae 及外类群

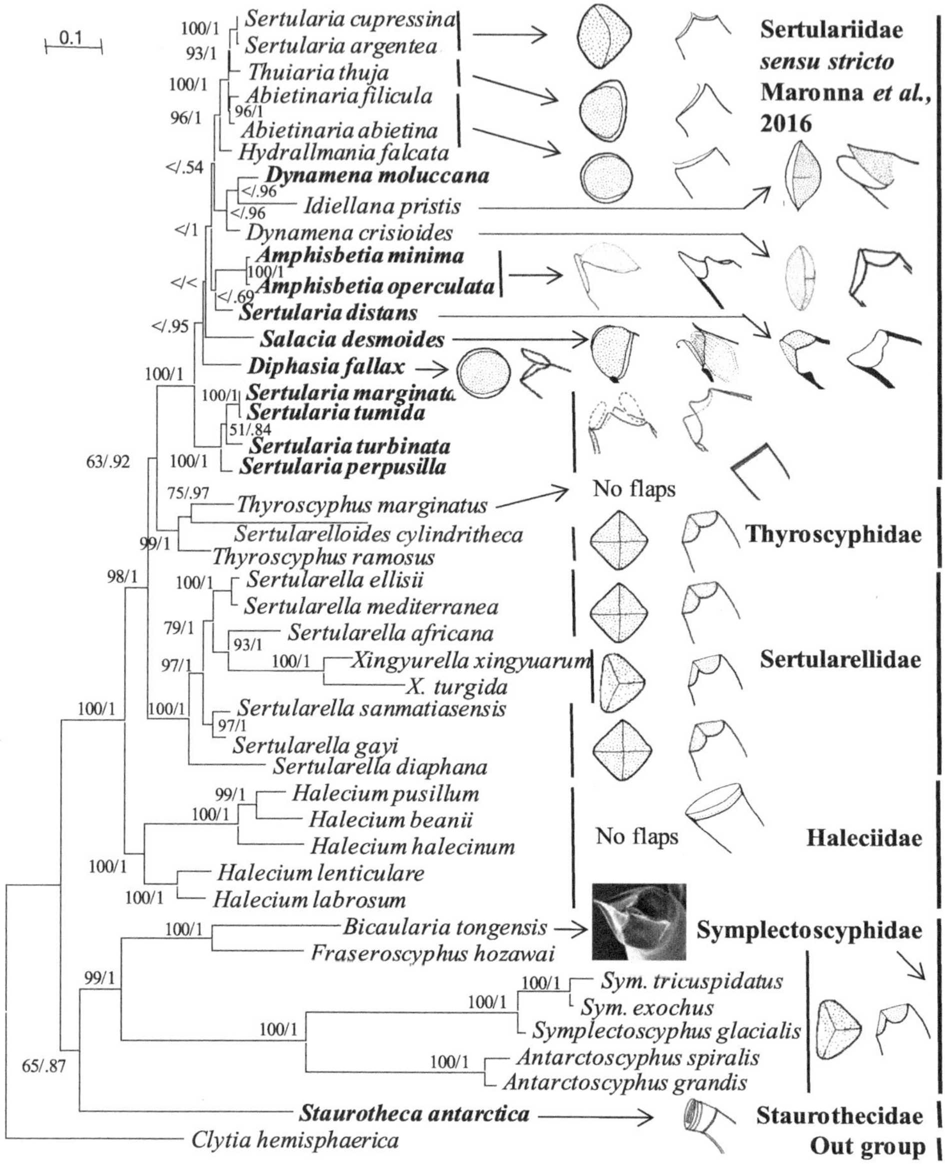

图 3-7 *Fraseroscyphus*、*Bicaularia* 系统学位置（16S+18S+28S）及巨螅目芽鞘缘齿与芽盖形态

基于 16S、18S、28S 三个 rRNA 基因部分片段（515bp、186bp、2695bp）构建的 ML 多基因树，进化模型为 GTR+I+G，分支上数字示 ML 自展值和 BI 后验概率，低于 50 或 0.5 的值未显示。进化距离单位示每位点核苷酸替代数为 0.05

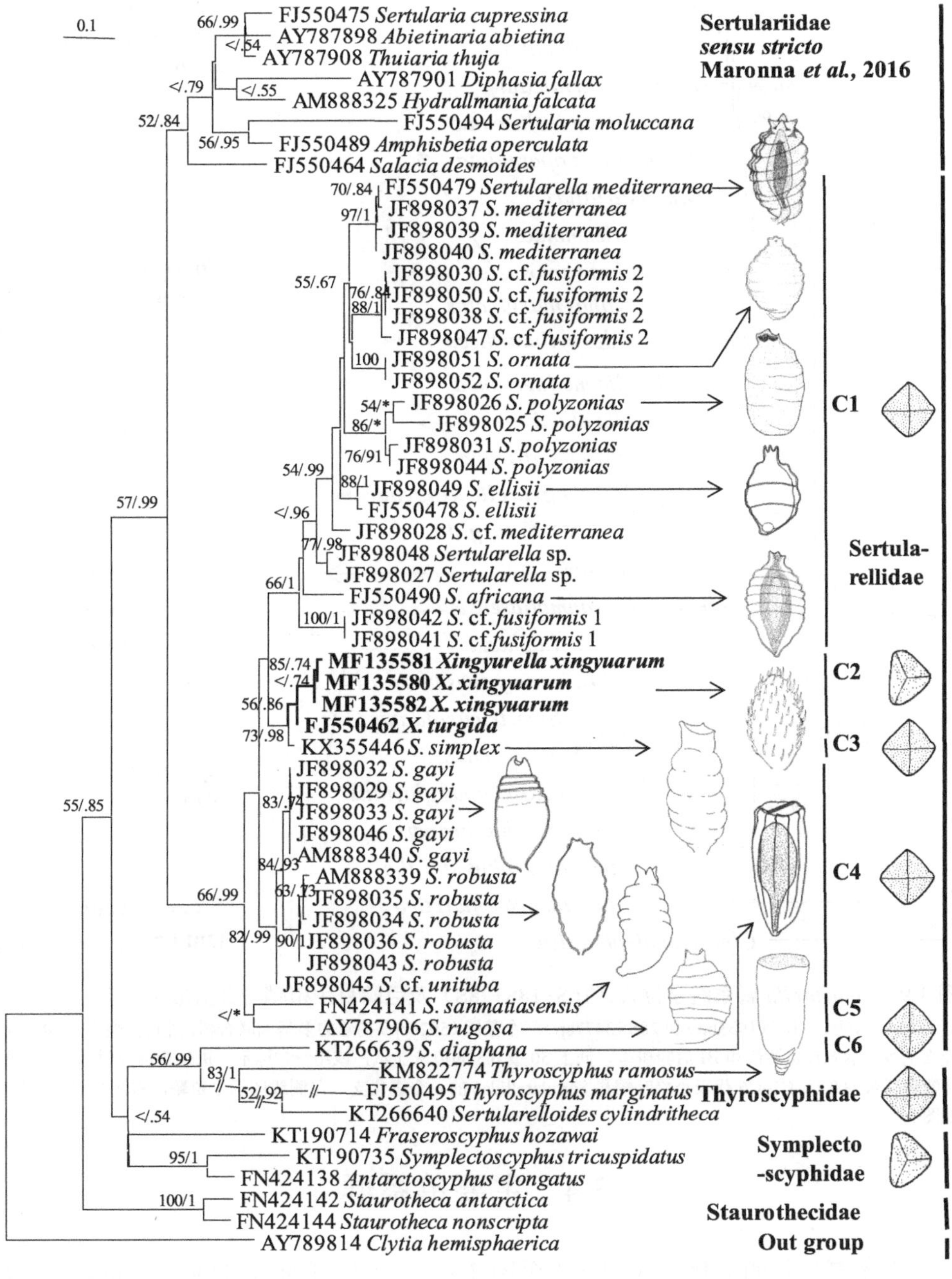

图 3-8 *Xingyurella* 属系统学位置（16S）及巨螅目生殖鞘与芽盖形态示意图

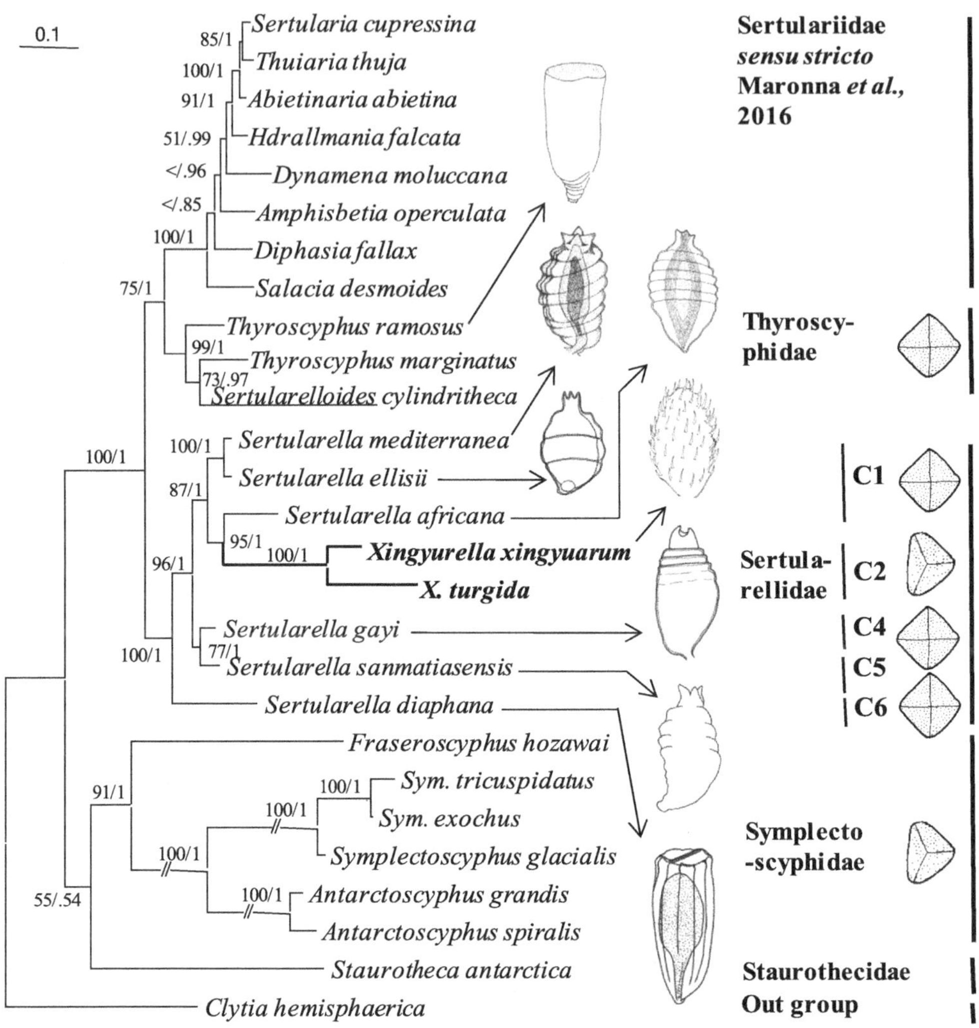

图 3-9 *Xingyurella* 属系统学位置（16S+18S+28S）及巨螅目生殖鞘与芽盖形态示意图

基于 16S（516bp）、18S（1933bp）和 28S（3477bp）三个基因（5926bp）构建的多基因联合树，进化模型为 GTR+I+G，分支上数字示 ML 自展值和 BI 后验概率，低于 50 或 0.5 的值未显示，或用"<"标示。进化距离单位示每位点核苷酸替代数为 0.1。C1–C6 代表小桧叶螅科 Sertularellidae 的 6 个进化支。左侧线图示生殖鞘，右侧线图示芽鞘俯视图

3.4 主要单系群

在本书构建的进化树（图 3-3 至图 3-9）上，盾杯螅科 Thyroscyphidae 均出现在树的中间，表明桧叶螅科并不是一个单系群，可分为 Staurothecidae Maronna *et al.*, 2016、Symplectoscyphidae Maronna *et al.*, 2016、Sertularellidae Maronna *et al.*,

2016 及 Sertulariidae *sensu stricto* Maronna *et al.*, 2016 四个单系群。这与 Peña Cantero 等（2010，16S）及 Maronna 等（2016，16S+18S+28S）使用另外两套含较少桧叶螅科分子数据所得到的建树结果基本一致，支持 Maronna 等（2016）新建议的几个新科的单系性。

在加入更多本研究获得的新序列后，可以发现 Sertulariidae *sensu stricto* Maronna *et al.*, 2016 这一单系支的物种组成远比 Maronna 等（2016）提议时的分支复杂。在图 3-3（16S）和图 3-4（COI）中，各自均至少包括 8 个单系群（支），值得结合形态特征对这一单系支进一步综合分析（见第 4 章）。

3.5 形态与分子数据综合分析

（1）十字螅科 Staurothecidae Maronna *et al.*, 2016

本研究所使用的 *Staurotheca* 属分子数据来自 Peña Cantero 等（2010）、Maronna 等（2016）及 Peña Cantero 和 Sentandreu（2016）。在所建树中，本属均聚为单系群，也支持将其提升为十字螅科 Staurothecidae。在图 3-3 中，这一单系群又可分为两支，与 Peña Cantero 和 Sentandreu（2016）一致，他们认为这两支可能最终会提升为不同的属，其中一支具 *Staurotheca antarctica*、 *S. compressa*、*S. frigida* 三个物种，它们的雌性生殖鞘基部均具长指状突起，而另一支含 *S. glomulosa* 等物种，其雌性生殖鞘则不具指状突起。结合形态和分子数据，我们同意通过上述特征进一步对 *Staurotheca* 进行细分，但由于所检查的本属种类较少，更倾向等待 Peña Cantero 等的后续修订工作。

（2）辫螅科 Symplectoscyphidae Maronna *et al.*, 2016

***Fraseroscyphus* 属的有效性。**在图 3-5（16S）、图 3-6（16S）和图 3-7（16S+18S+28S）中，*Fraseroscyphus hozawai* 与 *Symplectoscyphus* 属和 *Antarctoscyphus* 属的聚成一单系群，它位于该单系群较原始的位置，支持 *Fraseroscyphus* 属的有效性。

由于 *Symplectoscyphus curvatus*“异常”地出现在 *Symplectoscyphus* 和 *Antarctoscyphus* 两个属的外类群位置，或出现在 *Antarctoscyphus* 所在分支，这一“异常”不支持 *Symplectoscyphus* 属的单系性。经检查 *Symplectoscyphus curvatus* 的形态学数据（Totton 1930；Peña Cantero *et al.* 2002），它的生殖鞘结构更接近 *Sympectoscyphus* 属的模式种，与我们所检查过的 *Symplectoscyphus tricuspidatus* 更接近。出现这种“异常”的原因很可能与分子样品的鉴定标示错误或 DNA 数据的测序准确度低有关，若测序结果中含有一定比例的错误序列或“假”序列，容易导致相关的序列出现在进化树的外类群位置。Maronna 等（2016）将 *S. curvatus* 的序列（16S，FN424146，Peña Cantero *et al.* 2010）视为有问题的可疑序列。我

们更倾向怀疑 *S. curvatus* 的物种鉴定准确性或测序错误，需新鲜样品核实。

***Fraseroscyphus* 属原鉴别特征评估。**为了进一步评估“生殖鞘从芽鞘内生出”这一形态鉴别特征的适用性，并寻找潜在的具进化指示意义的鉴别特征，用以区分 *Fraseroscyphus* 等近似属，我们选取 16 个形态特征，对芽鞘具 3 个缘齿的相关属（另外包括 *Gonaxia*、*Geminella*、*Tamarisca* 及 *Mixoscyphus*）进行比较，优先考虑模式种和具分子序列的物种，结果如表 3-4 所示，更详细的形态比较见附录 2。如果仅考虑具有分子数据的物种，针对 *Antarctoscyphus*、*Fraseroscyphus* 及 *Symplectoscyphus* 三个属，以下形态特征在属级层面上相对稳定：螅茎分枝处具或不具垫突和腋生芽鞘，芽鞘排列列数，芽鞘近茎缘齿和远茎缘齿数目，生殖鞘顶端具或不具短领。而以下特征在种间具有明显的变化，不能用于区分这三个属，但可用作区分物种的依据，这些特征包括：螅茎是否呈明显“Z”形，生殖鞘表面光滑或具环纹甚至横褶。以上三个相近属可通过以下新鉴别特征区分：*Fraseroscyphus* 主茎不分枝或较少分枝，分枝时不具垫突和腋生芽鞘，这一特征可将其与 *Antarctoscyphus* 和 *Symplectoscyphus* 相区分；*Antarctoscyphus* 的生殖鞘顶端不具短领，而 *Symplectoscyphus* 具短领。

***Fraseroscyphus* 属新鉴别特征评估。**为评估新建立的属级鉴别特征的有效性，依据 Bouillon 等（2006）和 Schuchert（2015）所列出的桧叶螅科物种名录，我们回顾分析了 *Antarctoscyphus* 和 *Symplectoscyphus* 两个属的所有物种，发现新鉴别特征适用于所有 *Antarctoscyphus* 种类，但仅适用于 *Symplectoscyphus* 属 50%的种类。这些适用的 *Symplectoscyphus* 种类与该属模式种 *S. johnstoni*（Gray，1843）具有似的生殖鞘，均具螺旋状环褶。*Symplectoscyphus* 属中约有 1/3 的物种原始描述简单，尚无重新描述或修订，无法获取它们的分枝模式数据。*Symplectoscyphus epizoicus* Watson, 1973、*S. flexilis* (Hartlaub, 1901)、*S. multinodus* （Fraser, 1948)、*S. rentoni* (Bartlett, 1907)、*S. rostratus* Watson, 1973 等与模式种在分枝方式等方面存在较大的差异，其分子系统学位置需进一步确认。

***Fraseroscyphus* 属修订。**使用“分枝及生殖鞘从芽鞘内生出”、“分枝处不具垫突和腋生芽鞘”及具“附着盘”等形态特征，经检查相关模式标本，形态数据支持将另外两个物种 *Symplectoscyphus irregularis* 和 *S. macrogonus* 移至 *Fraseroscyphus* 属，同时发现 *Fraseroscyphus hozawai* 的两个同种异名，详见第 4 章 4.2 节。

Bicaularia* 新属。Bicaularia* 属的分子系统学位置出乎我们的意料，在 16S 树（图 3-6）和 16S+18S+28S 联合树（图 3-7）上，并未与 *Sertularia* 或 *Sertularella* 聚在一起，而是出现在辫螅科内，与 *Fraseroscyphus* 属形成一单系群。在多基因联合树（图 3-7）上，*Bicaularia* 与 *Fraseroscyphus* 单系支的自展值和后验概率值分别高达 99 和 1，表明其系统学位置准确、可信。

表 3-4　芽鞘具 3 个缘齿的桧叶螅科选定种类形态特征比较

学名	螅茎	螅枝					芽鞘					C	生殖鞘				
		B1	§B2	B3	B4	H1	H2	H3	H4	H5	H6		G1	G2	G3	G4	R
*▲ *F. hozawai*	略呈“Z”形	否	否	有时	有时	2	互生	细纹	是	1	2	是	是	?	细纹	是	1
F. irregularis	略呈“Z”形	否	否	是	?	2–3	轮生	光滑	是	1	2	是	是	是	光滑	是	2
F. macrogonus	略呈“Z”形	否	否	有时	经常	2	互生	光滑	是	1	2	是	是	是	具较宽的横纹不呈褶状	是	3
§*▲ *A. elongatus*	明显呈“Z”形	是	是	是	否	2	互生	光滑	是	1	2	否	否	是	光滑	否	4
▲ *A. grandis*	直立	是	是	是	否	2	互生	光滑	?	1	2	否	否	是	光滑	否	5
▲ *A. spiralis*	明显呈“Z”形	是	是	是	否	2	互生	光滑	?	1	2	否	否	是	光滑	否	6
* *S. johnstoni*	无明显螅茎	是	是	是	否	2	互生	光滑	是	1	2	否	否	是	具横褶	是	7
▲*S. tricuspidatus*	无明显螅茎	是	是	是	否	2	互生	光滑	是	1	2	否	否	是	具横褶	是	8
S. curvatus	直立	是	是	是	否	2	互生	光滑	是	1	2	否	否	是	具横褶	是	9
▲ *S. liouvillei*	明显呈“Z”形	是	是	是	否	2	互生	光滑	?	1	2	否	否	是	几乎光滑	是	10
▲ *S. exochus*	网状	是	是	是	否	2	互生	光滑	?	1	2	否	否	是	具横褶，褶痕深	是	11
▲ *S. plectilis*	网状	是	是	是	否	2	互生	光滑	?	1	2	否	否	是	表面波状（♂）光滑（♀）	是	12
▲ *S. glacialis*	无明显螅茎	是	是	是	否	2	互生	光滑	?	1	2	否	否	是	光滑或具具细微波纹	是	13
▲ *S. turgidus*	略呈“Z”形	否	否	是	否	2	互生	光滑	是	1	2	否	否	是	具棘刺	否	14
* *Geminella Ceramensis*	直立	是	是	是	否	2	互生/对生	光滑	是	1	2	否	否	是	具细微波纹	?	15
**Gonaxia ampullaceal*	直立	是	是	是	是	2	互生	光滑	是	2	1	否	是	是	光滑	否	16
* *Tamarisca Tamarisca*	直立	否	否	是	否	2	对生	光滑	否	1	2	否	否	是	光滑（♂）具垂叶（♀）	是	17
* *Mixoscyphus antarcticus*	略呈“Z”形	是	是	是	否	2	互生	光滑	否	0	2	否	否	是	具横褶，褶痕深	是	18

* 模式种或模式种的同种异名。▲ 具 16S rRNA 序列的物种。§ *Antarctoscyphus elongatus* 腋生芽鞘侧向外弯，不与分枝及垫突位于同一平面；在 *A. elongatus* 的一些不成熟群体中，不存在腋生芽鞘，但在分枝垫突外侧存在一单生芽鞘。

形态特征缩写。B1，垫突；B2，腋生芽鞘；B3，螅枝直接着生于主茎表面；B4，螅枝从芽鞘内生出；H1，芽鞘列数；H2，芽鞘排列方式；H3，芽鞘表面；H4，离茎盲囊；H5，芽鞘边缘近茎齿数；H6，芽鞘边缘远茎齿数；C，附着盘；G1，生殖鞘从芽鞘内生出；G2，生殖鞘直接着生于螅茎或螅枝表面；G3，生殖鞘表面；G4，生殖鞘末端短领；R，参考文献：1–3，本研究，检查模式标本；4，Peña Cantero 等（1997a，1999）；MBM280488，MBM280491；5，Peña Cantero 等（1999）；6，Hickson 和 Gravely（1907）、Totton（1930）、Peña Cantero 等（1997a，1999）；7，Hartlaub（1901b）、Ralph（1961a）；8，Schuchert（2001）；MBM240527，MBM240558；9，Totton（1930）；Peña Cantero 等（2002）；10–11，Peña Cantero 等（2002）；12，Hickson 和 Gravely（1907）、Peña Cantero 等（2002）；13，Peña Cantero 等（2002）；14，Trask（1857）、Clark（1877）、Hirohito（1995）；15，Billard（1925）、Bouillon 等（2006）；16，Vervoort（1993）；17，Naumov（1960）、Cornelius（1995）、Schuchert（2001）、Bouillon 等（2006）；18，Peña Cantero 和 Vervoort（2005）；MBM240155。

如表 3-5 所示，相比 *Antarctoscyphus*、*Symplectoscyphus* 及 *Sertularia* 等属，*Bicaularia tongensis* 与 *Fraseroscyphus hozawai* 的遗传距离最为接近，COI、16S、18S、28S 四个基因的遗传距离分别是 0.119、0.115、0.074、0.092，遗传距离较远；在形态学方面，两个属的芽鞘的缘齿数和芽盖数均不同（图 3-7），也支持将他们确定为不同属。两个属均具有螅枝和生殖鞘从芽鞘内生出这一特征，可能预示着这两个属均保留了这一较较原始的分枝和生殖鞘着生方式，或者将这一着生方式称为祖征，在桧叶螅的系统学研究中具有一定的指示意义。本属的详细分析与讨论见书第 4 章 4.6 节及 Song 等（2019）。

表 3-5　*Bicaularia tongensis* 与相关物种的遗传距离统计表

		COI		16S				18S				28S			
编号	学名	No. 1	No. 2	No. 1	No. 2	No. 3	No. 4	No. 1	No. 2	No. 3	No. 4	No. 1	No. 2	No. 3	No. 4
1	*Bicaularia tongensis*	—		—				—				—			
2	*Fraseroscyphus hozawai*	0.182		0.115				0.063				0.092			
3	*Symplectoscyphus tricuspidatus*	0.215	0.184	0.161	0.107			0.206	0.193			0.260	0.260		
4	*Antarctoscyphus spiralis*	—	—	0.141	0.099	0.050		0.151	0.144	0.170		0.233	0.223	0.146	
5	*Sertularia cupressina*	—	—	0.155	0.118	0.124	0.109	0.119	0.096	0.213	0.180	0.180	0.162	0.269	0.242

注：序列对齐后长度：16S rRNA，596bp；COI，708bp；18S，1791bp；28S rRNA，3391bp。“—”示无数据或与自身比较，下同。

辫螅科组成与检索。Maronna 等（2016）将 Antarctoscyphus 和 Symplectoscyhus 两个属提升为辫螅科 Symplectoscyphidae，对这些科进行形态分析。综合形态与分子数据，我们的结果支持将 *Bicaularia* 和 *Fraseroscyphus* 两个属也移至本科。它们的归入及新鉴别特征的提出，进一步验证了辫螅科有效性。这两个属出现在所在单系群的外类群位置，含有较原始的群体分枝方式，间接证明分枝处是否具垫突和腋生芽鞘，可用以指示分枝模式的复杂程度，具进化指示意义。

Mixoscyphus 属具 2 个缘齿和 3 瓣芽盖，其分枝模式和生殖鞘形态与 *Symplectoscyphus* 相似，这些共有特征可能意味着它也属于辫螅科。尽管 *Xingyurella turgida* 及 *X. xingyuarum* 与辫螅科种类的芽鞘均具 3 个缘齿和 3 瓣芽盖，但在系统进化树上，它们并不与辫螅科同支，分子数据支持将 *Xingyurella* 归至小桧叶螅科（图 3-8、图 3-9），这表明缘齿和芽盖数目不能作为唯一的属级鉴别依据，需联合其他形态特征。*Gonaxia*、*Tamarisca* 与现有辫螅科的种类除在缘齿和芽盖的数目一致外，其他方面的形态差别较大，它们在系统进化树的位置需进一步研究。

综上，基于现有形态和分子数据，辫螅科包括 *Antarctoscyphus*、*Bicaularia*、*Fraseroscyphus*、*Symplectoscyphus*、*Mixoscyphus* 等 5 个属；*Xingyurella* 不属于辫

螅科，属于小桧叶螅科；*Geminella*、*Gonaxia*、*Tamarisca* 属的分类学地位需分子数据确认。这些形态相近的属可通过下面的检索表区分。

1 芽鞘对生……………………………………………………………………………2
　芽鞘互生或轮生…………………………………………………………………3
2 不具离茎盲囊………………………………………………………… ***Tamarisca***
　具离茎盲囊…………………………………………………………… ***Geminella***
3 生殖鞘表面具棘刺…………………………… ***Xingyurella* (Sertularellidae)**
　生殖鞘表面不具棘刺……………………………………………………………4
4 芽盖具褶…………………………………… ***Bicaularia* (Symplectoscyphidae)**
　芽盖不具褶………………………………………………………………………5
5 主茎较少分枝，不具垫突和腋生芽鞘………… ***Fraseroscyphus* (Symplectoscyphidae)**
　主茎分枝，在分枝处具垫突和腋生芽鞘…………………………………………6
6 芽鞘具 2 个缘齿…………………………… ***Mixoscyphus* (Symplectoscyphidae)**
　芽鞘具 3 个缘齿…………………………………………………………………7
7 芽鞘具 2 近茎缘齿和 1 远茎缘齿 ………………………………………… ***Gonaxia***
　芽鞘具 1 近茎缘齿和 2 远茎缘齿 ……………………………………………… 8
8 生殖鞘末端不具短领………………… ***Antarctoscyphus* (Symplectoscyphidae)**
　生殖鞘末端具短领………………… ***Symplectoscyphus* (Symplectoscyphidae)**

（3）小桧叶螅科 Sertularellidae Maronna *et al.*, 2016

单系群分析。在图 3-3（16S）的 ML 树中，除 *Sertularella sanmatiasensis* 与 Thyroscyphidae 的种类聚在一起外，其他 *Sertularella* 属的种类及 *Xingyurella* 聚在一起；而在 BI 树（图 3-3C）中，所有 *Sertularella*、*Xingyurella* 两个属的种类聚成一单系群。在其他树中，*Setularella*、*Xingyurella* 也聚成单系群，支持将该单系群提升为小桧叶螅科 Sertularellidae。

星雨螅新属。*Sertularella miurensis*、*S. simplex*、*S. mirabilis*、*Xingyurella xingyuarum*、*X. turgida* 在小桧叶螅科内形成一单系群。这 5 个物种在形态上可近似地分为 3 组（附录 2）：*S. miurensis*、*S. simplex* 相似，分枝简单；*S. mirabilis* 呈多级重复双歧分枝，分枝间相互接合，群体呈网状；*X. xingyuarum* 和 *X. turgida* 的芽鞘具 3 个缘齿和 3 瓣芽盖，生殖鞘表面具发达的棘刺。经查阅相关种的形态、检查相关标本，以上 3 组各自包含其他形似种（详见第 4 章 4.7 节），并显示出一定的形态变化。

Symplectoscyphus turgidus（在本研究中修订为 *Xingyurella turgida*）缘齿数目和芽盖数目与辫螅科的种类相同，但在分子系统进化树上它与 *Sertularella* 属聚在一起。Leclère 等（2009）、Moura 等（2011）及 Maronna 等（2016）均注意到该种在分子进化树上的位置异常，Moura 等（2011）提到应将其移回 *Sertularella* 属或归至其他（新）属。它的生殖鞘表面具有棘刺，易与 *Symplectoscyphus* 属的其他种类相区别。在本研究中我们将其提升为 *Xingyurella* 新属，主要依据是获得了

另一个相似种 *Xingyurella xingyuarum* 的分子序列，该序列同样出现 *Sertularella* 属内（图 3-8、图 3-9）。这条新增序列进一步证明这两个物种出现在意料之外的位置上，并不是由测序错误所致。

如表 3-6 和表 3-7 所示，虽然 *Xingyurella xingyuarum* 和 *X. turgida* 的种间遗传距离较小（16S，0.006–0.017），但 18S 和 28 遗传距离较大（18S，0.052–0.053；28S，0.09），而且它们的分枝模式差距较大，前者分枝发达、具腋生芽鞘，而后者不分枝或分枝简单，不具腋生芽鞘。这些形态差异提示它们非同种，但是否可以进一步作为属级划分的依据，则需要测序更多相关物种的分子序列。

表 3-6 星雨螅属 *Xingyurella* 16S rRNA 基因（589bp）遗传距离统计表

学名	样品编号	序列号	FJ55 0462	FJ55 0580	FJ55 0581	FJ55 0582	FJ55 0516	FJ55 0517
X. turgida	MHNG-INVE-29467	FJ550462						
X. xingyuarum	MBM280254，MBM280232	MF135580	0.006					
X. xingyuarum	MBM280254	MF135581	0.017	0.002				
X. xingyuarum	MBM280254	MF135582	0.014	0.002	0.003			
X. xingyuarum	MBM280254	MF491516	0.017	0.002	0.003	0.003		
X. xingyuarum	MBM280111	MF491517	0.017	0.002	0.003	0.003	0.003	
X. xingyuarum	MBM280232	MF491518	0.017	0.002	0.003	0.003	0.003	0.003

表 3-7 星雨螅属 *Xingyurella* 18S（1707bp）与 28S rRNA 基因（3273bp）遗传距离统计表

基因	物种	样品编号	MHNG-INVE-29467	MBM280254	MBM280259
18S	*X. turgida*	MHNG-INVE-29467	—		
18S	*X. xingyuarum*	MBM280254	0.053	—	
18S	*X. xingyuarum*	MBM280259	0.052	0.001	—
28S	*X. turgida*	MHNG-INVE-29467	—		
28S	*X. xingyuarum*	MBM280259	0.09		

通过比较桧叶螅科的代表性生殖鞘形态特征（图 3-8），可以发现小桧叶螅属的生殖鞘变异极大。本研究中结合生殖鞘形态与分子数据，在小桧叶螅所在的单系支内建立 *Xingyurella* 新属，预示着小桧螅属将被进一步细分为多个属（Song *et al.* 2018）。

疑似新种。全球 *Sertularella* 属已报道 133 种多种（Bouillon *et al.* 2006）。基于本研究检查的标本和获得的序列，尚无法对整个属或整个 Sertularellidae 进行修订，暂维持 *S. mirabilis*、*S. miurensis*、*S. simplex* 等物种在 *Sertularella* 属中。*Sertularella gigantea* 和 *Sertularella* sp. 1 的不同样品分别聚成不同的单系群，其 16S rRNA 和 COI 的遗传距离分别为 0.011–0.020 和 0.023–0.028，具明显的形态差异，前者芽鞘表面具明显波纹，后者不具波纹，这可能意味着后者为新种，其形态数据见本书第 4 章 4.8 节。

（4）狭义桧叶螅科 Sertulariidae *sensu stricto* Maronna *et al.*, 2016

各属模式种的形态差异。本研究所建的系统进化树均支持 Sertulariidae *sensu stricto* Maronna *et al.*, 2016 的单系性。但这一单系群包括 *Abietinaria*、*Diphasia*、*Idiellana*、*Salacia*、*Thuiaria*、*Amphisbetia*、*Dynamena*、*Hydrallmania*、*Sertularia* 等在形态上具有极大变化的多个属。按照 Maronna 等（2016）的划分方法，它甚至包括 Staurothecidae、Symplectoscyphidae、Sertularellidae、Thyroscyphidae 之外的其他所有广义桧叶螅科 Sertulariidae Lamouroux 的属。而广义桧叶螅科的模式种 *Sertularia argentea* 与其他属的模式种在形态上差异很大（附录 2）。这对 Maronna 等（2016）所建议的狭义桧叶螅科的合理性提出质疑。

在以 COI 进化树中，*Thuiaria* 属的几个种类聚成单系群。与该群相邻还有另一个单系群，包含原被鉴定为 *Sertularia plumosa*、*Abietinaria pulchra*、*Sertularia robusta*、*Sertularia arctica* 等多个物种。在我们使用 16S 序列所建的另一棵 ML 树中（Song *et al.* 2016a），*Sertularia argentea* 也出现在这一单系群中。

不同于现有系统学划分（Bouillon *et al.* 2006；Schuchert 2015），*Abietinaria pulchra*（芽鞘不具缘齿，具单瓣近茎盖）并未出现在 *Abietinaria gigantea* 或 *Thuiaria* 属所在的单系群中，而是与 *Sertularia plumosa* 及 *Sertularia robusta*（芽鞘具 2 个缘齿，具 2 瓣芽盖）具更近的亲缘关系。进一步分析这一单系群的形态数据（附录 2）发现，*Abietinaria pulchra*、*Sertularia plumosa*、*Sertularia robusta* 具相同的分枝方式，均为多级重复双歧分枝，生殖鞘顶端均具棘刺（保护端孢）。此外，*Sertularia arctica* 的分枝方式和生殖鞘形态则较为简单，出现在该单系群的外类群位置，显示出分枝方式和生殖鞘形态由简单到复杂的进化趋势。在使用 16S 克隆序列（649bp）所建的树中，该单系群也存在。在其 ML 树上，该单系群与 *Thuiaria* 所在的群分歧位点处的自展值为 83%，显示高支持度，而该单系群各分支的自展值均低于 50%；在其 BI 树上，*Thuiaria mirabilis* 也出现在该单系群中，并未与其他 *Thuiaria* 属物种聚在一起。此外，在两棵树上，该单系群还包括 *Sertularia similis*，说明与其他物种具有较近的亲缘关系。在图 3-3（16S）ML 树和 BI 树中，上述物种出现在分支 j 中，其自展值和后验概率值都非常低，并与其他 *Thuairia* 和 *Abietianria* 属的物种“不规律”排列，未形成明显的单系群，但整体上呈现一定的聚集趋势。

上述的“不规律”排列结果，最可能的原因是 16S rRNA 基因的解析度有限（序列相似度高）。另一个原因是，在 16S“大”树中所使用的片段过短所致（部分 GenBank 中的参考序列短）。由于 COI 序列的长度较长（900bp），其自展值和后验概率值均显示出较高的支持度，此种情况下，我们优先考虑 COI 的结果。综合上述分子和形态数据，狭义桧叶螅科和部分属需进一步修订。

在笔者的博士学位论文中（Song 2016），笔者提出了一种修订方案，尚需国际同行评议。以 *Sertularia* 属为例，支持将该属修订为具重复双歧分枝、具 2 个缘齿、2 瓣芽盖、远茎瓣大于近茎盖的种类。在下面的检索表中，笔者列出了在北冰洋、北太平洋和北大西洋等北方海域分布的一些与 *Sertularia* 属相关的物种，它们在本书中的进化树上形成单系群，各自出现在不同的进化支上，可能对应不同的属。

1 生殖鞘顶部不具棘刺……………………………………………………………2
　生殖鞘顶部具棘刺………………………………………………………………3
2 芽鞘仅具单瓣远茎芽盖……………………………………***Sertularia arctica***
　芽鞘具 2 瓣芽盖……………………………………………***Sertularia similis***
3 主茎上不具芽鞘，不具腋生芽鞘，不具多级双歧分枝………***Sertularia cupressoides***
　主茎上具芽鞘，具腋生芽鞘，具多级重复双歧分枝……………………………4
4 芽鞘不具缘齿，具单瓣近茎瓣………………………………***Abietinaria pulchra***
　芽鞘具 2 个缘齿，具 2 瓣芽盖…………………………………………………**5**
5 芽盖远茎瓣小于近茎瓣………………………………………***Sertularia plumosa***
　芽盖远茎瓣大于近茎瓣…………………………***Sertularia argentea*（模式种）**

疑似新科。本研究暂沿用 Bouillon 等（2006）及 Schuchert（2015）的提议，将 *Thuiaria breitfussi*、*T. hartlaubi*、*T. obsoleta*、*T. mirabilis* 等 4 个具芽鞘排成多列的物种归至柏螅属 *Thuiaria*，但它们与该属模式种 *T. thuja* 的形态差异均较大。在图 3-3 中，可观察到它们的遗传分化较大。*Thuiaria* 属所在的分支可能代表一个新科，但它与更多 *Abietianria* 属的种类的关系仍需要更多物种的序列进一步研究。此外，*Diphasia pinastrum*、*D. fallax*、*D. delagei*、*D. margareta* 聚成单系群，若沿用 Maronna 等（2016）的科级阶元划分方法，可能也意味着代表一个新科。按照我们在进化树上的物种注释结果，*Hydrallmania*、*Dynamena*、*Amphisbetia* 等属均不呈单系群，但存在几个单系支。由于在这些属的分子序列少，尚无法解决它们的分子系统发育关系。

疑似新属。*Thuiaria heteroclada* 代表分布于黄海、日本海、堪察加半岛、鄂霍次克海、北美太平洋沿海的多个物种，它们的最大特征是雌性生殖鞘顶端具由多条棘刺围成的冠状育儿袋结构。由于它们的芽鞘排成 2 列或 2 列以上，经常与 *Thuiaria* 属中的一些具多列的种类相混淆，但这些 *Thuiaria* 属的种类顶部不具棘刺。根据之前的分析结果，COI 树的解析度相对较高，按 COI 树的结果，该种与 *Thuiaria* 属及 *Abietiaria* 属具较近的亲缘关系，它所在的分支可能代表新科，未来仍需更多相似种的序列进一步验证。在 16S 树上（图 3-3），该种与 *Thuiaria* 具较近的亲缘关系，但基于其特殊的生殖鞘结构，可能暗示其为新属。由于目前仅有少数种被测序，本书暂使用 Naumov（1960）的分类学处理方式，将相关物种归至 *Thuiaria* 属，详见本书第 4 章 4.17 节。

3.6　本书分类系统选定与说明

近 90 种桧叶螅科 Sertulariidae Lamouroux 种类在系统进化树上的位置已知，约占该科总数的 14%，分子数据支持将该科分为多个新科或狭义科（Maronna *et al.* 2016；本研究）。但是这些序列还不能真实反映广义桧叶螅科的分子系统进化全貌，以下 16 个属目前尚无分子序列：*Calamphora*、*Caledoniana*、*Caminothujaria*、*Crateritheca*、*Geminella*、*Gigantotheca*、*Gonaxia*、*Hypopyxis*、*Mixoscyphus*、*Papilionella*、*Parascyphus*、*Polysertularella*、*Solenoscyphus*、*Stereotheca*、*Tamarisca*、*Tasmanaria*。

因此本研究第 4 章系统分类部分仍采用传统的广义桧叶螅科分类系统（Bouillon *et al.* 2006；Schuchert 2015），部分属如 *Thuiaria* 等仍采用 Noumov（1960）的分类系统，优先按照他们在系统进化树上顺序和相对位置依次排列。对于尚无分子序列的种属，则按照我们对其演化和进化的理解和推测，根据形态数据，暂主观地编排在目前的位置，并加以讨论。通过本研究中的各属种的编排顺序，可直观地向读者呈现出该类群一种可能的进化、演化和物种分化趋势。

第 4 章　系统学与物种多样性

刺胞动物门 CNIDARIA Haeckel, 1888

水母亚门 MEDUSOZOA Petersen, 1979

水螅虫纲 HYDROZOA Owen, 1843

水螅亚纲 HYDROIDOLINA Collins, 2000

被鞘螅目 LEPTOTHECATA Cornelius, 1992

桧叶螅科 Sertulariidae Lamouroux, 1812

4.1　十字螅属 *Staurotheca* Allman, 1888

模式种：*Staurotheca dichotoma* Allman, 1888

鉴别特征：群体不具明显主茎，重复双歧分枝，分枝基部具 1 对芽鞘，其中一个芽鞘位于腋窝处，不具垫突。芽鞘对生，上下相邻的两对芽鞘所在平面垂直，呈“十”字形排列，依此重复，芽鞘排成 4 纵列或以上。芽鞘管状，贴生，芽鞘远端外弯，末端平滑、不具缘齿，具层叠。芽盖单瓣，芽鞘不具内部齿，具不发达的离茎盲囊。生殖鞘着生于芽鞘侧下方，在分枝上排成多列。生殖鞘雌雄异形，根据形态特征分为两类：第一类如 *Staurotheca antarctica*、*S. dichotoma*，其雄性生殖鞘长卵圆形，表面光滑，末端具短领，雌性生殖鞘呈壶形，表面光滑，顶部具发达的领，领口具 1 瓣圆盖；另一类如 *S. glomulosa*，雄性生殖鞘与第一类相似，雌性生殖鞘表面具棘刺，基部具指状突起，顶部不具领。

讨论：在分子进化树上（图 3-3），本属聚成单系群，与 *Thuiaria* 属位于较远的分支上，表明它们具不同的起源，支持 Peña Cantero 等（1997a）根据地域区分南半球的 *Staurotheca* 属与北半球的 *Thuiaria* 属和 *Selaginopsis* 属的提议。本属在进化树上分为两支（图 3-3），分别以 *S. antarctica* 和 *S. glomulosa* 为代表，前者的雌性生殖鞘表面具棘刺、基部具指状突起、不具管状领，而后者的雌性生殖鞘表面光滑、无指状突起、具管状领（与模式种相似）。Peña Cantero 和 Sentandreu（2016）认为它们最终可能将被分为不同属。Maronna 等（2016）则将本属提至科。本研究暂参照 Peña Cantero 和 Sentandreu（2016）将本属放在广义桧叶螅科下。

（1）南极十字螅 *Staurotheca antarctica* Hartlaub, 1904

图 4-1

Staurotheca antarctica Hartlaub, 1904: 16, pl. 1, fig. 4, pl. 2, fig. 4; 1905: 616; Vanhoffen, 1910: 329, fig. 43a–c; Billard, 1906: 3; 1914: 13, fig 7–8; Stechow,1919: 82; Totton, 1930: 177, fig. 28, pl. 2, fig. 6; Briggs, 1938: 26; Ushakov, 1964: 289; Blanco, 1971: 64; 1978: 157, fig. 3; 1992: 155, fig. 1; Naumov & Stepan'yants, 1972: 34, 51; Stepan'yants, 1972: 71; 1979: 98, pl. 19, fig. 1.

Staurotheca reticulata Ritchie, 1907: 538, pl. 1, fig. la–b; Billard, 1914: 16; Rees & Thursfield, 1965:115, 200; Smaldon, Heppell & Watt, 1976: 18.

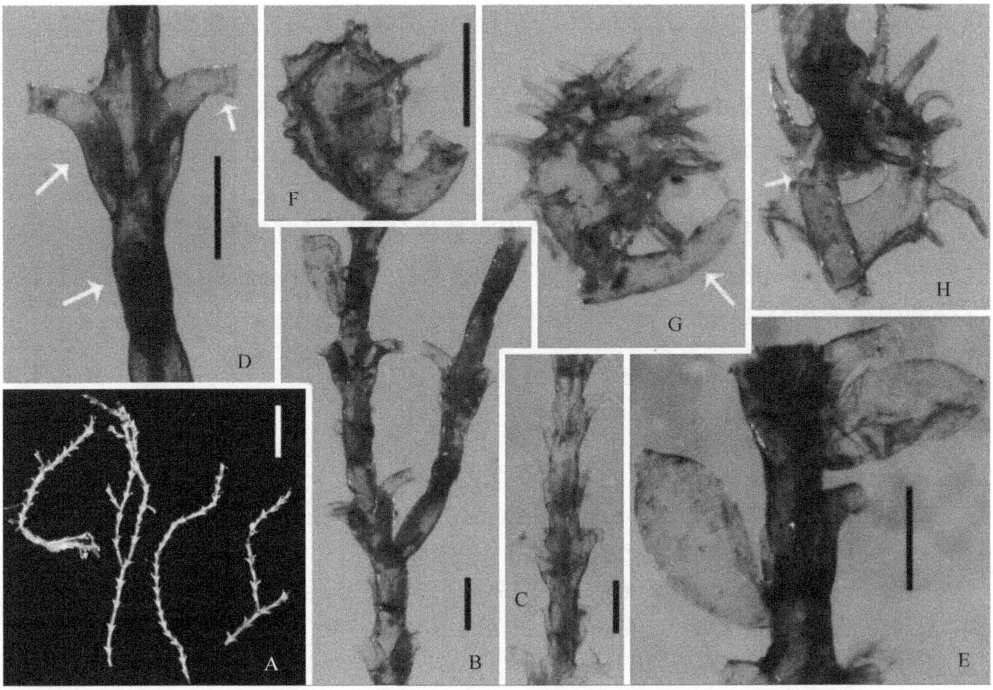

图 4-1　*Staurotheca antarctica* Hartlaub, 1904，南极半岛西北部海域，MBM240356
（彩图请扫封底二维码）

A，群体；B，分枝模式，具 1 个雄性生殖鞘；C–D，芽鞘及芽鞘排列，D 中左侧上、下两个箭头分别示两对芽鞘，排成“十”字形，右侧箭头示芽鞘远端层叠；E. 雄性生殖鞘；F–H，雌性生殖鞘，F 表面棘刺短，G、H 示同一生殖鞘的侧面（G）及近茎侧（H），棘刺充分生长，G 中箭头示生殖鞘基部的长指状突起，H 中箭头示指状突起在远端双歧分叉。比例尺：A = 5mm；B–C = 0.5mm，比例尺相同、共用，全书同；D–H = 0.5mm，比例尺相同、共用，全书同。A，王少青拍摄

采集地及航次：南极半岛西北部海域，中国第一次南极科学考察，标本信息见附录 1。

形态特征：群体紧密呈网状，不具明显主茎，重复双歧分枝，分枝夹角 30°–60°，各分枝近等粗。分枝基部具 1 对芽鞘，其中一个芽鞘位于腋窝处，不具垫突。每级双歧分枝具 3 段分枝，呈“Y”形，每段分枝上具 2–6 对芽鞘。芽鞘对生，上下相邻的两对芽鞘所在平面垂直，呈“十”字形排列，依此重复，使芽鞘排成 4 纵列状。芽鞘管状，表面光滑，1/2–2/3 贴生（不含层叠部分），芽鞘远端外弯，末端圆、不具缘齿，芽鞘末端围鞘具 0–8 圈层叠结构，观察到 1 个单瓣芽盖，圆形，薄膜状，位于芽鞘内，靠近芽鞘开口处，无法确认其着生于芽鞘近茎侧或远茎侧。芽鞘不具内部齿，具不发达的离茎盲囊。生殖鞘着生于芽鞘侧下方，在分枝上排成 1–4 纵列。雄性生殖鞘，表面光滑，呈纺锤形。雌性生殖鞘形似刺猬，在基部具 1 个长指状突起，末端不分枝或分成 1 长枝和 1 短枝，生殖鞘在贴近指状突起的一侧不具棘刺，其他表面则布满 8–9 轮纵向棘刺，每轮具 3–8 个棘刺。

分布：南大洋。

讨论：本种与 *Staurotheca compressa* 及 *S. frigida* 在群体、生殖鞘等方面的形态特征相近，在分子进化树（图 3-3）上聚成单系群。最明显的区别在于 *S. compressa* 芽鞘开口中央内凹，*S. frigida* 芽鞘离茎侧游离部分较短。对比 *S. antarctica* 与 *S. compressa* 的雌性生殖鞘标本，发现它们在整体外形、棘刺轮数等方面基本一致，区别在于 *S. antarctica* 棘刺较长，末端不分成两枝，而 *S. compressa* 棘刺明显较短，部分棘刺在末端分成两枝。

（2）凹口十字螅 *Staurotheca compressa* Briggs, 1938

图 4-2

Staurotheca compressa Briggs, 1938: 27, fig. 1a–c, pl. 15, fig. 2; Blanco, 1971: 66; 1994a: 160; 1994: 196; Naumov & Stepan'yants, 1972: 51, fig. 13b; Stepan'yants, 1979: 98, pl. 19, fig. 2; Peña Cantero, 1991: 118–123, pl. 18–19, 51, pl. 64 fig. a; Peña Cantero & García Carrascosa, 1994: 123, fig. 5a–d; 1995: 62–67, fig. 26a–e, 27a–e, 28a–f, 63a; Peña Cantero *et al.*, 1997b: 336; 1999: 160; Peña Cantero &Vervoort, 2003: 2673–2676, fig. 4.

Thuiaria sp. no. 2: Naumov & Stepan'yants, 1962: 93.

Staurotheca tubifera Blanco, 1971: 67, fig. 1–23; 1984a: 40–41, pl. 37, fig. 82.

Thuiaria shetlandica Naumov & Stepan'yants, 1972: 52, fig. 13a.

采集地及航次：南极半岛西北部海域，中国第一次南极科学考察，标本信息见附录 1。

形态特征：群体紧密呈网状，不具明显主茎，重复双歧分枝，分枝夹角约 90°，各分枝近等粗，相邻分枝不规则接合，闭合呈环状，分枝接合处具多个不规则的收缢，一般无芽鞘着生。分枝基部具 1 对芽鞘，其中一个芽鞘位于腋窝处，不具垫突。每次双歧分枝具 3 段分枝，呈“Y”形，每段分枝上具 3–13 对芽鞘，末端

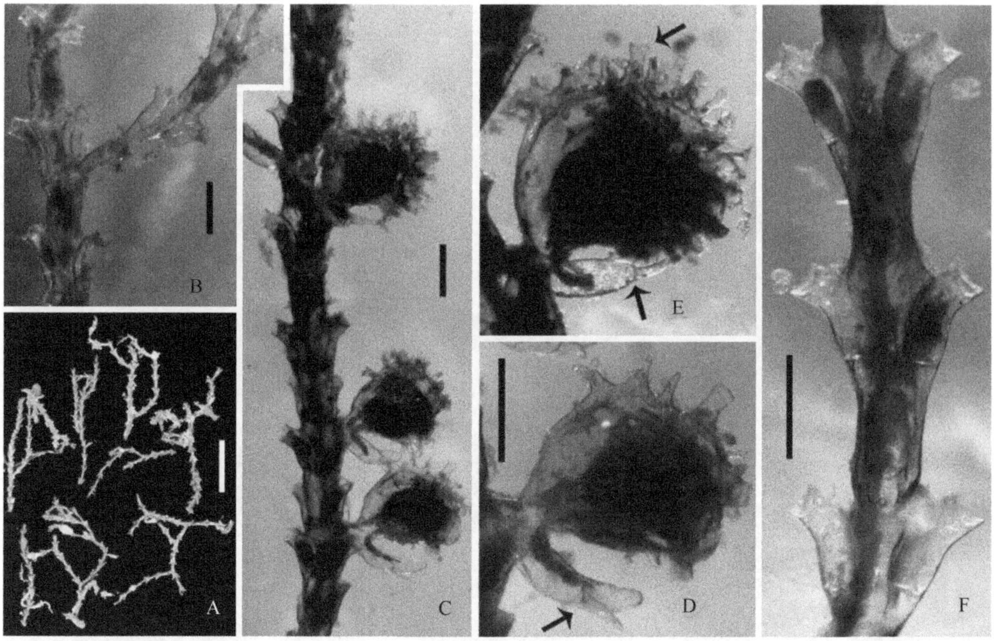

图 4-2　*Staurotheca compressa* Briggs, 1938，南极半岛西北部海域，MBM240152
（彩图请扫封底二维码）

A，群体；B，分枝模式；C–E，雌性生殖鞘及排列，所有生殖鞘从芽鞘侧下方生出，D、E 分别为不同生殖鞘，两图下方的箭头分别示指状突起在远端双歧分叉，E 中上方箭头示 1 个棘刺末端双歧分叉；F，螅枝上的芽鞘呈“十”字形排列。比例尺：A = 5mm；B–C = 0.5mm；D–F = 0.5mm。A，王少青拍摄

具较浅的收缢。芽鞘对生，上下相邻的两对芽鞘所在平面垂直，呈“十”字形排列，依此重复，使芽鞘排成 4 纵列状。芽鞘管状，2/3–3/4 贴生，芽鞘远端略外弯，末端平滑、不具缘齿，但芽鞘开口处在近茎和远茎中间位置内凹，在近茎侧和远茎侧各形成类似“缘齿”的突起。未观察到芽盖，芽鞘不具内部齿，具不发达的离茎盲囊。生殖鞘着生于芽鞘侧下方，在分枝上排成 1–4 纵列。雌性生殖鞘形似刺猬，在基部具 1 个长指状突起，末端分成粗细不同的 2 枝，生殖鞘在贴近指状突起的一侧不具棘刺，其他表面则布满 8–9 轮纵向棘刺，每轮具 3–6 个棘刺，少数棘刺末端分成等长的 2 个棘刺。无雄性生殖鞘标本。

分布：南大洋。

讨论：见 *Staurotheca antarctica*。

（3）球形十字螅 *Staurotheca glomulosa* Peña Cantero, Svoboda & Vervoort, 1997

图 4-3

Staurotheca glomulosa Peña Cantero, Svoboda &Vervoort, 1997: 353–356, fig. 5, 13B; 1999: 160; 2003: 2687–2689, fig. 9; Peña Cantero & García Carrascosa, 1999: 215.

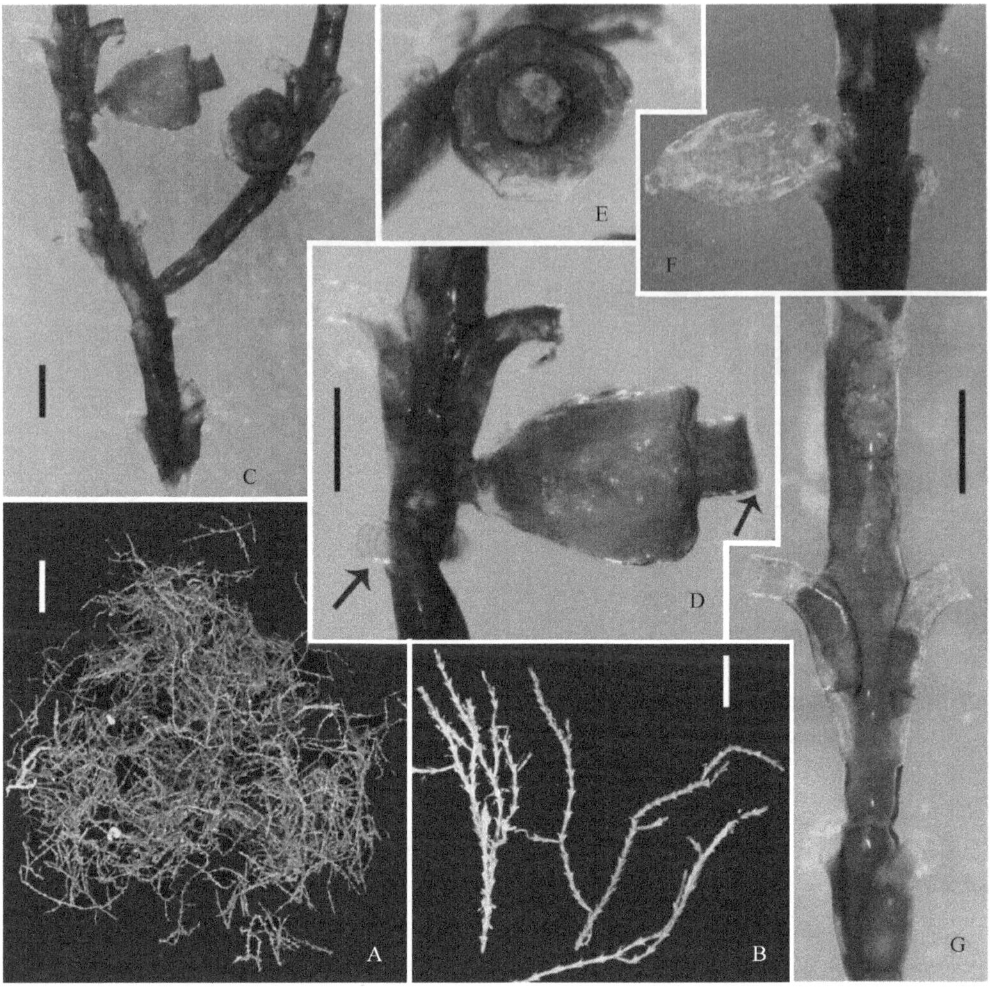

图 4-3 *Staurotheca glomulosa* Peña Cantero, Svoboda & Vervoort, 1997（彩图请扫封底二维码）
A–B，群体；C，分枝模式，具 2 个雌性生殖鞘；D–E，示 C 中的 2 个雌性生殖鞘，D 为侧面观，E 为顶面观，D 中左侧箭头示芽鞘层叠，右侧箭头示生殖鞘具 1 个顶盖；F，雄性生殖鞘；G，芽鞘排列。南极半岛西北部海域：A、C–G，MBM240174；B，MBM240310。比例尺：A = 1cm；B = 5mm；C = 0.5mm；D–G = 0.5mm。A–B，王少青拍摄

采集地及航次：南极半岛西北部海域，中国第一次南极科学考察，标本信息见附录 1。

形态特征：群体不具明显主茎，重复双歧分枝，分枝夹角 60°–80°，各分枝近等粗。分枝基部具 1 对芽鞘，其中一个芽鞘位于腋窝处，不具垫突。每次双歧分枝具 3 段分枝，呈“Y”形，每段分枝上具 3–11 对芽鞘。芽鞘对生，上下相邻的两对芽鞘所在平面垂直，呈“十”字形排列，依此重复，使芽鞘排成 4 纵列状。芽鞘管状，3/4–4/5 贴生（不含层叠部分），芽鞘远端外弯，末端平滑、不具缘齿，

芽鞘末端围鞘具 3–5 圈层叠结构。未观察到芽盖，芽鞘不具内部齿，具不发达的离茎盲囊。生殖鞘着生于芽鞘侧下方，在分枝上排成 1–4 纵列。雄性生殖鞘长卵圆形，表面光滑，末端具短领。雌性生殖鞘壶形，表面光滑，顶部具领，领长和领宽约为生殖鞘主体部分的 1/3，领口具 1 瓣圆盖。

分布：南大洋。

讨论：Peña Cantero 等（1997b）以雌性生殖鞘聚集成球状命名本物种，但 Peña Cantero 和 Vervoort（2003）在检查更多标本后，发现这一特征并不常见。在本研究所检标本中未观察到这种现象。与 *Staurotheca densa*、*S. dichotoma*、*S. nonscripta* 相似，它们的雌性生殖鞘均呈壶形，但 *S. densa* 的芽鞘排成 6–8 纵列，*S. nonscripta* 的芽鞘仅 1/2 贴生，易于与 *S. glomulosa* 相区别。*S. glomulosa* 与 *S. dichotoma* 较难区别，Peña Cantero 等（1997b）通过比较芽鞘大小、芽鞘开口直径及生殖鞘大小等特征来区分它们，认为 *S. glomulosa* 的芽鞘相对纤细、游离部分较长（末端具层叠）、开口较窄。*S. dichotoma* 的原始描述（Allman 1888）中仅具雄性生殖鞘，但较本研究所检标本细长，其芽鞘末端不层叠，不同于本研究所检标本。

4.2 弗氏辫螅属 *Fraseroscyphus* Boero & Bouillon, 1993

模式种：*Sertularella sinuosa* Fraser, 1948

鉴别特征：群体根部匍匐，茎直立，略呈“Z”形。主茎分枝或不分枝，分枝从主茎表面或主茎上的芽鞘开口处生出，基部无垫突，腋窝处不具芽鞘。主茎和分枝分节，分节处倾斜，具收缢，节间具 1 个芽鞘，芽鞘互生，排成 2 纵列，几乎位于同一平面，或形成小于 90°的夹角，或轮生，排成 3 纵列。具附着盘，附着盘所在节及相邻节具较多环轮。芽鞘管状，部分贴生，表面具或不具环纹，口部具 3 个缘齿，1 个近茎齿，2 个远茎齿，具 3 瓣芽盖，围成塔状，具离茎盲囊，不发达。生殖鞘一般从主茎的芽鞘开口处生出，较少从类似短管结构（非芽鞘）的开口处生出，或从主茎上直接生出，具柄，顶端具短领，雌雄异形。刺细胞包囊呈梭形，内具一根管状直刺。

讨论：Boero 和 Bouillon（1993）根据生殖鞘从芽鞘开口中生出及具有附着盘两个特征建立本属，但这一特征在桧叶螅科中并非 *Fraseroscyphus* 所特有的。根据 Bouillon 等（2006）中的桧中螅科名录，除本书所记录的 3 个物种外，具有这个特征的物种还有 *Dynamena crisioides* Lamouroux, 1824 (Billard 1925)、*D. disticha* (Bosc, 1802) (Galea 2008)、*Gonaxia amphorifera* Vervoort, 1993、*G. compacta* Vervoort, 1993、*Polysertularella polyseriate* Antsulevich, 2011、*Sertularella billardi* Vervoort, 1993、*S. tongensis* Stechow, 1919 等。附着盘也不是 *Fraseroscyphus* 所特有的，如 Javis（1922）在 *Sertularia loculosa* Busk, 1852 和 *S. turbinata* Lamouroux,

1816 两个物种中观察到附着盘结构。由于附着盘不是常用的水螅分类特征，这一特征常被忽略，具有此种特征的可能不限于这两种。

除去生殖鞘和附着盘的特征，*Fraseroscyphus* 具明显的主茎，若分枝则分枝基部不具腋生芽鞘及垫突，这两个特征可以将其与辫螅属 *Symplectoscyphus* 及南极辫螅属 *Antarctoscyphus* 相区别。

（4）朴泽弗氏辫螅 *Fraseroscyphus hozawai* (Stechow, 1931)

图 4-4A–C、H–I、L–M；图 4-5

Sertularella sp.? Inaba, 1890: 293–294, fig. 26–28.

? *Sertularella hesperius* Torrey, 1902: 63–64, pl. 7, fig. 57–58.

Sertularella solidula: Stechow, 1913a: 136–137, fig. 108–110.

Symplectoscyphus indivisa: Stechow, 1923d: 12.

Symplectoscyphus hozawai Stechow, 1931: 179–180, fig. 4; Stechow & Uchida, 1931: 551–552, fig. 4; Ling, 1938: 359–360, fig. 18; Yamada, 1955: 17–18, fig. 1; Rho, 1967: 355, fig. 17, pl. 1, fig. 7; Rho, 1969: 10; Rho & Chang, 1974: 12; Park & Rho, 1986: 10; Park, 1990: 80; 1992: 289; 1993: 269; 2010: 115–116, fig. 64a–c; Hirohito, 1995: 220–222, fig. 74a–h, pl. 12, fig. D; Ruthensteiner *et al.*, 2008: 24; Tang & Gao, 2008: 318; Park & Song, 2000: 61; Xu *et al.*, 2012: 306; 2014: 682–683, fig. 580A–B.

Sertularella sinuosa Fraser, 1948: 245, pl. 28, fig. 20a–d (syn. nov.); Calder *et al.*, 2009: 988–990.

Dynamena hozawai: Yamada, 1959: 55.

Symplectoscyphus huanghaiensis Tang & Huang, 1986: 317–318, fig. 1a–d (syn. nov.); 1987: 291, fig. 1a–d; Tang & Gao, 2008: 318; Xu *et al.*, 2012: 306.

Fraseroscyphus sinuosus: Boero & Bouillon, 1993: 1061–1064, fig. 1A–D. Cairns *et al.*, 2002: 25, 59.

Symplectoscyphus sinuosus: Cairns *et al.*, 2002: 25.

Fraseroscyphus huanghaiensis: Xu *et al.*, 2014: 659, fig. 548A–C.

Fraseroscyphus hozawai: Song *et al.*, 2016b: 15–19, fig. 3A–C, H–I, L–O, 4, 7.

模式产地：日本陆奥湾。

采集地及航次：*Symplectoscyphus hozawai* Stechow, 1931 的模式标本、*Sertularella sinuosa* Fraser, 1948 的选模（Calder *et al.* 2009）、黄海辫螅 *Symplectoscyphus huanghaiensis* Tang & Huang, 1986 的模式标本，另包括采自中国和美国的其他标本，均为潮间带或潮下带采集的标本，标本信息见附录 1。

形态特征：群体根部匍匐于海藻或苔藓虫表面，围鞘较厚，茎直立，呈“Z”形；主茎基部有 1–2 圈环轮，分枝或不分枝，分枝从主茎表面或主茎芽鞘开口内生出；主茎和分枝分节，分节处倾斜，具收缢，每节具 1 个芽鞘；芽鞘互生，排成 2 纵列，位于同一平面，或形成 60°–90°夹角。芽鞘管状，近茎侧 1/3–2/3 贴生，

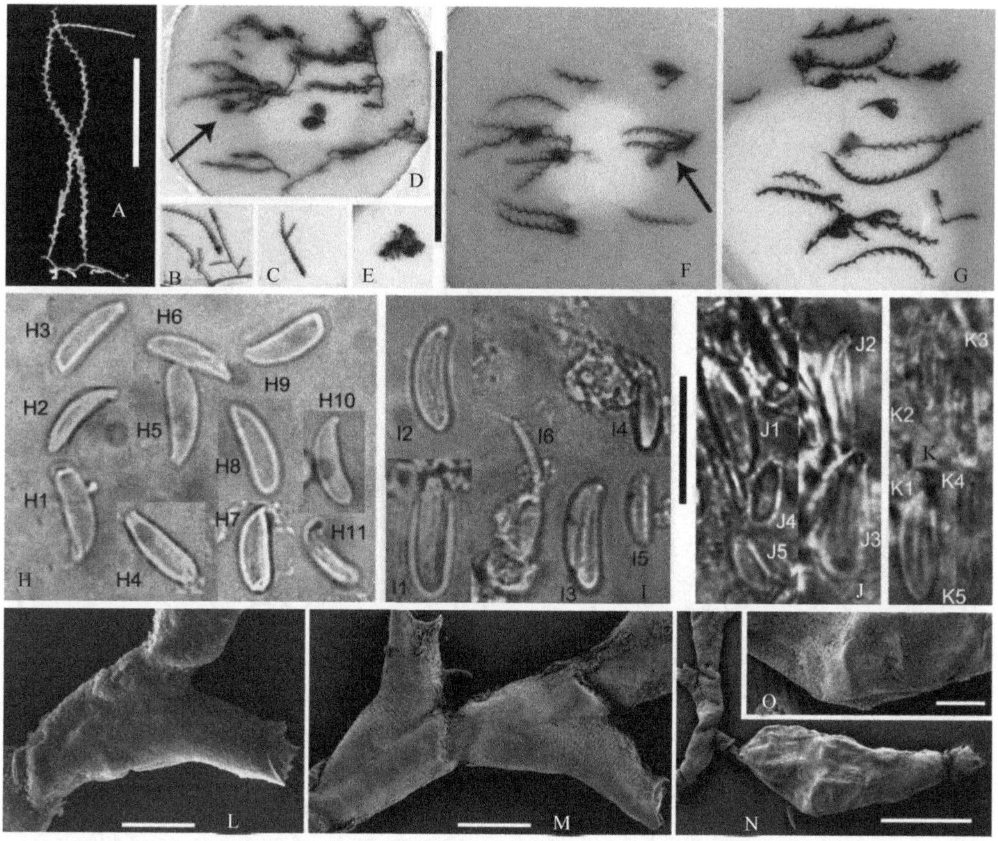

图 4-4　*Fraseroscyphus* 属模式标本、刺细胞及扫描电镜照片（彩图请扫封底二维码）

A–G，模式标本；H–K，刺细胞；L–M，示芽鞘表面环纹变化；N–O，示生殖鞘及表面环纹。A–C、H–I、L–M，*Fraseroscyphus hozawai*，A，选模，ZSM20040228，B–C，副选模，ZSM20041654，20041655；D–E、J，*F. irregularis*，D，NMV F57894，箭头示选模，其他示副选模，E，副选模，NMV F57941；F–G，*F. macrogonus*，F，NMV F57892.1，箭头示选模，其他示副选模，G，NMV F57892.2，副选模。日本陆奥湾：A，ZSM20040228；B，ZSM20041654；C，ZSM20041655。中国青岛：I，MBM280006，280266，280267；M，MBM280292；M–N，MBM102663。美国加利福尼亚州：H，MBM280124，L，SBMNH347307。新西兰：D，NMV F57894；E，NMV F57941；F、K，NMV F57892.1；G，NMV F57892.2；J，NMV F57939.1。比例尺：A–C = 1cm；D–G = 1cm；H–K = 10μm；L–M = 150μm；N = 500μm；O = 100μm。A–C，Dr Bernhard Ruthensteiner（ZSM）拍摄；D–G，Miss Melanie Mackenzie（NMV）拍摄；L，Dr. Daniel Geiger（SBMNH）拍摄

远茎侧向内凹陷，芽鞘表面具细密的环纹，口部具 3 个缘齿，近茎齿 1 个，远茎齿 2 个，近茎齿小于远茎齿，由 3 片三角形缘瓣围成塔状，不具内部齿，具不发达的离茎盲囊。生殖鞘具柄，一般从主茎的芽鞘开口处生出，表面部分区域具细纹，顶端具短领，雄性生殖鞘上下近等粗，近柱状，雌性长卵圆形，雌性领部较雄性细长。具附着盘，伴随发育程度分为 2–6 瓣，每瓣可再次双歧分瓣，附着盘所在节及相邻节芽鞘变稀少，排列倾向于排成 60°–90°夹角，各具 1–6 条环轮。具 2 种刺细胞，梭形，大小不同，内部均具一根管状直刺。

图 4-5 *Fraseroscyphus hozawai* (Stechow, 1931)

A，群体附于马尾藻表面；B，主茎与分枝；C–D，主茎上芽鞘形成一定夹角；E–F，雄性生殖鞘，芽鞘位于同一平面；G–J，雌性生殖鞘，G–H 来自同一群体，I–J 来自同一群体；K–N，附着盘；O，群体基部及主茎，可能形成于附着盘；P–R，芽鞘表面细纹变化；S–T，离茎盲囊；U–X，刺细胞。美国加利福尼亚州：D、G–H、K、P、

W–X，MBM280124；E，CASIZ14589；S，SBMNH347307。中国青岛：A–B、I–J，MBM102663；C，MBM280267；L–O、T，MBM185675；R、U–V，MBM280266。日本陆奥湾：Q，ZSM20041654，副选模。韩国：F。比例尺：A = 1cm；B–O = 0.5mm；P–T = 0.3mm；U–X = 5μm

选模：选模（lectotype），ZSM20040228；副选模（paralectotype），ZSM20041654，20041655。

分布：仅分布于北太平洋两岸。中国山东、江苏、浙江沿岸；韩国沿岸；日本陆奥湾、相模湾；美国加利福尼亚州沿岸。

讨论：本种芽鞘和生殖鞘上的细纹虽存在变化，在普通显微观察下易被忽略，仅 Tang 和 Huang（1986）、Hirohito（1995）注意到这一特征，在检查时需引起注意。在重检相应的模式标本后，我们认为 *Sertularella sinuosa* Fraser, 1948 及 *Symplectoscyphus huanghaiensis* Tang & Huang, 1986 是本种的 2 个同种异名。本种仅分布于北太平洋两岸，其形态可相应分为西岸和东岸两组，组内形态一致，组间存在一定差异：较中国的标本，美国加利福尼亚州标本的芽鞘和生殖鞘较中国的略大，但优势刺细胞类型略小，芽鞘表面环纹不发达，这两方面特征都不足以将其分成不同物种，可能是不同地理种群间的自然差异，需后续分子生物学的进一步验证。

在所检标本和所有报道中，Inaba（1890）图 27 中的生殖鞘是仅有的可能直接从主茎生出的标本，在图中，两个生殖鞘对生，基部具类似柄的结构，它们的柄部较芽鞘细长，完全贴生，它们几乎不可能均为芽鞘，而图 28 则可以推测从芽鞘内生出，由于 Inaba 没有绘清这一细节，该图不能作为生殖鞘从主茎上直接生出的依据。

Sertularella hesperia Torrey, 1902（模式产地：美国加利福尼亚州）可能是本种的同种异名，但其原始描述基于不成熟群体，描述简单，无法确定它与 *Fraseroscyphus hozawai* 的关系。经与加州大学伯克利分校及加州科学院等单位联系，未找到 *Sertularella hesperia* 的模式标本。基于 Torrey 的描述，Nutting（1904）将本种列为 *S. tricuspidatus*（Alder, 1856）的同种异名。本种具有明显的主茎，芽鞘贴生明显，分枝腋窝处不具芽鞘，芽鞘开口上挑、内收，明显不同于 *Symplectoscyphus tricuspidatus*，更不是其同种异名。在 *Sertularella hesperia* 的原始描述中，Torrey（1902）提到它在群体特征和芽鞘贴生程度两方面与 *S. tricuspidatus* 的区别，在其图 58 中绘出一个至少具有 6 节、略呈现“Z”形的主茎片段，这样的代表性结构在 *S. tricuspidatus* 中罕见；但如果仅凭其芽鞘示意图（图 57a–d），极易与 *S. triscupsidatus* 相混淆。经检查加州科学院 2 瓶 *Sertularella hesperia* 标本，其中一瓶鉴定正确，而另一瓶（CASIZ14589，具 1 个雄性生殖鞘）则被误定为 *S. tricuspidatus*。

本种附着盘标本丰富，可观察到附着盘的多个发育阶段，最终从附着盘上长出多个新分枝，推测附着盘的主要功能可能是通过无性繁殖增大群体生长空间，类似再生“枢纽”，附着盘所在节及相邻节环轮增多，增加了其韧性，提高了基底适应能力。

（5）不规则弗氏辫螅 *Fraseroscyphus irregularis* (Trebilcock, 1928)

图 4-4D–E、J；图 4-6

Sertularella irregularis Trebilcock, 1928: 11, pl.5, fig, 1–1b; Stranks, 1993: 17。

Symplectoscyphus irregularis: Ralph, 1961a: 818–820, fig. 19 d–f; Dawson, 1992: 20; Vervoort & Watson 2003: 209–211, fig. 50E–G.

Fraseroscyphus irregularis: Song *et al.*, 2016b: 20–21, fig. 3D–E, J, 5, 7.

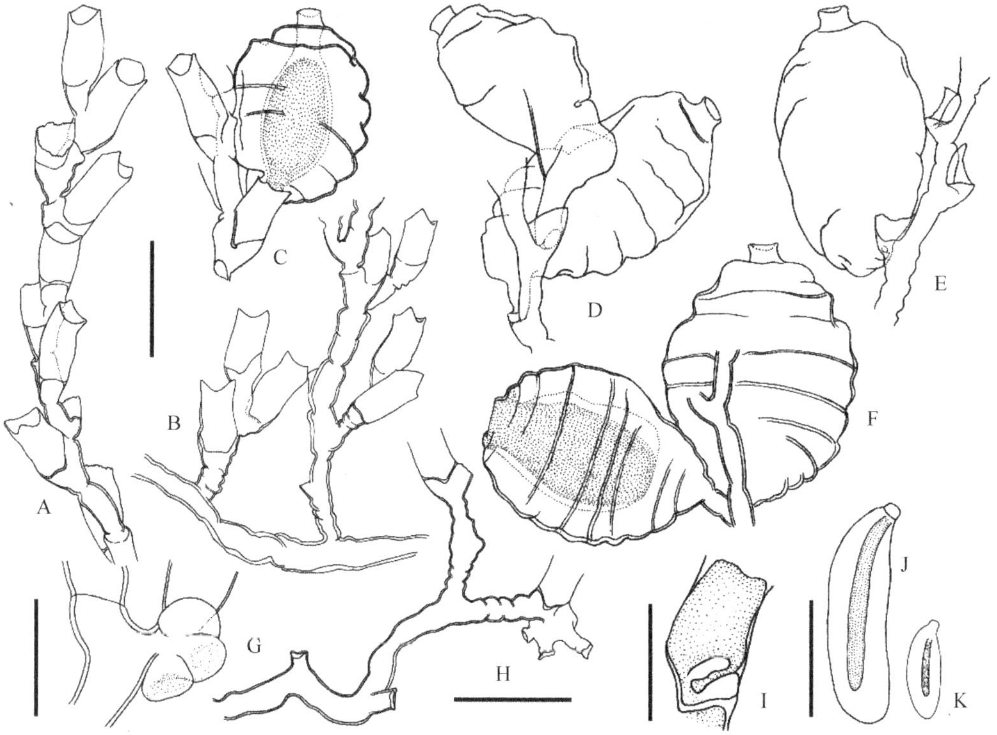

图 4-6 *Fraseroscyphus irregularis* (Trebilcock, 1928)

A，螅茎；B，群体基部；C，雄性生殖鞘；D，雌性生殖鞘，从芽鞘口部生出；E，雌性生殖鞘，从芽鞘基部生出；F，雄性生殖鞘，从芽鞘基部生出；G，早期附着盘；H，主茎上的成熟附着盘；I，离茎盲囊；J–K，刺细胞。新西兰：A、C，NMV F57894，选模；B、F，NMV F57894，副选模；D–E、G–I，NMV F57939，副选模；J–K，NMV F57939.1，副选模。比例尺：A–F、H = 0.5mm；G–I = 0.2mm；J–K = 5μm

模式产地： 新西兰达尼丁市圣克莱尔近岸。

采集地及航次： 租借于澳大利亚维多利亚博物馆的模式标本，采集于新西兰，包括选模和副选模，标本信息见附录 1。

形态特征：群体小型，匍匐缠绕于珊瑚藻表面，主茎单管状，直立，略呈“Z”形；主茎基部具 2–6 圈环轮，不规则分枝，分枝一级或两级，分枝基部具 1–2 圈环轮，腋部不具芽鞘；主茎和分枝规律分节，分节末端倾斜，具收缢，每节具 1 个芽鞘；芽鞘排列紧密，轮生，相邻芽鞘夹角约 120°，排成 3 纵列；芽鞘管状，表面光滑，中部略宽，近茎侧 1/3 贴生，中上部外弯，末端具 3 个缘齿，缘齿尖，1 个近茎缘齿，2 个远茎缘齿，近茎缘齿略大，未观察到内部齿；芽鞘顶端由 3 片三角形缘瓣围成塔状，近等大；螅芽收缩时具离茎盲囊，不发达；在 NMV F57939 中观察到 4 个附着盘，分成 2–5 瓣。生殖鞘较大，高度为芽鞘的 3–4 倍，位于群体下半部，一般从芽鞘开口处生出，少数从芽鞘侧下方生出；生殖鞘表面具 6–9 较粗的环轮，基部具短柄，顶部中央具短管，短管末端略外展，雄性生殖鞘近球形，雌性生殖鞘椭圆形。刺细胞 2 种，包囊弯月形，大小具差异，内部具一根管状直刺。

选模：选模，玻片 NMV F57894 中最大的片段（雄性）；选定副模：NMV F57894 其他片段（雄性）；NMV F57939（雌性），另含 3 片刺细胞玻片（NMV F57939.1–F57939.3），NMV F57940（可能是雌性），NMV F57941。

分布：仅在新西兰有报道，达尼丁市圣克莱尔、泰勒斯米斯泰克、克赖斯特彻奇、啄木鸟湾。

讨论：Trebilcock（1928）绘出了两种生殖鞘形态，但未指明性别，重新检查生殖鞘的内部组织，其图版 5 中的图 1a 和图 1b 分别为雌性和雄性生殖鞘。据此，Ralph（1961）及 Vervoort 和 Watson（2003）所绘生殖鞘均为雌性个体。原始描述中提到具有不发达的离茎盲囊，虽然乙醇固定标本 NMV F57939 内部组织已腐烂，但在部分芽鞘中仍然可以清晰地观察到离茎盲囊的痕迹（图 13I），其发育程度与原始描述一致，但在玻片标本 NMV F57894 中不清晰。Ralph（1961）在其标本中观察到了离茎盲囊，但 Vervoort 和 Watson（2003）在重检后未发现这一特征，这可能离茎盲囊较小、较难辨认及标本的固定状态有关。Trebilcock 未在模式标本中未注意到附着盘。我们在重检模式标本时发现 4 个附着盘，包括处于早期和成熟期的附着盘。

（6）巨荚弗氏辫螅 *Fraseroscyphus macrogonus* (Trebilcock, 1928)

图 4-4F–G、K；图 4-7

Sertularella macrogona Trebilcock, 1928: 11, pl. 1, fig. 4–4d.

Symplectoscyphus macrogonus: Ralph, 1961a: 798–800, fig. 14a–b; 1961b: 109; Dawson, 1992: 20; Vervoort & Watson, 2003: 218–220, fig. 52A–D.

Sertularella macrocarpa: Stranks, 1993: 17.

? *Symplectoscyphus macrogonus*: Millard, 1957: 219; 1964: 51; 1975: 316–317, fig. 102D–G; 1978: 199; Gili *et al.*, 1989: 104–105, fig. 29B.
? *Symplectoscyphus* sp.2: Galea & Schories, 2012: 56, fig.7J.
? *Symplectoscyphus unilateralis*: Galea et al, 2014, fig. 8A–D.
Fraseroscyphus macrogonus: Song *et al.*, 2016b: 21–24, fig. 3F–G, J, 6–7.

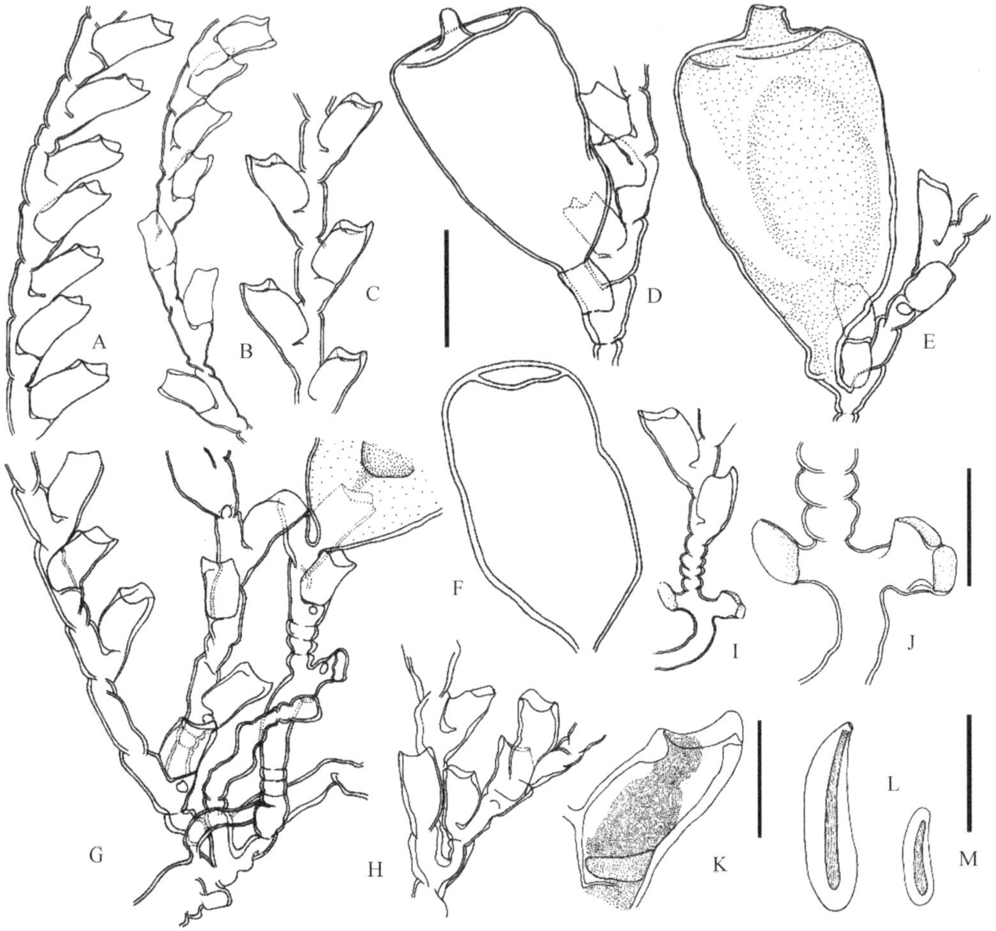

图 4-7 *Fraseroscyphus macrogonus* (Trebilcock, 1928)

A–C，芽鞘排列，A 在一侧形成一定夹角，B 形成一定夹角或位于同一平面，C 几乎位于同一平面；D–E，雄性生殖鞘，D 从芽鞘开口处生出，E 着生于芽鞘基部；F，不成熟的生殖鞘；G，群体基部，示主茎上的环轮，芽鞘侧下方孔隙；H，主茎及分枝；I–J，主茎基部的两个附着盘；K，示芽鞘离茎盲囊及边缘加厚（非内部齿）；L–M，刺细胞。新西兰：G，NMV F57892.1，选模；A–D、F、H，NMV F57892.2，副选模；E、I–M，NMV F57892.1，副选模。比例尺：A–I = 0.5mm；J–K = 0.2mm；L–M = 5μm

模式产地：新西兰达尼丁市圣克莱尔近岸。

采集地及航次：租借于澳大利亚维多利亚博物馆的模式标本，含选模及副选模，以及采自智利的疑似标本，标本信息见附录 1。

形态特征：群体小型，直立，单管状；主茎基部具 2–6 圈环轮，不呈“Z”形，不规则分枝，分枝从主茎芽鞘下方生出，腋部具单个芽鞘，或从芽鞘甚至生殖鞘口部生出；主茎和分枝规律分节，分节末端倾斜，具收缢，每节具 1 个芽鞘；部分分枝表面无芽鞘，具较多环纹，形似卷须；芽鞘互生，排成 2 纵列，两列夹角呈 40°–60°，或接近同一平面；芽鞘管状，表面光滑，部分芽鞘侧下方具小孔，中部略宽，近茎侧 1/3 贴生，中下部外弯，上部略内弯，具 1 个近茎缘齿，2 个远茎缘齿，近茎缘齿较小，缘齿内壁加厚，一般在近茎齿和位于群体外侧的 1 个远茎齿明显，未观察到内部齿；芽鞘顶端由 3 片三角形缘瓣围成塔状；螅芽收缩时具离茎盲囊，不发达；在 NMV F57892 玻片标本 1 中观察到 2 个附着盘，对生，1–2 瓣。生殖鞘较大，长度为芽鞘的 4–5 倍，位于群体下半部，从芽鞘开口处生出或从芽鞘侧下方的小孔中生出；生殖鞘表面光滑，基部具柄，顶部具短领，雄性呈倒锥形，较高，往开口方向渐宽，顶部最宽，顶部平坦；无雌性生殖鞘标本。在主茎及根部组织中观察到刺细胞包囊，长梭形，末端钝，内部具一根管状直刺。

选模：选模，NMV F57892.1 玻片中箭头所示片段，雄性；副选模：NMV F57892.1 玻片中其他片段，NMV F57892.2，雄性。

分布：新西兰南部东海岸圣克莱尔、凯库拉、泰勒斯米斯泰克、克赖斯特彻奇。智利河大区科拉尔近岸的疑似记录（Galea & Schories 2012）需核实。

讨论：在澳大利亚维多利亚博物馆刺胞动物馆藏名录（Stranks 1993）中，本种与 *Sertularia macrocarpa* Bale, 1884 的模式标本编号颠倒（Vervoort & Watson 2003）。通过检查模式标本，这一错误得到确认，并由管理人员进行相应调整理。与原始描述相比，我们新观察到芽鞘的离茎盲囊、芽鞘侧下方的圆孔结构、附着盘等结构，并进行了绘图和重新描述。Treibilcock（1928）所采集到的模式标本均为雄性，而 Ralph（1961a）及 Vervoort 和 Watson（2003）中的生殖鞘则可能均为雌性。

Millard（1957，1964，1975）报道了本种的南非记录，与模式标本具有两个区别：一是群体具有卷须发达，使群体外形呈网状，这些卷须一般从芽鞘内生出；二是部分芽鞘具 3 个内部齿，与缘齿交互排列。卷须在模式标本中存在，但未呈网状，仅在根部具有结网的趋势；在智利的疑似标本中具一根卷须，已断裂，仅剩基部，Galea 和 Schories（2012）将其看作根部。Millard 虽未提到缘齿加厚，但未将此特征当作内部齿，因为在图 102F（Millard 1975）中，同一芽鞘上同时具有这两个特征，并交互排列。此外，Millard（1957）提到内部齿在她的标本中并非稳定的特征，在同簇标本中亦存在有无变化，无法将其标本与 *F. macrogonus* 区分开来。Ralph（1961a）的标本采自新西兰，接受南非的记录，并将内部齿和卷须等所未观察到的特征写入其描述中，在其图 14b 中，在同一个芽鞘上具有缘齿加厚和内部齿结构，两个结构交互排列，证明新西兰的其他标本中也存在内部齿。Vervoort 和 Watson（2003）重新检查了 Ralph 的标本，未发现内部齿和离茎盲囊，并由此质疑南非记录的有效性。综合上述描述，我们认为南非和智利的记录需要进一步确认。

在缺少生殖鞘标本的情况下，我们无法确认 Gili 等（1989）采于纳米比亚海域（水深 167–429m）的标本记录。这些标本的部分特征，如主茎不分枝、略呈“Z”形、规律分节、芽鞘排成一个平面等，与 *F. macrogonus* 模式标本中特定群体或片段的特征相吻合，但其芽鞘明显较模式标本细长。我们尚不知道 *F. macrogonus* 是否能分布至这么深的水层，更不知道芽鞘细长是否属于种内的正常变化。这批标本可能是 *Fraseroscyphus* 的另一个物种，需要进一步的研究。

基于特殊的生殖鞘外形，Galea 等（2014）将 *Sertularella macrogona*、*Sertularella pulchella* Jäderholm, 1904、*Sertularella rentoni* Bartlett, 1907 列为 *Symplectoscyphus unilateralis* (Lamouroux, 1824)的同种异名。但在其他文献报道中，这些物种在内部齿等方面存在区别：Bartlett（1907）、Ralph（1961a）及 Vervoort 和 Watson（2003）未提及 *Sertularella rentoni* 具有内部齿或芽鞘边缘加厚的特征。Ralph（1961a）及 Vervoort 和 Watson（2003）认为 *Sertularella rentoni* 与 *F. macrogonus* 是不同的物种。Billard（1909）检查了 *Symplectoscyphus unilateralis* 的模式标本，在其图示中明确地画出了内部齿结构。Galea 等（2014）在智利的 *Symplectoscyphus unilateralis* 标本中也观察到了内部齿。此外，*Sertularella pulchella* Jäderholm, 1904 的原始描述不全面，仅依据芽鞘的排列和生殖鞘的外形无法判定它与 *F. macrogonus* 的关系。因此，根据我们所检查的模式标本，无法判定上述几个物种间的关系。但希望能通过对 *F. macrogonus* 模式标本的重新描述，为未来解决这些物种间的关系提供帮助。

4.3 辫螅属 *Symplectoscyphus* Marktanner-Turneretscher, 1890

模式种： *Symplectoscyphus australis* Marktanner-Turneretscher, 1890 = *Sertularella johnstoni* Gary, 1843

鉴别特征： 群体直立，具分枝，分枝腋窝处具垫突和芽鞘，主茎和分枝均有 2 纵列互生的芽鞘；芽鞘无柄，一般圆柱形，具 3 个缘齿，其中 1 个近茎齿，2 个远茎侧齿；芽盖由 3 片三角形缘瓣围成塔状，螅芽收缩后具离茎盲囊；生殖鞘一般具螺旋状环褶，或具环纹，末端具管状领。

（7）密纹辫螅 *Symplectoscyphus densestriatus* Tang, 1991

图 4-8

Symplectoscyphus densestriatus Tang, 1991c: 1–5, fig.1A–D.

? *Symplectoscyphus naumovi* Blanco, 1969: 14–16, fig. 1–9.

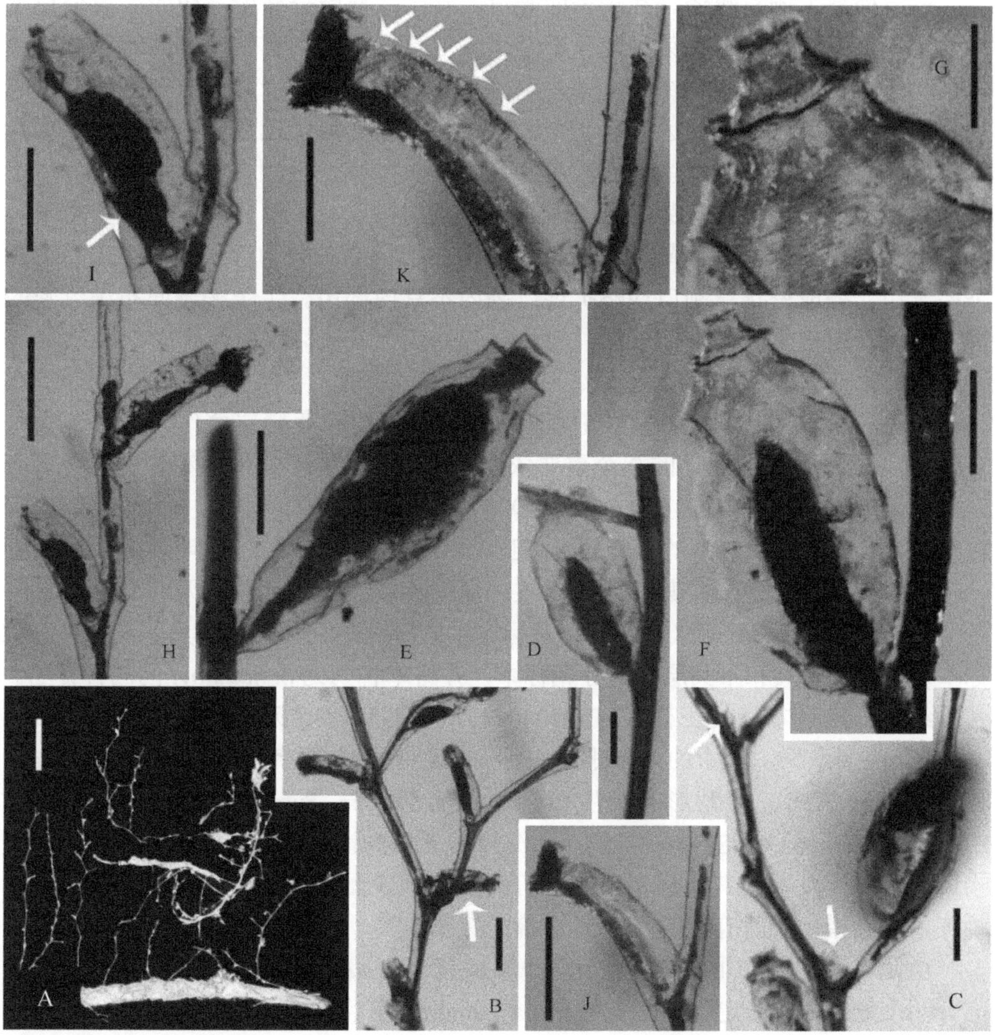

图 4-8　*Symplectoscyphus densestriatus* Tang, 1991（彩图请扫封底二维码）

A，群体；B–C，分枝方式，B 示主茎上的分枝，位于群体下部，C 示侧枝上的次级分枝，具生殖鞘，B 和 C 中的箭头示分枝腋窝处的芽鞘；D–G，生殖鞘及着生位置，生殖鞘表面均具致密的横向细纹，D 中生殖鞘着生于主茎下半部，E 和 F 示两个生殖鞘，G 为 F 中生殖鞘上部的放大图，示表面的密纹；H–K，示芽鞘及排列，I 为 H 中，底部芽鞘的放大图，示缘齿及芽盖，I 中箭头示离茎盲囊，K 为 J 的放大图，箭头示芽鞘边缘具多层层叠结构。南极半岛西北部海域：A–B、D–K，MBM240443，正模；C，MBM240267。比例尺：A = 1cm；B–D = 0.5mm；E–F、H、J = 0.5mm；G、I、K = 0.25mm。A，王少青拍摄

形态特征：群体小，基部的匍匐根环绕在棒状海绵表面，下半部具直立主茎，明显呈“Z”形，分枝互生。群体上半部不具明显主茎，而是呈多级双歧分枝状，

具垫突和腋生芽鞘，分枝基部具 1–2 个环轮。分枝分节规律，每节末端具 1 个芽鞘，分节处具 1 倾斜收缢。芽鞘表面光滑，互生，双歧分枝所对应的 3 段分枝上的芽鞘不位于同一平面。芽鞘几乎不贴生，上下近等粗，有些芽鞘的边缘具由芽鞘围鞘形成的 6–7 圈层叠结构。芽鞘末端具 3 个近等大的缘齿和 3 瓣芽盖，围成塔状，其中近茎齿 1 个，远茎齿 2 个，芽盖近茎瓣 2 瓣，远茎瓣 1 瓣。芽鞘不具内部齿，收缩的螅芽具离茎盲囊。观察到 1 种生殖鞘，性别未知，着生于群体下部主茎或上部分枝上，从芽鞘侧下方生出，排列稀疏，无明显规律，有些生殖鞘着生于腋芽侧下方。生殖鞘卵圆形，上端具 2 层粗细不同的管状领，上层高细，下层宽粗，叠成塔状，领口均略扩展，领内不具内部齿。生殖鞘表面布满致密的横向细纹。所检生殖鞘整体外形具变化，鞘体宽圆或瘦高，性别未知。

分布：南大洋。

讨论：Tang（1991c）将生殖鞘表面是否具密纹和芽鞘层叠作为区分本种与 *Symplectoscyphus naumovi* 的 2 个重要依据，他认为后者不具密纹和芽鞘层叠。而在 *S. naumovi* 的原始描述（Blanco 1969）中，在其生殖鞘的附图中无法观察到密纹结构（受限于显微照片的清晰度），但在文字描述部分，Blanco 明显提及观察到一个有点破损的生殖鞘，其表面具横纹，顶端具 2 个齿突，未提及芽鞘是否具层叠结构。Peña Cantero 等（2002）在其标本中同时观察到了具和不具环纹的生殖鞘标本，观察到了具和不具层叠的芽鞘标本，并将本种列为 *S. naumovi* 的同种异名。

经重新检查本种的正模（MBM240443，在鉴定标签标上标有'“*Symplectoscyphus* sp. nov.”，其中的两个小管中标有“绘图标本”字样），发现正模的群体特征、分枝模式、芽鞘形态及生殖鞘表面的密纹与 *Symplectoscyphus naumovi* Blanco, 1969（63.40°S，56.98°W，水深 300m）非常相似，分布海域和水深也很接近。在正模及所检其他标本中，所有的生殖鞘表面均具明显的细纹，顶端不具棘突，在正模中同时存在具和不具层叠的芽鞘。

由此可见 Tang（1991c）用于区分本种和 *S. naumovi* 的两个鉴别特征，无法区分两个物种，在一定程度上支持 Peña Cantero 等（2002）将它们列为同种异名。但 *S. naumovi* 生殖鞘表面具棘突这一结构（Blanco 1969），在 Peña Cantero 等（2002）及我们的标本中均未发现，我们无法判断这一结构是否稳定（*S. naumovi* 的模式标本在采集时受损），也无法判断是否与性别有关，需重检 *S. naumovi* 的模式标本，或后续更多成熟标本验证。Peña Cantero 等（2002）观察到具和不具密纹的生殖鞘标本，而我们所检的生殖鞘标本均具密纹，这是否意味着“生殖鞘表面有无密纹”可作为进一步区分物种的依据，尚需分子数据验证。综合考虑上述形态依据，本研究暂维持 Tang（1991c）的鉴定结果。

本种的生殖鞘形态与 *Symplectoscyphus* 属的模式种具较大差异，其分子系统学位置值得进一步研究。

（8）冰海辫螅 *Symplectoscyphus glacialis* (Jäderholm, 1904)

图 4-9

Sertularella glacialis Jäderholm, 1904: 9; 1905: 26, pl. 10, fig. 3–7.

Symplectoscyphus glacialis: Peña Cantero *et al.*, 2002: 1533–1538, fig. 6; Peña Cantero, 2010: 37.

See other synonyms in Peña Cantero *et al.* (2002) and Peña Cantero (2010).

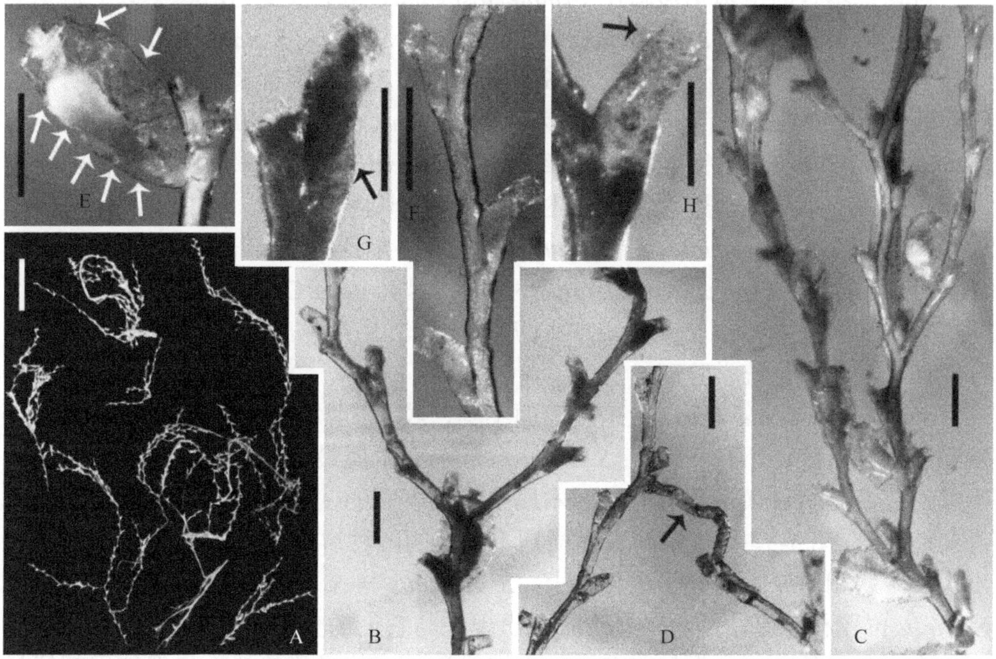

图 4-9　*Symplectoscyphus glacialis* (Jäderholm, 1904)（彩图请扫封底二维码）

A，群体；B–C，分枝方式，示分枝夹角变化，同时示生殖鞘着生位置及排列；D，相邻分枝间形成的交联结构，如箭头所示；E，生殖鞘，箭头示表面的多轮横向浅褶；F–H，芽鞘及排列，G 和 H 示芽鞘放大，其中的箭头分别示离茎盲囊（G）和芽鞘层叠（H）。南极半岛西北部海域：A–H，MBM240444。比例尺：A = 1cm；B–D = 0.5mm；E–F = 0.5mm；G–H = 0.25mm。A，王少青拍摄

采集地及航次：南极半岛西北部海域，中国第一次南极科学考察，标本信息见附录 1。

形态特征：所检标本为不完整片段，不具明显主茎，重复多级双歧分枝，分枝夹角 40°–120°，分枝次数多达 5 次，分枝位于不同平面。分枝腋窝处具垫突和腋生芽鞘，腋芽上半部弯向腋窝外侧。分枝规律分节，每节具 1 个芽鞘，分节处具 1–2 个倾斜收缢。部分相邻分枝交联，通过 1 段具多个环轮的螅枝（不具芽鞘）相连。芽鞘互生，在分枝上排成 2 纵列，基本位于同一平面。芽鞘管状，表面光滑，约 1/2 贴生，中间粗，往开口方向逐渐变细，上半部外弯，末端具 3 个近等

大的缘齿和 3 瓣芽盖，围成塔状，其中近茎齿 1 个，远茎齿 2 个，芽盖近茎瓣 2 瓣，远茎瓣 1 瓣。芽鞘不具内部齿，收缩的螅芽具离茎盲囊。观察到 1 种生殖鞘，性别未知，从分枝上芽鞘侧下方生出，卵圆形，顶部具短领，领口较狭窄，开口处略外展。生殖鞘表面具 4–7 轮较浅的横向波纹（明显不同于横褶），不具致密的横向密纹。

分布：南大洋。

讨论：本种的生殖鞘形态在 *Symplectoscyphus* 属中较少见，具类似生殖鞘的辫螅还包括 *S. anae*、*S. densestriatus*、*S. frigidus*、*S. hero*、*S. naumovi* 及 *S. plectilis* 等 6 种。*S. anae*、*S. densestriatus* 和 *S. naumovi* 的生殖鞘表面具细纹，不具明显的褶状浅纹；*S. frigidus* 芽鞘较本种的芽鞘大（Peña Cantero *et al.* 2002）；*S. hero* 与 *S. densestriatus* 生殖鞘相似，但不具细纹；*S. plectilis* 芽鞘几乎不贴生，生殖鞘表面光滑或仅上半部具少数褶纹。上述辫螅中可能具同种异名，如 Peña Cantero 等（2002）认为 *S. densestriatus* 是 *S. naumovi* 的同种异名，但本研究暂将其视为不同种（见 *Symplectoscyphus densestriatus* 讨论）；尽管 Peña Cantero 等（2002）使用芽鞘大小来区分本种与 *S. frigidus*，但仍不能排除 *S. frigidus* 是本种的同种异名的可能性，需分子系统学验证。

Symplectoscyphus hero（生殖鞘表面不具密纹、不具横褶）、*S. densestriatus*（生殖鞘表面具密纹，不具横褶）、*S. tricuspidatus*（本属最常见的生殖鞘类型，表面不具密纹，具明显横褶）可能显示本属生殖鞘表面的密纹和横褶结构从无到有的进化趋势。在图 3-3 中，生殖鞘表面横褶不发达的两种辫螅（*S. glacialis*、*S. plectilis*）出现在本属相对原始的分子进化支上，*S. glacialis* 与 *S. tricuspidatus* 聚在同支，*S. glacialis* 位置相对原始，而 *S. plectilis* 则出现在与它们的分支平行的另一单系支上。可见本研究中的分子数据仅部分支持上述推测的可能进化趋势，值得使用新鲜材料对更多相关物种结合多基因进一步研究。

（9）刘维尔辫螅 *Symplectoscyphus liouvillei* (Billard, 1914)

图 4-10

Sertularella liouvillei Billard, 1914: 24–26, fig. 14–15.

Symplectoscyphus liouvillei: Stechow, 1922: 148; 1923: 172; Gravier-Bonnet, 1979: 52; Blanco, 1982: 41; Vervoort, 1993: 240; Peña Cantero *et al.*, 2002: 1540–1545, fig. 8–10.

采集地及航次：南极半岛西北部海域，中国第一次南极科学考察，标本信息见附录 1。

形态特征：群体基部具不规则排列的簇生、细长须根，主茎明显呈“Z”形，主茎中部和下部多管状，上部单管状。分枝绕主茎轮生，与主茎形成 30°–60°夹角，

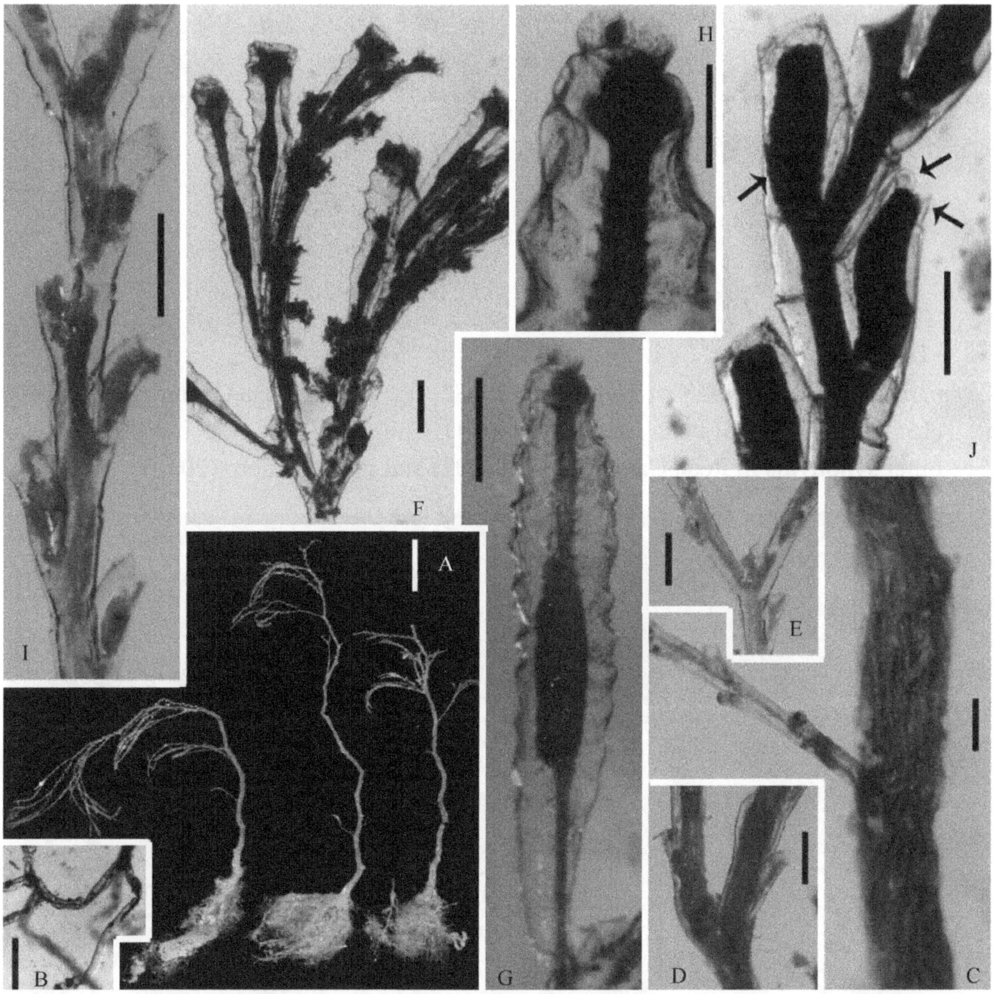

图 4-10　*Symplectoscyphus liouvillei* (Billard, 1914)（彩图请扫封底二维码）

A，群体；B，螅根分枝方式；C–E，主茎及螅枝分枝方式，C 为位于群体下半部多管状主茎上的分枝方式，D 为群体上半部单管状主茎上的分枝方式，E 为侧枝上的次级分枝；F–H，示生殖鞘及其排列，H 为 G 中生殖鞘顶部放大，示顶端的短领；I–J，芽鞘及芽鞘排列，J 中左侧箭头示离茎盲囊，右侧的两个箭头示两瓣芽盖，另一瓣在该图中未显示。南极半岛西北部海域：A–J，MBM240176。比例尺：A = 1cm；B–F = 0.5mm；G、I = 0.5mm；H、J = 0.2mm。A，王少青拍摄

多级双歧分枝，所检标本分枝次数多达 4 级。分枝处具垫突和腋生芽鞘，腋芽位于腋窝侧面，上半部外弯，部分多管状主茎的分枝腋窝处不具垫突和腋芽。呈多管状主茎和分枝不分节，呈单管状主茎和分枝规律分节，每节具 1–2 个芽鞘，分节处 1 个倾斜收缢。多管状主茎和分枝上的芽鞘着生不规律，具或不具芽鞘。单管状主茎和分枝上的芽鞘互生，位于同一平面，排成 2 纵列。芽鞘管状，表面光滑，1/2–2/3 贴生，往开口方向略变细，远端略外弯，末端具 3 个近等大的缘齿和

3 瓣芽盖，围成塔状，其中近茎齿 1 个，远茎齿 2 个，芽盖近茎瓣 2 瓣，远茎瓣 1 瓣。芽鞘不具内部齿，收缩的螅芽具离茎盲囊。观察到 1 种生殖鞘，着生于分枝单侧，从芽鞘侧下方生出，排成 2 纵列，长棒状，表面具 8–11 圈横褶，生殖鞘上半部的横褶较深，下半部的横褶较浅，末端具管状领，领口扩展，领内不具内部齿。性别未知。

分布：南大洋。

（10）凡氏辫螅 *Symplectoscyphus vanhoeffeni* Totton, 1930

图 4-11

Symplectoscyphus vanhoeffeni Totton, 1930: 187, fig. 38a–d; Peña Cantero *et al.*, 2002: 1556–1560, fig. 15; Peña Cantero, 2010: 41.

See other synonyms in Peña Cantero *et al.* (2002) and Peña Cantero (2010).

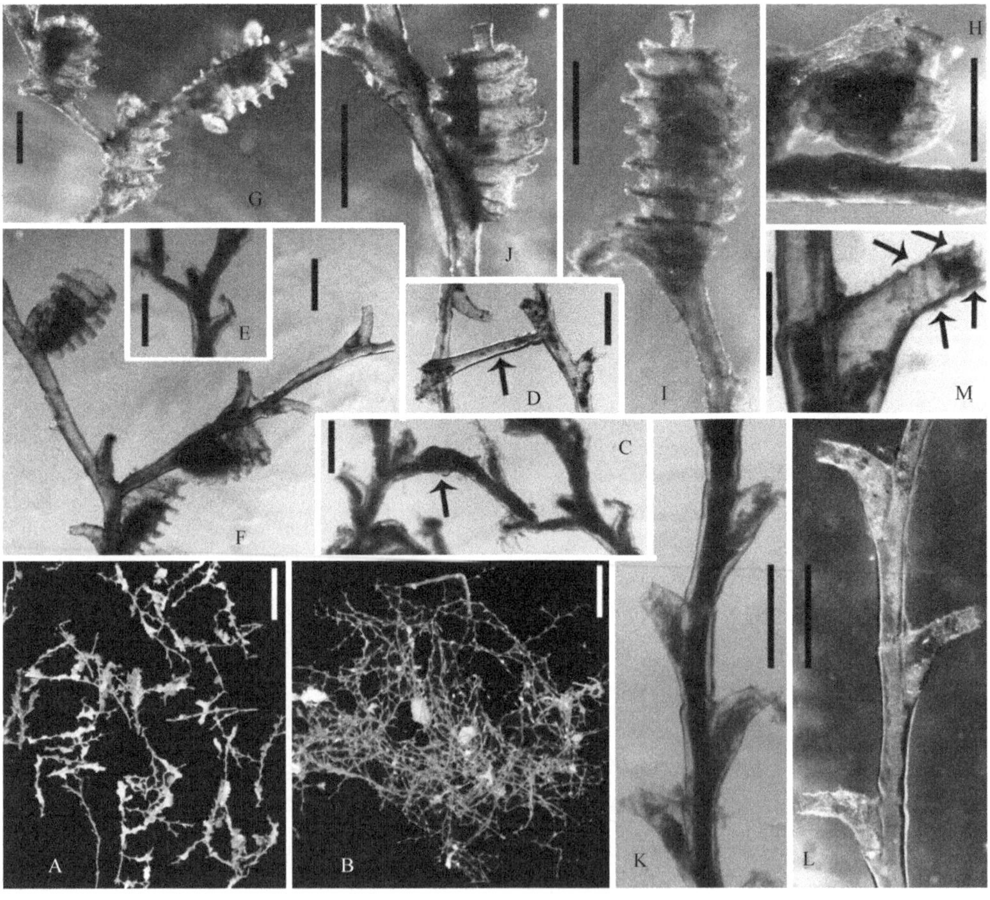

图 4-11 *Symplectoscyphus vanhoeffeni* Totton, 1930（彩图请扫封底二维码）

A–B，群体；C–D，相邻分枝交联，箭头示交联部位的特化螅枝结构，为正常的螅枝（D）或具多轮环轮特化螅枝（C）；E–G，示分枝方式及生殖鞘着生位置与排列；H–J，生殖鞘，H 中生殖鞘不成熟；K–M，芽鞘及排列，M 中箭头示芽鞘末端具多层层叠结构。南极半岛西北部海域：A、C、E、H、K，MBM240150；B、D、F、I、L–M，MBM240198；G、J，MBM240308。比例尺：A–B = 1cm；C–G、I–J = 0.5mm；H–L = 0.5mm；M = 0.25mm。A–B，王少青拍摄

采集地及航次：南极半岛西北部海域，中国第一次南极科学考察，标本信息见附录 1。

形态特征：所检标本为不完整片段，不具明显主茎，具重复多级双歧分枝，分枝夹角 50°–150°，分枝位于不同平面。分枝腋窝处具垫突和腋生芽鞘，腋芽上半部弯向腋窝 1 侧。分枝规律分节，每节具 1 个芽鞘，分节处具 1 个倾斜收缢。部分相邻分枝交联。芽鞘互生，在分枝上排成 2 纵列，基本位于同一平面。芽鞘管状，表面光滑，约 1/2 贴生（不包括芽鞘层叠部分），中间粗，往开口方向逐渐变细，上半部外弯，末端具 3 个近等大的缘齿和 3 瓣芽盖，围成塔状，其中近茎齿 1 个，远茎齿 2 个，芽盖近茎瓣 2 瓣，远茎瓣 1 瓣。有些芽鞘末端具层叠，层叠次数可多达 5 次。芽鞘不具内部齿，收缩的螅芽具离茎盲囊。生殖鞘从分枝芽鞘的侧下方生出，位于同一分枝单侧，排成 2 纵列。雄性生殖鞘长卵圆形，顶部具 1 细长、狭窄的短领，开口处略外展，生殖鞘表面布满 7–10 轮连续横褶。在 MBM240150、MBM240362、MBM240367 中观察到另一种不成熟的生殖鞘，已生长出的下半部明显较雄性宽，至少具 6 轮横褶，可能是雌性。

分布：南大洋。

讨论：所检标本的芽鞘层叠结构变化较大，在 MBM240150、240362、240367 中芽鞘不具层叠或层叠次数少，与本种的原始描述一致，而在其他剩余标本中，几乎所有芽鞘均具层叠（标本信息见附录 1）。若不考虑芽鞘的层叠部分，所检标本的芽鞘形态一致，但不能排除芽鞘层叠较为普遍的标本（如 MBM240198）为不同种的可能性。

本种生殖鞘表面的横褶是辫螅属典型特征（同本属模式种），具这一特征的辫螅种类分布广，包括中国海及南、北极海域。据 Peña Cantero 等（2002）统计，除本种外，在南大洋具此类生殖鞘的辫螅还有 *S. cumberlandicus*、*S. curvatus*、*S. exochus*、*S. nesioticus* 及 *S. sofiae*。本种与这 5 个相似种的区别具体如下：本种不具明显主茎，分枝均为单管状，而 *S. cumberlandicus* 及 *S. sofiae* 具主茎，其主茎及部分分枝呈多管状；本种的芽鞘约 1/2 贴生，而 *S. curvatus* 及 *S. nesioticus* 芽鞘几乎不贴生；本种原始描述（Totton 1930）中的芽鞘长度为 0.33mm（基于芽鞘形态，与离茎侧长度几乎一致），Peña Cantero 等（2002）的标本芽鞘离茎侧长度为 0.27–0.35mm，本研究所检标本离茎侧长度为 0.31–0.37mm，而 *S. weddelli* 芽鞘离茎侧长度为 0.48–0.52mm，芽鞘上下近等粗，缘齿较尖，与本种不同；根据 *S. exochus* 的原始描述，其芽鞘具或不具层叠（Blanco 1982），与本研究所检标本接近，但其

生殖鞘不完整，无法确定它是否是本种的同种异名，Peña Cantero 等（2002）鉴定为 *S. exochus* 的标本具完整的生殖鞘，其芽鞘与生殖鞘的形态特征均与所检标本相近，可能也是本种。

（11）坎伯兰湾辫螅 *Symplectoscyphus cumberlandicus* (Jäderholm, 1905)

图 4-12

Sertularella cumberlandica Jäderholm, 1905: 27–28, pl. 10, fig. 8–11.

Symplectoscyphus cumberlandicus: Peña Cantero *et al.*, 2002: 1519–1523, fig. 3; Peña Cantero, 2010: 35.

See other synonyms in Peña Cantero *et al.* (2002) and Peña Cantero (2010).

图 4-12 *Symplectoscyphus cumberlandicus* (Jäderholm, 1905)（彩图请扫封底二维码）

A–B，群体；C–E，分枝方式，C 示群体中下部多管状主茎与侧枝，各箭头示侧枝上的芽鞘，排成多列，排列不规律，D 示单管状主茎末端的分枝方式，E 示侧枝上各小枝上的分枝方式；F–H，生殖鞘及排列，生殖鞘均不成熟，F 中两个箭头示生殖鞘，G 中箭头示 2 个芽鞘从生殖鞘的着生位置生出，H 为生殖鞘放大图；I–L，芽鞘及排列，I 中箭头示 4 个从生殖鞘着生位置生出的芽鞘，K 中的两个箭头示离茎盲囊，L 为芽鞘放大图，示缘齿及芽盖。南极半岛西北部海域：A–F、J–L，MBM240159；B，MBM240481；G–H、I，MBM240290。比例尺：A–B = 1cm；C–G、I–J = 0.5mm；H–K = 0.5mm；L = 0.25mm。A–B，王少青拍摄

采集地及航次：南极半岛西北部海域，中国第一次南极科学考察，标本信息见附录 1。

形态特征：群体直立，羽状或扇状，附于石块或海绵表面，具明显主茎，略呈“Z”形，具侧枝和二级分枝，分枝互生，与主茎位于同一平面，芽鞘所形成的平面略扭转。位于群体中部和下部的主茎及侧枝呈多管状，群体上部的主茎和分枝呈单管状。在多管状主茎和侧枝上的分枝处，无明显的垫突和腋生芽鞘。在单管状主茎和侧枝的分枝处具垫突和腋生芽鞘。多管状主茎和分枝不分节，单管状主茎和分枝规律分节，每节具 1 个芽鞘，节末具 1 个倾斜收缢，收缢浅。大部分多管状主茎和分枝上不具芽鞘，少数芽鞘在多管主茎和分枝上零星出现，极少情况下排成 2 纵列或 4 纵列。芽鞘在单管状主茎或分枝上一般排成 2 纵列，互生，位于同一平面，近直管状，往开口方向逐渐变细，1/2–3/4 贴生，两列芽鞘的远端（游离部分）分别略弯向主茎或分枝的两侧，末端具 3 个近等大的尖齿和 3 瓣芽盖，围成塔状，其中近茎齿 1 个，远茎齿 2 个，芽盖近茎瓣 2 瓣，远茎瓣 1 瓣。在 MBM240290 的少数分枝上观察到部分芽鞘完全不贴生，出现在生殖鞘着生位置，并排列 2 纵列（图 4-12G，I），出现芽鞘排成 4 纵列的“假象”。在 MBM240481 的一个分枝上也观察到了此类芽鞘，与生殖鞘交替出现在同一分枝上。未观察到具明显层叠的芽鞘。芽鞘不具内部齿，收缩的螅芽具离茎盲囊。生殖鞘从分枝芽鞘侧下方生出，位于同侧，排成 2 纵列。所检生殖鞘均为不成熟个体，表面布满连续横褶，观察到具 6 轮横褶的不成熟生殖鞘，为辫螅属最常见的生殖鞘类型，性别未知。

分布：南大洋。

讨论：在原本着生生殖鞘的位置生出芽鞘，这种形态在本研究所检查的桧叶螅科样品中罕见。将此类芽鞘剥离后，可观察到分枝上的孔隙（fenestra）结构，并有组织通过孔隙将螅芽与分枝上的共肉相连，该特征与生殖鞘基部的孔隙无明显区别。据 Peña Cantero 等（2002）统计，在南大洋具多管状主茎的辫螅除本种外，还有 *S. sofiae*。Peña Cantero 等（2002）在发表 *S. sofiae* 前，检查了本种的模式标本，他们认为 *S. sofiae* 的芽鞘较小（芽鞘离茎侧长度仅 0.37–0.39mm），芽鞘外弯明显。本研究中所检查的标本与 *S. cumberlandicus* 一致。

（12）*保罗辫螅* *Symplectoscyphus paulensis* Stechow, 1923

图 4-13

Symplectoscyphus paulensis Stechow, 1923a: 8–10; 1925a: 467–468, fig. 28; Ruthensteiner, 2008: 24.

采集地及航次：印度洋圣保罗群岛，德国首次 Valdivia 深海考察航次（1898–1899），模式标本信息见附录 1。

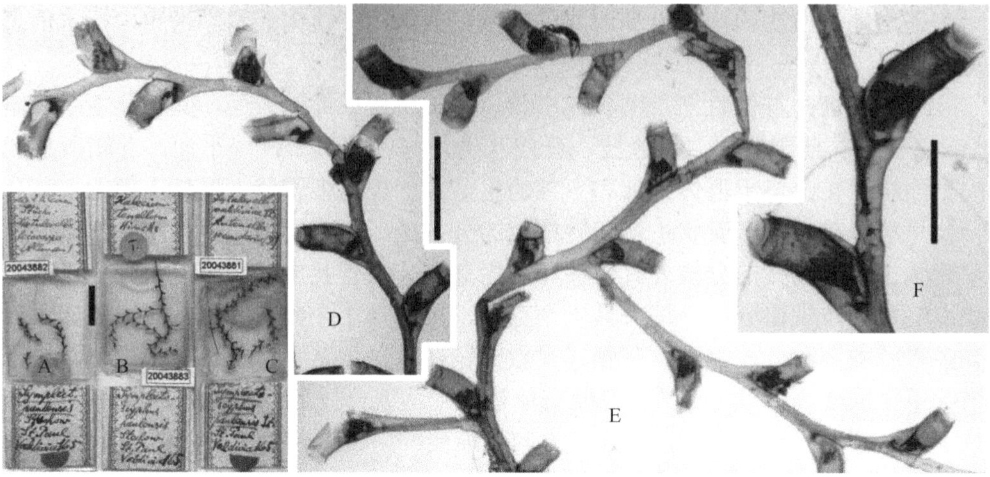

图 4-13　*Symplectoscyphus paulensis* Stechow, 1923（彩图请扫封底二维码）
A–C，模式标本，示群体；D–E，分枝，E 示分枝腋窝处垫突及腋生芽鞘；F，芽鞘，示芽鞘边缘层叠、芽盖及离茎盲囊。印度洋圣保罗群岛：A，ZSM20043882，副选模；B、D–F，ZSM20043883，选模；C，ZSM20043881，副选模。比例尺：A–C = 1cm；D–E = 2mm；F = 1mm。Dr Bernhard Ruthensteiner（ZSM）拍摄

形态特征：群体不具明显主茎，具多级双歧分枝，分枝夹角约 85°，分枝腋窝处具垫突和腋生芽鞘，分枝规律分节，每节具 1 个芽鞘，分节处具较浅的倾斜收缢。芽鞘较大，互生，排成 2 纵列，表面光滑，上下近等粗，1/3 贴生，中部和上部略外弯，边缘具 3 个缘齿，其中 1 个近茎齿，2 个远茎齿，有的芽鞘边缘的围鞘层叠，芽盖 3 瓣，围成塔状，无内部齿，具离茎盲囊。不具生殖鞘标本。

选模：选模，ZSM20043882；副选模，ZSM20040973；ZSM20043881，ZSM20043883。

分布：印度洋。

（13）三齿辫螅 *Symplectoscyphus tricuspidatus* (Alder, 1856)

图 4-14

Sertularia tricuspidata Alder, 1856: 356, pl. 13, fig. 1–2.

Sertularella tricuspidata: Hincks, 1868: 239, pl. 47, fig. 1; Nutting, 1904: 100, pl. 25, fig. 3–7; Broch, 1910: 168, fig. 25; 1918: 98, fig. 52; Kudelin, 1914: 110,486–492; Jäderholm, 1919: 18, pl. 4, fig. 7; Fraser, 1937: 159, pl. 36, fig. 191a–c; Fraser, 1944: 274, pl. 60, fig. 264a–c; Naumov, 1960: 348–349, fig. 240–241.

Symplectoscyphus tricuspidatus: Leloup, 1938: 17, fig. 12; Rees & Thursfield, 1965: 132; Vervoort, 1972: 166, fig. 54a–b; Schuchert, 2001:112–113, fig. 96.

? *Symplectoscyphus tricuspidatus*: Jäderholm, 1896; Yamada, 1950: 10, pl. 1, fig. 9; 1959: 59; Hirohito, 1995: 225, fig. 76:

Not *Symplectoscyphus tricuspidatus*: Tang & Gao, 2008, checklist in: Liu (Ed.): 318;

Xu, Lin & Wang, 2012, checklist in Huang & Lin (Ed.), Vol. 1: 306.

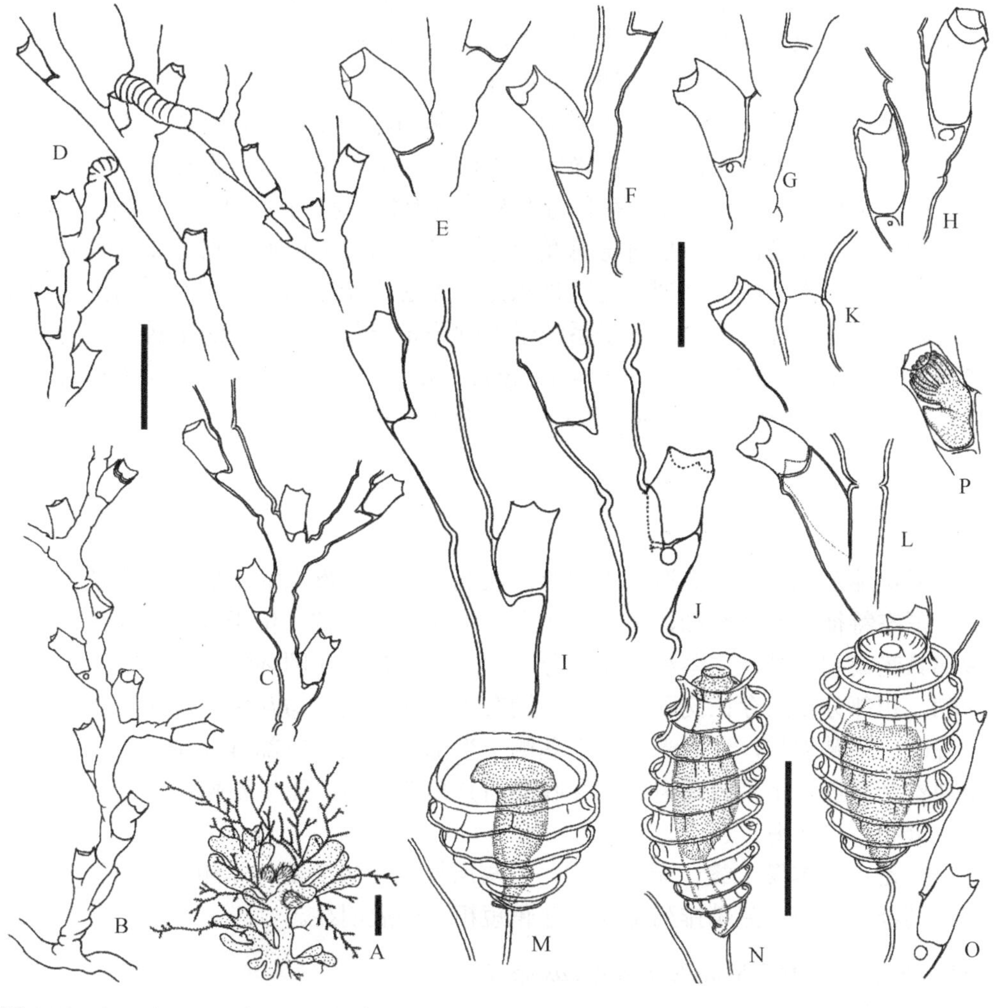

图 4-14　*Symplectoscyphus tricuspidatus* (Alder, 1856)

A，水螅群体，附于苔藓虫群体表面；B，稚体，示芽鞘基部孔隙；C，分枝；D，分枝交联；E–L，芽鞘排列间距、贴生程度变化，其中 K 和 L 示芽鞘边缘围鞘层叠；M–O，生殖鞘；P，离茎盲囊。白令海：A、C–D、K–L，MBM280221；H–J、O，TI200034；M–N、P，MBM189674。楚科奇海：B，MBM280117；E、G，MBM280327；F，MBM280115。比例尺：A = 1cm；B–D = 1mm；E–L、P = 0.5mm；M–O = 1mm

采集地及航次：白令海、楚科奇海，中国第一次、第三次、第四次、第五次、第六次北极科学考察，标本信息见附录 1。

形态特征：群体附于海绵、海鞘等生物或岩石表面，无明显主茎，多级双歧分枝，位于同一平面上，分枝腋部具垫突和芽鞘，主茎和分枝均分节，节间具 1 个芽鞘，相邻分枝间存在交联现象。芽鞘在主茎和分枝上均互生，排成 2 纵列，芽鞘管状，表面光滑，近茎侧 1/5–1/2 贴生，口部具 3 个等大的缘齿，芽盖 3 瓣，不具内部齿。螅芽收缩后具离茎盲囊。有些芽鞘侧下方具孔隙。生殖鞘具柄，椭圆形，从芽鞘侧下方的孔隙中生出，表面约具 10 圈环褶，顶端具短领。

分布：北太平洋，北大西洋，北冰洋。

讨论：本种的形态存在较大变化，如芽鞘的贴生变化。据报道，本种广泛分布于北冰洋、北太平洋及北大西洋等北方海域。分子系统学证据显示出不同海域样品间一定程度的遗传分化。楚科奇海和白令海样品间的遗传距离为 0.000–0.011（16SrRNA），冰岛样品与楚科奇海及白令海样品的遗传距离分别是 0.019–0.023、0.019–0.029。由于冰岛序列的准确性未知，无法推断冰岛海域相对较高的遗传差异是否源于地理种群差异。分子系统学支持分布于黄海和东海的 1 种辫螅为不同物种，在本研究中暂鉴定为 *Symplectoscyphus* sp. 2。本种在日本的记录（Jäderholm 1896；Yamada 1950；Hirohito 1995）需要分子系统学确认。

（14）辫螅未定种 1 *Symplectoscyphus* sp. 1

图 4-15A–G

采集地及航次：白令海，中国第四次北极科学考察，标本信息见附录 1。

形态特征：群体纤细，无明显主茎，多级双歧分枝，位于同一平面上，分枝腋部具垫突和芽鞘，主茎和分枝均分节，分节处具 2–4 圈环纹，每个节间具 1 个芽鞘，相邻分枝间存在交联现象。芽鞘在主茎和分枝上均互生，排成 2 纵列，排列稀疏，芽鞘管状，表面光滑，近茎侧一半部分贴生，口部具 3 个等大的缘齿，未观察到芽盖，不具内部齿。螅芽收缩后具离茎盲囊。无生殖鞘标本。

分布：白令海。

讨论：标本仅 1 簇，无生殖鞘，但与所检的三齿辫螅标本相比，特征明显不同：其群体纤细，芽鞘排列稀疏，芽鞘短粗，外展明显。

（15）辫螅未定种 2 *Symplectoscyphus* sp. 2

图 4-15H–M

? *Symplectoscyphus tropicus*: Tang & Gao, 2008, checklist in: Liu (Ed.): 318; Xu, Lin & Wang, 2012, checklist in Huang & Lin (Ed.), Vol. 1: 306.

? *Symplectoscyphus tricuspidatus*: Yamada, 1950: 10, pl. 1, fig. 9; 1959: 59; Hirohito, 1995: 225, fig. 76.

? *Symplectoscyphus subdichotomus*: Hirohito, 1995: 222–224, fig. 75.

采集地及航次：黄海、东海，全国第一次海洋普查、国家自然科学基金委东海共享航次、东海大陆架调查标本，标本信息见附录 1。

形态特征：群体无明显主茎，多级双歧分枝，位于同一平面上，分枝腋部具垫突和芽鞘，主茎和分枝均分节，分节处具 1–3 圈环纹，每个节间具 1 个芽鞘，

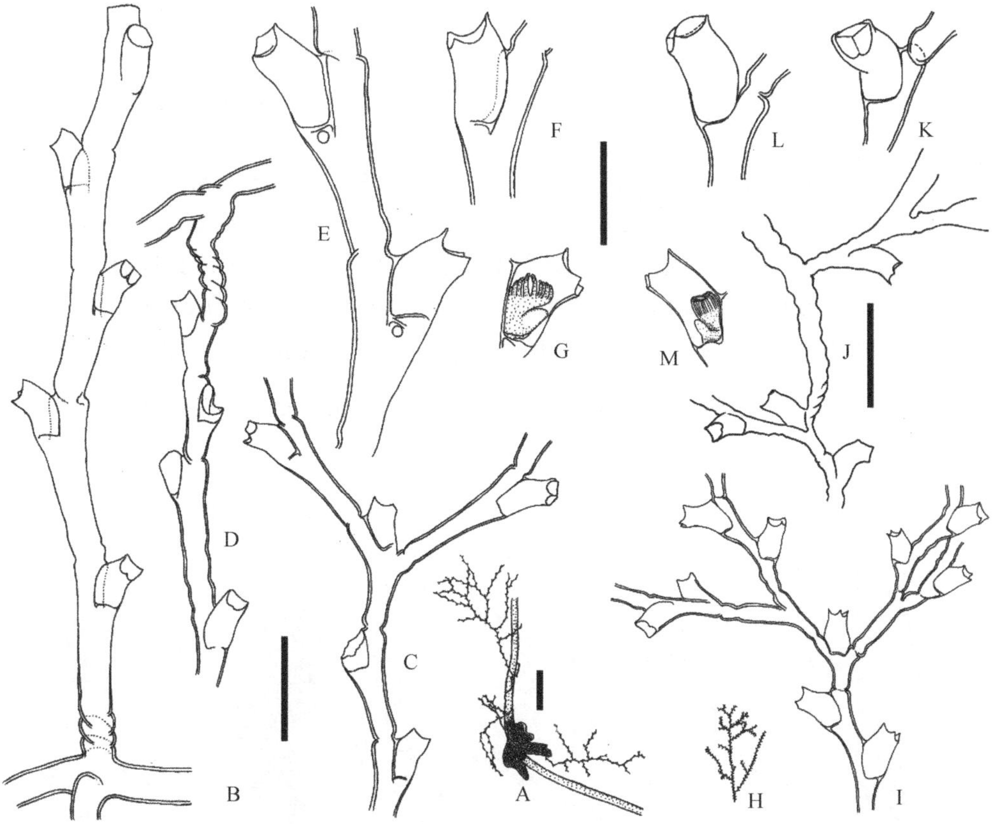

图 4-15　*Symplectoscyphs* sp.

A–G，*Symplectoscyphus* sp.1，MBM280309，白令海 A，群体附于裸芽螅主茎表面；B，稚体主茎；C，次级分枝；D，分枝顶端的交联结构；E–F，芽鞘及其基部的孔隙；G，离茎盲囊。H–M，*Symplectoscyphus* sp. 2，黄海，MBM001106。H，群体片段；I，次级分枝；J，分枝交联结构；K–L，芽鞘；M，离茎盲囊。比例尺：A、G = 1cm；B–C、H–J = 1mm；D–F、K–M = 0.5mm

分枝由芽鞘下生出，分枝起始部位亦具多圈环纹，相邻分枝间存在交联现象。芽鞘在主茎和分枝上均互生，排成 2 纵列，芽鞘管状，表面光滑，近茎侧一半部分贴生，口部具 3 个等大的缘齿，由 3 片三角形缘瓣围成金字塔形，不具内部齿。螅芽收缩后具离茎盲囊。无生殖鞘标本。

分布：黄海，东海。

讨论：本种的芽鞘较北冰洋和白令海的 *Symplectoscyphus tricuspidatus* 和 *Symplectoscyphus* sp. 1 小。根据本研究的分子系统学证据，分布于黄海、东海的此种辫螅与北极的 *S. tricuspidatus* 为不同的物种。在我们所检查的标本中，唐质灿先生将部分标本鉴定为 *Symplectoscyphus tropicus*，由于均无生殖鞘标本，无法确认鉴定的准确性。Yamada（1950）、Hirohito（1995）在日本海域所记录的 *S. subdichotomus* 和 *S. tricuspidatus* 标本与该种在芽鞘形态上更相近，需通过分子系统学进一步确认它们与本种的关系。

4.4 复合辫螅属 *Mixoscyphus* Peña Cantero & Vervoort, 2005

模式种： *Mixoscyphus antarcticus* Peña Cantero & Vervoort, 2005

鉴别特征： 本属目前仅报道 1 种，鉴别特征同 *Mixoscyphus antarcticus*。

讨论： 目前尚无该属的分子序列信息，其分子系统学位置尚不明确。其模式种的群体特征接近辫螅属和南极辫螅属，生殖鞘特征接近辫螅属，虽然它的芽鞘仅具 2 个缘齿，但具 3 瓣芽盖。根据形态上的高度相似性预示它可能属于辫螅科。

（16）南极复合辫螅 *Mixoscyphus antarcticus* Peña Cantero & Vervoort, 2005

图 4-16

Mixoscyphus antarcticus Peña Cantero & Vervoort, 2005: 957–962, fig. 2–5.

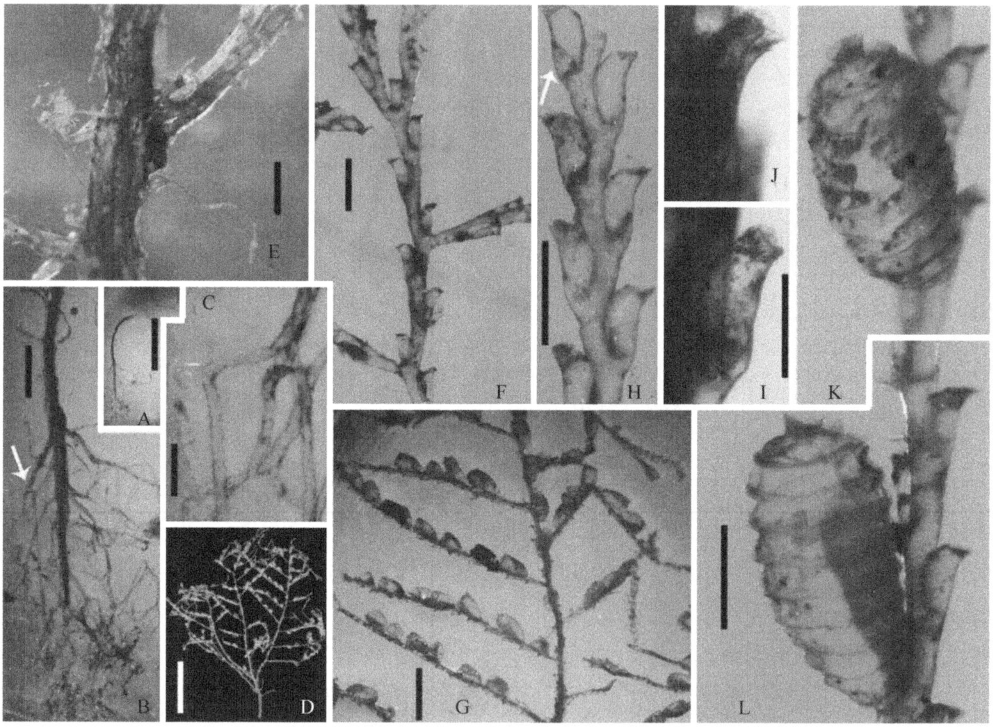

图 4-16 *Mixoscyphus antarcticus* Peña Cantero & Vervoort, 2005（彩图请扫封底二维码）

A、D，群体；B 示 A 中群体下半部的须根；C 为 B 中箭头所示须根的放大图；E–F 分别示 D 中群体下部多管状主茎上的分枝模式（E）及群体上部侧枝上的分枝模式（F）；G、K–L 示生殖鞘及其排列方式，K 和 L 分别示 2 个生殖鞘的不同侧面；H–J，示芽鞘及芽鞘排列，H 中箭头示离茎盲囊痕迹，J 和 I 示芽鞘缘齿及芽盖。南极半岛西北部海域：A–C，MBM240155；D–H、K–L，MBM240153；I–J，MBM240156。比例尺：A、D = 1cm；B = 1mm；C、E–F、H = 0.5mm；G = 2mm；H、K–L = 0.5mm；I–J = 0.25mm。D，王少青拍摄

采集地及航次：南极半岛西北部海域，中国第一次南极科学考察，标本信息见附录 1。

形态特征：群体具明显主茎，基部不具环轮或收缢，具细长、不规则、结构简单的须根，具分枝，主茎和分枝位于同一平面，分枝互生，略扭转，部分分枝粗状，形似主茎，具二级分枝和三级分枝，分枝基部具垫突和腋生芽鞘。较旧的主茎和分枝呈多管状，分节不明显，表面不具芽鞘或具 2 列或 2 列以上芽鞘。较新的主茎和分枝呈单管状，略呈“Z”形，分节不规则，分节处具 1 个倾斜收缢，每节具 1 个或多个芽鞘，芽鞘互生，排成 2 纵列。芽鞘管状，表面光滑，1/2–2/3 贴生，远端外弯，往远端方向逐渐变细，开口处呈倾斜的截面状，具 2 个远茎缘齿，具 3 瓣芽盖，其中近茎瓣 2 瓣，远茎瓣 1 瓣。未观察到芽鞘内部齿，收缩的螅芽具离茎盲囊。仅观察到 1 种生殖鞘，可能是雄性，长卵圆形，着生于芽鞘侧下方，在分枝上排成 1 纵列，表面具 9–11 圈环褶，顶部具短领，领细，领口略扩展。

分布：南大洋。

4.5　南极辫螅属 *Antarctoscyphus* Peña Cantero, García Carrascosa & Vervoot, 1997

模式种：*Sertularella elongata* Jäderholm, 1904

鉴别特征：群体不具明显主茎，分枝呈双歧或三歧分枝模式，分枝部位具 2 个或 3 个短垫突，连接 2 个或 3 个次级分枝，双歧分枝不具腋生芽鞘，但在腋窝外的其中 1 枝的基部具 1 个芽鞘，三歧分枝在其中两枝的腋窝处具 1 个芽鞘。分枝分节规律，每节具 1 个芽鞘，分节处具收缢。芽鞘在分枝上排成 2 纵列，互生，位于同一平面或形成一定夹角，部分分枝不具芽鞘。芽鞘管状，部分贴生，具 3 个缘齿和 3 瓣芽盖，围成塔状。芽鞘具或不具内部齿。收缩的螅芽具离茎盲囊。生殖鞘卵圆形，表面光滑，从芽鞘下方生出，顶端不具明显的短领，不具内部齿。

（17）螺旋南极辫螅 *Antarctoscyphus spiralis* (Hinckson & Gravely, 1907)

图 4-17

Sertularella spiralis Hickson & Gravely, 1907:19–20, pl. 3, fig. 19–20.
Antarctoscyphus spiralis: Peña Cantero *et al.* 1997a: 27.
See other synonyms in Peña Cantero *et al.* (1997a).

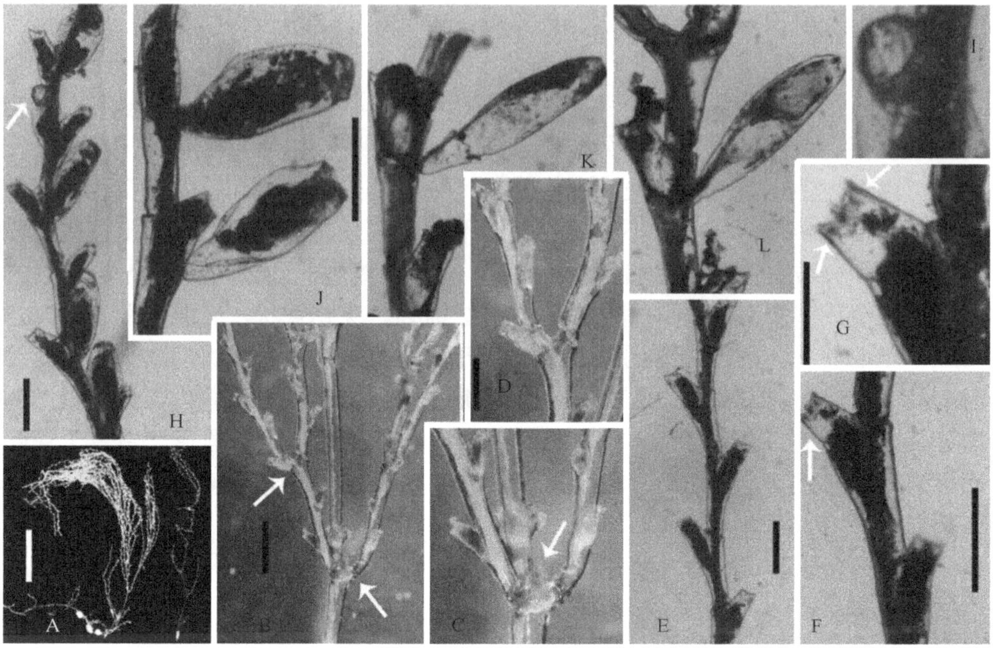

图 4-17 *Antarctoscyphus spiralis* (Hinckson & Gravely, 1907)（彩图请扫封底二维码）

A，群体；B–D，分枝模式，C 和 D 分别示 B 中两个箭头所指示的三歧分枝（右侧箭头）和双歧分枝（左侧箭头）；E–G，示芽鞘及排列，G 为 F 中箭头所示芽鞘边缘的放大图，G 中两个箭头分别示 2 个内部齿，该芽鞘还具第 3 个内部齿，但图中未显示；H–L，示生殖鞘及排列；H–I、J，雌性，I 为 H 中箭头所示生殖鞘开口位置的放大图；K–L，雄性。南极半岛西北部海域：A–J，MBM240393；K–L，MBM240352。比例尺：A = 1cm；B = 1mm；C–E、H = 0.5mm；F、J–L = 0.5mm；G、I = 0.25mm。A，王少青拍摄

采集地及航次：南极半岛西北部海域，中国第一次南极科学考察，标本信息见附录 1。

形态特征：群体细长，不具明显主茎，但其中一枝较粗，呈明显“Z”形，类似主茎结构。分枝呈双歧或三歧分枝模式，分枝部位具 2 个或 3 个短垫突，连接 2 个或 3 个次级分枝，分枝夹角 20°–60°，双歧分枝不具腋生芽鞘，但在腋窝外的其中 1 分枝的基部具 1 个芽鞘，三歧分枝在其中两枝的腋窝处具 1 个芽鞘。分枝分节规律，每节具 1 个芽鞘，分节处具 1 个倾斜收缢。芽鞘在分枝上排成 2 纵列，互生，位于同一平面或形成约 160°，芽鞘开口略偏向分枝的单侧，部分分枝表面不具芽鞘。芽鞘管状，表面光滑，往开口方向渐细，约 1/2 贴生，上半略略外弯或明显外弯，边缘具近等大的 3 个缘齿和 3 瓣芽盖，围成塔状。芽鞘边缘内侧具 3 个内部齿，与缘齿交替排列。收缩的螅芽具离茎盲囊。生殖鞘卵圆形，表面光滑，从芽鞘下方生出，位于分枝上两列芽鞘所偏向的一侧，生殖鞘不具内部齿。检查到 2 种形态的生殖鞘：一种长卵圆形，顶端开口较小，有些个体在下半部具 1 环形收缢，可能是雄性；另一种卵圆形，短粗，顶端开口较大，可能

是雌性。

分布：南大洋。

（18）伸长南极辫螅 *Antarctoscyphus elongatus* (Jäderholm, 1904)

图 4-18

Sertularella elongata Jäderholm, 1904: 10; Totton, 1930: 199; Broch, 1948: 10, fig. 2b–c; Naumov & Stepan'yants, 1962: 80, fig. 5; 1972: 42, fig. 5b; Stepan'yants, 1979: 69, pl. 12, fig. 3; Peña Cantero *et al.*, 1997a: 25–26.

图 4-18　*Antarctoscyphus elongates* (Jäderholm, 1904)（彩图请扫封底二维码）

A–B，群体；C–E，分枝模式，D 和 E 分别示 C 中两个箭头所指示的三歧分枝（右侧箭头）和双歧分枝（左侧箭头）；F–I，示芽鞘、生殖鞘及排列，F 和 G 中具生殖鞘，H 中箭头示离茎盲囊，I 为 H 中箭头所示芽鞘的顶部放大图，示缘齿及芽鞘。南极半岛西北部海域：A–G，MBM240409；H–I，MBM240165。比例尺：A = 1cm；B = 4mm；C、F = 1mm；D–E、G–H = 0.5mm；I = 0.25mm。A，王少青拍摄

采集地及航次：南极半岛西北部海域，中国第一次南极科学考察，标本信息见附录 1。

形态特征：本种的群体、分枝、分节、生殖鞘等方面的形态特征同 *Antarctoscyphus spiralis*。本种的芽鞘形态与 *A. spiralis* 具以下区别：芽鞘上下近等粗，往开口方向不明显变细，芽鞘游离部分较多 1/3–1/2 贴生，外弯不明显，芽鞘不具内部齿。观察到 1 种形态的生殖鞘，长卵圆形，可能是雄性，其末端开口小，生殖鞘在下半部不具环形收缢。

分布：南大洋。

（19）异齿南极辫螅 *Antarctoscyphus asymmetricus* Peña Cantero, García Carrascosa & Vervoort, 1997

图 4-19

Antarctoscyphus encarnae Peña Cantero, García Carrascosa & Vervoort, 1997: 27–29, fig. 1, fig. 3b.

Symplectoscyphus sp. 1: Peña Cantero, 1991: 153–156, pl. 26, 54, 67, fig. c; Peña Cantero & García Carrascosa, 1994: 125, fig. 7e–g.

图 4-19 *Antarctoscyphus asymmetricus* Peña Cantero, García Carrascosa & Vervoort, 1997
（彩图请扫封底二维码）

A–B，群体；C–G，分枝模式，E 和 F 分示 D 中两个箭头所指的三歧分枝（下方箭头）和双歧分枝（上方箭头）；H–L，示芽鞘及排列，L，箭头示离茎盲囊。南极半岛西北部海域：A、C、H–I，MBM240207（水深未知）；B、D–F、J，MBM240284（水深 1587m）；G、K–L，MBM240397（水深 478m）。比例尺：A–B = 1cm；C–D、G = 1mm；E–F = 0.5mm；H–L = 0.5mm。A–B，王少青拍摄

采集地及航次：南极半岛西北部海域，中国第一次南极科学考察，标本信息见附录 1。

形态特征：群体不具明显主茎，具多级重复双歧和（或）三歧分枝，分枝次数多达 14 级。多数双歧分枝和三歧分枝中的一枝不发达，不继续分枝。双歧分枝和三歧分枝基部分别具 2 个或 3 个短垫突，各着生 1 个分枝。双歧分枝腋窝处不具芽鞘，在其中一枝的侧下方具 1 个芽鞘，位于双歧分枝外侧。三歧分枝具 1 个腋生芽鞘。分枝规律分节，每节分枝具 1 个芽鞘，分节处具 1 个倾斜的环形收缢。

分枝上芽鞘互生，不位于同一平面，形成 90°–150°夹角，部分分枝不具芽鞘。芽鞘直管状，表面光滑，近茎侧 1/2–2/3 贴生，末端具不等大的 3 个缘齿和 3 瓣芽盖，围成塔状。具 1 个近茎齿和 2 个远茎齿，其中 1 个远茎齿明显较大。近茎瓣 2 瓣，其中 1 大瓣、1 小瓣，远茎瓣 1 大瓣。未观察到芽鞘内部齿，收缩的螅芽具离茎盲囊。无生殖鞘标本。

分布：南大洋。

讨论：所检标本采自深海，其中 MBM240284 水深 1587m，MBM240397、280476 水深 478m，其芽鞘离茎侧长度（包括缘齿长度）分别为 0.57–0.64mm、0.42–0.48mm、0.52–0.58mm。除芽鞘大小差异之外，所检标本的分枝模式、芽鞘形态等特征基本一致，最典型的特征是芽鞘的一个远茎齿明显较大。这些特征与 *Antarctoscyphus asymmetricus* 的原始描述基本一致。*Antarctoscyphus asymmetricus* 模式标本的采集水深为 100–261m，芽鞘离茎侧长度为 0.42–0.53mm（Peña Cantero *et al.* 1997a），芽鞘较本研究所检的部分深海标本小。这些形态变化可能意味着物种分化或存在隐种，值得结合形态学和分子系统学进一步研究。

（20）南极辫螅未定种 *Antarctoscyphus* sp.

图 4-20

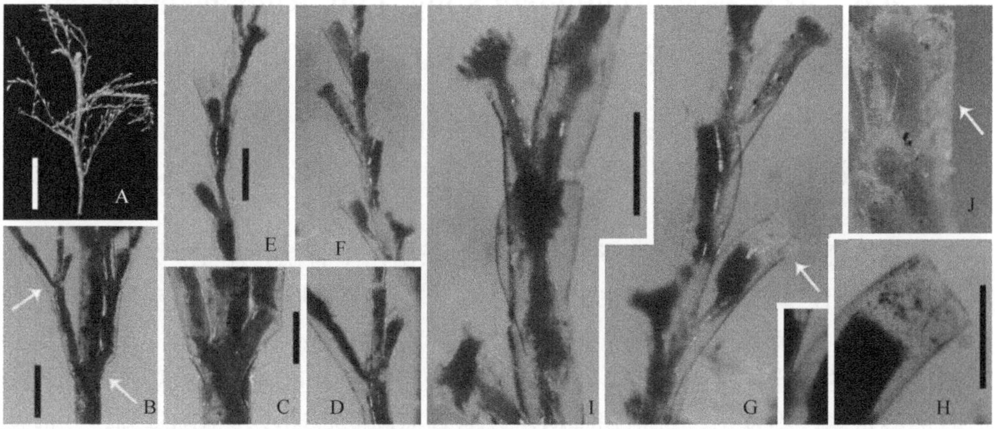

图 4-20　*Antarctoscyphus* sp.（彩图请扫封底二维码）

A，群体；B–D，分枝模式，C 和 D 示 B 中两个箭头所指示的三歧分枝（右侧箭头）和双歧分枝（左侧箭头）；E–I，示芽鞘及排列，H 为 G 中箭头所指芽鞘的末端放大，示缘齿和芽鞘；J，箭头示单个生殖鞘。南极半岛西北部海域：A–H，MBM240176；I–J，MBM240253。比例尺：A = 5mm；B = 1mm；C–F = 0.5mm；G、I–J = 0.5mm；H = 0.25mm。A，王少青拍摄

采集地及航次：南极半岛西北部海域，中国第一次南极科学考察，标本信息见附录 1。

形态特征：所检标本均为片段，MBM240176 中的片段具似主茎的结构（也

可能是分枝的一部分)，呈“Z”形，具分枝，互生，各分枝绕“主茎”重复双歧分枝。“主茎”上无芽鞘，分枝基部具一“Y”形短节，末端双歧分枝，各具 1 个短垫突，各着生 1 个分枝，两个短垫突间具 1 个腋生芽鞘。次级分枝的分枝模式与主茎上的分枝模式相似，但两个垫突略长，腋生芽鞘位于分枝腋窝外侧。主茎和分枝规律分节，每节主茎具 1 个分枝，每节分枝具 1 个芽鞘，分节处均具 1 个环形收缢。主茎上不具芽鞘，分枝上的芽鞘排成单列，位于分枝单侧，芽鞘基部沿同一方向排列，末端分别弯向分枝左右两侧，呈“*Hydrallmania*”型。芽鞘长管状，近茎侧几乎不贴生，表面光滑，末端侧弯，具 3 个近等大的缘齿和 3 瓣芽盖，围成塔状，其中 1 个近茎齿，2 个远茎齿，2 瓣近茎盖，1 瓣远茎盖。未观察到芽鞘内部齿，收缩的螅芽具离茎盲囊。观察到 1 个生殖鞘，长卵圆形，表面光滑，不具棘刺或环褶，顶端开口，未观察到短领，性别未知。

分布：南大洋。

讨论：所检标本与 *Antarctoscyphus encarnae* 及 *A. grandis* 相似，它们的芽鞘排列呈“*Hydrallmania*”型，其分枝模式、芽鞘及生殖鞘形态均显示它属于 *Antarctoscyphus* 属。所检标本的芽鞘排列较 *A. encarnae* 稀疏，较 *A. grandis* 紧密。所检标本为不完整片段，无法将其鉴定至种。

4.6 双褶螅属 *Bicaularia* Song, Lyu, Ruthensteiner, Wang & Gravili, 2019

模式种：*Sertularella tongensis* Stechow, 1919

词源：源自两瓣芽盖表面各具 1 个纵褶，“*bi*”意为两个，“*caulas*”意为“fold”（褶）。

鉴别特征：群体直立，主茎从匍匐根上长出，单管状，略呈“Z”形，分枝从主茎上分出，或从芽鞘口部生出；主茎和分枝分节较规律，分节末端倾斜，具收缢或环轮，每节具 1 个芽鞘；芽鞘互生，排成 2 纵列；芽鞘管状，部分贴生，具 2 个较大的缘齿，芽盖两瓣，围成塔状，两片芽盖中间均具 1 纵褶；螅芽收缩时具离茎盲囊，不发达。生殖鞘具柄，表面具横向肋状环纹，顶部具领，一般从芽鞘开口中生出，较少直接从主茎上生出，或从主茎上的管状结构（较芽鞘短）中生出；刺细胞包囊呈梭形，内部具一根管状直刺。

讨论：桧叶螅属 *Sertularia* Linnaeus, 1758 在建立时，几乎包括了所有的水螅和苔藓虫类，后来它的芽盖特征仅限定于具 2 片芽盖、远茎盖略大、不围成塔状（Cornelius 1995；Boullion *et al.* 2006）。双褶螅属从桧叶螅属中分出，可通过芽盖等大并围成塔状两个特征与桧叶螅属相区分。Park 和 Rho（1986）、Morri 等（2009）先后提到此种芽盖形态的特殊性，Morri 等（2009）认为它的生殖鞘与

Fraseroscyphus 类似，值得进一步开展分类学研究。

本属模式种 *Sertularella tongensis* 的芽盖较难观察，使用普通光学显微镜观察时像 4 瓣，因此一直被归至小桧叶螅属 *Sertularella*（Stechow 1913a，1919a；Jarvis 1922；Billard 1924；Fraser 1938；Mammen 1965；Hirohito 1974），受芽鞘层叠现象影响甚至归至辫螅属 *Symplectoscyphus*（Yamada 1959）。Park 和 Rho（1986）最早明确指出本种的侧齿数和芽盖瓣数，Hirohito（1995）首次将其归至桧叶螅属 *Sertularia*，Morri 等（2009）首次通过扫描电镜图片进一步证明本种的侧齿数量，Galea（2010）首次注意到芽盖具褶的特征。芽盖上同时存在 2 条纵褶，到目前仅限于本属。根据 Bouillon 等（2006）中的桧中螅科名录，具有 1 条中间线、纵褶或类似结构的桧叶螅还有：*Dynamena bilamellata* Watson, 2000、*D. cornicina* Mc Crady, 1859（Billard 1925；Vervoort 1941，1967）、*D. crisioides* Lamouroux, 1824（本研究）、*D. decipiens* Levinsen, 1913、*D. inflate* (Versluys, 1899)（Vervoort 1968）、*D. mertoni* (Stechow & Müller, 1923)（Watson 2000）、*D. vervoorti* (Migotto & Calder, 1998)、*Sertularia malayensis* Billard, 1924（Billlard 1925；Vervoort & Vasseur 1977）、*Idielana pristis* (Lamouroux, 1816)（Hirohito 1995）。

Thuiaria simplex Fraser, 1938 的芽鞘排列、侧齿特征与本属相近，但需检查芽盖特征来确认是否属于本属。*Sertularia malayensis* 是 *Sertularia* 中近茎盖具有 1 条纵褶或类似结构的种类，形态特殊，值得后续开展分类学研究，而 *Sertularia dispar* Fraser, 1938、*S. stabilis* Fraser, 1948 与 *S. malayensis* 相似，但原始描述中未提及纵褶或类似结构，需核实。

在 *Sertularella tongensis* 的原始描述中，Stechow 强调分枝和生殖鞘从芽鞘内生出的特征应给以重视，并提到 Allman（1888）基于分枝从芽鞘内生出的特征，建立了 *Thecocladium* 属，而后来被移至桧叶螅属（Billard 1910；Millard 1975）。具有分枝从芽鞘内生出特征的桧叶螅报道如 *Sertularella flabellum* (Allman, 1885)、*Sertularia birulae* Schydlowsky, 1901、*Sertularia pumila* Linnaeus, 1758、*Sertularia tenera* Sars, 1874、*Abietinaria abietina* (Linnaeus, 1758)等（Kudelin 1914）。分枝和生殖鞘从芽鞘内生出好像存在一定的关联，如在有些物种中同时存在，如 *Sertularella tongensis*，但尚无明确的规律。对比其他属，本属与小桧叶螅属在芽鞘排列方式和芽盖结构等方面更接近，似乎应与小桧叶螅科具较高的亲缘关系。而本研究获得的分子数据支持将其归到辫螅科。

（21）*汤加双褶螅* *Bicaularia tongensis* (Stechow, 1919)

图 4-21；图 4-22

? *Sertularella cumberlandica*: Stechow, 1913a: 140–141, fig. 115 [not *Sertularella cumberlandica* Jäderholm, 1905: 27, pl 10, fig. 8–11].

Sertularella tongensis Stechow, 1919a: 89–91, fig. F1, G1; Park & Rho, 1986: 12–13, fig. 3a–b, pl.1, fig. c; Park, 1990: 82; 1992: 293; 1993, 271; Park, 2010, 107–109, fig. 60A–D.

Sertularella thecocarpa Jarvis, 1922: 341–342, pl. 24 fig. 10; Millard & Bouillon, 1973: 71–72, fig. 9C–D.

Sertularella minuscula: Hirohito, 1974: 18–20, fig. 7; Watson, 2002: 343–344, fig. 3; Preker, 2010: 128–129, fig. 2 C–D.

Symplectoscyphus cumberlandicus: Yamada, 1959: 60.

Sertularia stechowi Hirohito, 1995: 215–218, fig. 72D–F, 73A–C, pl. 12 fig. C.

Sertularia thecocarpa: Morri *et al.*, 2009: 54–55, fig. 2E–F, 4A–D.

Sertularia tongensis: Galea, 2010: 18–20, fig. 4H, 5H–M.

Bicaularia tongensis: Song *et al.*, 2019: 8–11, fig. 2, 4, 5, S1, S3.

? *Sertularella minuscula* Billard, 1924: 648, fig. 2F; Billard, 1925: 139–140, fig. 9; Leloup, 1932: 161, fig 26, 27; Leloup, 1935: 45; Fraser, 1944: 266, pl. 57 fig. 254; van Gemerden–Hoogeveen, 1965: 34, fig 8–12; Gibbons & Ryland, 1989: 417–418, fig. 33.

? *Sertularella exilis* Fraser, 1938:51, pl.12, fig. 59a–b; 1948, 241.

? *Sertularella minuscula*: Pennycuik, 1959: 195, pl. 6 fig. 2; Cooke, 1975: 98–99, pl.4, fig. 2.

? *Sertularella parvula* Mammen, 1965: 37–38, fig. 69.

? *Sertularella tongensis*: Vervoort & Vasseur, 1977: 52–53, fig. 23.

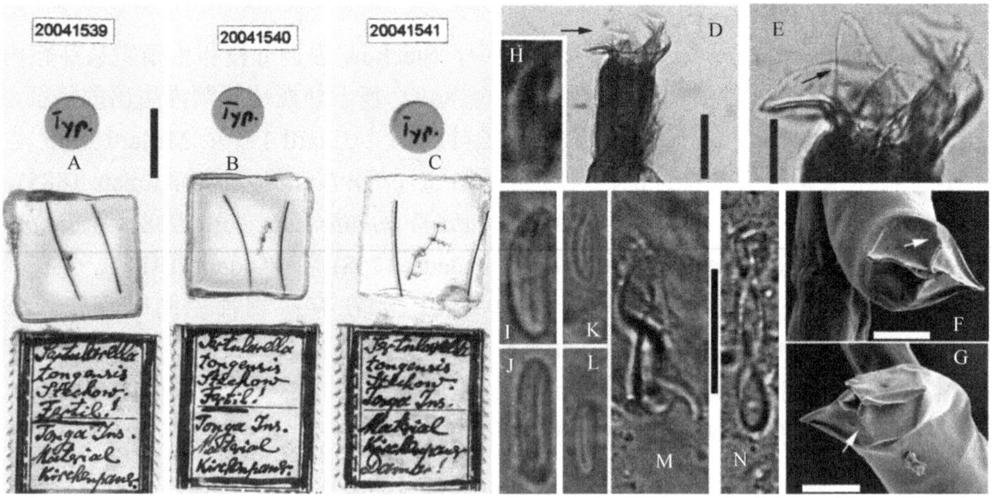

图 4-21 *Bicaularia tongensis* (Stechow, 1919)（彩图请扫封底二维码）

A–C，模式标本；D–E，封片过程中，经人工挤压后的芽盖结构，箭头示芽盖中间的“盖褶”；F–G（扫描电镜），箭头示“盖褶”；H–N，刺细胞。汤加群岛：A，ZSM20041539，选模；B、H，ZSM20041540，副选模；C，ZSM20041541，副选模。加勒比海：D–E、J–L，MBM280463；F–G，MBM280462；H–I，MBM280464。比例尺：A–C = 1cm；D = 50μm；E = 20μm；F–G = 50μm；H–N = 10μm。A–C、H，Dr Ruthenstainer Bernhard 拍摄

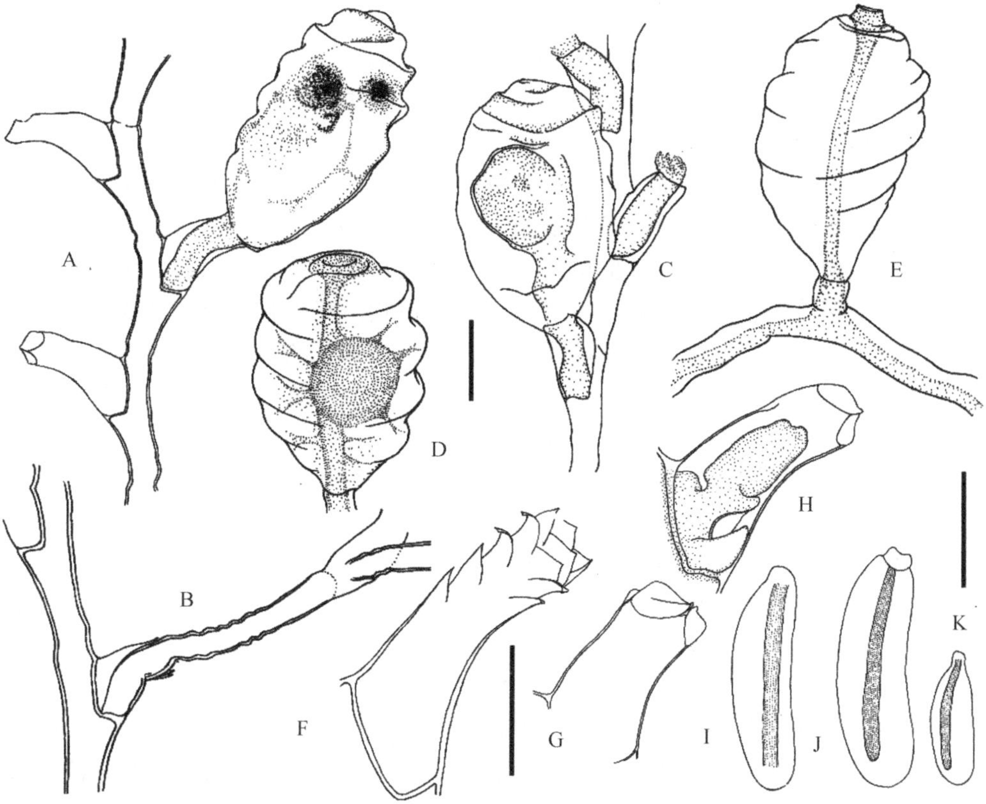

图 4-22 *Bicaularia tongensis* (Stechow, 1919)

A，主茎及生殖鞘（可能为雄性）；B，主茎及分枝，示分枝从芽鞘内生出；C–D，雄性生殖鞘；E，生殖鞘从匍匐根上的短管（不是芽鞘）中生出；F，芽鞘远端层叠；G，示左侧芽盖上的“盖褶”；H，离茎盲囊；I–K，刺细胞。汤加群岛：A、G–H，ZSM20041539，选模；B、C、I，ZSM20041540，副选模；F，ZSM20041541，副选模。加勒比海：D，MBM280462；E、J–K，MBM280464。比例尺：A–E = 0.3mm；F–H = 0.2mm；I–K = 5μm

模式产地：南太平洋汤加群岛。

采集地及航次：汤加群岛（模式标本），加勒比海，西太平洋马里亚纳群岛，登记信息见附录 1。

形态特征：群体小型，纤细，直立，主茎从匍匐根上长出，单管状，略呈“Z”形，较少分枝，分枝从芽鞘口部生出，分枝基部具 1–7 个环纹；主茎和分枝分节较规律，分节末端倾斜，具 1–5 个收缢或环轮，每节具 1 个芽鞘；芽鞘互生，排成 2 纵列，两列弯向同侧，夹角 150°–170°；芽鞘管状，表面光滑，侧下方无小孔，底部宽，往开口方向渐窄，近茎侧 1/3–1/2 贴生，中上部外弯，具 2 个等大的缘齿，位于近茎和远茎中间，不具内部齿，具两瓣等大半圆形的芽盖，围成塔状，芽盖正中线处均具纵褶，将每瓣芽盖均分为两部分，部分芽盖层叠，层叠次数多达 6 次；螅芽收缩时具离茎盲囊，不发达。生殖鞘一般从芽鞘开口中生出，较少从短管（长度较芽鞘短）中生出，具柄，两种性别的生殖鞘外形相似，椭圆形，表面具 5–6 条横向肋状环纹，末端具短领；雌性生殖鞘较雄性纤细，但表面的环纹较深。具大、小两种刺细胞，但包囊形态相似，均呈梭形，顶部尖，底部钝，内部具一根管状直刺。

芽盖形态特征：在扫描电镜图（俯视）中，可以清晰观察到芽鞘边缘的精细结构，沿褶痕方向，芽盖可收缩和舒张，图 4-21F、G 中的芽盖分别处于收缩和舒张状态，褶痕清晰，与芽盖间的缝隙形成鲜明对比。芽盖舒张时，侧齿与芽盖自然连接，芽盖呈半圆形，底部圆弧形，不呈齿状；芽盖收缩时，芽盖沿褶痕分为两部分，分别内陷，褶痕基部略呈齿状，但不是真正的齿。为了进一步验证褶痕不是两片不同芽盖交接而成，部分芽鞘在制片过程中被人为挤压。结果表明，在一定外力作用下，两个侧齿发生扭曲变形，而芽盖中间的褶痕依然完好地连接在一起。由此证明芽盖被纵褶分为两部分。纵褶的存在，增加了芽鞘末端的柔韧性及开合程度，可以像小桧叶螅属 4 瓣芽盖般围成塔状，行使保护等相关功能。

选模：选模，ZSM20041539；副选模，ZSM20041540、20041541。

分布：主要分布于印度洋、太平洋中低纬度海域，以及地中海、墨西哥湾、加勒比海沿岸，水深 5–150m。1935 年在西太平洋有报道（Leloup 1935），近期被报道为地中海的外来物种（Morri *et al.* 2009），分布范围呈扩大趋势。具体**分布：**地中海东部黎凡特海，塞舌尔，查戈斯群岛，马纳尔湾；黄海东部、日本海近岸、日本相模湾、小笠原群岛；斐济、汤加群岛、马里亚纳群岛;加利福尼亚湾\荷属博内尔岛、委内瑞拉法拉利翁森蒂内拉岛、法属瓜德罗普岛。

以下记录基于无生殖鞘的标本，需核实：印度南部（Mammen 1965）、印度尼西亚（Billard 1924，1925）、澳大利亚昆士兰州（Pennycuik 1959）、法属波利尼西亚莫雷阿岛（Vervoort & Vasseur 1977）、马绍尔群岛（Cooke 1975）、墨西哥湾（Fraser 1938）。

讨论：Stechow 在原始描述中提到标本采自汤加群岛，但无其他详细信息。模式标本标有“Tonga Ins. Material Kirchenpauer”，表明这原是 Kirchenpauer 的标本。Kirchenpauer 所命名的 4 种水螅采自汤加群岛，命名时间均为 1876 年（Calder & Brinckmann-Voss 2011）。但 Kirchenpauer（1876）中并未提及样品的采集信息。可以推测这批标本的采集时间不晚于 1876 年。本种芽鞘的贴生变化、芽盖层叠次数的变化在模式标本和加勒比海标本中均存在。群模中的两个生殖鞘均从芽鞘开口中生出，无从短管中生出的情况；加勒比海标本的生殖鞘从芽鞘或短管口中生出。副选模 ZSM20041540 和加勒比海标本（MBM280462）主茎上各具 1 个分枝，从主茎上芽鞘内生出，未观察到从主茎上直接分出的情况（Hirohito 1995）。

Stechow（1919a）在同篇文章中以地名汤加同时命名了 *Sertularella tongensis* Stechow, 1919 与 *Sertularia tongensis*。Galea（2010）在将前者移至 *Sertularia* 时，

为避免异物同名，提议将后者改成 *Sertularia ephemera* Galea, 2010。在本研究中，在将前者移至新属后，提议恢复原学名 *Serterlaria tongensis* 的有效性，取消 *Sertularia ephemera* Galea, 2010。本种的地理分布范围呈扩大趋势，可能受到了航运等人类活动及全球变化等因素的影响。

4.7　星雨螅属 *Xingyurella* Song, Gravili, Ruthensteiner, Lyu & Wang, 2018

词源：“xing”和“yu”分别取自本书作者妻女姓名中的单字“星”和“雨”，阴性。

模式种：*Xingyurella xingyuarum* Song, Gravili, Ruthensteiner, Lyu & Wang, 2018

鉴别特征：群体分枝，分枝腋部不具垫突，具或不具芽鞘。主茎和分枝分节，分节处倾斜，分节处收缢，每节 1 个芽鞘。芽鞘互生，排成 2 纵列，位于同一平面，芽鞘杯状，部分贴生，芽鞘表面光滑或具环纹，口部具 3 个缘齿，近茎齿 1 个，远茎齿 2 个，具或不具内部齿，芽盖 3 瓣，具离茎盲囊。生殖鞘卵圆或瓶状，顶端具短领，表面或局部具向上的棘刺。

讨论：分子系统学支持将原 *Symplectoscyphus* 属中芽鞘具 3 个缘齿、3 瓣芽盖、生殖鞘表面或局部具棘刺的物种移至本新属，目前本属所包含的物种分枝模式存在明显变化，通过腋生芽鞘的有无可分为分枝模式复杂和简单的两组，但生殖鞘的特征在两组中相似。基于目前所获得的分子序列，暂将两种分枝模式的物种均归至本属。本属的模式标本指定为具复杂分枝方式的 *Xingyurella xingyuarum*。能否将分枝模式的形态差异作为划分成两个属的依据，需后续分子系统学进一步验证。*Sertularella nodulosa* Calkins, 1899 具有本属芽鞘和生殖鞘的典型特征，可能是本属的物种，需分子数据验证。

（22）膨胀星雨螅 *Xingyurella turgida* (Trask, 1857)

图 4-23

Sertularia turgida Trask, 1857: 113, pl. 4, fig. 1

Sertularella turgida: Clark, 1877: 259–260, pl. 38, fig.4–5; Hartlaub, 1901a: 360, pl. 21, fig. 5–6; Hartlaub, 1901b: 67, pl. 2, fig. 30, pl. 3, fig. 21–22; Torrey, 1902: 64–65, pl. 7, fig. 59–62, pl. 8, fig. 63–69.

Symplectoscyphus turgidus: Stechow, 1923c: 173.

Xingyurella turgida: Song *et al.*, 2018: 1092–1093, fig. 4, 8.

Not *Sertularella turgida*: Calkins, 1899: 359–360, pl.4, fig.22, 22A–B [= *Sertularella conica* Calkins, 1899]; 360–361, pl.5, fig. 29, 29A [= *Sertularella nodulosa* Calkins, 1899]; Nutting, 1904: 95, pl. 22, fig. 2–5 [= *Sertularella gotoi* ?]

Not *Symplectoscyphus turgidus*: Hirohito, 1983: 56, fig. 26; Hirohito, 1995: 225–228, fig. 77a–c; Park, 1998: 63, fig.3. [sp. nov.?]

? *Sertularella turgida*: Fraser, 1911: 71; 1914: 193; 1935: 145; 1936: 126; 1937: 160, pl. 36, fig. 192a–b; Stechow, 1913a: 133, fig. 105 (Japan)

? *Diphasia* sp. Inaba, 1890: 296, fig. 32–33. (Japan)

? *Symplectoscyphus turgidus*: Stechow, 1923d: 12 (list); Yamada, 1959: 58. (Japan)

图 4-23 *Xingyurella turgida* (Trask, 1857)（彩图请扫封底二维码）

A–C、H–I，群体；D、F、G、L，生殖鞘；E，主茎及分枝；J，主茎；K，芽鞘放大，示内部齿。美国加利福尼亚州：A、G，CASIZ94719，新模；B、D–E，CASIZ14595，新模；C、F，CASIZ94721，新模；H–L，MHNG-INVE-29467。比例尺：A–C = 1cm；D–G = 1mm；H–I = 0.5cm；J、L = 0.5mm；K = 0.2mm。A–G，Zyanya Mora Vallín（CASIZ）拍摄；H–L，Dr Peter Schuchert（MHNG）拍摄

模式产地：美国加利福尼亚州旧金山湾，附于贝类和海藻表面。

模式标本：经与美国加州大学伯克利分校及加州科学院等单位联系，未找到

模式标本。

采集地及航次：美国加利福尼亚州，含新模，标本信息见附录 1.

形态特征：群体簇生，直立，具明显主茎，较少分枝，分枝腋部不具垫突和芽鞘。主茎和分枝分节，分节处倾斜，分节处收缢，每节 1 个芽鞘。芽鞘互生，排成 2 纵列，排列紧密，位于同一平面，芽鞘宽短、膨胀，近茎侧约 1/2 贴生，芽鞘近远端内收变窄。芽鞘表面不具环纹，口部具 3 个缘齿，近茎齿 1 个，远茎齿 2 个，近茎齿小于远茎齿，部分芽鞘具 3 个内部齿，芽盖 3 瓣，具离茎盲囊。生殖鞘瓶状，中间粗，往两端方向渐细，顶端具短领，生殖鞘中上部及领部布满向上的棘刺，中下部具横纹。

新模：CASIZ14595、CASIZ94719、CASIZ94721、MHNG-INVE-29467（分子序列：16S，FJ550462；18S，EU305503；28S，EU305536）。

分布：美国加利福尼亚州沿岸。

讨论：Hartlaub（1901b）将 *Sertularella conica* Calkins, 1899 及 *Sertularella nodulosa* Calkins, 1899 列为本种的同种异名，后被 Torrey（1902）、Nutting（1904）、Hirohito（1995）所接受。Nutting（1904）的标本采自相模湾，水深 104m，他认为其标本具有较多分枝，芽鞘较为稀疏，芽鞘近茎侧贴生比例少，这些特征与 *Sertularella nodulosa* 不同。尽管如此，他依然将 *S. nodulosa* 列为 *S. turgidus* 的同种异名。经重新检查 *Sertularella gotoi* 的模式标本（相模湾，600m），Nutting（1904）的标本与 *Sertularella gotoi* 更相似，但两者生殖鞘表面的棘刺覆盖程度有差异，两者的分布水深也有差异。Hirohito（1983）在他的标本中观察到棘刺覆盖程度在本属中的正常变化。本研究暂将 Nutting（1904）的标本列为 *S. gotoi* 的疑似记录。日本的部分标本（Inaba 1890；Stechow 1913a，1923c；Yamada 1950）需进一步确认。

Sertularella nodulosa 分枝明显，具腋生芽鞘，与 *S. trugidus* 为不同物种。但它具有本属的主要形态学特征（芽鞘 3 个缘齿，生殖鞘表面具棘刺），可能是本属的一个物种，需后续形态学和分子系统学验证。*Sertularella conica* Calkins, 1899 的芽鞘具 4 个缘齿（Nutting 1904），不属于本属。

Fraser（1937）检查过的标本中可能包含多个物种。他绘图用的标本（Fraser 1937，pl. 36，fig. 192a–b）在形态上与标本种具有明显区别，其分枝较本种多，芽鞘长，生殖鞘长、棘刺少，其标本需重检。

（23）佩德罗星雨螅 *Xingyurella pedrensis* (Torrey, 1904)

图 4-24

Sertularella conica: Torrey, 1902:60.

Sertularella pedrensis Torrey, 1904: 27, fig.19–21.

Xingyurella pedrensis: Song *et al.*, 2018: 1093–1095, fig. 5, 8.

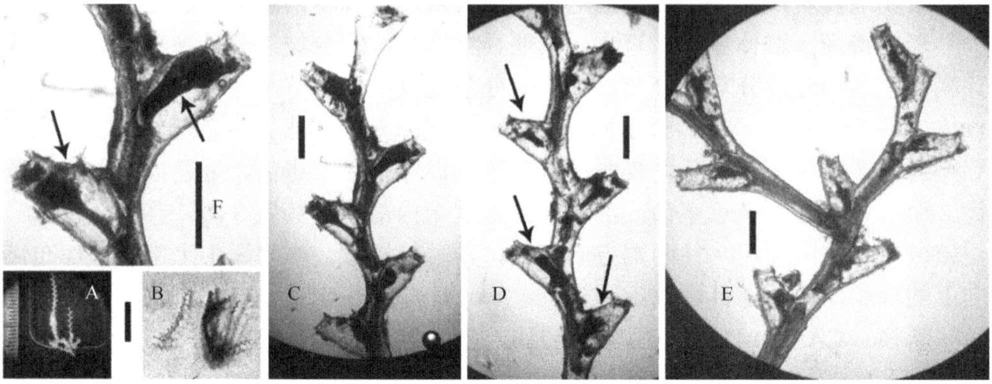

图 4-24 *Xingyurella pedrensis* (Torrey, 1904)（彩图请扫封底二维码）
A–B，群体；C–D，主茎，箭头示芽鞘表面环纹；E，主茎与分枝；F，左侧箭头示芽鞘表面环纹，右侧箭头示离茎盲囊。美国俄勒冈州：A、C–D、F，CASIZ25606；B、E，CASIZ29271。比例尺：A、B = 1cm；C–E = 0.5mm；F = 0.5mm。Zyanya Mora Vallín（CASIZ）拍摄

模式产地：美国加利福尼亚州洛杉矶圣佩德罗。

模式标本：USNM43716，美国加利福尼亚州洛杉矶圣佩德罗，110m，1901.VIII.01，Torrey H.B.，未检查。

采集地及航次：美国俄勒冈州，俄勒冈州州立大学海洋学院航次，标本信息见附录 1。

形态特征：群体簇生，直立，具明显主茎，较少分枝，分枝腋部具芽鞘但不具垫突。主茎和分枝分节，分节长度具较大变化，分节处倾斜，分节处收缢不明显，芽鞘位分节末端。芽鞘互生，排成 2 纵列，排列稀疏紧密，位于同一平面，芽鞘长管状、膨胀，近茎侧 1/2–2/3 贴生，芽鞘近末端内收变窄。芽鞘仅中上部具 2–3 圈宽纹，口部具 3 个的缘齿，近茎齿 1 个，远茎齿 2 个，近茎齿小于远茎齿，未观察到内部齿，芽盖 3 瓣，具离茎盲囊。生殖鞘卵圆形，顶端具短领，生殖鞘表面布满向上的棘刺，中下部具横纹（Torrey 1904）。

分布：美国加利福尼亚州、俄勒冈州沿岸，水深 77–110m。

讨论：保存于 USNM 的模式标本（USNM43716）的采集日期标注为“August 1901”，为 Torrey（1902）所使用的标本，目前未追溯到剩余的具生殖鞘（Torrey 1904）的标本信息。在加州科学院，CASIZ25606、29271 被鉴定为 *Sertularella turgida*。它们的分枝模式、芽鞘特征、采集地及水深等与本种的原始描述一致。虽所检标本不具生殖鞘，但可以通过分枝腋窝处无垫突与辫螅科（芽鞘具 3 个缘齿）的种类相区分。未来需检查本种的模式标本（USNM43716），确认其分枝腋窝处的垫突和芽鞘结构是否与 CASIZ29271 一致。

（24）五藤星雨螅 *Xingyurella gotoi* (Stechow, 1913)

图 4-25

Sertularella gotoi Stechow, 1913b: 132, fig. 104; Stechow, 1913c: 142.
Symplectoscyphus gotoi Yamada, 1959: 59.
Xingyurella gotoi: Song *et al.*, 2018: 1095–1096, fig. 6, 8.
? *Sertularella turgida*: Nutting, 1904: 95, pl. 22, fig. 2–5.

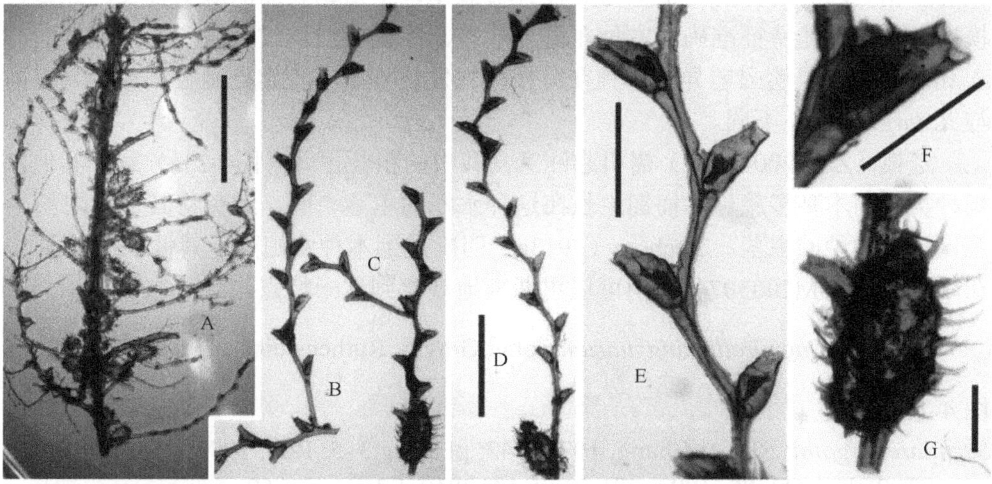

图 4-25　*Xingyurella gotoi* (Stechow, 1913) 模式标本（彩图请扫封底二维码）

A，多簇群体（两侧）附于其他水螅主茎（中间）之上；B–E，分枝及生殖鞘；F，芽鞘，示离茎盲囊和内部齿；G，生殖鞘。模式产地，日本相模湾：A，ZSM20040227；B，ZSM20050750；C、G，ZSM200746；D，ZSM20050751；E，ZSM20050749；F，ZSM20050748。A，选模；B–G，副选模。比例尺：A = 5mm；B–D = 2.5mm；E–G = 0.5mm。Dr Ruthensteiner Bernhard（ZSM）拍摄

词源：“goto”源自 Seitaro Goto 教授。

模式产地：日本相模湾。

采集地及航次：日本相模湾，德国 Franz Doflein 东亚航次（1904–1905），重检模式标本，登记信息见附录 1。

形态特征：群体附于其他水螅的主茎表面，群体间通过匍匐根相连。群体具明显主茎，在中上部经双歧分枝，变为两枝，分枝夹角 60°–100°，分枝腋窝处具芽鞘，不具垫突，未发现第二级双歧分枝。主茎和分枝分节规律，节末具 1 个芽鞘，芽鞘排列稀疏，互生，排成 2 纵列。芽鞘近茎侧约 1/3 贴生，往末端逐渐变细，芽鞘口部扩展不明显。芽鞘表面光滑，仅少数芽鞘近茎侧表面具 1–2 圈微弱的环纹，口部具 3 个等大的缘齿，芽盖 3 瓣，在个别芽鞘中观察到 2 个内部齿。生殖鞘着生于主茎的基部，近椭圆形，口部具短领，生殖鞘及口部表面布满向上的棘刺，棘刺长。

选模：选模，ZSM20040227；副选模，ZSM20050746–20050752。

分布：日本相模湾，水深 600m。

讨论：本种在相模湾的标本目前是本属物种中唯一的深海记录（600m）。本种与 *X. pedrensis* 和 *X. xingyuarum* 接近，与 *X. turgida* 明显不同。在原始描述中，Stechow（1913a，1913b）提到本种与 *Sertularella pedrensis* 非常相似，他认为本种区别于后者的主要特征有以下 3 个方面：芽鞘（上半部）几乎没有环纹或仅极少的芽鞘具轻微的环纹，主茎与分枝分节规律，生殖鞘表面的棘刺较长。经重检模式标本，上述特征准确。本种在群体形态、芽鞘表面环纹（皱纹）两个方面与 *X. xingyuarum* 具明显差异。本种在分枝模式发达程度（腋窝处是否具芽鞘）方面与 *X. turgida* 明显不同。

选模（ZSM20040227）需引起注意，其中的粗壮主茎（图4-25a）属于其他水螅种类，而本种多簇标本匍匐生长在这种水螅的主茎表面，避免将其他水螅的主茎误认为本种的主茎。Stechow（1913a）明确提到本种水螅附于其他水螅表面，在副选模（ZSM20050748）中可以更清晰地观察到这一特点。

（25）星雨螅 *Xingyurella xingyuarum* Song, Gravili, Ruthensteiner, Lyu & Wang, 2018

图 4-26

Sertularella gotoi: Rho & Chang, 1974: 142: pl.5, fig.3–5; Rho, 1977: 269, pl. 85, fig. 83; Park, 1990: 80; 1992: 291; 1995:14; 2010: 92–94, fig. 50.

Sertularella pedrensis: Park & Rho, 1986: 17–18, fig. 4e–g, pl.1, fig. f.

Xingyurella xingyuarum Song, Gravili, Ruthensteiner, Lyu & Wang, 2018: 1096–1098, fig. 7–8, S4–5.

词源：同属名。

模式产地：黄海。

采集地及航次：黄海、渤海，全国第一次海洋普查、国家自然科学基金委渤黄海、东海共享航次标本，标本信息见附录 1。

模式标本：正模，MBM000479（黄海）。副模，MBM280254（16S rRNA 克隆序列号：189–192）、MBM280259（COI 克隆序列号，1787–1788）。MBM000482（黄海）、MBM000483（黄海）、MBM000453（渤海）、MBM000484（渤海）。

形态特征：群体细长，呈柳条状，具明显的单根或多根主茎，主茎呈“Z”形，分枝互生，多级双歧分枝，分枝夹角 20°–30°，分枝与主茎粗细相似，分枝腋窝处具芽鞘，不具垫突。分枝分节规律，节末具 1 个芽鞘，芽鞘排列稀疏，互生，排成 2 纵列。芽鞘近茎侧 1/8–1/5 贴生，往末端逐渐变细，末端收缩，口部扩展，芽鞘表面近茎侧布满 5–9 圈明显的环纹（皱纹），远茎侧环纹较浅或无环纹，口部具 3 个等大的缘齿，由 3 片三角形缘瓣围成塔状，未观察到内部齿。生殖鞘着生

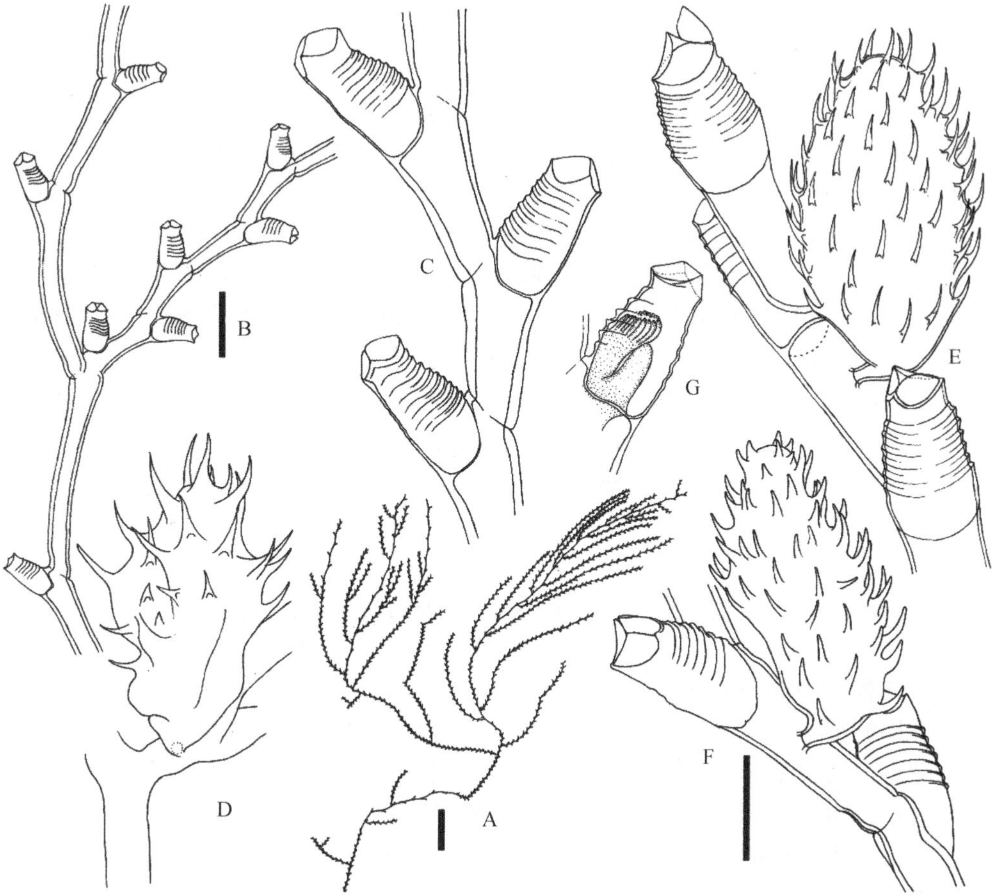

图 4-26　*Xingyurella xingyuarum* Song, Gravili, Ruthensteiner, Lyu & Wang, 2018

A，群体；B，分枝；C，次级分枝；D–F，雌性生殖鞘。G，离茎盲囊。渤海：A、G，MBM000453，副模；D，MBM000484，副模。黄海：B–C，MBM000483，副模；E，MBM000482，副模；F，MBM000479，正模。比例尺：A = 1cm；B = 1mm；C–G = 0.5mm

于主茎和分枝的基部，近椭圆形，口部具短领，生殖鞘及口部表面布满向上的棘刺，棘刺长度具变化。

分布：渤海，黄海，东海。水深 10–70m。

讨论：本种与同属其他物种的区别特征是群体分枝模式、芽鞘几乎不贴生及芽鞘表面具明显环纹或皱纹。

（26）星雨螅未定种 *Xingyurella* sp. (sp. nov.?)

Symplectoscyphus turgidus: Hirohito, 1983：56, fig. 26 (partial); Hirohito, 1995：225–228, fig. 77a–c (partial); Park, 1998：63, fig. 3.

分布：济州岛，相模湾。

讨论：本种主要基于 Park（1998）在济州岛及部分 Hirohito（1983，1995）在日本近岸采集、鉴定为 *Symplectoscyphus turgidus* 的标本。其分枝模式简单，类似 *S. turgidus*，但其芽鞘细长，成熟的生殖鞘表面布满棘刺，与加利福尼亚州的 *S. turgidus* 标本在形态上具有较大差异。Hirohito（1983，1995）所检的标本分布水深为 4–150m，他在这批标本中观察到了形态变化，认为 *Sertularella gotoi* 的原始描述均包括在所变化范围中。经重新检查 *S. gotoi* 的模式标本，其生殖鞘形态与 Hirohito（1983，1955）相似，但分枝模式远比 Hirohito 绘制的性成熟群体（Hirohito 1883，fig. 26 C–D；1995，fig. 77a）复杂，分枝腋窝处具芽鞘。Park（1998）与部分 Hirohito（1983，1995）的样品可能与分布于加利福尼亚州近岸的 *S. turgidus* 更为接近。由于 *S. gotoi* 的标本采自相模湾外深海区（600m），它与相模湾及济州岛近岸的记录是否属同种，需要分子系统学进一步验证。基于分枝模式、芽鞘形态及分布水深等方面的差异，本研究将其列为不同的物种。

4.8　小桧叶螅属 *Sertularella* Gary, 1848

模式种：*Sertularella polyzonias* Linnaeus, 1758

鉴别特征：群体呈团状、网状或直立，分枝或不分枝，具或不具明显主茎。芽鞘贴生，具 4 个缘齿和 4 瓣芽盖，围成塔状，收缩的螅芽具离茎盲囊。

讨论：本属全球分布，共有特征是芽鞘具 4 个缘齿、4 瓣芽盖。本属的群体分枝模式和生殖鞘的形态变化很大。在本研究中的进化树上可看出部分物种的生殖鞘形态对应特定的进化支，可能预示着本属需进一步细分为多个属。但基于目前掌握的分子序列，无法对本属进行系统修订。

Stechow（1920）基于 *Sertularella mirabilis* 独特的群体特征及不具明显螅茎这两个特征，建立 *Serta* 属，并指定 *Sertularella mirabilis* 为模式种。Billard（1925）和 Hirohito（1995）则将其归至 *Sertularella* 属。通过检查其他相关物种的标本或原始描述，*Sertularella cervicula* Choong, 2015、*Sertularella sacciformis* Choong, 2015、*Sertularella sinensis* Jäderholm, 1896、*Sertularella valdiviae* Stechow, 1923 均具有与 *Sertularella mirabilis* 相似的形态特征，如群体团状或交织呈网状，无明显主茎，多级连续双歧分枝，不具腋生垫突，具腋生芽鞘等，这提示它们与 *S. mirabilis* 在进化上密切相关，但是否恢复 *Serta* 属的有效性，并将这些物种移至 *Serta* 属，需进一步研究。

（27）瓦尔迪小桧叶螅 *Sertularella valdiviae* Stechow, 1923

图 4-27

Sertularella valdiviae Stechow, 1923a: 11; 1925, 471–472, fig. 30; Ruthensteiner, 2008: 23.

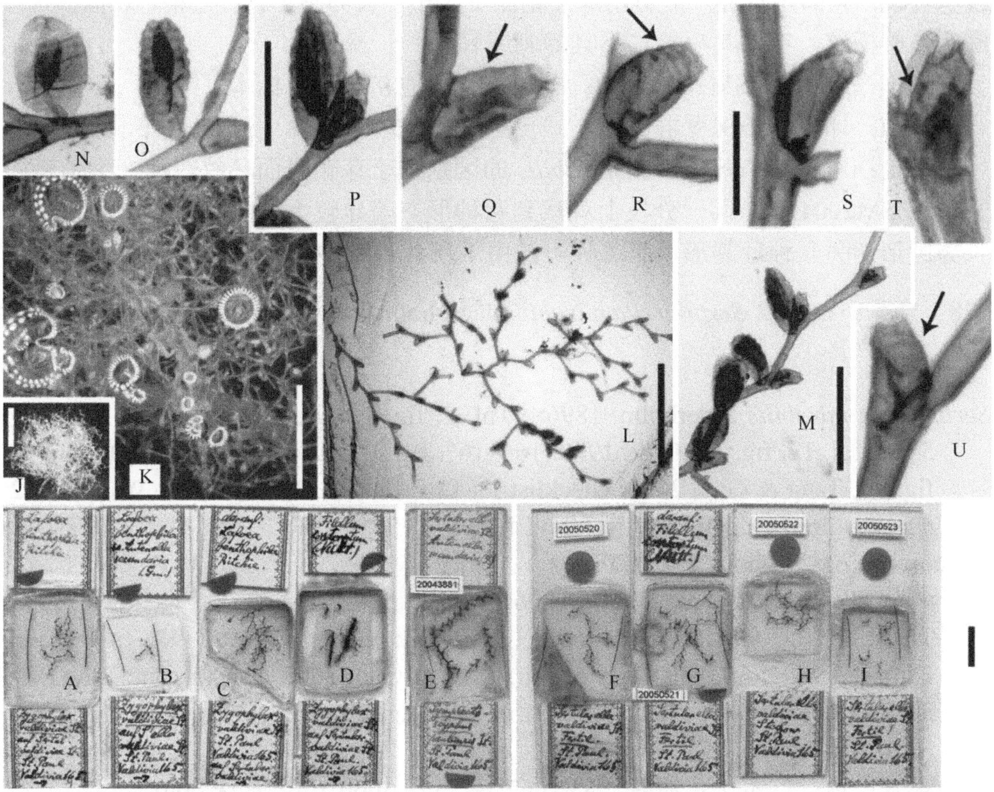

图 4-27　*Sertularella valdiviae* Stechow, 1923（彩图请扫封底二维码）

A–I，副选模，示群体特征，E 中同时含 *Symplectoscyphus paulensis* 的模式标本；J–K，选模，示群体特征；L，示分枝模式；M，示生殖鞘排列特征；N–P，生殖鞘；Q–U，芽鞘，R 示分枝处的腋生芽鞘、无垫突，箭头示芽鞘表面较浅的波纹，具变化。印度洋圣保罗群岛：A，ZSM20041569；B，ZSM20041568；C、L–N、P–Q、T，ZSM20041567；D，ZSM20041566；E，ZSM20043881；F、O，ZSM20050520；G、R–S、U，ZSM20050521；H，ZSM20050522；I，ZSM20050523。比例尺：A–J = 1cm；K–L = 5mm；M = 2mm；N–P = 1mm；Q–U = 0.5mm。Dr Ruthensteiner Bernhard（ZSM）拍摄

采集地及航次：印度洋圣保罗群岛，德国首次 Valdivia 深海考察航次（1898–1899），本研究重检模式标本并选模，标本信息见附录 1。

形态特征：群体絮状成团，无明显主茎，分枝连续、重复、多级双歧分枝，每级分枝具 3 个小枝，近等长，位于同一平面上，彼此间夹角 120°–180°，腋窝处不具垫突、具腋生芽鞘，远端的两个小枝向外继续双歧分枝，新的小枝所在平面与原平面垂直，经多级分枝、拓扑、延伸，立体交织成网；相邻双歧分枝间隔 1–3

个芽鞘（不含腋生芽鞘），各双歧分枝远端的腋部均具单个芽鞘，多级分枝的终点处（一般位于群体边缘）亦具单个芽鞘，少数单枝上具 2 个或 2 个以上互生的芽鞘；芽鞘约 2/5 贴生，底部较窄，向上逐渐变宽，至顶部又收缩，顶部具 4 个等大的缘齿，芽盖由 4 片三角形缘瓣围成塔状，芽鞘表面光滑或具 2–3 圈非常浅的波状环纹。具离茎盲囊。生殖鞘由芽鞘侧下生出，长卵圆形，具短柄，表面具 4–7 圈明显的横纹，口部具短领，不具棘刺或棘突。

选模：选模，ZSM20040930；副选模，其他 9 片玻片标本。

分布：印度洋圣保罗群岛。

讨论：本种与 *Sertularella mirabilis* 的区别在于芽鞘表面环纹较浅，生殖鞘较长。在 ZSM20041567 同一分枝上观察到两种形态差异较大的生殖鞘：一种较普遍，长卵圆形；另一种近圆形，第二种可能由于压片过程中受到挤压而变得扁平。

（28）奇异小桧叶螅 *Sertularella mirabilis* Jäderholm, 1896

图 4-28

Sertularella mirabilis Jäderholm, 1896: 9, pl. 2, fig. 1; Hirohito, 1995: 195–197, fig. 54a–g, pl. 12, fig. 13; Park, 1998: 166–167, fig. 1A–C, pl. 1, fig. A; 2000: 96–98, fig. 53; Tang & Gao, 2008, checklist in: Liu (Ed.): 317; Xu, Lin & Wang, 2012, checklist in Huang & Lin (Ed.), Vol. 1: 306.

Serta mirabilis: Stechow, 1920: 20.

? *Sertularella sinensis* Jäderholm, 1896: 11–12, pl. 2, fig. 2–3; Stechow, 1913a: 129–130, fig. 99–100; Jäderholm, 1919: 17; Gao, 1956: 90–91, fig. 22a–b; Hirohito, 1995: 203–204, fig. 67a–d; Tang & Gao, 2008, checklist in: Liu (Ed.): 318; Park, 2010: 103, fig. 58; Xu, Lin & Wang, 2012, checklist in Huang & Lin (Ed.), Vol. 1: 306.

模式产地：日本平户海峡（33.1667°N，129.3000°E），水深 60m。

采集地及航次：黄海、东海，南海，全国第一次海洋普查、东海大陆架调查、国家自然科学基金委渤黄海、东海共享航次，标本信息见附录 1。

形态特征：群体蓬松，絮状成团，海绵状，无明显主茎，分枝连续、重复、多级双歧分枝，每级双歧分枝具 3 个小枝，近等长或不等长，位于同一平面上，彼此间夹角 120°，腋窝处不具垫突、具腋生芽鞘，远端的两个小枝向外继续双歧分枝，新的小枝所在平面与原平面垂直，经多级分枝、拓扑、延伸，部分分枝交联相接、闭合成环，立体交织成网。有的群体末端的分枝直立，不呈网状。芽鞘一般只着生于分枝腋窝处，分枝上一般不具芽鞘，各双歧分枝远端的腋部均具单个芽鞘，多级分枝的终点处（一般位于群体边缘）亦具单个芽鞘，少数单枝上具 2 个或 2 个以上互生的芽鞘。芽鞘下半部贴生，底部较窄，向上逐渐变宽，至顶部又收缩，顶部具 4 个等大的缘齿，芽盖由 4 片三角形缘瓣围成塔状，芽鞘整体

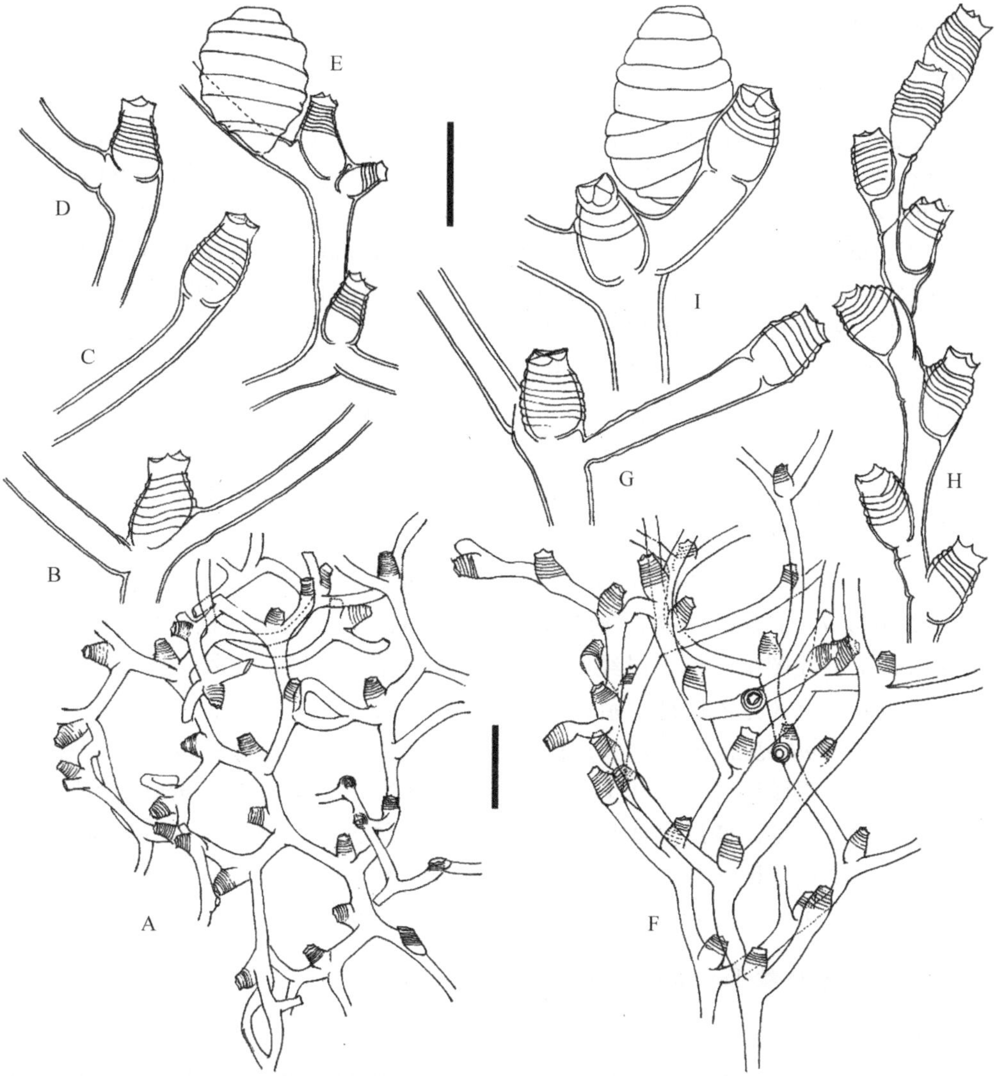

图 4-28　*Sertularella mirabilis* Jäderholm, 1896

A、F，群体；B–D、G，芽鞘；E、I，生殖鞘；H，分枝。东海：A，MBM185949；B–D，MBM185950；E，MBM185932。黄海：F–H，MBM000470；I，MBM185694。比例尺：A、F = 1mm；B–E、G–I = 0.5mm

或仅中上部具 4–8 圈明显的环纹。具离茎盲囊。生殖鞘由芽鞘下生出，具柄，表面具 3–4 圈明显的横纹，口部有一领状突起。

分布：黄海，东海，南海；日本，韩国。

讨论：据报道，济州岛标本的芽鞘具 3 个内部齿（Park 1998），在我们的标本未观察到内部齿。黄海的标本芽鞘较东海大，其他特征基本一致，其遗传距离（16S rRNA）为 0.024，表明已具有一定程度的遗传分化。*Sertularella sinensis*

Jäderholm, 1806 可能是本种的同种异名，具体见 *Sertularella sinensis* 讨论。

（29）中华小桧叶螅 *Sertularella sinensis* Jäderholm, 1896

Sertularella sinensis Jäderholm, 1896: 11–12, pl. 2, fig. 2–3; Stechow, 1913: 129–130, fig. 99–100; Jäderholm, 1919: 17; Gao, 1956: 90–91, fig. 22a–b; Hirohito, 1995: 203–204, fig. 67a–d; Tang & Gao, 2008, checklist in: Liu (Ed.): 318; Park, 2010: 103, fig. 58; Xu, Lin & Wang, 2012, checklist in Huang & Lin (Ed.), Vol. 1: 306.

模式产地：厦门岛以南 80km，水深 65m，模式标本目前保存于瑞典乌普萨拉大学。

讨论：本种的原始描述基于几段片段和少量生殖鞘标本，最高达 3cm，分枝不规则，分枝夹角呈直角或略小，分枝 1–1.5cm，均位于同一平面，不呈网状，芽鞘和生殖鞘表面布满环纹，生殖鞘顶端具 4 个棘状突起（Jäderholm 1896）。Stechow（1913a）在日本报道的标本高约 2cm，也不成熟，但在其所附图片中可以看出一定的成网趋势。Hirohito（1995）在日本记录的则为完全成熟的群体，从其绘图中可以看出分枝间的接合、成网趋势，生殖鞘顶端具 4 个棘状突起（Jäderholm 1896）。Hirohito（1995）在其检索表中，主要依靠群体是否呈网状来区分 *S. sinensis* 与 *S. mirabilis*，他认为前者不呈网状，后者呈网状，然而他所绘制的 *S. sinensis* 线图中，标本已经明显具有成网的形态特征。此外，根据其描述，他采用的另一个区分依据是生殖鞘顶部是否有棘突。他所检查的 *S. sinensis* 标本均有棘突，*S. mirabilis* 均无棘突。Park（1998）在韩国记录的 *S. mirabilis* 为充分发育的群体，明显呈网状，其生殖鞘顶部亦具棘突，形态与 *S. sinensis* 的原始描述接近。由此可见，通过群体是否呈网状（受群体大小影响）和生殖鞘顶端是否具棘突均不能充分地区分 *S. sinensis* 与 *S. mirabilis*。未来重检模式标本，并在模式产地（厦门）采集新鲜标本，结合形态学和分子系统学有可能解决这一问题。

（30）阿里小桧叶螅 *Sertularella areyi* Nutting, 1904

图 4-29

Sertularella areyi Nutting, 1904: 83, pl. 17, fig. 6; Stechow, 1913a, 128, fig. 98; Jäderholm, 1919, 18, pl. 4, fig. 6; Yamada, 1959, 65; Hirohito, 1969: 13, 21; Rho & Chang, 1974: 142, pl. 4, fig. 4–5; Rho, 1977: 266, pl. 83, fig. 79; Hirohito, 1983, 26, 44; 1995: 190, fig. 61c–e; Park, 2010: 84–85, fig. 45.

模式产地：加勒比海古巴哈瓦那，200–400m（Nutting 1904）。

词源：“arey”源自样品采集者 Arey。

采集地及航次：国家自然科学基金委渤黄海、东海共享航次、东海大陆架调查标本，标本信息见附录 1。

形态特征：群体匍匐生长于其他水螅表面，纤细，具主茎，不分枝，主茎分为多个长节，每节末端具 1 个芽鞘，芽鞘互生，几乎处于同一平面。芽鞘卵杯状，

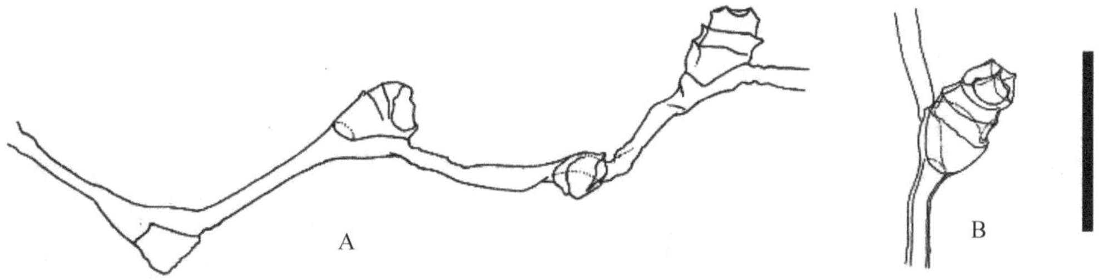

图 4-29 *Sertularella areyi* Nutting, 1904
A，主茎及芽鞘；B，芽鞘。东海：A，MBM185693；B，MBM186191。比例尺：A–B = 1mm

中间最宽，约 1/2 贴生，表面具 2 圈明显横向皱褶，将芽鞘分为近等宽的 3 部分，芽鞘开口处宽，具 4 个缘齿、4 瓣芽盖，围成塔状，未观察到内部齿。具离茎盲囊。无生殖鞘标本。

分布：加勒比海；黄海，东海；日本，韩国。

讨论：所检标本无生殖鞘，鉴定结果主要依据 Hirohito（1995）及 Park（2010）。本种形态简单，东亚的标本与加勒比海的标本形态一致，但是否为同种需分子系统学进一步验证。

（31）皱纹小桧叶螅 *Sertularella rugosa* (Linnaeus, 1758)

图 4-30

Sertularia rugosa Linnaeus, 1758: 809.
Ellisia rugosa: Westendorp, 1843: 22.
Sertularella rugosa: Hincks, 1868: 241–242, pl. 47, fig.2; Clark, 1877: 224, pl. 13, fig. 31; Nutting, 1904:82–83, pl. 17, fig. 1–5; Broch, 1905: 23; Jäderholm, 1909: 101–102, pl.11, fig. 14; Broch, 1918: 106–107, fig. 57–58; Fraser, 1936a: 126; 1937: 159, pl. 36, fig. 188a–c; 1938: 52–53; Kramp, 1938: 45; Fraser, 1944: 271; Yamada, 1950: 13, pl. 1, fig. 12; Naumov, 1960: 340–341, fig. 230; Redier, 1964: 138; Antsulevich, 1987: 69–70; Cornelius, 1995: 77–79, fig. 18; Schuchert, 2001: 101–102, fig. 85A–B; Antsulevich, 2008: 60–61; Ronowicz *et al.*, 2013a: 709, 713; 2013b: 168; Calder, 2012: 38, fig. 37.
Sertularella saccata Nutting, 1901: 183–184, pl. 24, fig. 1–3.

模式产地：英格兰诺森伯兰郡沿岸（Cornelius 1979）。

采集地及航次：楚科奇海，中国第四次、第五次、第六次北极科学考察，标本信息见附录 1。

形态特征：群体匍匐生长于海鞘或其他水螅螅茎表面，主茎或稚芽从匍匐根上生出，直立生长，略呈“Z”形，主茎表面密布环纹；茎部不分枝；茎部分节，分节处具收缢，每节具一个芽鞘；芽鞘互生，排成 2 纵列，位于同一平面，芽鞘

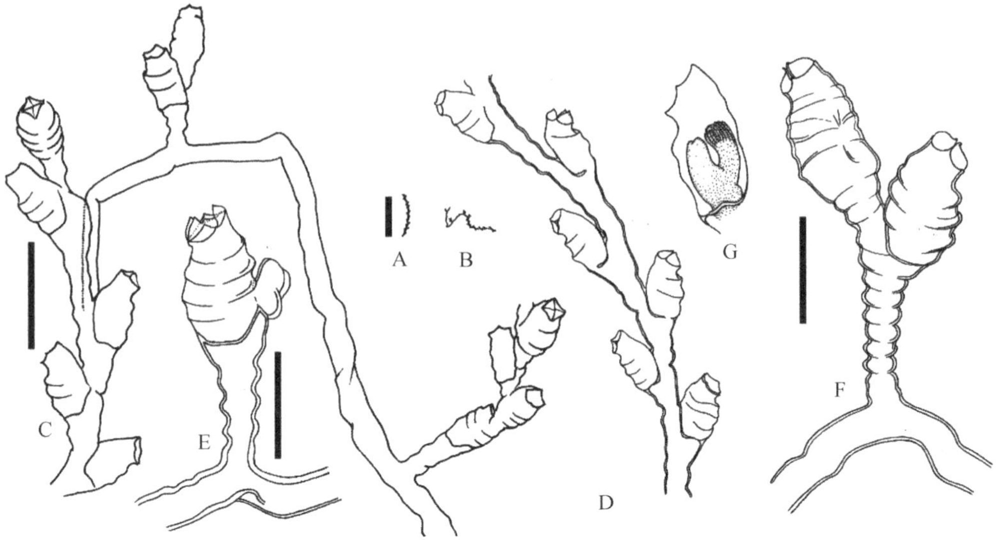

图 4-30 *Sertularella rugosa* (Linnaeus, 1758)
A–B，群体；C，匍匐根及新生芽枝；D，主茎；E–F，新生芽枝；G，离茎盲囊。楚科奇海：E–F，MBM280072。中国第四次北极科学考察未知站位：A–D、G，TI200050。比例尺：A–B = 1cm；C–D = 1 mm；E–G = 0.5mm

表面具 4–5 轮较深的环纹（皱纹），1/3 贴生，中部较粗，顶部外弯，开口下方收缩，口缘具 4 个等大缘齿，具 4 瓣等大芽盖，围成塔状；螅芽收缩后具离茎盲囊，芽鞘无内部齿。无生殖鞘标本。刺细胞胞囊呈长梭形，根据大小可分为两种类型，形态相似。

标本测量：群体小型，高 4–18mm；芽鞘离茎侧长度、芽鞘开口最宽直径范围分别为 0.45–0.53mm、0.20–0.26mm；刺细胞 I 型长宽范围分别为 7.0–7.9μm、1.8–2.1μm；刺细胞 II 型长宽范围分别为 5.2–5.9μm、1.4–2.0μm。

分布：格陵兰岛，冰岛，鄂霍次克海，楚科奇海，日本海，北海道厚岸沿海。

讨论：本种的生殖鞘纺锤状，表面具 7–9 条较深的环纹，顶端具棘突（Hincks 1868；Cornelius 1995；Schuchert 2001）。本种的最典型特征是芽鞘、生殖鞘及主茎表面的环纹较深、较宽，芽鞘外侧上半部收缩明显。Cornelius（1995）及 Schuchert（2001）认为 *S. tellena* 可能是本种的同种异名。但 *S. tellena* 芽鞘外侧上半部收缩不明显。

（32）巨芽小桧叶螅 *Sertularella gigantea* Mereschkowsky, 1878

图 4-31A–E；图 4-32A–I

Sertularella polyzonias: Clark, 1877: 224–225, pl. 13, fig. 34–35

Sertularella polyzonias var. *gigantea*: Hincks, 1874: 151–152, pl. 7, fig. 11.

Sertularella gigantea Mereschkowsky, 1878: 330–331, pl. 14, fig. 6–7; Hartlaub, 1901b: 90–91, fig. 56a–b; Stechow, 1912: 360, fig. D; 1913: 13; Yamada, 1950:

11, pl. 1, fig. 10; 1955: 18–19, fig.1–2; Naumov, 1960: 338, fig. 227A–B; Antsulevich, 1987: 67–68, fig. 19A; 2015: 472–474, fig.229A–B; Park, 2010: 92, fig. 49.

Sertularella quadricornuta Hincks, 1880: 277–286, pl. 15, fig. 1, 1a.

Sertularella polyzonias: Fraser, 1937: 156–157, pl. 35, fig.187; Fraser, 1944: 264, pl. 56, fig. 250a–c; Yamada, 1957: 158; Calder, 1970: 1528–1529, pl. 4, fig. 3; 1975: 307, fig.5C; Park, 1990:80, fig. 4A–B; Schuchert, 2001: 100–101, fig. 84A.

? *Sertularella polyzonias* var. *gigantea*: Stechow, 1925a: 423, 478–479, s. fig. 6; Stechow, 1925b: 390, 393.

? *Sertularella polyzonias gigantea*: Millard, 1975: 301, fig. 98 J.

? *Sertularella polyzonias*: Tang & Gao, 2008, checklist in: Liu (Ed.): 318; Xu, Lin & Wang, 2012, checklist in Huang & Lin (Ed.), Vol. 1: 306.

? *Sertularella sacciformis* Choong, 2015: 399–401, fig. 6.

? *Sertularella gigantea* Hincks, 1874: 396–399, fig. 5.

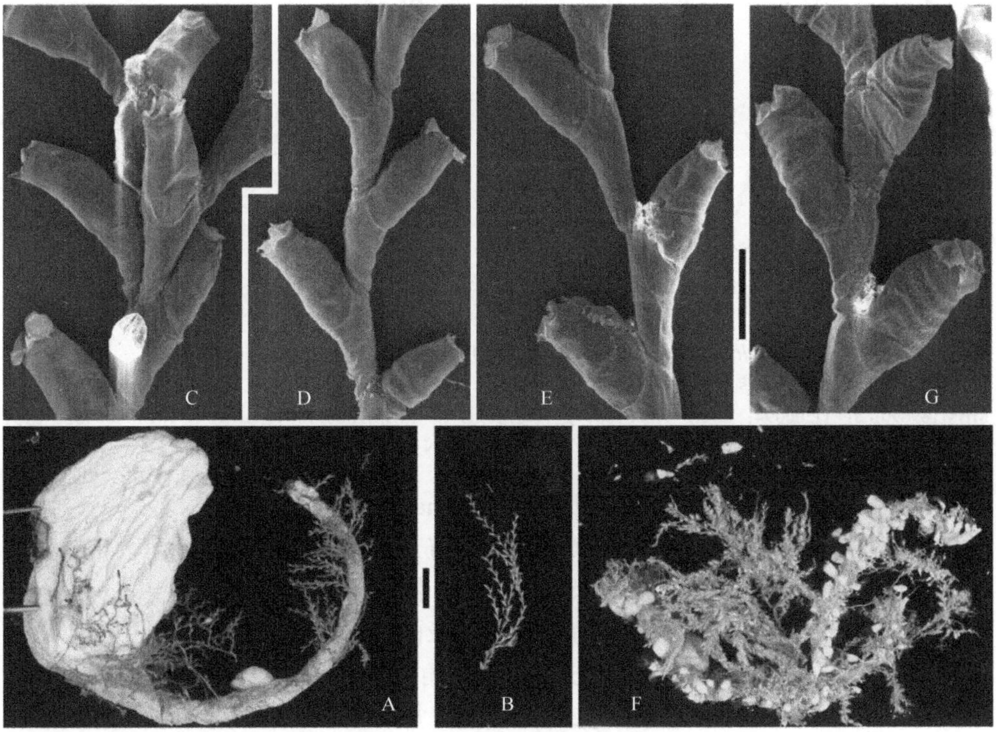

图 4-31　A–E，*Sertularella gigantea* Mereschkowsky, 1878；F–G，*Sertularella* sp. 1
（彩图请扫封底二维码）

A–B、F，群体；C–E、G，分枝，示芽鞘表面环纹。白令海：A，MBM240475；C，MBM189690；F–G，MBM240497。楚科奇海：D，MBM280340。黄海：B，MBM280299；E，MBM280248。比例尺：A–B，F = 1cm；C–E、G = 2mm。A–B、F，王少青拍摄

图 4-32 A–I，*Sertularella gigantea* Hincks, 1874；J–N，*Sertularella* sp. 1

A，群体；B、G、J、K，主茎与分枝；C、H–I、L，芽鞘，L 具离茎盲囊；D–F，M–N，生殖鞘。白令海：A、D–F，MBM189690；J，TI200094；K–N，TI200103。楚科奇海：B–C，MBM280071。黄海：G–I，MBM000488。比例尺：A = 1cm；B、J、K = 2mm；C、H–I、L = 1mm；D–F，M–N = 2mm；G = 5mm

模式产地：英格兰诺森伯兰郡沿岸（Cornelius 1979）。

采集地及航次：黄海，全国第一次海洋普查；楚科奇海、白令海，中国第三次、第四次、第五次、第六次北极科学考察。标本信息见附录 1。

形态特征：群体附于石块、海鞘或海绵表面，直立生长，具明显主茎，部分主茎在中下部开始 1–3 次双歧分枝，分枝夹角约 30°，分枝与主茎近等粗，部分分枝的腋窝处具芽鞘。主茎和分枝规律分节，每节具 1 个芽鞘，分节处倾斜，具收缢，节间具 0–6 环较浅的环轮。芽鞘互生，在主茎和分枝上排成 2 纵列，芽鞘长管状，表面不具明显的环纹，近茎侧 1/4 贴生，顶部略外弯，往口部方向逐渐变细，口下方略收缩，具 4 个等大的缘齿，不具内部齿，芽盖由 4 片三角形缘瓣围成塔状，部分芽盖层叠。在性成熟的群体中，芽鞘和节间上的波纹及芽盖层叠程度更为明显。生殖鞘卵圆形，着生于主茎或分枝表面，垂直于芽鞘所在平面，具柄，表面具较深的 6–8 条环肋，具短领，顶端具 3–4 个棘刺（多为 4 个），领较宽长，顶端。黄海的标本均无生殖鞘，与楚科奇海和白令海的标本的相比，黄海样品除芽鞘略短外，其他特征一致。

分布：格陵兰岛，冰岛，白令海，加拿大北部，阿拉斯加，鄂霍次克海，堪察加半岛，日本海，北海道，相模湾，黄海。

讨论：本种与多线小桧叶螅 *Sertularella polyzonias* (Linnaeus，1758)形态特征相似，最大的区别在于 *S. gigantea* 的芽鞘长度是 *S. polyzonias* 的 2 倍。根据芽鞘大小，Hincks（1874）及 Kirchenpauer（1884）先后将 *S. gigantea* 定为 *S. polyzonias* 的变种或亚种。Mereschkowsky（1878）发现 *S. gigantea* 的芽鞘长度是 *S. polyzonias* 的 2–3 倍，在不同站位的标本中未发现中间类型，认为两种的芽鞘特征均非常稳定，将 *S. gigantea* 提升至物种水平。Broch（1918）认为 *S. polyzonias* 芽鞘大小与水温及水深有关，其标准型为全球广布类型，认为 *S. gigantea* 为北冰洋和北大西洋分布的极端类型，同时又提到这两种“型”均分布在沿岸，较少分布到深水区域，自相矛盾。此外，Broch（1918）认为很难找到它们的中间类型，但他提及在格陵兰岛 Jakobshavn 及 Bredebugt 海域采到的标本为可疑的中间类型，并依此将 *S. gigantea* 作为 *S. polyzonias* 的“型”。Mereschkowsky（1878）及 Broch（1918）的划分方法均被采用，如 Nutting（1904）、Yamada（1950，1955）、Naumov（1960）等同意将 *S. gigantea* 定为单独的物种，而 Calder（1970，1975）、Hirohitto（1995）、Schuchert（2001）等则同意将其归至 *S. polyzonias*，其主要依据是认为 Broch 所观察到的中间类型是确实有效存在。本研究中我们获得到 *S. gigantea* 的分子序列，分子系统学证明它们在距离较远的分支上，为不同的物种。

可能受 *S. polyzonias* 的影响，*S. gigantea* 的形态差异一直被忽视。Antsulevich（1987）将芽鞘表面不具和具明显环纹的标本鉴定为本种的 *typical* 型和 *undulata* 型，但之后 Antsulevich（2015）又取消了这两种型的划分。而在本研究中，采自相同海域（白令海）的具环纹和不具环纹的标本，分别聚在不同的分支上，其 16S rRNA 和 COI 的遗传距离分别为 0.011–0.020 和 0.023–0.028。在 16S rRNA 系统树上，具环纹的标本首先与 *S. rugosa*（具环纹，芽鞘明显较小）聚成一枝。这些分子分子数据支持未来将其建议为新种。

在本种的引证中，我们列出了芽鞘不具环纹的记录。Broch（1918）在格陵兰岛和喀拉海等海域采集的标本既有芽鞘具环纹的标本，也有没有环纹的标本，未针对此特征进行细分。Jäderholm（1896，1909）及 Antsulevich（2008）的标本未提及芽鞘表面的环纹情况。*Sertularella sacciformis* Choong, 2015 的芽鞘与 *S. gigantea* 相似，但生殖鞘与 *Sertularella* sp. 1 相似，该物种的在系统进化地位需分子系统学确认。此外，Choong（2015）鉴定为本种的标本（采自加拿大不列颠哥伦比亚省）的芽鞘离茎侧长度 2.0–2.4mm，明显大于所检标本。Stechow（1925a）在南非 Plettenberg Bay 报道 *S. polyzonias* var. *gigantea* 变种，水深 100m，仅 1 簇不完整的标本，不具生殖鞘，Millard（1975）将此记录归至 *S. polyzonias gigantea*。根据 Stechow（1925a）的附图（仅两个芽鞘），虽然芽鞘大小与 *S. gigantea* 相近，但无法判断这一记录的有效性。加拿大和南非的记录需分子系统学进一步确认。

（33）小桧叶螅未定种 *Sertularella* sp. 1

图 4-31F–G；图 4-32J–N

Sertularella gigantea Mereschkowsky, 1878: 330–331, pl. 14, fig. 6–7; Nutting, 1904: 87–88, pl. 19, fig. 7; Kramp, 1911: 387–388, pl. 25, fig. 1; Antsulevich, 1987: 67–68, fig. 19B; 2015: 472–474, fig.229C.

Sertularella polyzonias: Kirchenpauer, 1884: 37–38; Calder, 1970: 1528–1529, pl. 4, fig. 4; Schuchert, 2001: 100–101, fig. 84B–C.

采集地及航次：楚科奇海、白令海，中国第五次、第六次北极科学考察，标本信息见附录 1。

形态特征：群体附于海鞘、石块、海绵表面，直立生长，具明显主茎，分枝与主茎近等粗，部分分枝的腋窝处具芽鞘，不具垫突。主茎和分枝规律分节，每节具 1 个芽鞘，分节处倾斜，具 2 轮收缢。芽鞘互生，在主茎和分枝上排成 2 纵列，芽鞘长管状，表面布满 4–7 环的波纹，近茎侧 1/4 贴生，顶部略外弯，往口部方向逐渐变细，口下方略收缩，具 4 个等大的缘齿，不具内部齿，芽盖由 4 片三角形缘瓣围成塔状，部分芽盖层叠。生殖鞘长锥形或长卵圆形，着生于主茎或分枝表面，垂直于芽鞘所在平面，具柄，表面具较深的 9–14 条环肋，具短领，领较窄，顶端 4–5 个棘刺（多为 5 个）。

分布：楚科奇海、白令海、鄂霍次克海、冰岛、格陵兰岛

讨论：本种与 *Sertularella gigantea* 非常相似，主要区别在于芽鞘表面具明显的波纹，其他方面详见 *S. gigantea* 的讨论。

（34）螺旋小桧叶螅 *Sertularella spirifera* Stechow, 1931

图 4-33

Sertularella spirifera Stechow, 1931: 184–185; Stechow & Uchida, 1931: 561–563, fig.10, pl. XV, fig.4.

采集地及航次：日本陆奥湾（模式标本）；国家自然科学基金委渤黄海共享航次，标本信息见附录 1。

形态特征：群体直立，具主茎，主茎中上部具多级双歧分枝，分枝腋窝处不具垫突和腋生芽鞘，主茎和分枝分节，分节末端倾斜，末端具 1 个芽鞘，芽鞘互生，排列稀疏，排成 2 纵列，芽鞘具 4 个缘齿和 4 瓣芽盖围成塔状，芽鞘 1/3–1/2

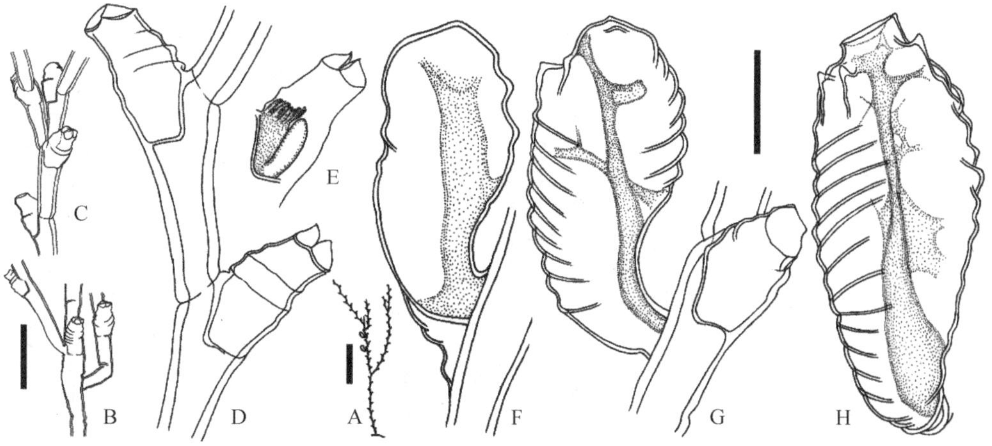

图 4-33　*Sertularella spirifera* Stechow, 1931，MBM282795，黄海
A，群体；B，主茎与侧枝；C，分枝，双歧分枝；D，芽鞘；E，芽盖及离茎盲囊，表面环纹略浅；F–H，生殖鞘。比例尺：A = 1cm；B–C = 1mm；D–H = 0.5mm

贴生，表面具 2–3 圈环纹（皱纹）。生殖鞘椭圆形，基部具弯柄，着生于芽鞘侧下方，表面布满 9–16 条环纹，顶部具短领，领的基部具 4–5 个棘刺。

分布：黄海，日本陆奥湾。

讨论：ZSM20041665、ZSM20041666 的多簇标本片段均为单管状，仅 ZSM20041666 中的一个片段顶端具处于生长初期的双歧分枝基部。在原始描述中（Stechow & Uchida 1931，pl. XV，fig.4），群体具二级双歧分枝，与所检黄海标本一致。尽管本种的芽鞘和生殖鞘表面都具环纹，与 *Sertularella rugosa*、*S. mirabilis* 等小桧叶螅属的种类类似，但其生殖鞘具领、具多个棘突及棘突出现的位置等特征使其在形态上更接近星雨螅属，可能与星雨螅属具有较近的系统演化关系。

（35）桃果小桧叶螅 *Sertularella inabai* Stechow, 1913

图 4-34

Sertularella inabai Stechow, 1913a: 130–132, fig. 101–103; Huang & Liu, 1987: 66–67, fig. 6a–c; Hirohito, 1995:194–195, fig. 63c–d; Tang & Gao, 2008, checklist in: Liu (Ed.): 317; Xu, Lin & Wang, 2012, checklist in Huang & Lin (Ed.), Vol. 1: 306.

Sertularella gayi: Park, 2010: 89–92, fig. 48A–C.

形态特征：群体直立，簇生，具明显主茎，分枝互生，主茎与分枝等粗，位于同一平面，不具垫突（或垫突不明显），具腋生芽鞘；主茎与分枝分节，每节着生 1 个芽鞘；主茎与分枝上的芽鞘均为互生，排成 2 纵列，芽鞘表面光滑或较低少数芽鞘表面具极微弱的环纹（同簇群体内的变化），具 4 个等大的缘齿，未观察

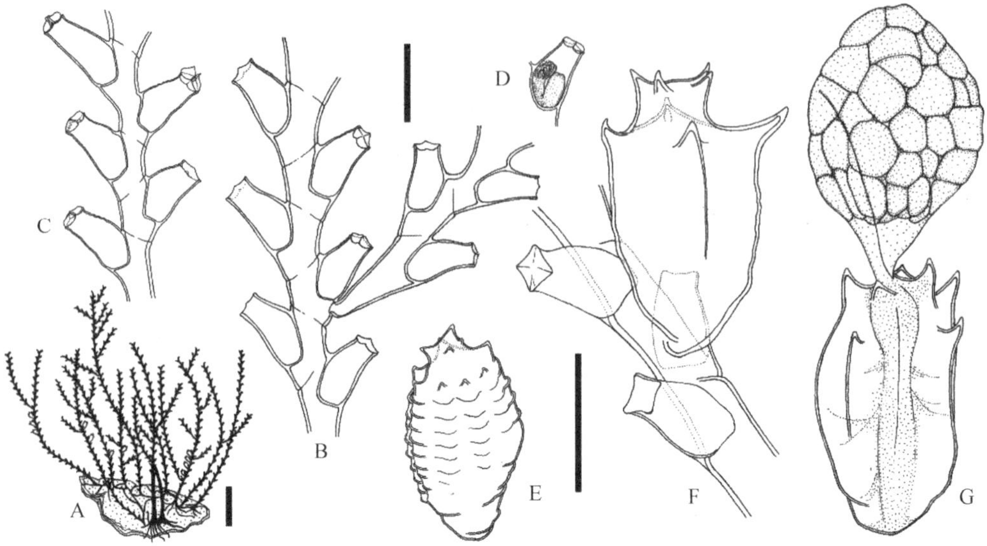

图 4-34 *Sertularella inabai* Stechow，1913

A，群体附于贝壳表面；B，主茎与侧枝；C，分枝；D，离茎盲囊；E，雄性生殖鞘；F–G，雌性生殖鞘。黄海：A、F，MBM000449；B–D，MBM000463；E，MBM00448；G，MBM000459。比例尺：A = 1cm；B–D = 1mm；E–G = 1mm

到内部齿，芽盖由 4 片三角形缘瓣围成塔状。生殖鞘从芽鞘底部生出，卵圆形，具短柄。雄性生殖鞘中部和下部而满环纹，同时具多条纵脊，顶部具 7–9 个短棘突，具管状领，领上具棘突；雌性顶端具端胞，口部具有 3–5 个尖齿，往下具 3–5 条突出的纵肋。

采集地及航次：渤海、黄海，全国第一次海洋普查标本，标本信息见附录 1。

分布：渤海，黄海；韩国，日本。

讨论：Park（2010）鉴定为 *Sertularella gayi* (Lamouroux, 1821)的韩国标本（无生殖鞘）的形态与本种非常相似。*S. gayi* 为不同的物种，其生殖鞘不具棘刺，模式产地为英吉利海峡（Lamouroux 1821；Cornelius 1979）。本种的分枝模式及生殖鞘特征与 *Xingyurella* 属相似，但缘齿数量不同。本种在分子进化树上的位置值得进一步研究。

（36）陆奥小桧叶螅 *Sertularella mutsuensis* Stechow, 1931

图 4-35；图 4-36D、I

Sertularella mutsuensis Stechow, 1931: 181–182; Stechow & Uchida, 1931: 554–556, fig. 6; Ruthensteiner *et al.*, 2008: 22; Choong & Calder, 2013: 34–37, fig. 2A–D, 3A–B, 4A.

? Naumov, 1960: 339–340, fig. 229; Choong & Calder, 2013: 34–37, fig. 1, 3c, 4B.

? *Sertularella spinosa*: Antsulevich, 2015: 474–475, fig. A, C.

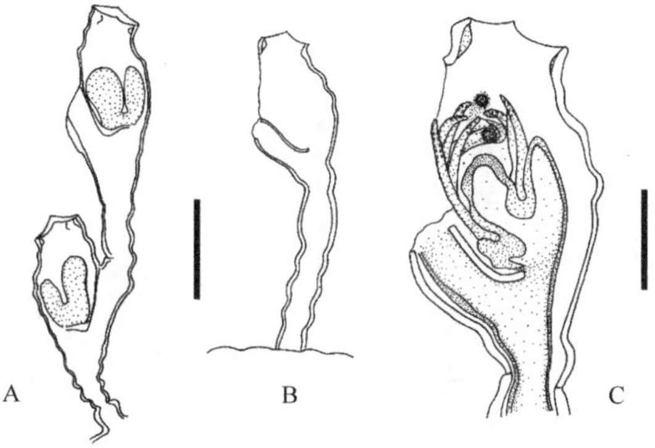

图 4-35　*Sertularella mutsuensis* Stechow, 1931
A–C，由单个或两个芽鞘形成的早期螅枝稚体。日本陆奥湾，ZSM20041658：A，选模；B–C，副选模。比例尺：A–B = 0.5mm；C = 0.25mm

模式产地：日本陆奥湾。

采集地及航次：日本陆奥湾，模式标本，登记信息见附录 1。

形态特征：模式标本仅具 3 个芽鞘，其中 1 个芽鞘生长于“杯托”上，附于海藻表面，另 2 个芽鞘在玻片中游离，形成早期螅茎，螅茎和芽鞘表面具环纹。芽鞘约 1/3 贴生，往末端方向略变细，上部略收缩、外展，具 4 个缘齿，芽盖特征不清晰，具 3 个内部齿，具离茎盲囊。不具生殖鞘标本。

分布：日本陆奥湾；其他海域的记录（Naumov 1960；Choong & Calder 2013）需核实。

讨论：本种的模式标本为稚体，根据本研究检查的标本，它们具有许多 *Sertularella* 属生长早期的共同形态特征（如内部齿、环纹、芽鞘“杯托”），这给之后的鉴定带来一定困难，容易引发争议。Hirohito（1995）认为它是 *S. miurensis* 的稚体，Naumov（1960）将鄂霍次克海和千岛群岛的性成熟标本鉴定为本种，Antsulevich（2015）则根据这些标本，将本种列为 *Sertularella spinosa* Kirchenpauer, 1884 的同种异名。Choong 和 Calder（2013）研究了日本 2011 年海啸后从日本飘到北美海岸的建筑残骸表面的固着生物，将其中一种水螅的稚体鉴定为本种。本研究在模式标本中观察到 2 个未放射的刺细胞，其轮廓与 *S. miurensis* 相似，但无法将此证据作为本种是 *S. miurensis* 同种异名的依据。基于模式标本的特殊情况，很难对本种进行修订，未来应避免以类似的稚体标本描述新种。

（37）广口小桧叶螅 *Sertularella miurensis* Stechow, 1921

图 4-36A–C、G–H、K–L；图 4-37；图 4-38

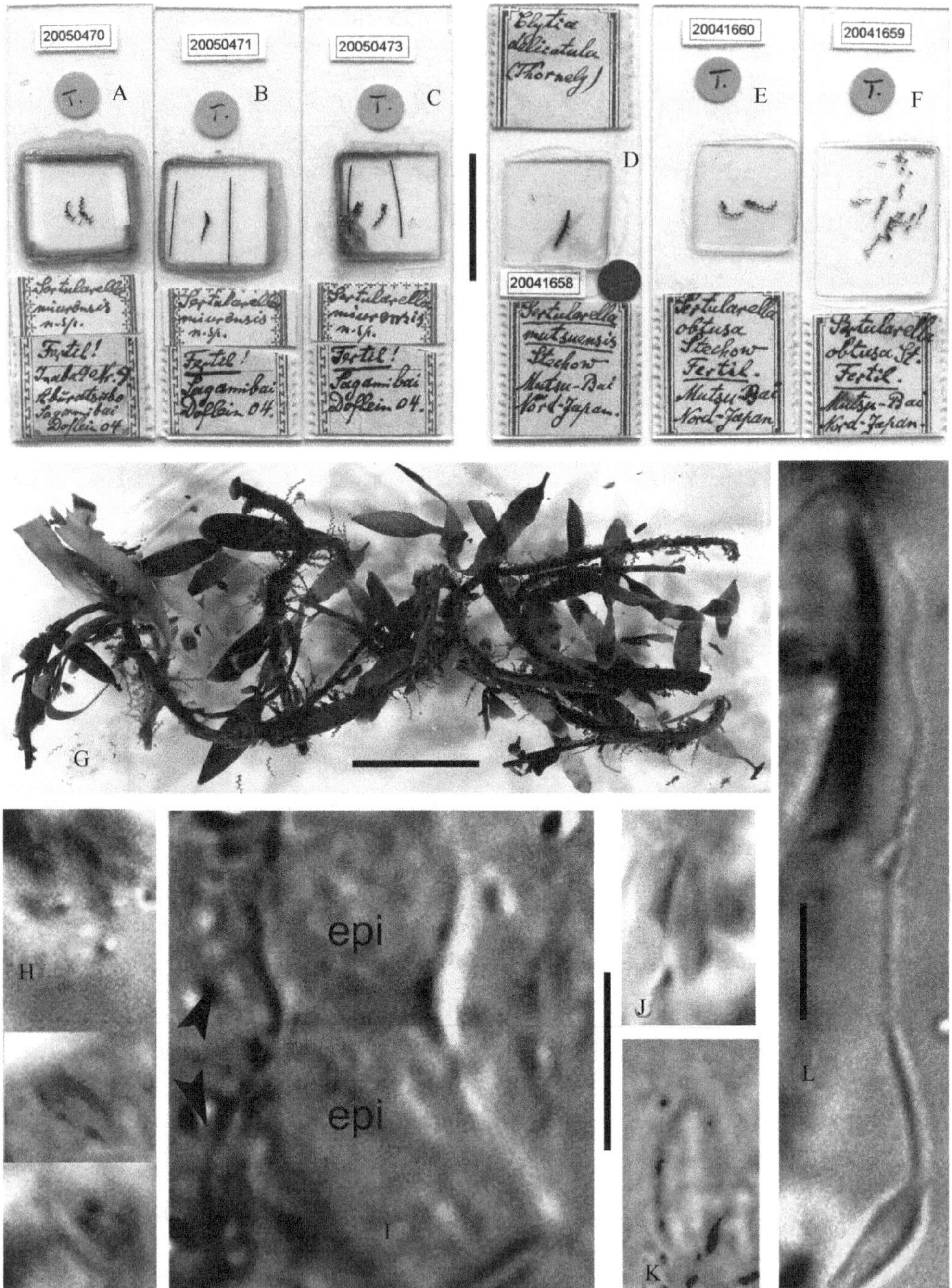

图 4-36 模式标本及刺细胞（彩图请扫封底二维码）

A–C、G–H、K–L，*Sertularella miurensis*；D、I，*S. mutsuensis*，I，箭头示两个位于上皮细胞间隙的刺细胞；E–F、J，*Sertularella obtusa*。日本（模式标本）：A，ZSM20050470；B，ZSM20050471；C，ZSM20050473；D、I，ZSM20041658；

E，ZSM20041660；F，20041659；G，ZSM20040913；H，ZSM20040913；J，ZSM2004022。中国：K，MBM187255；L，MBM280019。比例尺：A–G = 2cm；H–L = 5μm。A–J，Dr Ruthenstainer Bernhard 拍摄

图 4-37　*Sertularella miurensis* Stechow, 1921

A–B，群体附于海藻或贻贝表面；C，群体布满雄性生殖鞘；D，主茎及分枝；E–G，附于贻贝表面的群体，F，示内部齿，G，稚体；H–J，成熟群体，H，芽鞘及内部齿，J，离茎盲囊；K，螅茎末端发育中的芽鞘。标本均采

自中国：A、K，MBM187255；B，MBM280301；C–D，MBM187254；E–G，MBM280301；H–J，MBM187268。比例尺：A–E = 1mm；F、H = 0.3mm；G、I、J–K = 0.5mm

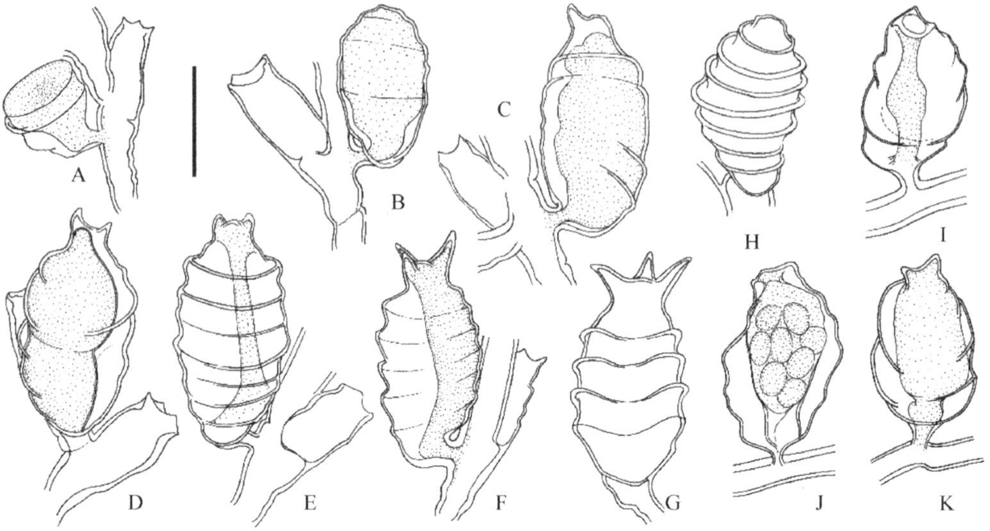

图 4-38 *Sertularella miurensis* Stechow, 1921，生殖鞘

A–H，雄性；I–K，雌性。中国：A–D、F–G，MBM187255；E，MBM187268；H，MBM187254；I–J，MBM280301；K，MBM187031。比例尺：A–K = 0.5mm

Sertularella sp.? Inaba, 1890: 292–293, fig. 22–25.

Sertularella indivisa: Stechow, 1913a: 134–135, fig. 106–107.

Sertularella indivisa var. *bidentata*: Ling, 1938: 357–358, fig. 15–16.

Sertularella miurensis Stechow, 1921: 258; Stechow, 1923a: 258; 1923c: 175–177, fig. T; Yamada, 1950: 11–12; Gao, 1956: 89–90, fig. 21; Wei, 1959: 192, pl.1, fig.4; Yamada, 1957: 158; 1958: 57–58; 1959: 62; Hirohito, 1995: 197–199, fig. 65a–c; Tang & Gao, 2008, checklist in: Liu (Ed.): 317; Park, 2010: 98–100, fig. 54–55; Xu, Lin & Wang, 2012, checklist in Huang & Lin (Ed.), Vol. 1: 306.

Sertularella miurensis var. *pungens* Stechow, 1931: 182; Stechow & Uchida, 1931: 556–558, fig. 7; Ling, 1938: 359, fig. 17; Yamada, 1959: 62.

Sertularella miurensis var. *obtusa:* Yamada, 1959: 62.

Sertularella obtusa Stechow, 1931: 182–183; Stechow & Uchida: 1931, 558–559, fig. 8; Ruthensteiner *et al.*, 2008: 22; Park, 2010: 100–103, fig. 56.

采集地及航次： *Sertularella miurensis* Stechow, 1921 模式标本、*Sertularella obtusa* Stechow, 1931 模式标本及采自浙江嵊山、山东青岛等地的近岸标本，标本信息见附录 1。

形态特征： 群体多附着于海藻或贝壳等表面，根部缠绕，匍匐延伸，具明显主茎，主茎直立，基部有 2–5 圈明显的环轮，分枝或不分枝，分枝由芽鞘下生出，

主茎和分枝位于或不位于同一平面上。主茎规律分节，每个节间的基部具 2–4 圈明显环轮，向上着生 1 个芽鞘，芽鞘在主茎基部排列紧密，向上间距增大，芽鞘互生，在主茎和分枝上排成 2 纵列，在生长过程中有些芽鞘会转换角度（约 120°）继续排列，导致所有芽鞘并不位于同一平面。主茎基部芽鞘较小，向上芽鞘逐渐增大，芽鞘整体饱满，上半部远茎侧表面具环纹，口部下方略收缩，近茎侧约 1/3 贴生，环纹不明显，口部具 4 个等大的缘齿，开口近似呈方形，在部分芽鞘中观察到 3 个内部齿，芽盖由 4 片三角形缘瓣围成塔状。生殖鞘呈卵圆形，多着生于主茎下半部，偶尔在远端分布，由一对芽鞘侧面生出。雄性生殖鞘表面具 6–7 圈环纹，口部具领，领上具 0–3 个棘突。雌性生殖鞘表面具 2–4 圈波纹，口部具领，领上具 0–4 个小棘突。刺细胞呈梭形，具大小两种。放射的刺细胞具丝柄和长刺丝，丝柄上不具刺。

分布：山东，浙江；日本，韩国。

讨论：本种芽鞘所含内部齿数目、生殖鞘顶部棘突数目具变化，Stechow（1931）和 Yamada（1959）曾命名两个亚种 *Sertularella miurensis* var. *pungens*、*S. miurensis* var. *obtusa*。Hirohito（1995）在其标本中观察到了这些连续变化，建议取消亚种划分。经重检模式标本和中国的标本，本研究也观察到了类似的连续变化。但尽管如此，本研究在两个不同样品（均不具生殖鞘）的 16S rRNA 序列中检测到较高的遗传差异（16S 序列，克隆编号 1234、1247，遗传差异 3.65%），不排除存在隐种的可能性。

（38）尖齿小桧叶螅 *Sertularella acutidentata* Billard, 1919

图 4-39

Sertularella acutidentata Billard, 1919: 20–21, fig. 1E, 2; 1925: 148–149, fig. 18, pl. 7, fig. 8; Hirohito, 1995: 188–189, fig. 61a–b.

Sertularella philippensis Hargitt, 1924: 496, pl. 6, fig. 22; Nutting, 1927: 217.

模式产地：印度尼西亚（8.3917°S，119.0767°E，69m）。

采集地及航次：东海，国家自然科学基金委东海共享航次标本信息见附录 1。

形态特征：群体直立，具明显主茎，分枝互生，位于同一平面，不具次级分枝，分枝腋窝处具垫突和腋生芽鞘；主茎和分枝分节，主茎每节 3 个芽鞘，分枝每节 1 个芽鞘，芽鞘互生。芽鞘管状，上下近等粗，表面光滑，1/3 至 2/3 贴生，具 4 个尖锐的缘齿和 4 瓣芽盖，围成塔状，具离茎盲囊，未观察到内部齿。生殖鞘呈倒置的瓶状，着生于芽鞘侧下方，鞘口具 3 个尖齿和 3 辫等大鞘盖。

分布：东海；日本，印度尼西亚，菲律宾。

讨论：所检标本与印度尼西亚、日本相模湾的标本形态基本一致，生殖鞘顶端均具 3 个尖齿。本种与 *Sertularella distans* (Allman, 1877)相似，但 *S. distans* 芽

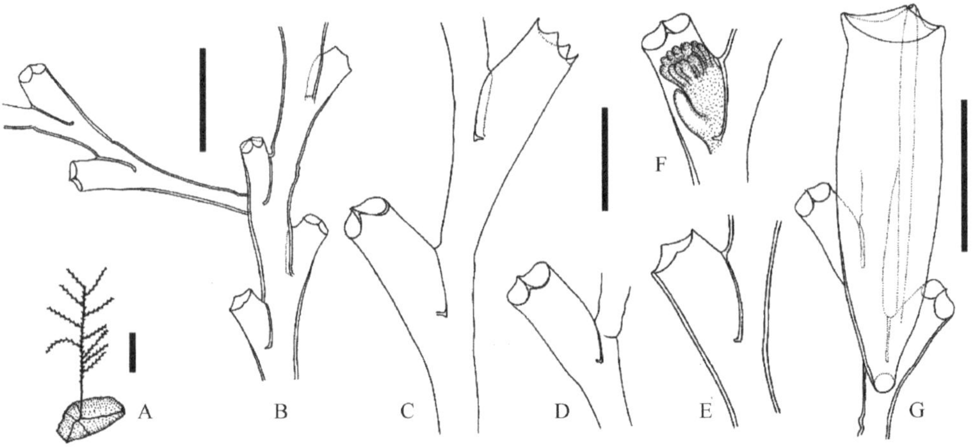

图 4-39 *Sertularella acutidentata* Billard, 1919

A，群体附于贝壳表面；B，主茎与侧枝；C–F，芽鞘排列及变化，F 示离茎盲囊；G，生殖鞘。东海：A、F，MBM282637；B、G，MBM282749；C，MBM282638；D，MBM282614；E，MBM282673。比例尺：A = 1cm；B = 1mm；C–F = 0.5mm；G = 1mm

鞘较短，完全贴生，生殖鞘顶端具 4 个尖齿。

（39）清晰小桧叶螅 *Sertularella diaphana* (Allman, 1885)

图 4-40

Thuiaria diaphana Allman, 1885: 145–146, pl. 18, fig. 1–3.

Sertularella diaphana: Bale, 1919: 337–339, pl. 16, fig. 5; Billard, 1925: 157–160, fig.22, pl. 7, fig. 12–13; Millard, 1975: 285–286, fig. 93A–D; Hirohito, 1995: 191–192, fig. 62b–d, pl. 12, fig. A; Watson, 2000: 31–32, fig. 24; Schuchert, 2003: 184–185, fig. 40; Park, 2010: 86–87, fig. 46A–E; Tang & Gao, 2008, checklist in: Liu (Ed.): 317; Xu, Lin & Wang, 2012, checklist in Huang & Lin (Ed.), Vol. 1: 306; Tseng *et al.*, 2014: 4–5 (list).

采集地及航次：北部湾，全国第一次海洋普查标本，标本信息见附录 1。

形态特征：群体直立，具明显主茎，主茎粗壮，分枝互生，分枝腋窝处具垫突和芽鞘，主茎与分枝均分节，芽鞘互生，排成 2 纵列，位于同一平面。芽鞘几乎完全贴生，上下近等粗，表面光滑，近茎侧口部略弯曲，顶部具 4 个等大的缘齿，芽盖由 4 片三角形缘瓣围成塔状，不具内部齿。生殖鞘由芽鞘下生出，长椭圆形，表面具多条纵肋，至基部收缩呈柄状，口部具单盖，中间具单个横向隆脊。

分布：环热带亚热带分布；东海，台湾；澳大利亚，日本，韩国。

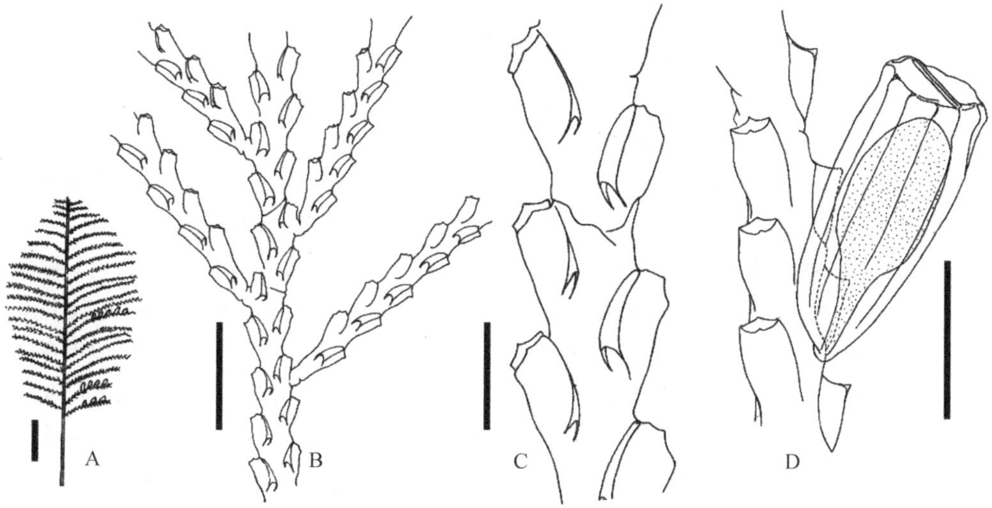

图 4-40　*Sertularella diaphana* (Allman, 1885)。北部湾：MBM230618
A，群体；B，主茎与侧枝；C，侧枝，D，生殖鞘。比例尺：A = 1cm；B = 2mm；C = 0.5mm；D = 1mm

（40）微白小桧叶螅 *Sertularella albida* Kirchenpauer, 1884

图 4-41
Sertularella robusta Clark, 1877: 225–226, pl. 15, fig. 32–33.
Sertularella albida Kirchenpauer, 1884: 42; Hartlaub, 1901b: 26, pl. 4, fig. 6–7, 15, 21, 25; Nutting, 1904: 86, pl. 19, fig.1–2; Naumov, 1960: 347–348, fig. 239.

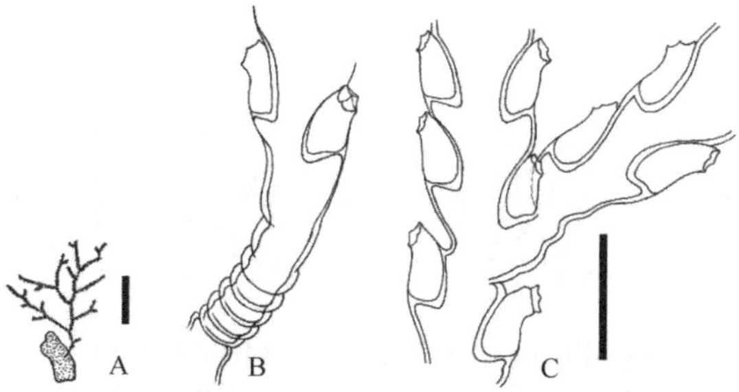

图 4-41　*Sertularella albida* Kirchenpauer, 1884。MBM280077，俄罗斯萨哈林岛
A，群体；B，主茎基部；C，主茎上部及分枝。比例尺：A = 1cm；B–C = 1mm

模式产地：阿拉斯加，模式标本保存于俄罗斯科学院博物馆（圣彼得堡）。

采集地及航次：俄罗斯萨哈林岛，标本信息见附录 1。

形态特征：群体黄褐色，直立、扁平、粗壮，围鞘较厚，主茎与分枝几乎等粗，主茎呈“Z”形，一级分枝互生，其他分枝经多级双歧分枝呈聚伞状，夹角 50°–90°，位于同一平面，腋窝处具单个芽鞘。主茎及分枝不规律分节，分节处具收缢，主茎上每节具 1 个分枝，间隔 5 个或 5 个以上芽鞘，分枝上间隔 2 个或 2 个以上芽鞘；主茎基部具多个环轮；芽鞘在主茎和分枝上排成 2 纵列，互生，位于同一平面，芽鞘外缘长度为 0.42–0.44mm，开口处宽度 0.20–0.24mm，无柄，直筒状，顶端略窄，几乎完全贴生，顶部略外弯，口缘具 4 个矮齿，其中近茎齿、远茎齿各 1 个，侧齿 2 个，顶端具 4 瓣芽盖，略围成塔状，2 个远茎侧芽盖略大于近茎侧。标本无组织，是否具离茎盲囊未知。无生殖鞘标本。

分布： 堪察加半岛、白令海，阿拉斯加、阿留申群岛，鄂霍次克海、日本海。

讨论： 本种生殖鞘具柄，纺锤状，表面约具 8 条明显环纹，末端具棘突（Clark，1877）。本种的芽鞘贴生情况与柏螅相似，芽鞘缘齿及芽盖不如一般的小桧叶螅明显，介于小桧叶螅属与柏螅属之间（Clark 1877；Kirchenpauer 1884；Nutting 1904；Hartlaub 1901b）。本研究中具类似特征的另一种小桧叶螅是 *S. diphana*，但其分枝方式不呈双歧分枝状，与 *S. albida* 容易区分。

（41）模糊小桧叶螅 *Sertularella decipiens* Billard, 1919

图 4-42

Sertularella decipiens Billard, 1919: 21–22, fig. 3B; 1925: 155–157, fig. 21, pl. 7, fig. 15, pl. 8, fig. 34; Watson, 2000: 27–29, fig. 22A–E; Schuchert, 2003: 183–184, fig. 39.

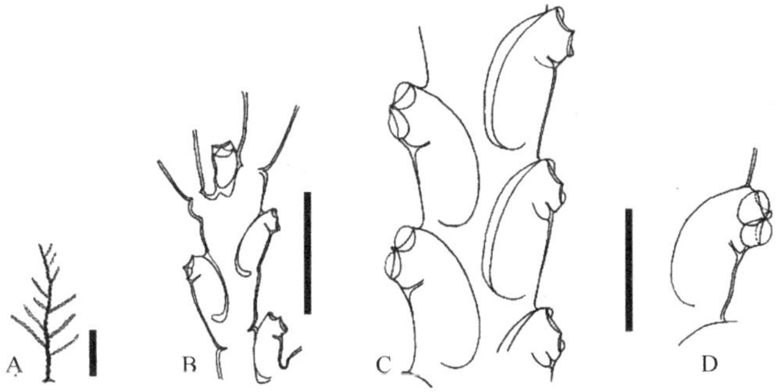

图 4-42　*Sertularella decipiens* Billard, 1919。北部湾：MBM230617

A，群体；B，主茎与侧枝；C，侧枝；D，芽鞘。比例尺：A = 1cm；B = 1mm；C–D = 0.5mm

采集地及航次： 北部湾，全国第一次海洋普查标本，标本信息见附录 1。

形态特征： 群体直立，羽状分枝，主茎基部无芽鞘着生，主茎其他部分及分枝上具芽鞘，互生，排成 2 纵列，且位于同一平面，主茎上芽鞘排列较松散，分枝上排列紧密。芽鞘长管状，几乎全部贴生，表面光滑，近茎侧弯曲，远茎侧近似与主轴平行，远茎侧中上口部产生一横隔，顶部具 4 个等大的缘齿，芽盖由 4 片三角形缘瓣围成塔状，不具内部齿。无生殖鞘标本。

分布：北部湾，印度尼西亚，澳大利亚北部。

讨论：本种的原始描述中无生殖鞘，曾被怀疑为 *Sertularella quadridens* 的同种异名（Stechow & Müller 1923）。本种的生殖鞘着生于主茎基部，簇生，呈长圆柱状，基部收缩弯曲呈柄状，下部光滑，至远端出现明显环纹，边缘平滑，具 4 个等大缘齿，顶部由 4 片三角形缘瓣围成塔状，与 *Sertularella quadridens* 不同（Watson 2000；Schuchert 2003）。

（42）四齿小桧叶螅 *Sertularella quadridens* (Bale, 1884)

图 4-43

Thuiaria quadridens Bale, 1884: 119, pl. 7, fig. 5–6.
Thuiaria vincta Allman, 1888: 68, pl. 32, fig. 2, 2a.
Sertularella quadridens Ritchie, 1910: 818–820, pl. 77, fig. 12a–b; Billard, 1925: 150–151, fig. 19; Vervoort, 1941: 214–216, fig. 5; Watson, 2000: 28–30, fig. 23; Schuchert, 2003: 185–188, fig. 41; Tang & Gao, 2008, checklist in: Liu (Ed.): 318; Xu, Lin & Wang, 2012, checklist in Huang & Lin (Ed.), Vol. 1: 306.

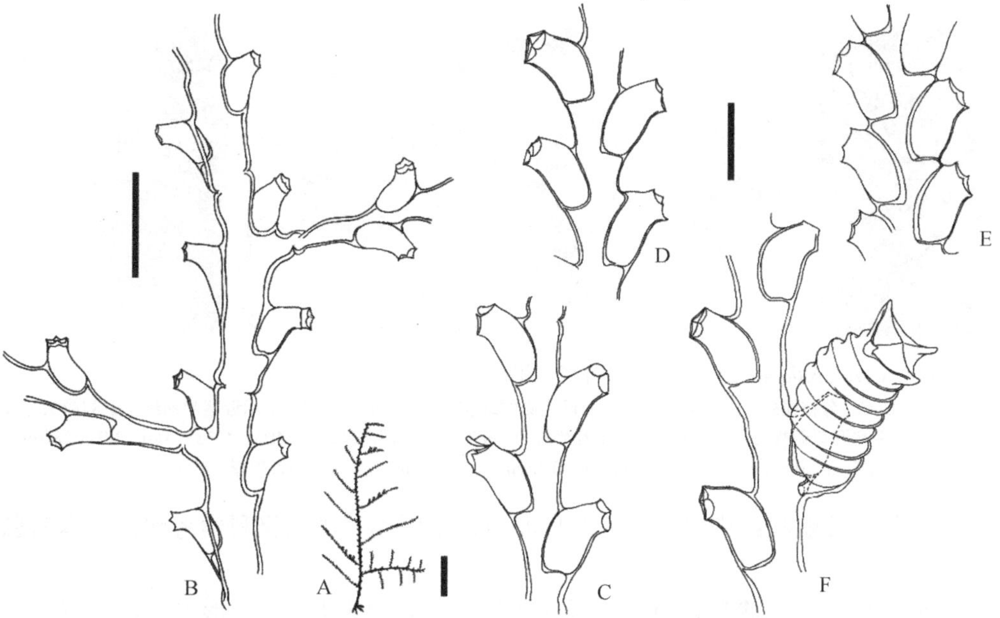

图 4-43　*Sertularella quadridens* (Bale, 1884)

A，群体；B，主茎与分枝；C–E，芽鞘间距及形态变化；F，生殖鞘。北部湾：A、F，MBM230642；B，MBM230633；C–D，MBM230634；E，MBM230629。比例尺：A = 1cm；B = 1mm；C–F = 0.5mm

采集地及航次：北部湾，全国第一次海洋普查标本，标本信息见附录 1。

形态特征：群体直立，羽状分枝，具 1 条或多条粗壮的主茎，主茎仅顶部规律分节，每个节间具 3 个芽鞘，分枝具垫突，具腋生芽鞘，分枝分节不规律。主茎和分枝上芽鞘均为互生，排成 2 纵列，位于同一平面，主茎上芽鞘排列松散，分枝上芽鞘排列松散或紧密，在群体内和群体间存在变化，芽鞘表面光滑，整体向远茎侧弯曲，近茎侧 2/3–3/4 贴生，顶部具 4 个等大的缘齿，不具内部齿，芽盖由 4 片三角形缘瓣围成塔状。生殖鞘由芽鞘侧下方生出，布满 8–9 圈环纹，鞘口呈方形，四角各具 1 个棘状突起，具 4 片三角形瓣膜围成塔状。

分布： 南海 10–115m；印度，印度尼西亚，马来西亚，澳大利亚，新西兰。

讨论： 本种的形态变化较大，曾被分为 2 个变种：*Sertularella quadridens* var. *cornuta* 和 *S. quadridens* var. *timorensis*。前者较后者的芽鞘排列疏松，生殖鞘棘突长（Billard 1925；Vervoort 1941，1993）。也有学者认为它们是同一个物种（Nutting 1927；Watson 2000）。我们的标本中观察到同一个群体内同时具两个变种的相应变化，支持将它们视为同一物种。即便如此，仍需要分子系统学确认。

（43）小桧叶螅未定种 *Sertularella* sp. 2

图 4-44

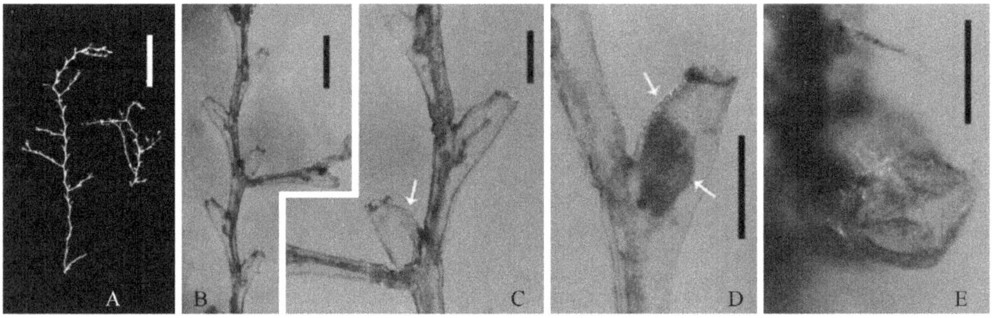

图 4-44 *Sertularella* sp. 2（彩图请扫封底二维码）

A，群体；B–C，分枝模式，C 中箭头芽鞘表面近茎侧的细纹；D，芽鞘，上侧箭头示近茎侧细纹，下侧箭头示离茎盲囊；E，芽鞘开口俯视图，示 4 个缘齿和 4 瓣芽盖。南极半岛西北部海域：A，MBM240353；B–E，MBM280490。比例尺：A = 1.5cm；B = 1mm；C = 0.5mm；D = 0.5mm；E = 0.25mm。A，王少青拍摄

采集地及航次： 南极半岛西北部海域，中国第一次南极科学考察，标本信息见附录 1。

形态特征： 多簇群体直立生长于匍匐根上，具明显“Z”形主茎，主茎基部具 6–8 圈环轮。分枝互生，具腋生芽鞘，分枝基部不具垫突，具 3–4 圈环轮，分枝与主茎位于同一平面，但分枝上的芽鞘所在平面与主茎近垂直。主茎和分枝规律分节，每节具 1 个芽鞘，分节处具 1–3 轮倾斜的环轮。芽鞘互生，排成 2 纵列，两列芽鞘约呈 150°夹角。芽鞘管状，表面具细纹，近茎侧较明显，约 1/3 贴生，中间粗，往远端方向突然变窄，末端近茎侧明显内收。芽鞘边缘具近等大的 4 个

缘齿和 4 瓣芽盖，围成塔状，芽盖具层叠。未发现内部齿，收缩的螅芽具离茎盲囊。无生殖鞘标本。

分布：南大洋。

4.9　蝶盖螅属 *Papilionella* Antsulevich & Vervoort, 1993

模式种：*Diphasia spasskii* Fenyuk, 1947

鉴别特征：群体直立，羽状，具主茎和分枝，分枝基部具短垫突，具腋生芽鞘，芽鞘在主茎和分枝上排成 2 列，互生，芽鞘近茎侧完全浸入主茎或分枝，芽鞘口部分别交替朝向左、右两侧。芽鞘无明显的缘齿，在成熟群体中末端层叠，芽盖 4 瓣，近茎和远茎各 2 瓣，近茎瓣蝶形，明显大于远茎瓣。收缩的螅芽具离茎盲囊。生殖鞘椭圆形，表面具环纹，开口处具短领。

讨论：由于本属芽盖形态（芽盖 4 瓣，大、小各 2 瓣）和生殖鞘结构与小桧叶螅科更相似，Antsulevich（1987，1988）曾将 *Papilionella spasskii* 归至小桧叶螅属。Antsulevich（1988）认为本属可能处于芽盖多瓣和芽盖单瓣桧叶螅种类的中间阶段。目前尚无分子序列信息，其分子系统学地位未知，暂将其归至小桧叶螅科。由于芽盖的形态是桧叶螅重要的科级和属级区分特征，本属芽盖的超微结构需要进一步研究。

（44）斯氏蝶盖螅 *Papilionella spasskii* (Fenyuk, 1947)

图 4-45

Diphasia spasskii Fenyuk, 1947: 9, fig. 9.
Abietinaria spasskii: Naumov, 1957: 40; 1960: 399–400, fig. 291.
Sertularella spasskii: Antsulevich, 1987: 71, fig. 20; 1988:115–116, fig. 1–2.
Papilionella spasskii: Antsulevich & Vervoort, 1993: 437, fig. 5.

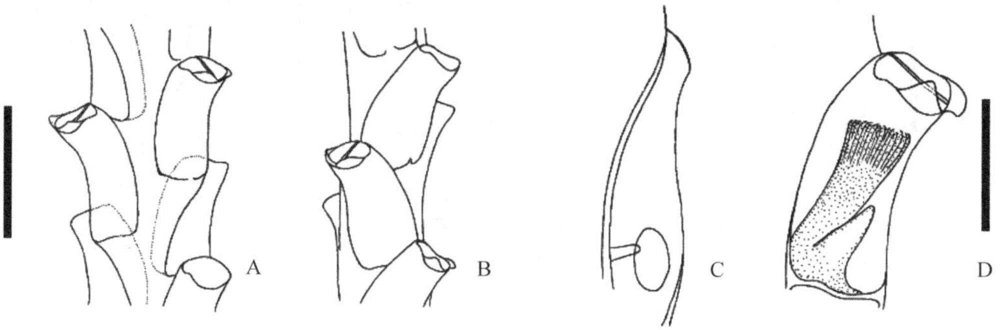

图 4-45　*Papilionella spasskii* (Fenyuk, 1947)。USNM29172，日本北海道津轻海峡
A–B，芽鞘排列；C–D，芽鞘侧面观，C 示基部小孔，D 示芽盖及离茎盲囊。比例尺：A–B = 1mm；C–D = 0.5mm

采集地及航次：日本北海道，美国 1906 年西北太平洋航次，标本信息见附录 1。

形态特征：芽鞘 2 列，互生，芽鞘近茎侧完全浸入主茎或分枝，芽鞘口部分别交替朝向左、右两侧，芽鞘侧下部具较大的孔隙。芽鞘无明显的缘齿，芽盖 4 瓣，近茎和远茎各 2 瓣，近茎瓣明显大于远茎瓣。具离茎盲囊。无生殖鞘标本。

分布：鄂霍次克海，千岛群岛，日本海。

讨论：所检标本近茎侧的两瓣芽盖彼此分离，中间不存在褶线，芽盖蝶形特征不明显。

4.10 特异螅属 *Idiellana* Codfrey & Godfrey, 1942

模式种：*Idya pristis* Lamouroux, 1816

鉴别特征：群体直立，芽鞘在侧枝或分枝上排成 2 纵列，仅位于侧枝或分枝的一侧，相邻分枝一般间隔 3 个芽鞘，1 个腋生，2 个互生；芽鞘互生或近互生，密集处芽鞘叠生，芽鞘无柄，顶部外弯，具 2 个侧齿，芽盖单瓣，位于近茎端。

（45）锯形特异螅 *Idiellana pristis* (Lamouroux, 1816)

图 4-46

Idia pristis Lamouroux, 1816:199, pl. 5, fig 5.

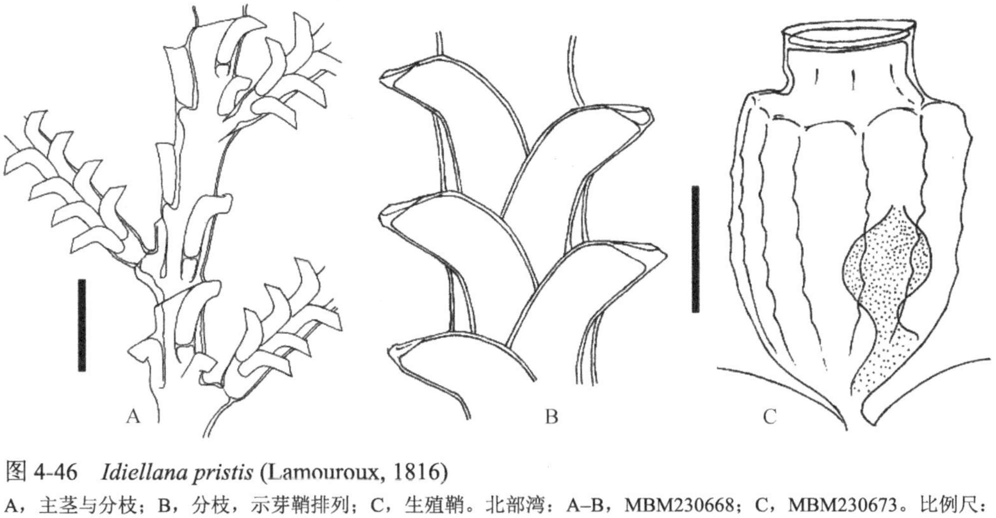

图 4-46 *Idiellana pristis* (Lamouroux, 1816)

A，主茎与分枝；B，分枝，示芽鞘排列；C，生殖鞘。北部湾：A–B，MBM230668；C，MBM230673。比例尺：A = 1mm；B–C = 0.5mm

Idiellana pristis: Ralph, 1961a: 766, fig. 5c–e; Watson, 2000: 19, fig. 14a–e; Millard, 1975: 269, fig. 88a–e; Hirohito, 1995: 178, fig. 58a–c; Schuchert, 2003: 175, fig.

32a–d; Vervoort & Watson, 2003: 143; Tang & Gao, 2008, checklist in: Liu (Ed.): 317; Xu, Lin & Wang, 2012, checklist in Huang & Lin (Ed.), Vol. 1: 307; Tseng *et al.*, 2014: 4–5 (list).

采集地及航次：东海、南海，全国第一次海洋普查、中越北部湾联合考察、中国科学院南沙群岛海区综合科学考察，标本信息见附录 1。

形态特征：群体直立，主茎、侧枝粗壮，部分充分成熟群体的侧枝在主茎上可以围成多层伞状。主茎具规律分节，节间 1 个侧枝；侧枝在主茎上 1 个或多个位点轮生，围成单层或多层伞状；分枝在主茎或侧枝上互生，同一个平面，具明显分节，不规律；芽鞘在侧枝或分枝上排成 2 纵列，仅位于侧枝或分枝一侧，侧枝相邻分枝间隔 3 个芽鞘，1 个腋生，另 2 个互生，分枝上的芽鞘互生或近互生，密集处相邻芽鞘叠生，芽鞘表面光滑，无柄，近茎侧 2/3 贴生，顶部外弯下垂，顶端具 2 个侧齿，位于近茎与远茎的正中间，近茎端具单瓣椭圆形芽盖。生殖鞘壶形，在主茎或侧枝芽鞘基部着生，基部具短柄，顶部具短领，表面具 10–13 条纵脊。

分布：东海，南海；北部湾、台湾、青岛；日本，新西兰，澳大利亚，印度尼西亚，南非；西大西洋。

讨论：在本研究中，采自不同海域标本的整体外形变化较大，东海的标本相对纤细，南海的标本则相对宽大、粗壮。

4.11　海女螅属 *Salacia* Lamouroux, 1816

模式种：*Salacia tetracythara* Lamouroux, 1816

鉴别特征：群体直立，具分枝时，分枝互生或对生，主茎或分枝不规律分节，芽鞘排成 2 纵列，对生或近对生，无柄，部分或完全贴生，无缘齿，芽盖单瓣，位于远茎侧，螅芽收缩时具不发达的离茎盲囊。

讨论：Bouillon 等（2006）提到本属不具离茎盲囊，并将这一特征作为区分 *Salacia*、*Hypopyxis*、*Thuiaria* 三个属的依据之一。然而本研究发现本属的模式种 *Salacia tetracythara* 具不发达的离茎盲囊。

（46）束状海女螅 *Salacia desmoides* (Torrey, 1902)

图 4-93F–H

Sertularia desmoidis Torrey, 1902: 65–66, pl. 8, fig. 70–72; Nutting, 1904: 56, pl. 3, fig. 1–3.

Salacia desmoides: Millard, 1975: 274, fig. 90a–c; Park, 2010: 78, fig. 41a–e.

模式产地：美国加利福尼亚州圣地亚哥圣佩德罗，2–77m。

采集地及航次：青岛，标本信息见附录 1。

形态特征：群体通过匍匐根生长于海藻表面，具多根直立的主茎，具分枝；侧枝着生于主茎芽鞘底部，不具垫突和腋生芽鞘；主茎和侧枝上具锥形铰合关节，铰合关节间具 1–2 对芽鞘。主茎和侧枝上的芽鞘对生，排成 2 纵列，正面芽鞘彼此邻近，背面分开。芽鞘近 2/3 贴生，顶部外弯，末端具 3 个不明显的矮齿，单瓣芽盖，位于远茎侧，椭圆形。无生殖鞘标本。

分布：黄海；南非，加利福尼亚，东太平洋，南印度洋。

讨论：本种生殖鞘着生在主茎上，无柄，卵形，表面具横向环纹，顶部具圆形短领（Torrey 1902）。虽然本种的形态在芽鞘对生、存在铰合关节等方面与 *Dynamena* 属相似，但它们在分子进化树上出现在较远的进化支上。

（47）四花海女螅 *Salacia tetracythara* Lamouroux, 1816

图 4-47

Salacia tetracythara Lamouroux, 1816: 212, pl. 6, fig. 3a–c; Billard,1925b: 202–204, fig. 47, pl. 3: fig. 27–28; Rees &Vervoort, 1987: 103–104, fig. 6d; Hirohito, 1995: 183, fig. 60a–c; Watson, 2000: 23–24, fig. 18a–f; Schuchert, 2003: 181–182, fig. 37a–b; Tang & Gao, 2008, checklist in: Liu (Ed.): 317; Xu, Lin & Wang, 2012, checklist in Huang & Lin (Ed.), Vol. 1: 307.

Thuiaria fenestra Bale, 1884: 116–118, pl. 7: fig. 7, pl. 9: fig. 14.

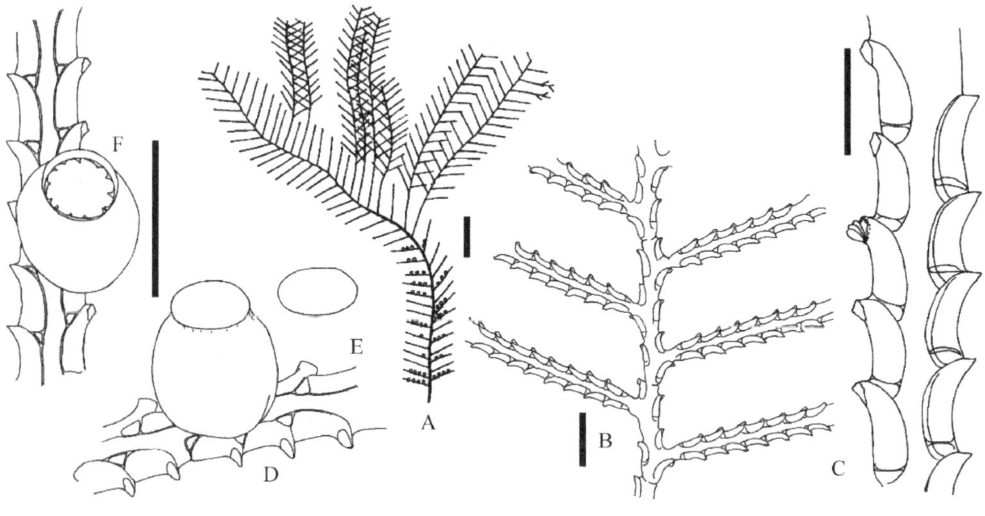

图 4-47 *Salacia tetracythara* Lamouroux, 1816

A，群体；B，主茎与分枝；C，分枝；D–F，生殖鞘，E 示生殖鞘顶盖。南海北部湾：A、D–F，MBM230969；B–C，MBM230974。比例尺：A = 1cm；B = 1mm；C = 0.5mm；D–F = 1mm

采集地及航次：南海，全国第一次海洋普查标本，标本信息见附录 1。

形态特征：群体直立，主茎具一级或二级分枝，分枝互生，分枝形态与主茎相同，部分二级分枝交联成网状，分枝腋窝处具垫突和腋生芽鞘，主茎和分枝不规律分节。主茎芽鞘互生，分枝上的芽鞘对生或近对生，均排成 2 纵列，排列紧密，位于同一个平面。芽鞘管状，几乎完全贴生，顶部略外弯，口部具 3 个不明显的矮齿，近茎侧 1 个，远茎侧 2 个，远茎侧具单瓣椭圆形芽盖，部分芽鞘的芽盖具多层，未发现内部齿。具不发达的离茎盲囊。生殖鞘着生于群体中下部分枝上，一般从芽鞘侧下方生出，排成 1 纵列，具短柄，苹果状，表面光滑，顶部具圆形短领，领内具 13–14 个内部齿，环状分布，领口平整光滑，顶部具 1 圆盖。

分布：热带及亚热带印度洋—太平洋；南海；日本、印度、印度尼西亚、澳大利亚。

（48）六齿海女螅 *Salacia hexodon* (Busk, 1852)

图 4-48

Pasythea hexodon Busk, 1852: 395; Bale, 1884: 113, pl. 9, fig. 13; Watson, 2000: 21–22, fig. 16a–b.

Salacia hexodon Billard, 1925b: 207–208, fig. 49c–d; Schuchert, 2003: 176–177, fig. 33; Tang & Gao, 2008, checklist in: Liu (Ed.): 317; Xu, Lin & Wang, 2012, checklist in Huang & Lin (Ed.), Vol. 1: 307.

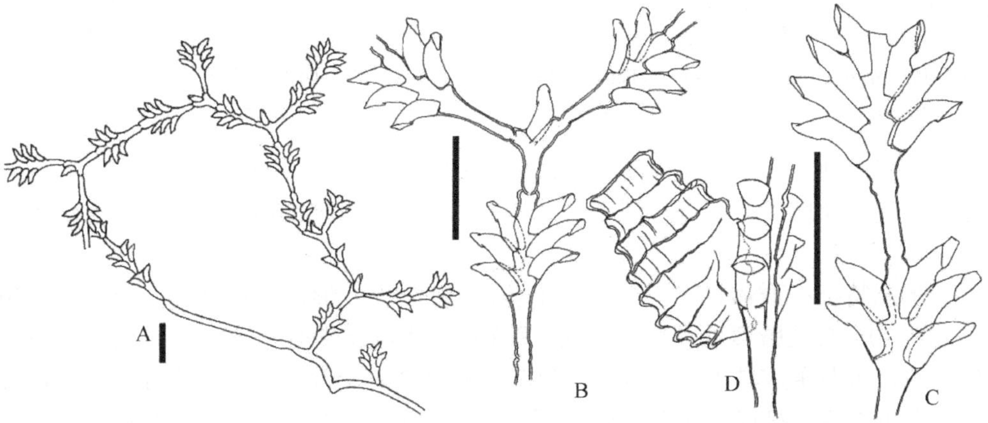

图 4-48　*Salacia hexodon* (Busk, 1852)

A，群体；B–C，分枝及芽鞘；D，生殖鞘。青岛：A–C，MBM280296；D，MBM280262。比例尺：A = 1mm；B = 1mm；C–D = 1mm

采集地及航次：青岛，标本信息见附录 1。

形态特征：群体具明显主茎，多级、规律双歧分枝，分枝夹角 120°，具垫突和腋生芽鞘。分枝分节，每节具 1 簇芽鞘，由 2–7 个芽鞘紧密排列成簇，对称排列于分枝两侧，分节处具 1 个收缢。芽鞘 1/2 贴生，顶端外弯，口部不具缘齿，远茎侧具单瓣椭圆形芽盖。生殖鞘着生于分枝一侧，呈 9 层塔状，往生殖鞘两端方向逐渐变窄，每层具多条纵褶，顶部具领。

分布：青岛；澳大利亚、印度尼西亚。

（49）斑荚海女螅 *Salacia punctagonangia* (Hargitt, 1924)

图 4-49

Sertularella punctagonangia Hargitt, 1924: 496–497, pl. 6, fig. 23.
Salacia sp.: Hirohito, 1995: 185, fig. 60d–e.
Salacia punctagonangia: Schuchert, 2003: 178–180, fig. 35.

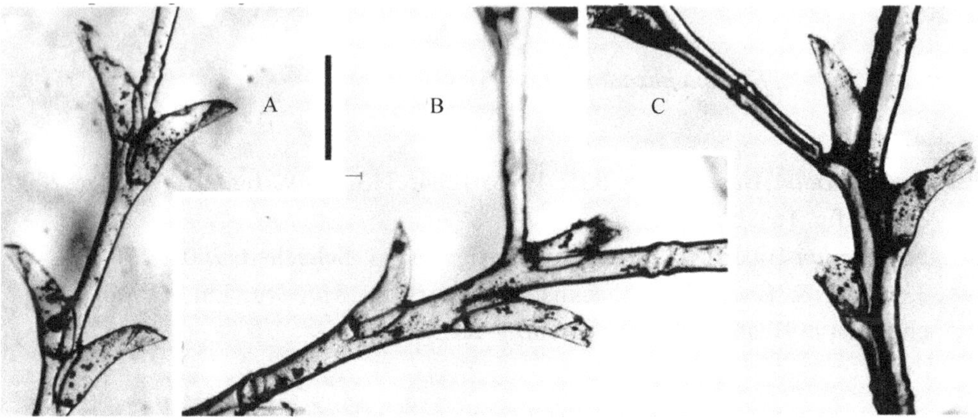

图 4-49 *Salacia punctagonangia* (Hargitt, 1924)，MBM282697，南海（彩图请扫封底二维码）
A，分枝；B–C，主茎与分枝。比例尺：A–C = 0.5mm

模式产地：菲律宾巴丹岛（模式标本 USNM42655），119–274m。

采集地及航次：东海，国家自然科学基金委东海共享航次标本，标本信息见附录 1。

形态特征：群体直立，具明显主茎，略呈"Z"形，分枝互生，与主茎夹角呈 60°–90°，分枝腋窝处具垫突和腋生芽鞘。主茎与分枝不规律分节，分节处具 1–2 个环轮，每节主茎具 1–2 个分枝，每节分枝具 2–4 个芽鞘。主茎上芽鞘互生，分枝芽鞘近对生，排成 2 纵列，位于同一平面。主茎和分枝上的芽鞘排列稀疏。芽鞘表面光滑，拇指状，往芽鞘末端渐细，约 2/5 贴生，末端开口较大，呈"V"形，朝向主茎或分枝的侧下方，不具缘齿和内部齿，远茎侧具单瓣近"V"形芽盖。标本组织中空，未观察到明显的离茎盲囊。无生殖鞘标本。

分布：东海；菲律宾，日本。

讨论：本种生殖鞘呈倒置的瓶状，基部具柄，顶部具领，开口宽，领下具收缢，具一轮内部齿（Hargitt 1924；Schuchert 2003）。Hargitt（1924）将生殖鞘的内部齿看作"亮丽的斑点"（glistening puncta），并作为本种的命名依据。Hargitt

（1924）与 Schuchert（2003）的标本的生殖鞘形态相似，分别认为是雄性和雌性。Hargitt（1924）的标本是否为雄性需进一步确认。Hargitt（1924）、Hirohito（1995）与 Schuchert（2003）均提到其标本与 *Salacia sibogae* Billard, 1924（模式产地：箕岛，Kei Islands，5.473°S，132.000°E，204m）的形态相近，主要区别在于芽鞘的大小与排列及生殖鞘表面是否具环纹等特征。它们的分类学关系需综合形态学和分子系统学进一步研究。

4.12　双唇螅属 *Diphasia* L. Agassiz, 1862

模式种： *Sertularia rosacea* Linnaeus, 1758

鉴别特征： 群体直立，部分分枝。分枝轮生或互生。芽鞘互生或对生，一般排成 2 纵列，少数排成 3 纵列，不具柄，贴生，管状，顶部外弯，远端扩展。芽盖单瓣，位于近茎端。生殖鞘表面具或不具棘刺。

讨论： 本属全球记录 29 种（Bouillon *et al.* 2006），在分子系统进化树上，*Diphasia rosacea*、*D. fallax*、*D. delagei*、*D. pinastrum*、*D. margareta* 五个物种聚成单系支。这五个物种的芽鞘和生殖鞘形态变化较大，芽鞘表面具或不具纵棱，生殖鞘表面具或不具棘刺、具或不具环纹。所研究的物种均无分子序列，沿用 Bouillion 等（2006）的属名录，将它们暂放在此属。*Diphasia scalariformis* 芽鞘具模隔，这一形态特征是否具分类学价值，需结合分子系统学进一步验证。

（50）玫瑰双唇螅 *Diphasia rosacea* (Linnaeus, 1758)

图 4-50

Diphasia rosacea: Schuchert, 2001: 95–96, fig. 80A–C.

See other synonyms in Schuchert (2001).

采集地及航次： 冰岛，冰岛底栖无脊椎动物调查航次（BIOICE，1991–1994），标本信息见附录 1。

形态特征： 群体小型，羽状，主茎直立，具分枝。分枝从主茎芽鞘侧下方生出，基部具垫突，无腋生芽鞘，分节处倾斜，形似铰合关节。主茎和分枝规律分节，每节具 2 个对生的芽鞘，分节处具明显收缢。相邻分枝间具 2–3 对芽鞘。芽鞘管状，1/3–1/2 贴生，往开口方向逐渐扩展，开口近茎侧内凹，凹陷处具单瓣半圆形弯曲的芽盖。芽鞘外表面具 3 条纵脊。雄性生殖鞘着生芽鞘侧下方，呈倒瓶状，表面具 8 条纵脊，汇合于生殖鞘顶部，呈短棘状，开口处具短领。无雌性生殖鞘标本。

分布： 北大西洋，北冰洋，冰岛。

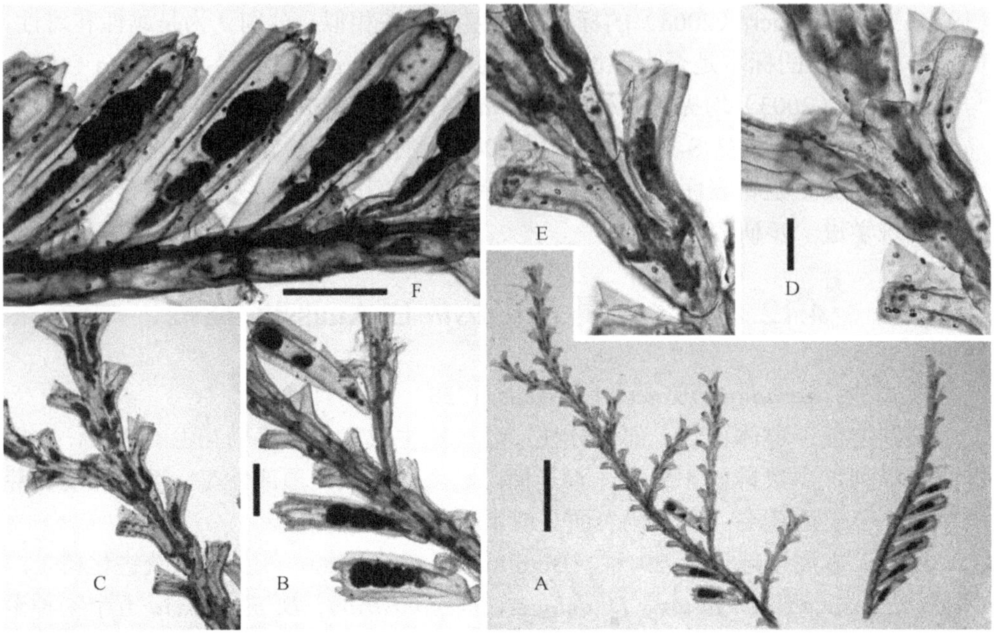

图 4-50 *Diphasia rosacea* (Linnaeus, 1758)，MHNG-INVE-27645，冰岛（彩图请扫封底二维码）
A，群体；B–C，主茎、分枝及雄性生殖鞘；D–E，芽鞘；F，雄性生殖鞘。比例尺：A = 2mm；B–C = 0.5mm；D–E = 0.2mm；F = 0.5mm。样品经硼砂洋红–固绿染色。Dr Peter Schuchert（MHNG）拍摄

讨论：本记录基于 Dr Peter Schuchert 提供的图片，参照该标本的线图已发表（Schuchert 2001）。本研究中进一步突出了它的分枝细节。

（51）指形双唇螅 *Diphasia digitalis* Busk, 1852

图 4-51A–D

Sertularia digitalis Busk, 1852: 393.

Desmoscyphus longitheca Allman, 1877: 26–27, pl. 14: fig. 3–6.

Diphasia digitalis: Bale, 1884:101, pl. 9: fig. 3–5; Nutting, 1904: 110–111, pl. 30: fig. 2–7; Vervoort, 1968: 37–38, fig. 17; Millard, 1975: 257–258, fig. 85e; Watson, 2000: 14–15, fig. 10a–b; Schuchert, 2003: 166, fig. 25a–b; Tang & Gao, 2008, checklist in: Liu (Ed.): 317; Xu, Lin & Wang, 2012, checklist in Huang & Lin (Ed.), Vol. 1: 307; Tseng *et al.*, 2014: 4–5 (list).

采集地及航次：北部湾，全国第一次海洋普查标本，标本信息见附录 1。

形态特征：群体直立，羽状，分枝互生，主茎和分枝上的芽鞘着生于同一侧，排成 2 纵列，对生。芽鞘表面具有 4 条纵棱，近 3/4 贴生，顶部外弯，远端扩展，口部近五边形，不具缘齿；芽盖单瓣，位于近茎侧的一个深的凹痕处，椭圆形。芽鞘不具隔膜，不具内部齿。生殖鞘着生于主茎的芽鞘底部，排成单列，具短柄，

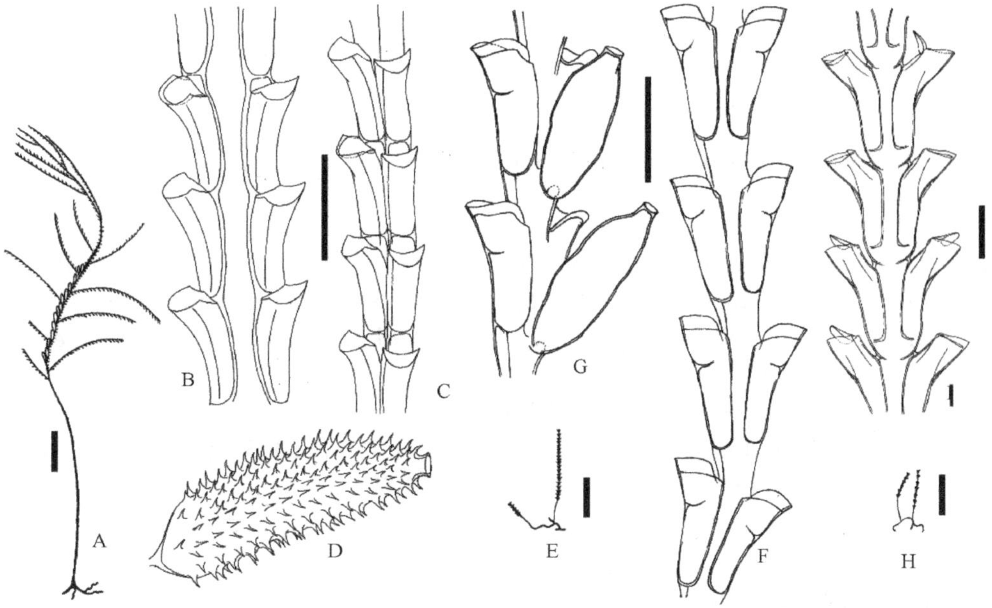

图 4-51　A–D，*Diphasia digitalis* Busk, 1852；E–G，*Diphasia minuta* Billard, 1920；H–I，*Diphasia palmata* Nutting, 1905

A、E、H，群体；B、F、I，螅茎；C，分枝；D、G，生殖鞘。南海北部湾：A–D，MBM230897。东海：E，MBM185966；F–G，MBM185967；H–I，MBM002236。比例尺：A、E、H = 1cm；B–D、F–G = 0.5mm；I = 0.5mm

长纺锤形，基部粗，往顶部方向逐渐变细，表面具 13–15 列棘刺，每列约 15 个棘刺，顶部具短领，末端开口。

分布：北部湾，台湾；澳大利亚，南非，墨西哥湾。

（52）小双唇螅 *Diphasia minuta* Billard, 1920

图 4-51E–G

Diphasia minuta Billard, 1920: 144–145. fig. 1a–b; Tang & Gao, 2008, checklist in: Liu (Ed.): 317; Xu, Lin & Wang, 2012, checklist in Huang & Lin (Ed.), Vol. 1: 307.

采集地及航次：全国第一次海洋普查、东海大陆架调查标本，标本信息见附录 1。

形态特征：群体具匍匐根，具多根直立主茎，无分枝。芽鞘对生，排成 2 纵列，芽鞘对与主茎近乎位于一个平面，不具柄，表面纵线不明显，近 3/4 贴生，顶部外弯，远端扩展，口部圆形，不具缘齿。芽盖单瓣，位于近茎端，长椭圆形。芽鞘具隔膜，位于芽鞘远茎侧中上部。生殖鞘于芽鞘底部生出，排成单列，具短柄，长卵圆形，表面光滑，顶部具短领，末端开口。

分布：东海，北部湾；印度洋。

讨论：本种芽鞘形态、大小与 *Diphasia scalariformis* 相似，但本种的芽鞘外弯程度小、芽鞘壁薄。两个物种的生殖鞘形态亦不同，本种表面光滑，而 *D. scalariformis* 表面具棘刺。

（53）掌形双唇螅 *Diphasia palmata* Nutting, 1905

图 4-51H–I

Diphasia palmata Nutting, 1905: 950, pl. 4, fig. 6, pl. 11, fig. 8–10; Stechow, 1913a, 143, fig. 117; Jäderholm, 1919: 16; Yamada, 1959: 54; Hirohito, 1969: 11, 18; Rho & Chang, 1972: 103, pl. 4, fig. 14–15; Park, 2010: 72, fig. 38; Tseng *et al.*, 2014: 4–5 (list).

Nigellastrum palmatum: Stechow, 1923d: 12.

Diphasia orientalis: Tang & Gao, 2008, checklist in: Liu (Ed.): 317; Xu, Lin & Wang, 2012, checklist in Huang & Lin (Ed.), Vol. 1: 307.

? *Diphasia orientalis*: 146–147, fig. 1d–e; Billard, 1925: 212–215, fig. 52n–s, fig. 53t–u.

模式产地：夏威夷群岛莫洛凯岛，245m。

采集地及航次：东海，全国第一次海洋普查标本，标本信息见附录 1。

形态特征：群体具匍匐根，具多根直立主茎，无分枝。芽鞘对生，排成 2 纵列，芽鞘对与主茎不位于一个平面，不具柄，表面具 6 条纵线，近 2/3 贴生，顶部外弯，远端稍微扩展，不具缘齿，口部近六边形。芽盖单瓣，位于近茎端，椭圆形。芽鞘无隔膜。无生殖鞘标本。

分布：东海，台湾；印度洋。

讨论：本种芽鞘较大，其长度约是所检同属物种的 2 倍。在我国海洋生物名录（Tang & Gao，2008，Xu *et al.* 2012）中所记录的东方双唇螅 *Diphasia orientalis* Billard, 1920 基于我们所检的同批标本，均无生殖鞘。*Diphasia orientalis* 的模式产地为印度洋岛屿，在它的原始描述（Billard 1920）中，提及其芽鞘远茎侧内部具两个小片。我们未在所检标本中发现类似结构，在夏威夷群岛及日本的标本中也未有类似结构。结合采集地点上述形态区别，本研究将所检标本鉴定为本种。本种形态与 *D. rosacea* 近似，生殖鞘顶部具不规则指状棘突（Nutting 1905；Hirohito 1995），在系统进化树可能会出现在类似的位置。

（54）梯形双唇螅 *Diphasia scalariformis* Kirkpatrick, 1890

图 4-52

Diphasia scalariformis Kirkpatrick, 1890: 609, pl. 15: fig. 3; Jäderholm, 1903: 287; Billard, 1925: 216–218, fig. 55–56; Schuchert, 2003: 168–170, fig. 27a–e; Tang & Gao, 2008, checklist in: Liu (Ed.): 317; Xu, Lin & Wang, 2012, checklist in

Huang & Lin (Ed.), Vol. 1: 307.

Diphasia thornelyi Ritchie, 1909a: 525–526; Billard, 1925: 215–216, fig. 54; Tang & Gao, 2008, checklist in: Liu (Ed.): 317; Xu, Lin & Wang, 2012, checklist in Huang & Lin (Ed.), Vol. 1: 307.

Lytocarpia sp. A: Yeh, 1995: 10, fig. 7f.

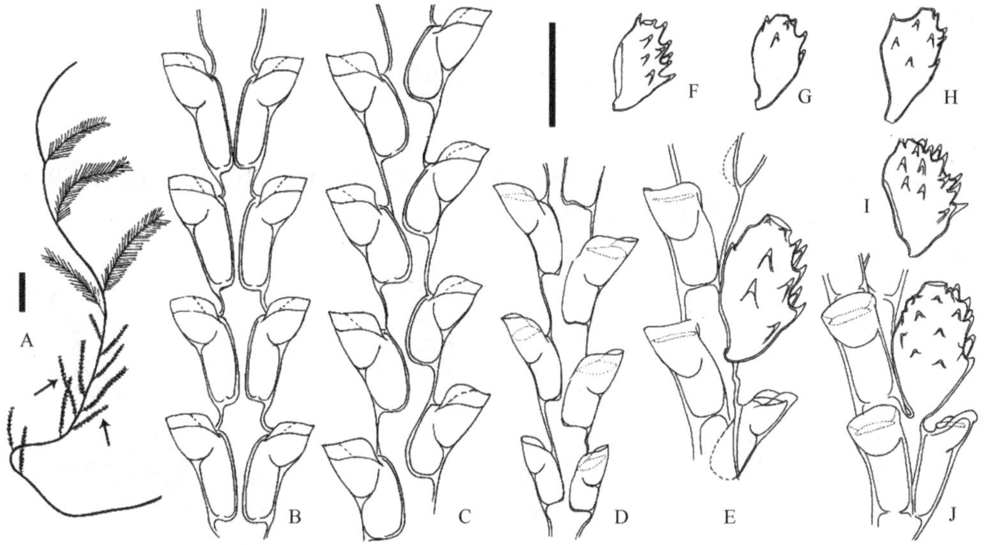

图 4-52 *Diphasia scalariformis* Kirkpatrick, 1890

A，群体（箭头所示）附于羽螅表面；B–D，芽鞘排列变化；E–J，生殖鞘。东海：A，MBM186178；B、J，MBM186182；C、E，MBM002237；D，MBM186184。南海北部湾：F–I，MBM230864。比例尺：A = 1cm；B–J = 0.5mm

模式产地：托雷斯海峡，位于澳大利亚与新几内亚岛之间，水深 10m。

采集地及航次：东海，南海，全国第一次海洋普查、东海大陆架调查标本，标本信息见附录 1。

形态特征：群体直立，不具分枝。芽鞘对生，近对生或互生，排成 2 纵列。芽鞘表面密布纵线，两条明显，近 3/4 贴生，顶部外弯，远端扩展，口部近方形，不具缘齿。芽盖单瓣，位于近茎端，椭圆形。芽鞘远茎侧中上部具隔膜。生殖鞘于主茎一侧生出，单列，具短柄，近椭圆形，顶部具短领。雄性生殖鞘表面具 6–18 个棘刺，雌性生殖鞘表面具 16–20 个棘刺。雄性棘刺长而尖锐，领口细，雌性棘刺钝圆，领口宽。

分布：东海，南海；日本南部、印度尼西亚、墨西哥湾海峡、澳大利亚，安达曼群岛。

讨论：在我国海洋生物名录（Tang & Gao 2008；Xu *et al.* 2012）中，本批标本分别被鉴定为 *Diphasia scalariformis* Kirkpatrick, 1890 和 *Diphasia thornelyi*

Ritchie, 1909。但基于所检标本，本种芽鞘排列变化很大，部分群体的芽鞘均为对生，部分均互生，部分从基部到顶部依次出现对生、近对生、互生三种不同排列方式，包含了 *Diphasia scalariformis*（对生）与 *Diphasia thornelyi*（近对生，模式产地：安达曼群岛）两个物种原始描述中的特征。在未检查模式标本或源自模式产地标本的前提下，本研究暂将这批标本鉴定为 *Diphasia scalariformis*。这两种可能是同种异名。

（55）纳氏双唇螅 *Diphasia nuttingi* Stechow, 1913

图 4-53

Diphasia nuttingi Stechow, 1913a: 142–143; 1913b: 142, fig. 116; Yamada, 1959: 53; Hirohito, 1995: 163–164, fig. 51d–e.

Nigellastrum nuttingi: Stechow, 1923d: 12.

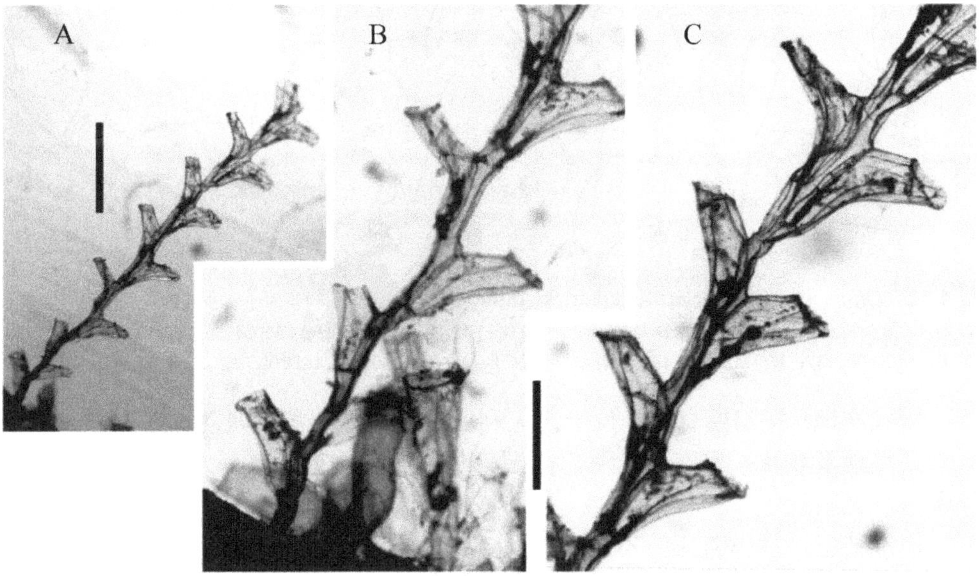

图 4-53 *Diphasia nuttingi* Stechow, 1913。MBM186519，采集地未知（彩图请扫封底二维码）
A，主茎；B，主茎下半部；C，主茎上半部。比例尺：A = 1mm；B–C = 0.5mm

模式产地：日本相模湾。

采集地及航次：日本相模湾，德国 Franz Doflein 东亚航次（1904–1905），重检模式标本；中国海域，采集信息未知。标本信息见附录 1。

形态特征：群体直立，不具分枝。芽鞘近对生或互生，排成 2 纵列。主茎规律分节，每节具 1 个芽鞘，芽鞘表面具多条纵棱，近茎侧 1/3–1/2 贴生，中上部外弯或不外弯，不具缘齿，芽盖单瓣，位于近茎端，椭圆形。芽鞘不具隔膜。无生殖鞘标本。

分布：日本相模湾，中国海域。

讨论：与 *Diphasia palmata* 相比，本种的芽鞘较小。

（56）特异双唇螅 *Diphasia dubia* Hargitt, 1927

Diphasia dubia Hargitt, 1927: 511–512, pl. 1, fig. 1; Tang & Gao, 2008, checklist in: Liu (Ed.): 317.

模式产地：华南，厦门附近（Hargitt 1927）。

形态特征：群体附于其他水螅或类似基底上，主茎直立，从匍匐根上生出，极少分枝，主茎末端常具端须（terminal tendril）。主茎分节，每节具 1 对芽鞘。芽鞘对生，在主茎上排成 2 纵列。芽鞘 1/2 贴生，上部外弯，具单瓣近茎芽盖。无生殖鞘标本。

分布：华南，厦门附近。

讨论：Hargitt（1927）的原始描述基于不成熟标本，其形态与 *Diphasia attenuata* 相似。

4.13 对鞘螅属 *Amphisbetia* L. Agassiz, 1862

模式种：*Sertularia operculata* Linnaeus, 1758

鉴别特征：群体直立，分枝或不分枝。芽鞘对生，完全贴生或部分贴生，具 2 个尖锐的远茎齿。芽盖 2 瓣，近茎瓣较大，远茎瓣较小，具离茎盲囊。生殖鞘一般卵圆形，顶端具领。

讨论：本属全球记录 32 种（Bouillon *et al.* 2006），已有 *Amphisbetia operculata* 和 *A. minima* 两个物种的 16S rRNA 参考序列。尽管前者分枝模式复杂，后者分枝模式简单，但在系统进化树上聚在一起。本研究中所描述的物种 *A. pacific* 与 *A. minima* 的形态特征相近。分枝模式的复杂程度等特征是否可以作为属级区分特征，需结合更多物种的分子序列进一步研究。

（57）太平洋对鞘螅 *Amphisbetia pacifica* Stechow, 1931

图 4-54

Amphisbetia pacifica Stechow, 1931: 185; Stechow & Uchida, 1931: 563, fig. 11; Kamita & Sato, 1941: 2; Yamada, 1955: 19, fig. 3; 1959: 69; Rho, 1967: 356, fig. 19a–b; 1969: 170; 1974, 141; Rho & Chang, 1972: 104; Kubota, 1976: 240, fig. 4, 16, 17; Park, 1992: 289; 1993, 269; 1995: 12; 2010: 81–83, fig. 43; Hirohito, 1995: 159, fig. 50, pl. 2, fig. B.

Sertularia furcata: Gao, 1956: 88–89, fig.20a–c; Wei, 1959: 191–192; Huang & Liu, 1987: 65; Tang & Gao, 2008, checklist in: Liu (Ed.): 318; Li *et al.* 2016: 11, fig.

4–5.

Amphisbetia furcata: Xu, Lin & Wang, 2012, checklist in Huang & Lin (Ed.), Vol. 1: 307.

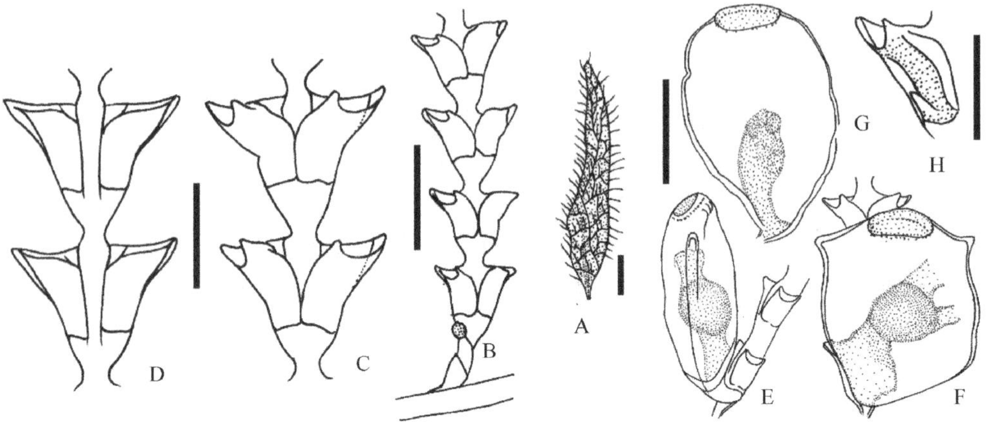

图 4-54 *Amphisbetia pacifica* Stechow, 1931，MBM185679，青岛

A，群体匍匐生长于海藻表面；B，主茎；C，主茎芽鞘正面观；D，主茎芽鞘背面观；E，生殖鞘侧面观；F，生殖鞘正面观；G，生殖鞘；H，离茎盲囊。比例尺：A = 1cm；B、E–G = 0.5mm；C–D、H = 0.25mm

模式产地：日本陆奥湾。

采集地及航次：青岛，标本信息见附录 1。

形态特征：群体匍匐生长于海藻表面，具多根主茎，主茎间通过匍匐根相连，主茎直立，不分枝，基部具 2 个环轮（铰合关节），分节规律，每节具 2 个芽鞘，对生，更贴近主茎的一侧，3/5 贴生，上半部外弯，具 2 个尖锐的远茎齿，具离茎盲囊。生殖鞘呈卵圆形，较大，着生于主茎基部芽鞘的下方，表面光滑，基部具短柄，顶部具短领，领内具 25–28 个内部齿，有些生殖鞘上部左右两侧各具 1 个短棘。

分布：青岛，烟台；日本，韩国。

讨论：本种与 *Amphisbetia furcata*（模式产地：美国加利福尼亚州旧金山湾）形态相似（Hirohito 1995）。在其原始描述中，Stechow（1931）未提及它与 *A. furcata* 的区别。Hirohito（1995）依据本物种主茎基部具 2 个环轮（铰合关节）与 *A. furcata* 相区分。这一特征在所检标本中较为稳定，但能否作为区分物种的依据仍需分子系统学验证。

4.14 强叶螅属 *Dynamena* Lamouroux, 1812

模式种：*Sertularia pumila* Linnaeus, 1758

鉴别特征：群体直立，具或不具分枝。主茎或侧枝明显分节，节间有 1 对或多对芽鞘，芽鞘对生或近对生，排成 2 纵列。芽鞘管状，部分或完全贴生，通常远端扩展，芽鞘末端具 3 个缘齿，近茎齿 1 个，较小，远茎侧齿 2 个。芽盖 2 瓣，近茎侧芽盖通常小于远茎侧，具中脊。

讨论：本属需进行修订，探讨铰合关节等形态特征的分类学价值。

（58）南沙强叶螅 *Dynamena nanshaensis* Tang, 1991

图 4-55

Dynamena nanshaensis Tang, 1991a: 26–28, pl. 2; Tang & Gao, 2008, checklist in: Liu (Ed.): 317; Xu, Lin & Wang, 2012, checklist in Huang & Lin (Ed.), Vol. 1: 307; Tseng *et al.*, 2014: 4–5 (list).

? *Dynamena distans* Lamouroux, 1816: 180, pl. 5, fig. 2.

? *Sertularia gracilis*: Hincks, 1868: 262–263, pl. 53, fig. 2.

? *Sertularia distans* var. *gracilis*: Billard, 1925: 175, fig. 33.

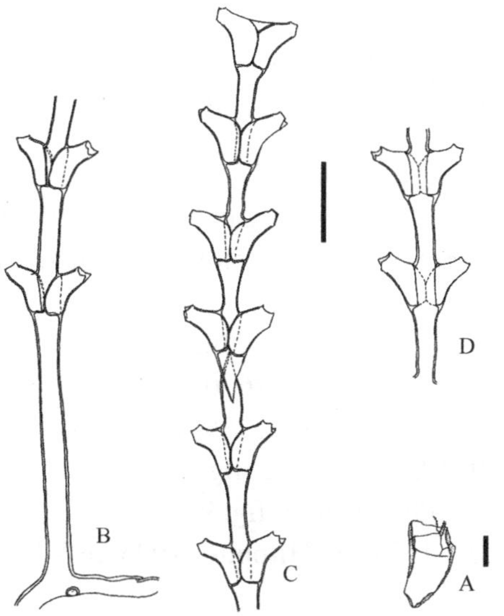

图 4-55　*Dynamena nanshaensis* Tang, 1991，MBM280300，正模，南海南沙群岛牛车轮礁

A，群体附于钙质死珊瑚表面；B–C，单根完整的螅茎，分两张绘制，正面观；D，芽鞘背面观。比例尺：A = 1cm；B–D = 0.5mm

采集地及航次：南沙群岛，中国科学院南沙群岛科学考察，重检模式标本，标本信息见附录 1。

形态特征：群体直立，匍匐生长，主茎不分枝。部分个体在主茎中部有 1–2 个锥形铰合关节。芽鞘对生，排成 2 纵列，每对芽鞘在茎的一侧邻近，在另一侧分开，1 根群体的顶茎端具 2 对紧密相连的芽鞘对簇。芽鞘基部 1/2–3/4 贴生，顶端外弯，口部边缘具 2 个齿，近茎齿 1 个，稍小，不明显，远侧齿 2 个，位于近茎侧和远茎侧中间，较明显。芽盖 2 瓣，近茎瓣较小。标本中空，无法判断是否具离茎盲囊。无生殖鞘标本。

分布：南沙群岛，台湾。

讨论：本种的模式标本不具生殖鞘，其芽鞘特征与 *Sertularia distans* (Lamouroux, 1816)近似。后者的模式产地为大西洋，其原始描述中也无生殖鞘标本。基于现有材料和记录，无法确认两者是否为同种。

（59）四齿强叶螅 *Dynamena quadridentata* (Ellis & Solander, 1786)

图 4-56

Sertularia quadridentata Ellis & Solander, 1786: 57–58, pl. 5, fig. g, G.

Pasythea quadridentata: Bale, 1884:112–113, pl. 7, fig. 3; Nutting, 1904:75, pl. 13, fig. 4–7; 1927:220; Fraser, 1912:372–373, fig. 36; Hargitt, 1927:509–510, pl. 1, fig. 2.

Dynamena quadridentata: Billard, 1925:194–195, fig. 42; Stechow, 1925b:223–224; Yamada, 1959:57; Vervoort, 1968:41, fig. 19; Millard, 1975:266–268, fig. 87g–j; Hirohito, 1983:176–178, fig. 57a–e; Tseng *et al.*, 2014: 4–5 (list).

Pasythea nodosa Hargitt, 1908:114–117, fig. 13–15; Stechow, 1913a:150–151, fig. 129–130.

Pasya quadridentata: Stechow, 1923c:165.

Dynamena quadridentata var *nodosa* Hargitt: Yamada, 1959:57–58.

Dynamena quadridentata Ell. Et Sol. var. elongate: Billard, 1925:195–198, fig. 43a–d; Yamada, 1959:57.

Dynamena gibbosa Billard, 1925:199–200, fig. 45.

Pasythe heterdonta Jarvis, 1922:344, pl. 26, fig. 11–12.

Dynamena heterdonta: Billard, 1925:198–199, fig. 46f–h.

Sertularia minuta Hargitt, 1924:494, pl. 5, fig. 18.

Sertularia brevis Fraser, 1935:110, pl. 2, fig. 9.

Dynamena brevis Yamada, 1959:58; Hirohito, 1995:167–168, fig. 53a–e; Tseng *et al.*, 2014: 4–5 (list).

Pasythea dubia Hargitt, 1927: 511–512, pl. 2, fig.5.

采集地及航次：西沙群岛，中国科学院西沙群岛科学考察，标本信息见附录 1。

形态特征：群体匍匐生长，具多根主茎，主茎直立，不分枝。主茎不规律分节，节间多以铰合关节连接，或以收缢相连；具芽鞘簇，每簇含 2–6 个芽鞘。芽鞘对生，排成 2 纵列，芽鞘对在茎的一侧邻近，另一侧分开，近 2/3 贴生，顶端外弯，部分芽鞘近开口处具收缢，口部扩展，部分芽鞘末端层叠。芽鞘具 3 个缘齿，近茎齿 1 个，稍小，不明显，远侧齿 2 个，位于近茎侧和远茎侧中间，较明显。芽盖 2 瓣，近茎侧稍小，椭圆形，部分具 2 个三角形内部齿。生殖鞘着生于

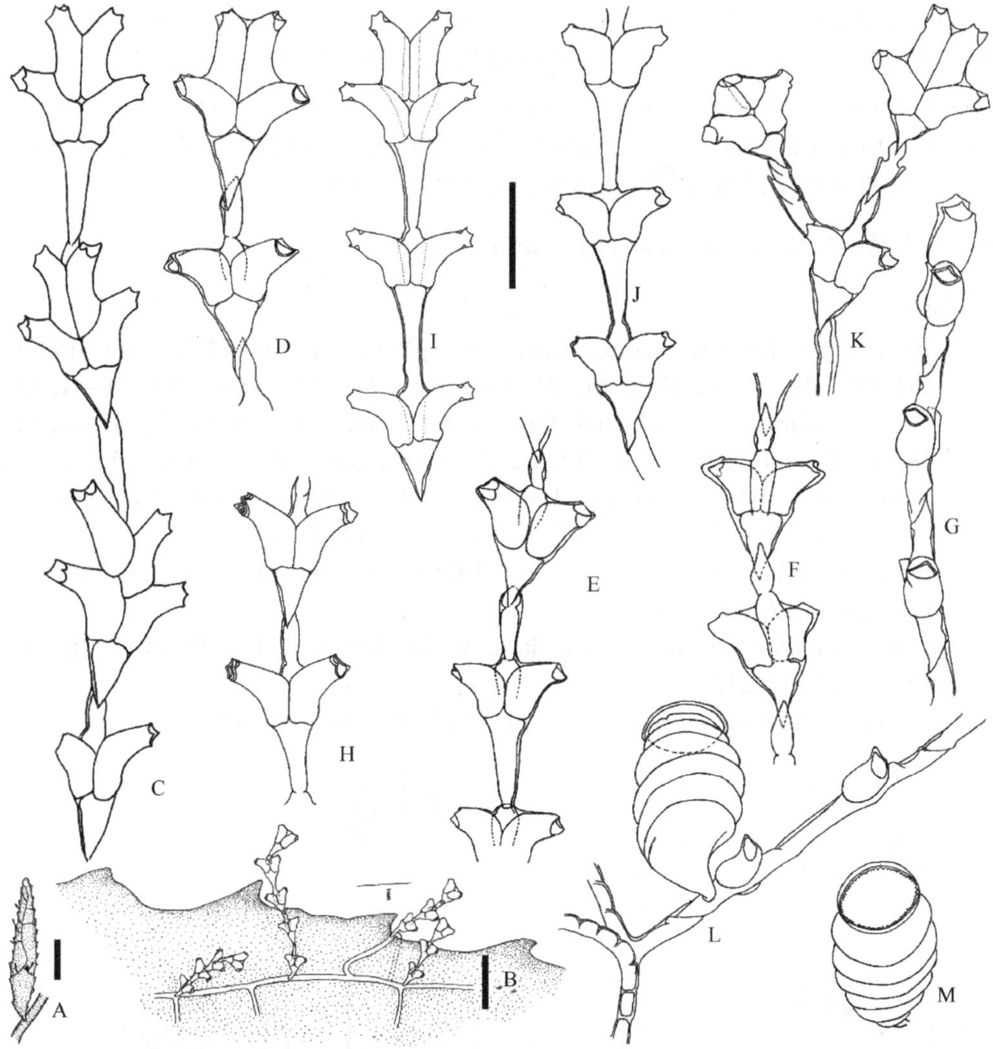

图 4-56 *Dynamena quadridentata*（Ellis & Solander，1786）

A–B，群体附于海藻表面；C–G，主茎及芽鞘排列及芽鞘对簇变化，E 示芽鞘正面观，F 示芽鞘背面观，G 示芽鞘侧面观；H，芽鞘远端围鞘层叠；I，芽鞘内部齿；J，芽鞘外弯程度变化；K，分枝芽鞘内生出；L–M，生殖鞘。南海西沙群岛，琛航岛：A–B、D–G、L–M，MBM187081；C、H–I、J–K，MBM187198。比例尺：A = 1cm；B = 1mm；C–M = 0.5mm

主茎基部，纺锤形，表面约具 6 条横纹，具短领，开口大，领内具齿，围成 1 环。生殖鞘开口处具 1 圆形盖。

分布：西沙群岛，台湾；澳大利亚，非洲，英国。

讨论：基于所检标本，本种在群体间和群体内的形态变化较大：节间长短具变化、芽鞘长短具变化、芽鞘口部收缢明显或不明显具变化，芽鞘中部收缩明显或不明显具变化、连续出现的芽鞘对簇数量具变化、芽鞘内部齿有无具变化、芽鞘末端层叠程度也具变化。上述在变化群体内的正常变化，涵盖了三个物种 *Dynamena quadridentata* (Ellis & Solander, 1786)、*Dynamena heterodonta* (Jarvis, 1922)、*Dynamena brevis* (Fraser, 1935) 的形态特征，在形态上支持三者为同种异名，但需要使用不同海域标本通过分子系统学进一步验证。

（60）克莉丝强叶螅 *Dynamena crisioides* Lamouroux, 1824

图 4-57

Dynamena crisioides Lamouroux, 1824: 613, pl. 90: fig. 11–12; Billard, 1925b: 181–185, fig. 36–37, pl. 7: fig. 21; Vervoort, 1941: 209–210; 1968: 38–41, fig. 18a–b; Millard, 1975: 263–265, fig. 87a–f; Calder, 1991: 89–92, fig. 47a–b, fig. 48a–c; Hirohito, 1995: 170–172, fig. 55a–b; Migotto, 1996: 60–61, fig. 11e–g; Tang & Gao, 2008, checklist in: Liu (Ed.): 317; Xu, Lin & Wang, 2012, checklist in Huang & Lin (Ed.), Vol. 1: 307; Tseng *et al.*, 2014: 4–5 (list).

Sertularia crisioides var. *gigantea* Billard, 1925b: 186–187, pl. 8, fig. 24; Vervoort, 1941: 210–212, fig. 4a–g.

Sertularia crisioides var. *alternata* Billard, 1925b: 187–188, fig. 39, pl. 7: fig. 22; Vervoort, 1941: 213

Sertularia crisioides var. *peculiaris* Billard, 1925b: 185–186, fig. 38.

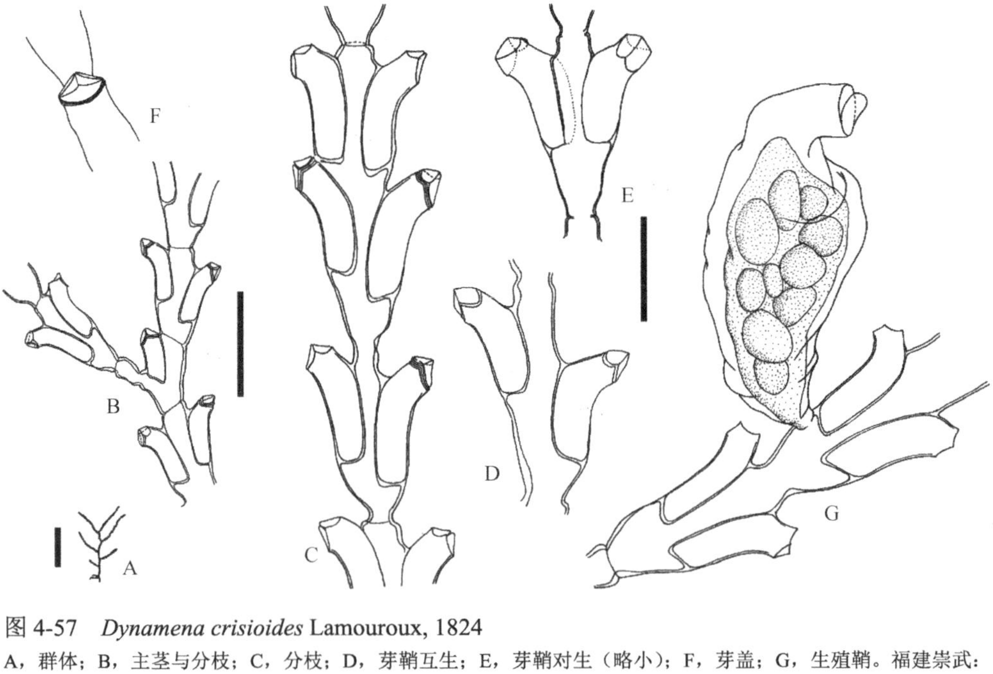

图 4-57 *Dynamena crisioides* Lamouroux, 1824

A，群体；B，主茎与分枝；C，分枝；D，芽鞘互生；E，芽鞘对生（略小）；F，芽盖；G，生殖鞘。福建崇武：A–C、F–G，MBM187129。未知采集地：D–E，MBM187283。比例尺：A = 1cm；B = 1mm；C–G = 0.5mm

Thuiaria tubuliformis: Ling, 1938: 361, fig. 19–20.
? *Pasythea griffin* Hargitt, 1924: 498–499, pl. 6, fig. 25.

采集地及航次：中国科学院西沙群岛海洋生物科学考察及其他零星采集标本，标本信息见附录 1。

形态特征：群体直立，具明显“Z”形主茎，分枝互生，位同一平面，相邻分枝间隔 3 个或 5 个芽鞘，分枝腋窝处具垫突和腋生芽鞘。主茎和侧枝不规律分节，节间具 1–2 对芽鞘。主茎及分枝上的芽鞘对生，近对生或互生，排成 2 纵列。芽鞘管状，近茎侧 1/3–4/5 贴生，顶端外弯，具层叠现象，具 3 个齿，1 个不明显的缘齿，稍小，位于近茎侧中间，两个明显的侧齿，位于近茎侧和远茎侧中间，不具内部齿。芽盖 2 瓣，近茎侧芽盖稍小，中间具 1 隆脊，从近茎侧缘齿处延伸而出。具离茎盲囊。生殖鞘着生于主茎或侧枝，位于芽鞘底部，瓶状，表面无横纹，顶部具短领，鞘口具圆盖。

分布：西沙群岛，台湾；印度尼西亚，沙特阿拉伯，英格兰。

讨论：所检标本的芽鞘大小和排列方式在同簇标本上具较大变化。

（61）具缘强叶螅 *Dynamena marginata* Kirchenpauer, 1864

Dynamena marginata Kirchenpauer, 1864: 13, fig. 8.
Sertularia versluysi Nutting, 1904: 53, pl. 1, fig. 4–9; Yeh, 1995: 14–15, fig.12 A–E.
Sertularia marginata: Calder, 1983: 15–16, fig. 6–7.
See more synonyms in Calder (1983).

分布：美国北卡罗来纳州、马萨诸塞州；巴西；百慕大群岛；中国海仅台湾具报道。

讨论：本种基于 Yeh（1995）在台湾的 *Sertularia versluysi* Nutting, 1904 记录。Calder（1983）将 *Sertularia versluysi* 列为 *Sertularia marginata* (Kirchenpauer，1864）的同种异名。在分子系统树上，本种与其他 *Dynamena* 种类聚成一枝，也具有 *Dynamena* 属的典型特征（铰合关节），因此本研究重新将其恢复至 *Dynamena* 属。

4.15　奥鞘螅属 *Hydrallmania* Hincks, 1868

模式种：*Sertularia falcata* Linnaeus, 1758

鉴别特征：群体羽状，具明显“Z”形主茎，分枝互生。芽鞘部分贴生，生于分枝的同侧，芽鞘基部排成单列，而芽鞘上部则分别弯向左侧和右侧。芽鞘具 2 个缘齿，近茎侧具单瓣芽盖，具离茎盲囊。生殖鞘椭圆形，具短领。

讨论：本属最主要的鉴别特征是芽鞘的排列方式，具 4 个现生种（Bouillion *et al.* 2006）及 1 个化石种。Vervoort（1993）对 4 个现生种进行了综述，Cornelius（1995）认为本属的 4 个物种可能为同种。本属唯一的化石纪录为 *Hydrallmania* *graptolitbiformis* Voigt, 1973，采自荷兰，地质年代为白垩纪，晚马斯特里赫特期，距今 7000 万–6000 万年（Voigt 1973）。本属已有模式种的 16S rRNA 序列。

（62）展奥鞘螅 *Hydrallmania distans* Nutting, 1899

图 4-58

Hydrallmania distans Nutting, 1899: 746–747, pl. 13, fig.3A–D; Tang & Gao, 2008, checklist in: Liu (Ed.): 317; Xu, Lin & Wang, 2012, checklist in Huang & Lin (Ed.), Vol. 1: 307.

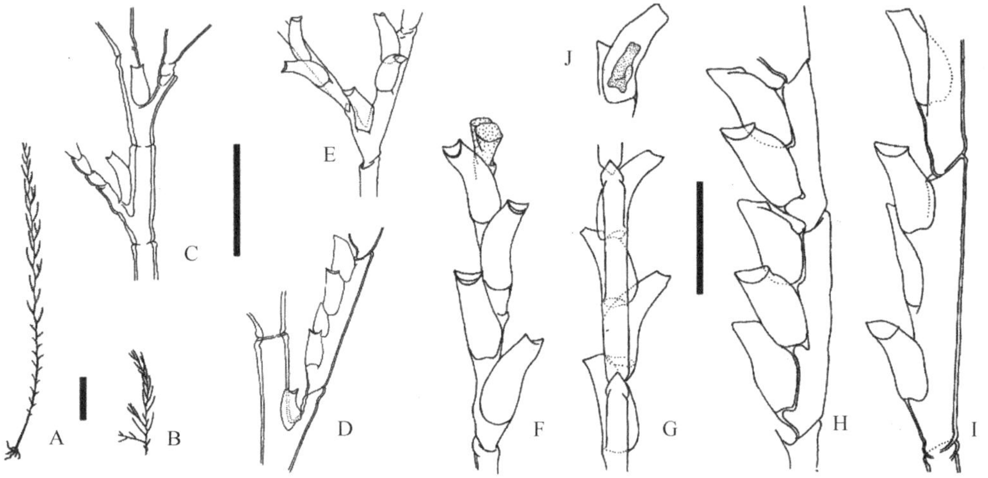

图 4-58 *Hydrallmania distans* Nutting, 1899，MBM000220，黄海

A–B，群体；C–D，主茎与分枝；E，分枝；F–I，分枝，F 示芽鞘正面观，G 示芽鞘背面观，H、I 示芽鞘侧面观及相邻芽鞘间排列稀疏变化。J，离茎盲囊。比例尺：A–B = 1cm；C–E = 1mm；F–J = 0.5mm

模式产地：美国华盛顿州皮吉特湾（Puget Sound，Washington，USNM 19808）。

采集地及航次：黄海，全国第一次海洋普查标本，标本信息见附录 1。

形态特征：群体羽状，具明显“Z”形主茎，分枝互生，较主茎纤细。主茎规律分节，分节处具收缢，主茎每节具 2–3 个分枝，主茎上仅分枝腋窝处具芽鞘，有些分枝具次级分枝。一级分枝与主茎位同一平面，二级分枝稍扭转。分枝腋窝处具垫突和腋生芽鞘，规律分节，每节具 2–3 个芽鞘。芽鞘约 1/2 贴生，生于分枝的同侧，芽鞘基部排成单列，而芽鞘上部则分别弯向左侧和右侧。群体不同位置分枝上的芽鞘具变化，群体中上部新螅枝上的芽鞘粗短、排列紧密，而下部旧螅枝上的芽鞘相对细长、排列稀疏。芽鞘具 2 个缘齿，近茎侧具单瓣芽盖，不具内部齿，具离茎盲囊。无生殖鞘标本。

分布：南黄海，东海（杭州湾）；美国华盛顿州皮吉特湾。

讨论：所检标本为唐质灿先生检查过的标本，本研究沿用他在我国海洋生物

名录中的鉴定结果（Tang & Gao 2008；Xu *et al.* 2012）。

4.16　枞螅属 *Abietinaria* Kirchenpauer, 1884

模式种：*Sertularia abietina* Linnaeus, 1758

鉴别特征：群体直立，具明显主茎，羽状分枝，位于同一平面。芽鞘部分贴生，下部较粗，上部较窄，近茎侧凹陷，口缘平滑无齿，具单瓣近茎芽盖，具离茎盲囊。生殖鞘椭圆形，基部具短柄，顶部具短领，表面具环纹或纵棱，不具棘刺。

（63）蕨状枞螅 *Abietinaria filicula* (Ellliset & Solander, 1786)

图 4-59A–D

Sertularia filicula Ellis & Solander, 1786: 57, pl. 6, fig. C.

Abietinaria filicula: Nutting, 1904: 117–118, pl. 34, fig. 1; Broch 1918: 119, fig. 63; Kramp, 1938: 48–51, fig. 4; Ólafsson, 1975: 10, fig. 20; Fraser, 1944: 240, pl. 50, fig. 224; Naumov, 1960: 381–383, fig. 72; Cornelius, 1995: 27–29, fig. 3; Schuchert, 2001:89, fig. 74; Park, 2010: 79–81, fig.42.

Diphasia filicula: Jäderholm, 1909: 87, pl. 8, fig. 15.

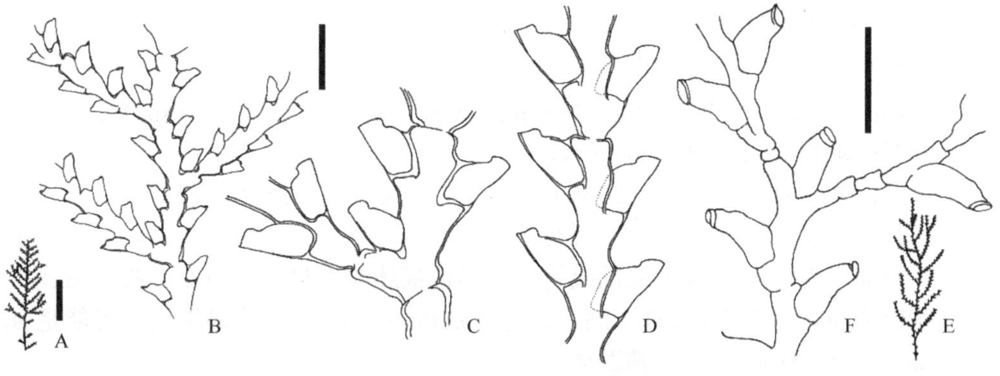

图 4-59　A–D，*Abietinaria filicula*（Ellliset & Solander, 1786）

A，群体；B，主茎与分枝；C，次级分枝；D，分枝上的芽鞘；E–F，*Abietinaria* sp. 1。据高哲生（1956）重绘。E，群体；F，主茎与分枝。俄罗斯萨哈林岛：A–D，MBM280074。山东石岛：E–F。比例尺：A = 1cm；B = 1mm；C–D、F = 0.5mm；E，未知

模式产地：英国北约克郡斯卡伯勒（Cornelius 1979）。

形态特征：群体羽状，主茎明显，分枝互生，相邻分枝分别向前或向后扭转 20°–30°，但整体上仍与主茎位于同一平面。主茎及部分分枝规律分节，分节处具突垫，分枝从突垫中生出，每节具 1 个分枝，一般间隔 3 个或 3 个以上芽鞘，腋窝处具单个芽鞘；主茎基部具不规则环轮。芽鞘在主茎和分枝上排成 2 纵列，次

对生；芽鞘较小，芽鞘外缘长度为 0.35–0.41mm，开口处宽度 0.10–0.12mm，长瓶状，无柄，约 1/2 贴生，基部短粗，下部 2/3 外弯，夹角 60°，上部 1/3 内收渐细，顶部近茎侧明显凹陷，口缘平滑，无齿，具单瓣近茎芽盖。具离茎盲囊。无生殖鞘标本。

采集地及航次：俄罗斯萨哈林岛，标本信息见附录 1。

分布：北大西洋，北冰洋，北太平洋；格陵兰岛，冰岛，白令海，阿拉斯加，鄂霍次克海，日本海。

讨论：本种生殖鞘雌性和雄性形态相同，长梨形，具短领，末端开口（Cornelius 1995）。本种与 *Abietinaria abietina* 相似，区别在于 *A. filicula* 群体、分枝、芽鞘及生殖鞘均明显较小，如其芽鞘外缘长度 0.31–0.34mm，而 *A. abietina* 芽鞘外缘长度 0.52–0.70mm（Cornelius 1995）。我们的标本芽鞘外缘长度为 0.35–0.41mm，冰岛及格陵兰岛（Schuchert 2001）、白令海及鄂霍次克海（Naumov 1960）、韩国东海岸（Park 2010）所记录标本的芽鞘外缘长度分别为 0.30–0.40mm、0.33–0.35mm、0.33–0.40mm，大小吻合，芽鞘、分枝及群体形态特征亦吻合。根据芽鞘贴生变化，本种曾被分至两个亚种：*A. filicula filicula*、*A. filicula costata*（Nutting 1904，Naumov 1960），我们的标本特征与 *A. filicula filicula* 相吻合。

（64）枞螅 *Abietinaria* sp. 1

图 4-59E–F

Abietinaria sp.: Gao, 1956:91, fig. 23; Tang & Gao, 2008, checklist in: Liu (Ed.): 317.

分布：烟台石岛外海，30–40m。

讨论：本记录基于 Gao（1956）的报道，这是至今我国海域枞螅属的唯一记录。在其描述中所提到“芽鞘下唇有一盖”，这与枞螅属的特征不符，应为“上唇”，可能未查清芽盖着生位置或笔误，其他描述符合枞螅属特征。据其附图，其芽鞘口部与茎部近平行，1/3 贴生，与 *Abietinaria filicula* 明显不同，可能是 *A. gracilis* Nutting, 1904 的未成熟群体。

（65）膨胀枞螅 *Abietinaria turgida* (Clark, 1877)

图 4-60A–C

Thuiaria turgida Clark, 1877: 229–230, pl. 16, fig. 58–61; Nutting, 1901: 186, pl. 25, fig. 4–6.

Abietinaria turgida: Nutting, 1904: 123, pl. 37, fig. 3–5; Jaderholm, 1907: 6, pl.1, fig. 5, pl. 2, fig. 5; Levinsen, 1913: 310; Fraser, 1936a: 125; 1937: 136, pl. 30, fig. 157; 1944: 240, pl. 50, fig. 225; Naumov, 1960: 385, fig. 276; Britayev *et al.*, 1998: 527, fig. 3, 7; 2001: 105, fig.3A–D, fig. 5A.

Diphasia turgida: Jaderholm, 1909: 85; Broch, 1910: 235; Kudelin, 1914: 421, fig.

146–147.

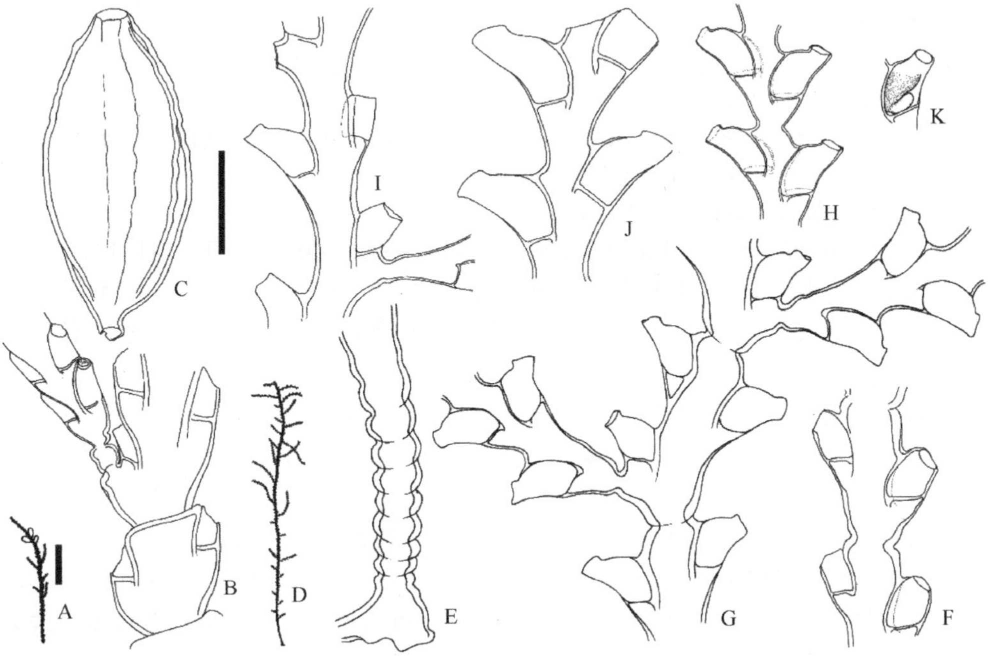

图 4-60　A–C，*Abietinaria turgida*（Clark, 1877）

A，群体；B，主茎与分枝；C，生殖鞘。D–K，*Abietinaria variabilis*（Clark，1877）。D，群体；E，主茎基部；F，主茎（下部）上的芽鞘；G，主茎中部与分枝；H，侧枝上的芽鞘；I，主茎上的芽鞘；J，分枝上的芽鞘；K，离茎盲囊。白令海：A–C，MBM280374，D–H、K，MBM280373。日本北海道津轻海峡：I–J，USNM29172。比例尺：A、D = 1cm；B、C、E–K = 1mm

采集地及航次：白令海，中国第四次北极科学考察，标本信息见附录 1。

形态特征：标本仅 1 段主茎，侧枝仅剩基部，但形态特征明显。直茎直立，不呈“Z”形，规律分节，分节短粗，分节处倾斜，收缢较深，每节具 2–3 个芽鞘，其中 1 个位于腋窝处。芽鞘近对生，一般每节具 1 个分枝，分枝基部具垫突，分枝与主茎位于同一平面，分枝扭转。侧枝具垫突，之后连接 2–3 轮较粗的环轮，侧枝分节，每节具 2–3 对芽鞘对簇，未观察到次级分枝。主茎上的芽鞘近对生，侧枝上的芽鞘对生或近对生，均排成 2 纵列，并位于同一平面。芽鞘表面光滑，近茎侧几乎完全贴生，明显斜向浸入主茎或侧枝，侧枝上芽鞘几乎完全浸入。芽鞘基部较宽，往开口方向逐渐变窄，顶部略外弯，开口近圆形，不具缘齿，顶部具 1 瓣圆形近茎盖，不具内部齿，收缩的螅芽具离茎盲囊。生殖鞘着生于主茎芽鞘侧下方，在主茎的一侧排成 2 纵列，往斜上方生长，卵圆形，表面具 4–5 条纵棱，顶端收缩，具开口，开口略朝向近茎侧。性别未知。

分布：北冰洋，阿拉斯加，白令海，堪察加半岛，萨哈林岛。

（66）多变枞螅 *Abietinaria variabilis* (Clark, 1877)

图 4-60D–K

Sertularia variabilis Clark, 1877: 221–222, pl. 14, fig. 40–48, pl. 15, fig. 49–50; Nutting, 1899, 741.

Abietinaria variabilis: Kirchenpauer, 1884: 35–36, pl. 14, fig. 6; Nutting, 1904: 115, pl. 32, fig. 4–7; Naumov, 1960: 376, fig. 265.

Thuiaria variabilis: Nutting, 1901: 185.

Diphasia variabilis: Jaderholm, 1909: 87; Kudelin, 1914: 408–411, fig. 141, 141a.

采集地及航次：日本北海道，美国西北太平洋航次（1906），标本租借于 NMNH；白令海、楚科奇海，中国第四次、第六次北极科学考察。标本信息见附录 1。

形态特征：群体羽状，粗壮，具明显主茎，主茎略呈“Z”形，规律分节，一般每节具 1 个侧枝，2–5 个芽鞘，1 个芽鞘位于腋窝处，分节处具较深的收缢，倾斜，侧枝基部具垫突。侧枝不进一步分枝，位于每节的基部，互生，具垫突，垫突与腋窝处芽鞘基部等宽，有的侧枝基部具 1 圈较粗的倾斜环轮，侧枝和主茎夹角 40°–70°，扭转约 10°，侧枝分节不规律，每节具 1–4 对芽鞘。芽鞘表面光滑，近对生，在主茎和分枝上排成 2 纵列，近茎侧 1/2–3/4 贴生，贴生部分较宽，游离部分往开口方向逐渐变窄，外弯，开口处呈短管状，内收，略扩展，开口椭圆形，未观察到芽盖，收缩的螅芽具离茎盲囊。无生殖鞘标本。

分布：楚科奇海，白令海，鄂霍次克海，阿拉斯加，加利福尼亚州。

讨论：Naumov（1960）认为本种具有非常大的形态变化，可能还包括 *Sertularia anguina* Trask、*Abietinaria cartilaginea* Kirchenpauer 等多个物种。在充足的标本情况下，通过分子系统学研究群体间的遗传差异可以解决这一争议。

（67）巨芽枞螅 *Abietinaria gigantea* (Clark, 1877)

图 4-61

Thuiaria gigantea Clark, 1877: 230, pl. 16, fig. 63–64; Kirchenpauer, 1884: 21; Nutting, 1901: 186.

Abietinaria gigantea: Nutting, 1904: 123, pl. 37, fig. 3–5; Jaderholm, 1907: 6, pl. 1, fig. 5, pl. 2, fig. 5; Antsulevich, 1987: 86–87.

Diphasia gigantea: Kudelin, 1914: 415, fig. 144, pl. 5, fig. 1.

Abietinaria urceolus Naumov, 1960: 377–379, fig. 266–267.

采集地及航次：白令海，中国第五次北极科学考察，标本信息见附录 1。

形态特征：标本下半部缺失，呈宽羽状，具明显主茎，具侧枝和二级分枝，侧枝互生或近对生，分枝和二级分枝腋窝处具短垫突和腋生芽鞘，分枝分节不规律，分节处具一倾斜的收缢，每节具 14–60 个芽鞘，近茎节芽鞘最多，往远茎方

图 4-61　*Abietinaria gigantea*（Clark, 1877），MBM240507，白令海（彩图请扫封底二维码）

A，群体；B–D，分枝，B、D 为正面观，C 为背面观，D 示生殖鞘排列；E–F，次级分枝，F 为放大，示分枝基部芽鞘和垫突；G–H，分枝上的芽鞘，G 为正面观，H 为背面观；I–J，生殖鞘。比例尺：A = 1cm；B–E = 5mm；F–J = 1mm

向芽鞘数量变少，分枝基部与垫突连接处极细。主茎和分枝上的芽鞘均排成 2 纵列，排列紧密，近对生，芽鞘短粗，表面光滑，几乎完全贴生、浸入，基部宽，往末端方向逐渐变细，末端略外弯，开口椭圆形，边缘不具齿，近茎侧具单瓣芽盖，不具内部齿，具离茎盲囊。生殖鞘卵圆形，着生于分枝上，位于芽鞘的侧下方，在分枝侧面排成 2 纵列，往斜上方生长，具短柄，表面具几轮非常细微的波状环纹，顶部具较大开口，具 1 个圆盖，表面不具棘刺或棘突。性别未知。

分布：白令海，鄂霍次克海，阿留申群岛，千岛群岛。

（68）美丽枞螅 *Abietinaria pulchra* (Nutting, 1904)

图 4-62

Diphasia pulchra Nutting, 1904: 111. pl. 31, fig. 1–3; Jäderholm 1908: 17, pl. 3 figs 1–6; Kramp, 1914: 1053; Fraser, 1937: 138; 1944: 246, pl. 52, fig. 231; Calder 1970: 1527, pl. 5 fig. 8; Schuchert, 2000: 425, fig. 8–9.

Abietinaria pulchra: Kramp, 1932: 14, fig. 1; Uschakow, 1937: 20; Naumov, 1960: 396–397, fig. 289.

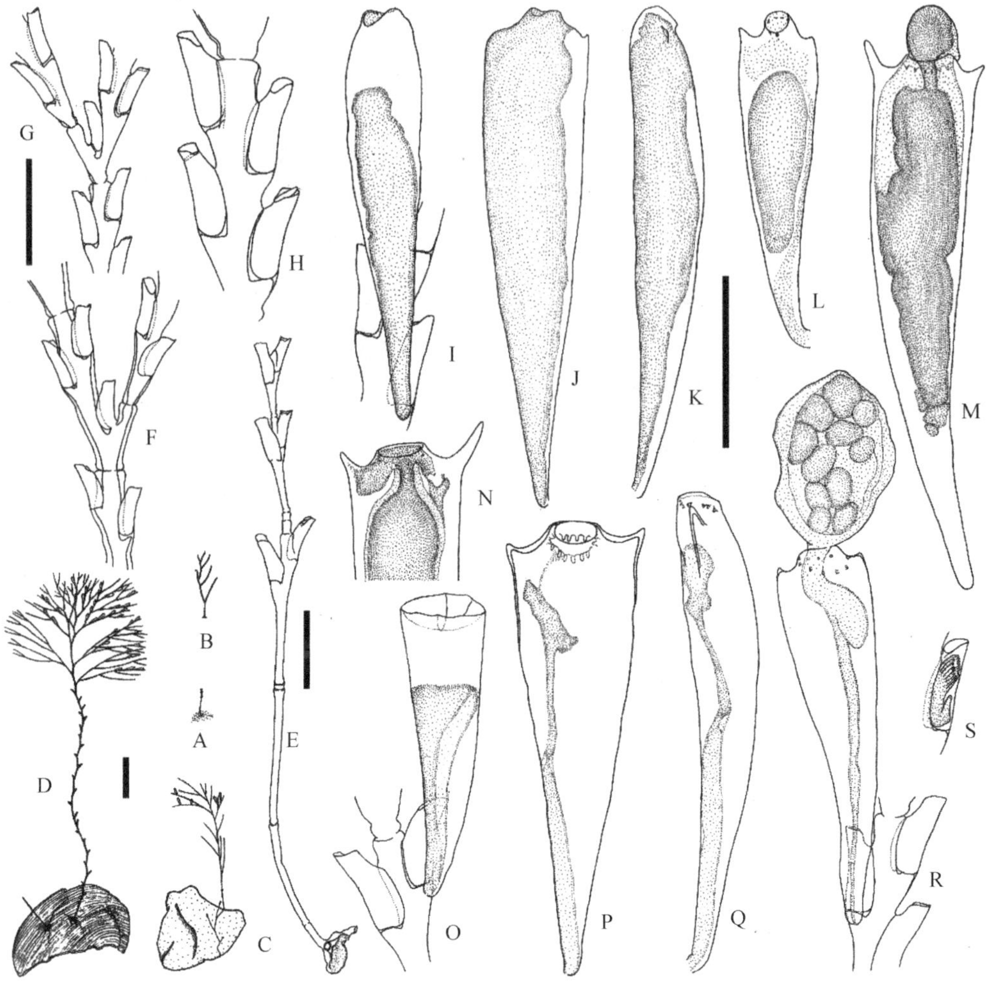

图 4-62 *Abietinaria pulchra*（Nutting, 1904）

A–D，群体；E，早期稚体；F，主茎与分枝；G，次级分枝；H，分枝上的芽鞘；I–N，雄性生殖鞘；O–R，雌性生殖鞘；S，离茎盲囊。楚科奇海：A，MBM280342，B，MBM280062；C、F–H、O、R、S，MBM280060；D、I–K，MBM280370；E，MBM280342；L，MBM280369；P–Q，MBM189677；R，MBM280063。产地未知：M–N，TI200077。比例尺：A–D = 1cm；E–G，H–S = 1mm

模式产地：温哥华佐治亚海峡。模式标本，USNM19799、USNM19800，无生殖鞘，保存于 NMNH。

采集地及航次：楚科奇海、白令海，中国第一次、第三次、第四次、第五次、第六次北极科学考察，标本信息见附录 1。

形态特征：群体纤细，附于石块、贝类或海绵表面。早期稚体主茎直立，分节，每节具 1 对芽鞘，近对生，节间具 1 圈环轮，芽鞘形态与成体基本一致，区别在于芽鞘上半部外弯明显，仅 1/3 贴生。成体主茎略呈“Z”形，主茎基部具

10 圈以上致密的环轮，主茎规律分节，分节处略倾斜，每节底部具 1 个侧枝，中上部具 3 个芽鞘，其中 1 个位于腋窝处，另 2 个近对生。侧枝基部具垫突，垫突上具 0–3 对芽鞘。侧枝与主茎约呈 60°夹角，以双歧分枝的形式从主茎上生出。位于群体下部的侧枝略扭转，但仍与主茎位于同一平面，垫突上无芽鞘，但连有 1 圈环轮。中上部侧枝绕主茎螺旋排列，垫突上具 1–3 对近对生的芽鞘。在标本 TI200236 中观察到 1 个分枝从芽鞘内生出。侧枝规律分节，每节增加 1 级双歧分枝，分枝多达 4 次。双歧分枝夹角约 20°，两分枝均略扭转，不位于同一平面，其中一枝具垫突，分为 1–2 节。芽鞘长管状，竖直，表面光滑，中上部略外弯，变窄，芽鞘开口处略扩展，近茎侧贴生，贴生部分占芽鞘长度的 2/3–3/4，顶部近茎侧凹陷，具两个近茎侧齿，具 1 瓣近圆形的近茎盖，与侧齿形成 1 倾斜面。位于群体末端的新生芽鞘顶部略内收，贴向主茎或枝干。芽鞘近对生，主茎上的芽鞘间距小于分枝。芽鞘不具内部齿，收缩的螅芽具发达的离茎盲囊。生殖鞘着生于侧枝芽鞘的侧下方，往斜上方生长，排成 2 纵列，雌雄生殖鞘形态相似，均呈长梭形，侧扁，往上逐渐变宽，顶端具短领，具内部齿，领部往开口方向逐渐变窄，开口往远茎侧倾斜，具单瓣圆盖，顶端具 0–2 个角状刺，往侧上方生出，长度具变化。雄性领部相对瘦高，具 6–9 个内部齿，雌性领部宽短，具 12–14 个内部齿，顶部具端孢。

分布：北冰洋，白令海，北美太平洋沿岸（温哥华）。

（69）埃奥枞螅 *Abietinaria elsae-oswaldae* Stechow, 1923

图 4-63

Abietinaria elsae–oswaldae Stechow, 1923b: 115–116; Ruthensteiner *et al.*, 2008: 9.

采集地及航次：美国加利福尼亚州蒙特雷湾，ZSM 模式标本，标本信息见附录 1。

形态特征：模式标本仅包括 1 段不完整理主茎，直立，高约 10mm，主茎上具 4 个分枝，分枝夹角 15°–30°，分枝互生，具垫突和腋生芽鞘。主茎明显粗于分枝。主茎分节，分节处具收缢，模式标本中未发现分枝分节。芽鞘在主茎和分枝上排成 2 纵列，位于同一平面，主茎上的芽鞘排列稀疏，分枝上排列紧密，相邻芽鞘间几乎首尾相连。芽鞘管状，表面光滑，约 1/6 贴生，游离部分明显变细，近茎侧凹陷，宽度为芽鞘中部的一半。芽鞘末端近茎侧具 2 个宽齿，具单瓣圆形芽盖，收缩的芽鞘具离茎盲囊。不具生殖鞘标本。

分布：美国加利福尼亚州蒙特雷湾。

讨论：本种的原始描述中无图片，无后续相关描述或修订，本研究对模式标本进行重新描述并附以图片，但仍需性成熟标本进一步修订。与 *Abietinaria* 属的模式种 *A. abietina* 相比，本种主茎、分枝及芽鞘的形态与 *A. pulchra* 更相近，可能具有更近的分子系统发育关系。

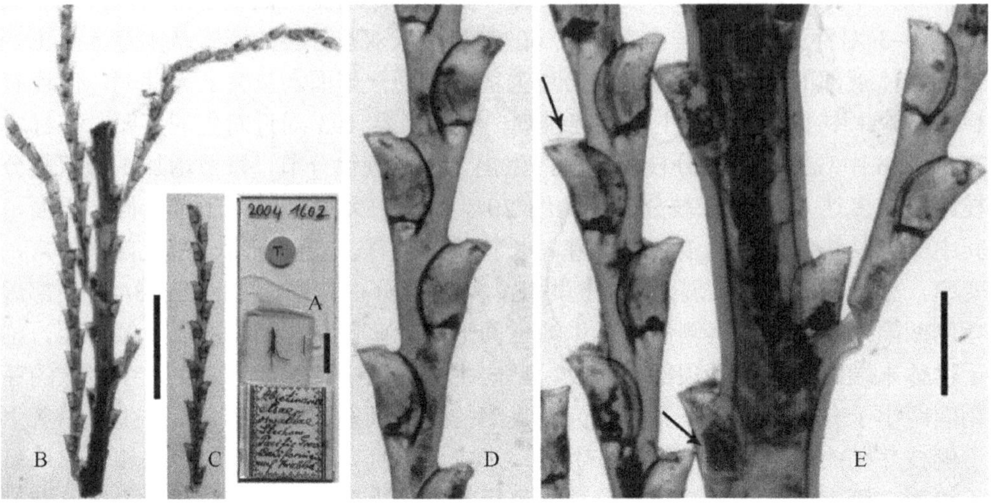

图 4-63 *Abietinaria elsae–oswaldae* Stechow, 1923，ZSM20041602，模式标本，美国加利福尼亚州蒙特雷湾（彩图请扫封底二维码）

A，1 段主茎及 1 段分枝；B–E，主茎与分枝，E 中左侧箭头示 1 瓣近茎盖，右侧箭头示离茎盲囊。比例尺：A = 1cm；B–C = 2mm；D–E = 0.5mm。Dr BernhardRuthensteiner（ZSM）拍摄

（70）柏形枞螅 *Abietinaria thuiarioides* (Clark, 1877)

图 4-64

Sertularia thuiarioides Clark, 1877: 223–224, pl. 13, fig. 38–39.

Thuiaria thuiarioides: Nutting 1904: 64, pl. 8, fig. 1–6; Fraser, 1937: 173, fig. 210; 1944: 309, fig. 297; Schuchert, 2001: 91–92, fig. 77.

Diphasia thuiarioides: Broch, 1909: 182, fig. 37.

Abietinaria koltuni Naumov, 1960: 394–395, fig. 286.

Abietinaria thuiarioides: Antsulevich, 1987: 88–89.

Abietinaria thuiarioides: Schuchert, 2000: 248, fig. 10.

模式产地：阿拉斯加西海岸，正模 USNM 4391，55m。

采集地及航次：楚科奇海，中国第六次北极科学考察，标本信息见附录 1。

形态特征：标本仅 1 段直立主茎，高 57mm，不呈“Z”形，基部具 3 圈致密的环轮，之后连接 2 个短节，短节上无芽鞘。主茎规律分节，分节处具收缢，每节基部具 1 侧枝，之后具 3 个芽鞘，其中 1 个位于分枝腋窝处，分枝基部具垫突，侧枝从垫突中生出，基部具 3–4 圈环轮，侧枝扭转，互生，与主茎基本位于同一

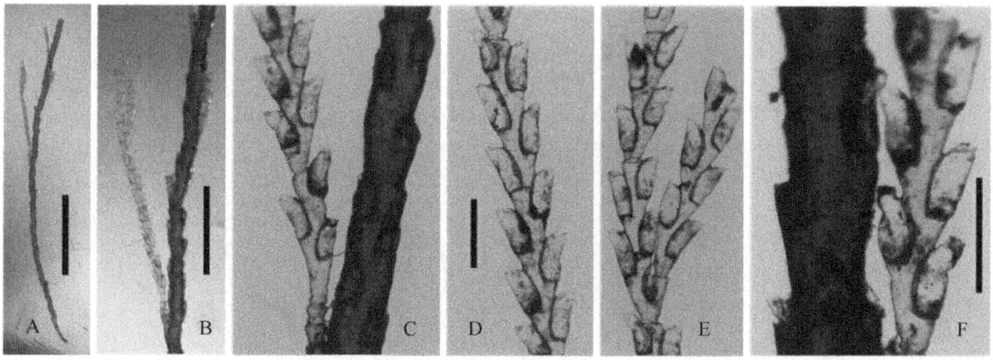

图 4-64　*Abietinaria thuiarioides*（Clark, 1877）（彩图请扫封底二维码）

A，群体片段；B–C、F，主茎与分枝；D–E，分枝。C–F 示芽鞘。A–F，TI200229，楚科奇海。比例尺：A = 5mm；B = 2mm；C–E = 0.5mm；F = 0.5mm

平面。侧枝分节，观察到 1 个侧枝在第三节处具双歧分枝，其中 1 小枝基部具垫突，腋窝处具芽鞘。芽鞘表面光滑，长管状，竖直，芽鞘下面 4/5 贴生，上半部略外弯，上面游离部分略内收，近茎侧内凹，往开口方向逐渐变细，在近茎侧形成 1 斜面，开口半圆形，始于该斜面的 1/3 处，近茎侧具单瓣芽盖。标本组织中空，未观察到离茎盲囊。无生殖鞘标本。

分布：北冰洋，白令海，鄂霍次克海，日本海。

讨论：所检标本的大部分侧枝脱落，但仍在一侧枝上检查到次级分枝及腋生芽鞘，这表明它的分枝模式应与 *Abietinaria pulchra* 相似，为多级双歧分枝模式。所检标本的芽鞘开口模式及贴生特征与原始描述 Clark（1877）、Naumov（1960）及 Schuchert（2001）基本一致，但其芽鞘离茎侧长度（0.30–0.38mm）略短于上述报道（0.39–0.44mm）。该标本侧枝基部具 3–4 圈环轮，与上述报道不同。这些环轮结构在 *Sertularia robusta* 标本中常见，仅在主茎下半部新生的螅枝上出现。本种芽鞘的贴生特征与 *Abietinaria kincaidi* (Nutting, 1904) 相似，但 *A. kincaidi* 的开口和芽盖均为圆形，且较大。本种的芽鞘特征与 *Abietinaria traski* (Torrey, 1902)（模式产地：加利福尼亚州圣佩德罗）相似，但后者芽鞘开口亦为半圆形，贴生程度明显。基于所检标本和已有报道，无法确定 *A. traski* 与本标本或本种的关系。

（71）枞螅未定种 *Abietinaria* sp. 2

图 4-65

采集地及航次：黄海，标本信息见附录 1。

图 4-65 *Abietinaria* sp. 2

A、F，群体；B、G，主茎与分枝；C、H，次级分枝；D、I，分枝上的芽鞘；J–M，生殖鞘，无内部齿；E、N，离茎盲囊。黄海：A–E，MBM185793；F–N，MBM185688。比例尺：A、F = 1cm；B–E、G–N = 0.5mm

形态特征：群体具单根或多根“Z”形主茎，具 1–4 级双歧分枝。分枝互生，腋窝处具垫突和腋生芽鞘，主茎和分枝分节，分节处具收缢。芽鞘互生，在主茎和分枝上排成 2 纵列，位于同一平面。芽鞘 1/3–1/2 贴生，管状，上半部游离部分略内收，直径仅为下半部的 2/3，近茎侧内凹，往开口方向逐渐变细，在近茎侧形成 1 斜面，开口半圆形，具两个较宽的近茎齿，近茎侧具单瓣芽盖。具离茎盲囊。生殖鞘卵圆形，表面光滑，中间粗圆，往两端方向渐细，顶部具短领，领的两侧具两个棘突，往斜上方生长，可能是雄性。

分布：黄海。

讨论：所检的两瓶标本在形态上存在一定差异。与 MBM185688 相比，MBM185793 芽鞘略小，排列更为紧密，芽鞘游离部分所占比例较大，不排除属不同物种的可能性。MBM185688 的生殖鞘特征与 Noumov（1960）在俄罗斯远东海域报道的 *Thuiaria thuiarioides* 记录相似，与 *Abietinaria pulchra* 的生殖鞘特征明显不同。本种的分类学地位尚进一步研究。

4.17　柏螅属 *Thuiaria* Fleming, 1828

模式种：*Sertularia thuja* Linnaeus, 1758

鉴别特征：群体羽状，具主茎，分枝互生或对生，具垫突和腋生芽鞘。芽鞘互生或近对生，完全或部分贴生，排成 2 列或 2 列以上，芽鞘边缘不具缘齿，具或不具内部齿，远茎侧具单瓣卵圆形芽盖，收缩的螅芽具离茎盲囊。生殖鞘着生于芽鞘侧下方，表面不具棘刺或棘突，基部具短柄，顶部具短领，领内具内部齿，成熟的雌性个体具端胞。

讨论：本属在分子进化树上呈并系群，在芽鞘的列数、生殖鞘形态上具有较大变化，需在测序更多物种后进行系统修订。

采自黄海的 *Thuiaria heteroclada* 多簇标本在系统进化树上聚成单系群，尽管在形态上未观察到显著的形态差异，却反映出一定的遗传分化。基于本研究中的分子系统学研究经验，这一单系群在系统进化树上可能代表与 *Thuiaria heteroclada* 相似形态特征的多个物种，它们在芽鞘的贴生程度、雌性生殖鞘棘刺的分枝特点（双歧分枝一级、二级或三级，或不分枝）等方面表面出较大的变化，这些物种分布于白令海、鄂霍次克海、日本海、黄海、东海等北太平洋海域，包括：*Thuiaria acutiloba*、*T. alternans*、*T. cornigera*、*T. coronifera*、*T. gonorhiza*、*T. kudelini*、*T. ornata*、*T. plumiformis* 和 *T. intermedia*。它们均具有相同似的雌性和雄性生殖鞘特征，也许未来可凭这一特殊的生殖鞘特征将它们移至新属。

这些物种具有较大的形态差异，假如它们在分子上形成单系群，可能意味着较高的物种分化程度。以 *Thuiaria heterocladia* 和 *T. acutiloba* 为例，前者芽鞘几乎完全贴生，雌性生殖鞘棘刺具一级双歧分枝，后者芽鞘较为细长，仅 1/2 贴生，游离部分外展明显，其雌性生殖鞘顶端的棘刺大部分不分枝，仅其中的 1 个生殖鞘的 1 根棘刺在顶部分成 2 枝（Naumov 1960；Antsulevich 2015）。

Allman（1876）曾将芽鞘排成 2 列以上的物种移至 *Selaginopsis* Allman, 1876 中，Nutting（1904）也曾将多列芽鞘作为区分物种的依据。但在笔者所检标本中，即使在同簇群体的不同位置，芽鞘的列数亦存在正常变化，这一特征是否可以作为种级或属级鉴别特征仍待商榷。此外，尽管 *Thuiaria mirabilis*、*T. brutfussi*、*T.*

obsoleta 等也具多列芽鞘，但在进化树上它们均不与 *T. heteroclada* 聚成同枝。与 *T. heteroclada* 不同，它们生殖鞘顶部均不具棘刺，可能显示不同的进化或物种分化途径。

（72）节柏螅 *Thuiaria articulata* (Pallas, 1766)

图 4-66A–B
Sertularia articulata Pallas, 1766: 137.
Sertularia lonchitis Ellis & Solander, 1786: 42.
Thuiaria articulata: Fleming, 1828: 565; Naumov, 1960: 408–410, fig. 296.
Salacia articulata: Cornelius, 1979: 276–280, fig. 17.
See full list of synonyms in Cornelius (1979).

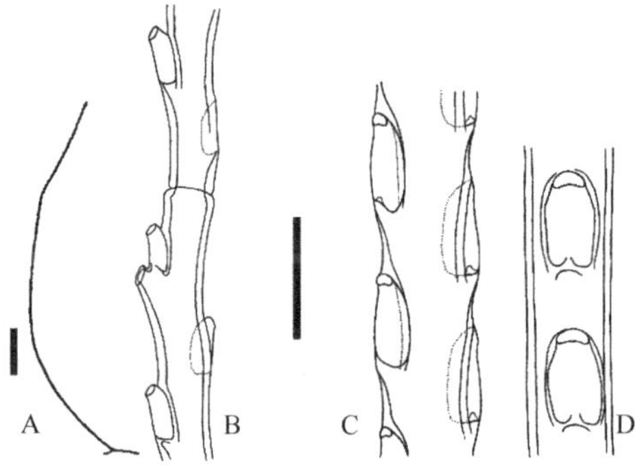

图 4-66 *Thuiaria articulata*（Pallas, 1766），*Thuiaria thuja*（Linnaeus, 1758）

A–B，*Thuiaria articulata*，MBM280396，中国第三次北极科学考察，采集地未知，A，群体（主茎片段）；B，主茎；C–D，*Thuiaria thuja*，MBM280311，白令海，C 示芽鞘侧面观，D 示芽鞘正面观。比例尺：A = 1cm；B–D = 0.5mm

模式产地：爱尔兰海沿都柏林海域（Cornelius 1979）。

采集地及航次：中国第三次北极科学考察，具体采集海域不详，标本信息见附录 1。

形态特征：标本仅 1 段主茎，分枝脱落后仅剩基部垫突部分。主茎纤细，略呈“Z”形，基部具 1 圈较宽的环纹（或短节）。分枝互生，与主茎上的芽鞘位于同一平面，基部具短垫突，主茎分节，分节处具 1 个收缢，每节 0–4 个分枝，互生，分枝间隔 3–6 个芽鞘，其中 1 个位于腋窝处。芽鞘表面光滑，互生，在主茎上排成 2 纵列，与主茎位于同一平面；芽鞘管状，3/4–4/5 贴生，中下部近等粗，顶部外弯，略收缩变窄，开口处围鞘略外展，开口近圆形，无缘齿，远茎侧具单瓣芽盖。主茎组织饱满，但大部分芽鞘中无组织，未观察到离茎盲囊。无生殖鞘标本。

分布：北冰洋，北大西洋，北太平洋。

讨论：本种的鉴定主要依据 Cornelius（1979）。

（73）柏螅 *Thuiaria thuja* (Linnaeus, 1758)

图 4-66C–D

Sertularia thuja Linnaeus, 1758: 809.

Thuiaria thuia: Fleming, 1828: 545; 1842: 545.

Thuiaria thuja: Hincks, 1868: 275–277, pl. 59; Nutting, 1904: 62–63, pl. 7, fig. 1–3; Broch, 1910: 220; Kudelin, 1914: 293–303, fig. 97–98, pl. 3, fig. 6; Vervoort, 1946: 259, fig. 114b, 115a.

Thujaria thuja: Broch, 1918, 139–141.

Salacia thuja: Stechow, 1923c: 214; Cornelius, 1979: 280–282, fig. 19.

模式产地：苏格兰海域（Cornelius 1979）。

采集地及航次：白令海，中国第四次北极科学考察，标本信息见附录 1。

形态特征：所检标本为 1 段 5mm 长的片段，无分枝，无分节。芽鞘互生，排成 2 纵列，位于同一平面，完全贴生，完全浸入围鞘壁内。芽鞘管状，中部最宽，末端外展，边缘光滑，无齿，开口近半圆形或肾形，未观察到芽盖。芽鞘离茎侧长度、芽鞘开口最宽直径范围分别为 0.33–0.40mm、0.13–0.14mm。标本内部中空，围鞘内壁附满硅藻，未发现保存完好、特征明显的刺细胞。

分布：北冰洋，白令海，鄂霍次克海，阿留申群岛，千岛群岛。

讨论：标本芽鞘特征明显，虽然芽盖已脱落，仍具柏螅属的典型特征。芽鞘完全贴生并完全浸入围鞘的柏螅有：*Thuiaria laxa* Allman, 1874、*Thuiaria nivea* Fenyuk, 1947 及 *T. thuja*。根据 Naumov（1960）的标本，这三种柏螅芽鞘离茎长度分别为：0.26–0.30mm、0.17–0.26mm、0.32–0.34mm，只有 *T. thuja* 吻合，因此暂将本标本鉴定为 *T. thuja*，尚需后续航次的完整标本确认。

（74）马氏柏螅 *Thuiaria marktanneri* Stechow, 1913

图 4-67A–H

Monopoma variabilis Marktanner-Turneretscher, 1890: 246–247, pl.5, fig.10, 10a–c.

Thuiaria marktanneri Stechow, 1913b: 143–144; Tang & Gao, 2008, checklist in: Liu (Ed.): 317; Xu, Lin & Wang, 2012, checklist in Huang & Lin (Ed.), Vol. 1: 307.

? *Thujaria carica* Levinsen, 1893: 213–214, pl. 7, fig. 26–29.

模式产地：黄海。

采集地及航次：渤海、黄海，全国第一次海洋普查、国家自然科学基金委渤黄海共享航次，标本信息见附录 1。

形态特征：群体羽状，直立生长，具明显主茎，略呈“Z”形，具侧枝和次级分枝，互生，与主茎位于同一平面，分枝间隔 3–5 个芽鞘，1 个腋生，其他互

图 4-67 *Thuiaria marktanneri* Stechow, 1913，*Thuiaria* carica Levinsen, 1893

A–H，*Thuiaria marktanneri*，A，群体；B，主茎与分枝；C–D，分枝；E，雄性生殖鞘；F，雌性生殖鞘；G，生殖鞘；H，离茎盲囊。I，*Thuiaria carica*，分枝。黄海：A–C，MBM000176；D，MBM000264；E，MBM000153；F，MBM000260；G，MBM000267；H，MBM186672。楚科奇海：I，TI200173。比例尺：A = 1cm；B = 2mm；C–I = 0.5mm

生。分枝处具垫突，分枝基部逐渐变宽，呈倒三角形。主茎和侧枝均分节，主茎分节相对规律，每节具 1–3 个分枝，分节处倾斜，具收缢。侧枝分节不规律，每个侧枝具 1–4 节，每节具 1–5 对芽鞘对簇，侧枝分节处具收缢，分节开始处亦呈倒三角形。芽鞘表面光滑，在主茎或分枝上排成 2 纵列，近对生或互生，与主茎位于同一平面；主茎上的芽鞘排列稀疏，分枝上密集。芽鞘弯管状，1/2 贴生，底部较宽，下半部贴生，向上逐渐变窄外弯，开口处圆形，不具缘齿，远茎侧具单瓣圆形芽盖。收缩的螅芽具离茎盲囊。生殖鞘卵圆形，着生于芽鞘侧下方，雌性生殖鞘顶端具端胞，雄性生殖鞘顶端具 2 个内部齿。具两种刺细胞：第一种较大，长卵圆形，内部具 1 根棍状刺，周围由多圈细丝缠绕；另一种较小，梭形，两端尖，内部可观察到 1 根直刺状结构。

分布：渤海，黄海。

讨论：伴随标本成熟度不同，本种的芽鞘大小和排列存在变化。黄海标本侧枝分节长度较所检北极标本大。分布于北极海域的 *Thuiaria carica* Levinsen, 1893 与本种相似，可能是本种的同种异名，Broch（1910）及 Schuchert（2001）在北冰洋的 *T. carica* 标本中观察到了类似变化。所检极地 *T. carica* 标本的芽鞘较本种大，芽鞘排列较本种稀疏，刺细胞形态基本一致。*Thuiaria alba* Fraser, 1911（模式产地：北美太平洋沿岸圣胡安岛）与本种的形态也相近。本研究获得了本种的分子序列，但限于所检标本，*T. carica* 的序列获取失败。上述三个物种的分类学关系需分子系统学确认。本研究中暂将它们视为不同种。

（75）喀拉海柏螅 *Thuiaria carica* Levinsen, 1893

图 4-67I

Thujaria carica Levinsen, 1893: 213–214, pl. 7, fig. 26–29; Broch, 1918:148.

Thuiaria carica: Jäderholm, 1908: 20, pl. 2, fig. 21–22; 1909: 89, pl. 9, fig. 5; Broch, 1910: 176–177, fig. 32–33; Kudelin, 1914: 285–290, fig. 94, 95a–b; Fraser, 1937: 166, pl. 37, fig. 199; Kramp, 1938: 59; Fraser, 1944: 296, pl. 62, fig. 281; Naumov, 1960: 407–408; Calder, 1970: 1537, pl. 8, fig. 3; Schuchert, 2001: 118–119, fig. 101.

Thuiaria kirchenpaueri Marktanner-Turneretscher, 1895: 421–422, pl. 11, fig. 1, pl. 12, fig. 6.

? *Thuiaria alba* Fraser, 1911: 74–75, pl. 7. Fig. 1–2; 1937: 164–165, pl. 37, fig. 197.

模式产地：北冰洋喀拉海。

采集地及航次：楚科奇海，第五次、第六次北极科学考察，标本信息见附录 1。

形态特征：群体羽状，附于石块表面，直立生长，具明显主茎，主茎基部具的 10 轮致密的环纹，略呈“Z”形，具侧枝，互生，较少对生，与主茎位于同一平面，分枝间隔 2–3 个芽鞘，1 个腋生，其他互生。分枝处具垫突，分枝基部逐渐变宽，呈倒三角形，具 1–3 圈波纹状环轮。主茎和侧枝均分节，主茎分节相对规律，每节具 1–3 个分枝，分节处倾斜，具收缢。侧枝分节不规律，每个侧枝具 1–4 节，每节具 1–5 对芽鞘对簇，侧枝分节处具收缢，分节开始处亦呈倒三角形，具 0–2 条波纹状环轮。芽鞘表面光滑，在主茎或分枝上排成 2 纵列，对生、近对生或互生，与主茎位于同一平面；主茎上的芽鞘排列稀疏，分枝上密集。芽鞘弯管状，1/2–2/3 贴生，底部较宽，下半部贴生，向上逐渐变窄外弯，开口处圆形，不具缘齿，远茎侧具单瓣圆形芽盖。收缩的螅芽具离茎盲囊。无生殖鞘标本。具两种刺细胞：第一种较大，长卵圆形，内部具 1 根棍状刺，周围缠绕多圈细丝；另一种较小，梭形，两端尖，内部可观察到 1 根直刺状结构。

分布：喀拉海，挪威、俄罗斯西伯利亚，加拿大北部。

讨论：本种与相似物种的关系见 *Thuiaria marktanneri* 的讨论。

（76）柏螅属未定种 *Thuiaria* sp. 1 (sp. nov. ?)

图 4-68

Thuiaria sp.: Hirohito, 1995: 229–230, fig. 77d–e.

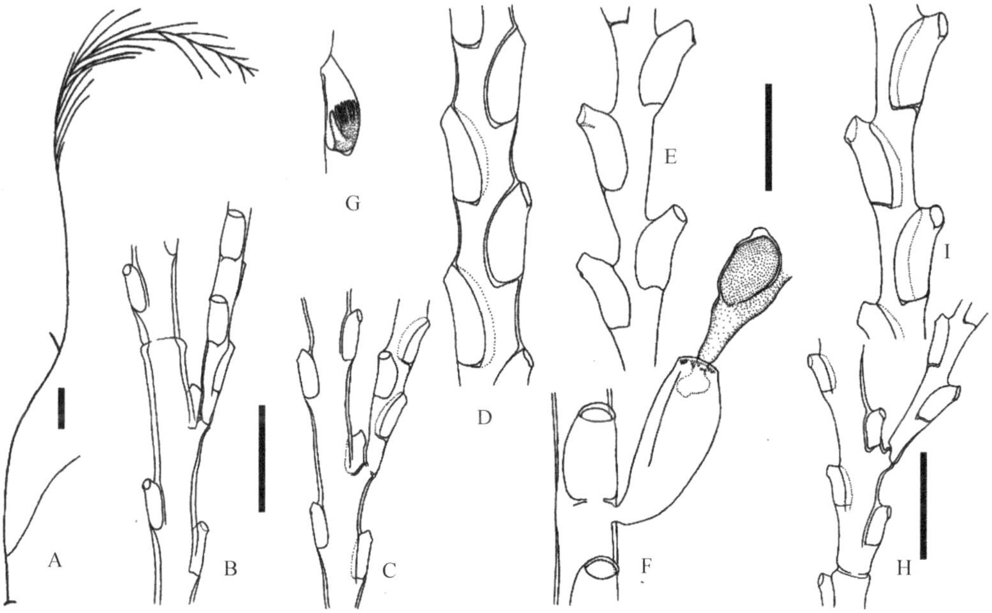

图 4-68 *Thuiaria* sp. 1

A，群体；B–C、H，主茎与分枝，B、H 示分枝明显扭转（常见），C 示分枝略扭转（罕见）；D–E、I，分枝上芽鞘贴生及排列变化，D 较多见；F，雌性生殖鞘；G，离茎盲囊。东海：A–D、G，MBM185943；E，MBM282762；F，MBM186881。南海：H–I，MBM004572。比例尺：A = 1cm；B–C、H = 1mm；D–G、I = 0.5mm

采集地及航次：黄海、东海、南海，全国第一次海洋普查、东海大陆架调查、国家自然科学基金委东海共享航次标本，标本信息见附录 1。

形态特征：群体羽状，纤细，具明显主茎，略呈“Z”形，分枝互生，具垫突和腋生芽鞘，大部分分枝扭转 70°–80°，较少分枝不扭转。主茎分节，每节具 3–4 个侧枝，分节处具收缢。分枝不分节。芽鞘互生，较少近对生，在主茎和分枝上分成 2 纵列。芽鞘管状，一般完全贴生，部分分枝的新生芽鞘 2/3 贴生，芽鞘几乎完全或部分浸入主茎或分枝，基部宽，往芽鞘顶端外弯并逐渐变细，开口处近圆形，不具明显的缘齿，远茎侧具单瓣圆形芽盖，部分芽鞘远茎侧上方具 1 个内部齿。收缩的螅芽具离茎盲囊。生殖鞘着生于侧枝芽鞘侧下方，雌性生殖鞘长卵圆形，表面光滑，不具棘刺或棘突，基部具短柄，顶部具短领，领内具 10–14 个内部齿围成环状，充分成熟的生殖鞘具端胞。无雄性生殖鞘本。

分布：黄海，东海，南海；日本相模湾。

讨论：基于 Hirohito（1995）的描述和绘图，他在日本相模湾鉴定为 *Thuiaria* sp.的 6 瓶标本（水深 39–500m）与本种形态一致。Hirohito（1995）提到他的样品与 *Thuiaria lonchitis*（*T. articulata* 的同种异名）相似，但 *T. lonchitis* 的大部分报道于北极海域（Broch 1918），芽鞘排列较其标本紧密；此外，他认为他的样品的芽鞘排列稀疏程度更接近于 Broch（1918）鉴定为 *Thuiaria* sp. aff. *hippuris* Allman 的一个深海记录（63.1°N，56.0°W，2200m），但芽鞘比深海记录长，综合考虑标本形态及采集地和水深方面的差异，Hirohito 认为他的标本代表不同的物种。

另一个与本种形态相似的物种是 *Thuiaria abyssicola* Billard, 1925，模式产地为印度尼西亚西里伯斯海（Celebes Sea，Indonesia）（1.975°N，125.008°E，1264m）。该种的原始描述基于 1 个高约 6cm 的不成熟片段，它与本种的区别在于分枝较本种更纤细，芽鞘排列较本种稀疏，芽鞘较本种大，在芽鞘近茎侧和远茎侧各具 1 个内部齿。Billard（1925）比较了 *T. abyssicola* 与 *T. distans* Fraser, 1914（模式产地：加拿大太平洋侧加比奥拉岛以北）与 Broch（1918）鉴定为 *Thuiaria* sp. aff. *distans* 的标本（63.35°N，25.35°W，311m），他认为 *T. distans* 芽鞘游离部分多，*Thuiaria* sp. aff. *distans* 芽鞘更外弯，芽鞘底壁加厚。除了以上形态特征区别，*T. distans* 主茎和分枝呈更明显“Z”形，而 *Thuiaria* sp. aff. *distans* 更接近我们所检的 *Thuiaria carica* 标本。Broch（1918）也提到其标本可能属于 *T. carica*。

在 16S rRNA 系统进化树上，本种与 Moura 等（2011）采于葡萄牙（25–33m）和格陵兰岛（2105m）的 *Thuiaria articulata* 记录不聚在同枝，它们与本种的遗传距离（471bp）分别为 0.031–0.033、0.035–0.037，显示出较高的物种分化程度。由于 *Thuiaira abyssicola* 的原始描述仅基于 1 段不成熟的标本，其生殖鞘特征未知，需在其模式产地采到成熟样品进行修订。

（77）奇异柏螅 *Thuiaria mirabilis* (Verrill, 1873)

图 4-69

Diphasia mirabilis Verrill, 1873: 9; Clark, 1877: 219, pl. 13, fig. 36; Mereschkowsky, 1878: 445.

Thuiaria mirabilis: Levinsen, 1893: 49; Broch, 1909: 173, fig. 29, pl. 3 fig. 10; 1918: 133, fig. 72; Kramp, 1914:1045; 1932: 13; 1938: 53; Kudelin, 1914: 224–234, fig. 62–65; Uschakow, 1937: 21; Vervoort, 1942: 297; Berezina, 1948: 65; Naumov, 1960: 365–367, fig.257, pl. 8 fig. 1; Calder, 1970: 1532, pl. 7 fig. 3; Pyataeva & Kosevich, 2008:1706–1708, fig. 7–8.

Polyserias hincksii Mereschkowsky, 1877: 226, pl. 6, fig. 15–16.

Selaginopsis mirabilis: Norman, 1878: 192; Nutting, 1904: 128, pl.38, fig. 11–12; Fraser, 1936a: 125; 1937: 145, pl. 32, 169; 1944: 254, pl. 53, fig. 239.

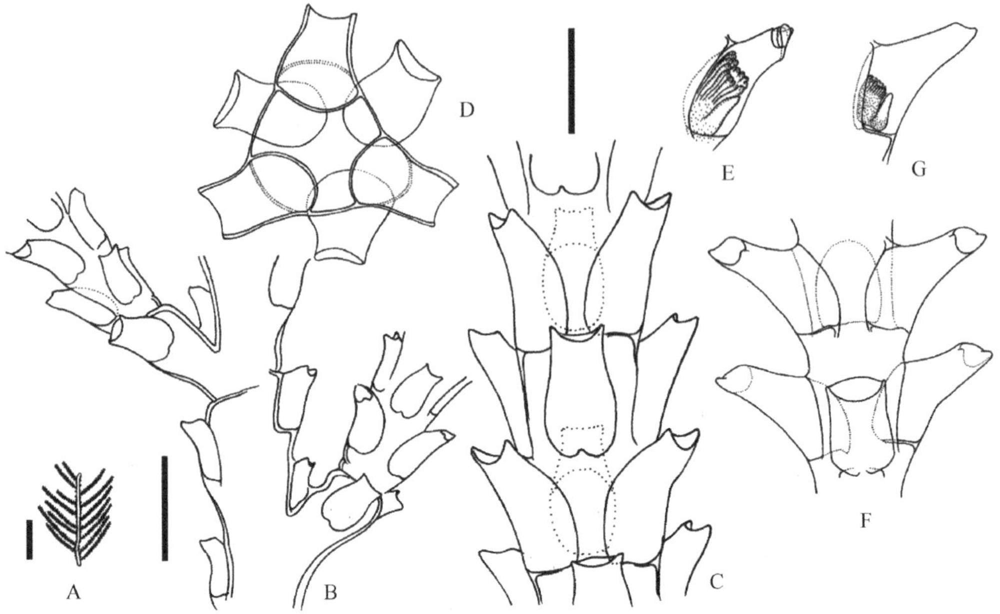

图 4-69 *Thuiaria mirabilis*（Verrill, 1873）
A，群体；B，主茎与分枝；C、F，分枝；D，分枝（C）末端俯视图；E、G，离茎盲囊。楚科奇海：A–E，MBM280323。日本北海道：F–G，USNM29172。比例尺：A = 1cm；B = 1mm；C–G = 0.5mm

模式产地：加拿大新斯科舍省。

采集地及航次：日本北海道，美国西北太平洋航次（1906），租借于 NMNH 的标本；楚科奇海，中国第四次、第六次北极科学考察。标本信息见附录 1。

形态特征：群体着生于石块或海绵表面，羽状，群体粗壮，围鞘较厚，具明显直立主茎，略呈"Z"形，基部具 3–5 圈致密的环轮。分枝互生，与主茎位于同一平面，仅具 1 级分枝（侧枝不再分枝），分枝基部具垫突，垫突上具 2 个芽鞘，相邻分枝间隔 3 个芽鞘，近对生，其中 1 个位于腋窝处。主茎不规律分节，每节至少含 1 个侧枝，分节处倾斜，具 1 个收缢，分枝不分节。主茎上的芽鞘近对生，排成 2 纵列，与主茎和分枝位于同一平面，侧枝上芽鞘簇生，每簇 3 个芽鞘，位于同一高度或略错开（对生或近对生状），排成 3 纵列，相邻芽鞘簇间相互错开 60°，使分枝上的芽鞘呈 6 列状。在 MBM240456 中观察到在主茎上新抽出的 1 段枝芽中，基部芽鞘排成 2 列、中间排成 4 列、末端排成 6 列。芽鞘表面光滑，汤匙状，基部宽圆，1/2–2/3 贴生，上半部往开口方向逐渐变细、变扁，末端外展。边缘具 2 个明显的侧齿，芽盖 2 瓣，近茎瓣长椭圆形，远茎瓣近半圆形，远茎瓣较近茎瓣大。收缩的螅芽具盲茎盲囊。无生殖鞘标本。

分布：北冰洋，白令海，日本海。

讨论：采自日本的标本 USNM29172 芽鞘游离部分较长，芽鞘簇间距略大于采自楚科奇海的标本（MBM280323、MBM240456）。

（78）复古柏螅 *Thuiaria obsoleta* (Lepchin, 1781)

图 4-70A–M

Sertularia obsoleta Lepchin, 1781: 237, pl. 7.

Polyseria glacialis Mereschkowsky, 1877: 228.

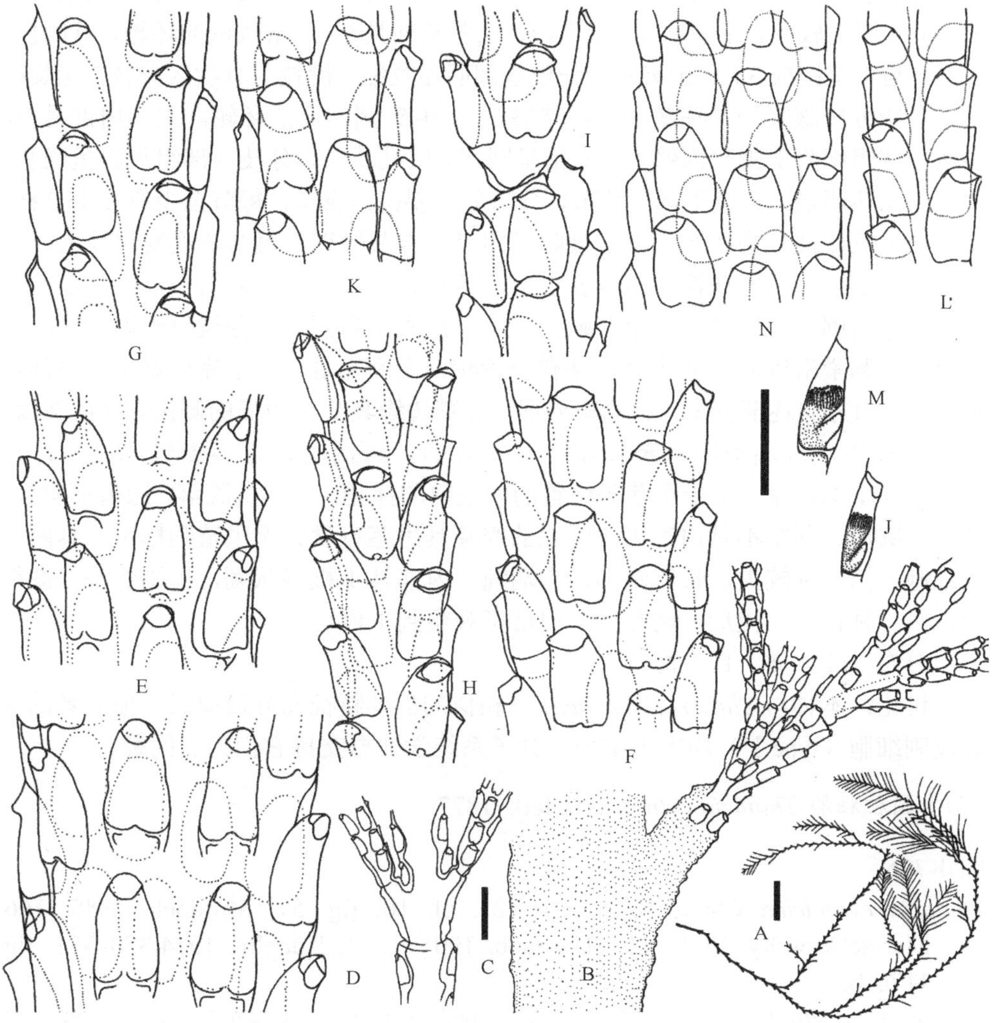

图 4-70　A–M，*Thuiaria obsoleta*（Lepchin, 1781）；N，*Thuiaria cylindrica* Clark, 1877

A，群体；B–C，主茎与侧枝，B 中的主茎表面被海绵覆盖，侧枝上的分枝螺旋排列，C 中主茎上芽鞘排成 2 纵侧、侧枝 4 纵列；D–I、K–L、N，分枝上的芽鞘排成 4 列（H 下半部分，I、L）、5 列（H 上半部）、6 列（G、K）、7 列（F、N）、8 列（E）、9 列（D）；M、J，离茎盲囊。白令海：A、C、F–I，MBM280227；B、D–E，MBM280229；K–M，USNM20454；N，USNM68921。楚科奇海：J，MBM280459。比例尺：A = 2cm；B–C = 1mm；D–N = 0.5mm

Selaginopsis obsoleta: Bonnevie, 1889: 87, pl. 6, fig. 3; Nutting, 1904:132, pl. 39, fig. 4–5, pl. 40, fig. 4; Fraser, 1937:142.

Thuiaria obsoleta: Broch, 1910: 222; Kudelin, 1914: 338–341, fig. 112, pl. 3, fig. 17; Uschakow, 1937:22; Naumov, 1960: 428–429, fig. 317.

采集地及航次：楚科奇海、白令海，美国北极科学考察航次（1893），中国第四次、第五次、第六次北极科学考察，标本信息见附录 1。

形态特征：群体附于双壳类表面或其他基底上，直立生长，羽状，主茎与分枝粗壮，围鞘较厚，主茎略呈“Z”形，主茎基部具 9–12 条致密的环轮，具侧枝，互生，与主茎围成 30°–40°夹角，分枝基部明显收缩，侧枝上具次级分枝，螺旋排列，各级分枝腋窝处具芽鞘，具短垫突，具 0–5 圈明显的环轮。主茎内部具 10 多条条状组织附于围鞘内壁上，交错呈网状，网孔狭长，分枝内部组织也呈网状，但不如主茎明显。主茎不规律分节，分节处倾斜，具收缢，每节至少有 2 个分枝，分枝一般规律地分为两节，分节处收缢明显，末节较细，每节长度变化较大，但整个群体的分节位置在群体两侧各位于一条垂线上，呈现明显的季节生长痕。主茎相邻同侧侧枝间间隔 3–5 个芽鞘，互生，排成 2 纵列，与分枝位于同一平面，分枝上芽鞘紧密排成 3–9 纵列。芽鞘长管状，表面光滑，几乎完全贴生，底部较宽，往开口方向逐渐变窄，远端略外展，芽鞘边缘具 2 个明显的侧齿。芽盖 2 瓣，远茎瓣较大，近圆形，可覆盖整个芽鞘开口，可活动，近茎瓣较小，月牙形（crescent），易脱落，位于主茎等位置的较成熟的芽鞘，远茎瓣脱落，缘齿不明显，开口近圆形。芽鞘不具内部齿，收缩的螅芽具离茎盲囊。无生殖鞘标本。具两种刺细胞：第一种较大，长卵圆形，末端钝，内部具 1 根棍状刺，周围缠绕多圈细丝；另一种较小，梭形，两端尖，内部可观察到 1 根直刺。

分布：北冰洋，白令海。

讨论：本种与 *Thuiaria breitfussi* 具相似的群体特征和分枝模式，但后者的芽鞘及刺细胞（type Ⅰ）均大于本种。分子系统学证据支持它们为不同种。

（79）圆柱柏螅 *Thuiaria cylindrica* Clark, 1877

图 4-70N

Thuiaria cylindrica Clark, 1877: 226–227, pl. 16, fig. 57; Murdoch, 1885: 166. Mereschkowsky, 1878: 445; Hartlaub, 1901a: 354; Kudelin, 1914:350–351, fig. 117a–b.

Selaginopsis cylindrica: Marktanner-Turneretscher, 1890: 243; Kirchenpauer, 1884: 12; Nutting, 1904, 131–132, fig. 7–8; Jaderholm, 1907: 7, pl. 2, fig. 8; Fraser, 1936a: 125; 1937:143.

采集地及航次：白令海，美国北太平洋科学考察航次，标本信息见附录 1。

形态特征：仅 1 段标本，芽鞘排成 7 纵列，芽鞘长管状，表面光滑，几乎完全贴生，不完全浸入围鞘，底部较宽，往开口方向逐渐变窄，芽鞘边缘不具明显的侧齿，未观察到芽盖，芽鞘不具内部齿。无生殖鞘标本。

分布：白令海，阿拉斯加布里斯托尔湾。

讨论：本标本与 Nutting（1904）所检的 1 个标本的采集人和采集地点信息一致，推测我们从 NMNH 租借的这一标本很可能是 Nutting 检查的同一标本。标本的形态特征与本种的原始描述一致。它的形态与所检的 *Thuiaria obsoleta* 的形态非常相似，但本种的芽鞘略宽、圆，不具明显的缘齿，尽管这一特征可能会因芽鞘成熟度不同而有所变化。Nutting（1904）根据芽鞘排列列数作为区分这两种的一个依据，在他的检索表中，本种芽鞘为 4 列或 6 列，*S. obsoleta* 为 6 列或 8 列（Nutting 1904，P128）。而本标本芽鞘排列成 7 列，所检的 *S. obsoleta* 则排成 4–9 列。基于目前所掌握的数据，尚无法确认两者是否为同种。

（80）纺锤柏螅 *Thuiaria breitfussi* (Kudelin, 1914)

图 4-71

Sertularia breitfussi Kudelin, 1914: 244–246, fig. 78, 78a, pl. 2, fig. 9.

Thuiaria breitfussi: Naumov, 1960: 427–428, fig. 315–316; Antsulevich, 2015: 506–508, fig. 250.

? *Selaginopsis breitfussi*: Yamada, 1950: 17, pl. 1, fig. 23.

模式产地：巴伦支海（75.48°N，21.40°E），水深 40m。

采集地及航次：楚科奇海、白令海，中国第五次北极科学考察，标本信息见附录 1。

标本测量：群体小型，高 22–90mm。芽鞘离茎侧长度、芽鞘开口最宽直径范围分别为 0.60–0.66mm、0.21–0.28mm；刺细胞 I 型长宽范围分别为 16.8–17.9μm、5.2–5.9μm；刺细胞 II 型分别为 5.7–6.6μm、1.6–2.0μm。

形态特征：群体直立生长，主茎与分枝粗壮，围鞘较厚，主茎略呈“Z”形，主茎内部具 10 多列条状组织附于围鞘内壁上，交错呈网状，网孔狭长，分枝内部组织也呈网状，但不如主茎明显。分枝互生，次级分枝轮生，分枝基部明显收缩，分枝腋窝处具芽鞘，具短垫突，有些具一圈环轮。主茎不规律分节，分节处倾斜，具较浅的收缢，每节至少有 2 个分枝，分枝一般规律地分为两节，分节处收缢明显，末节较细，每节长度变化较大，但整个群体的分节位置在群体两侧各位于一条垂线上；主茎节间 4–6 个芽鞘，互生，排成 2 纵列，位于同一平面，分枝上芽鞘紧密排成 6–12 列。芽鞘纺锤状，表面光滑，几乎完全贴生，底部较宽，中部略内收，远端略外展，开口处较窄，外缘远茎侧具缺口，形成 2 个明显的侧齿。芽盖 2 瓣，远茎瓣较大，近圆形，可覆盖整个芽鞘开口，可活动，近茎瓣较小，月牙形；芽鞘的缘齿和近茎盖在新生的芽鞘中较明显，在主茎等位置上较成熟的芽

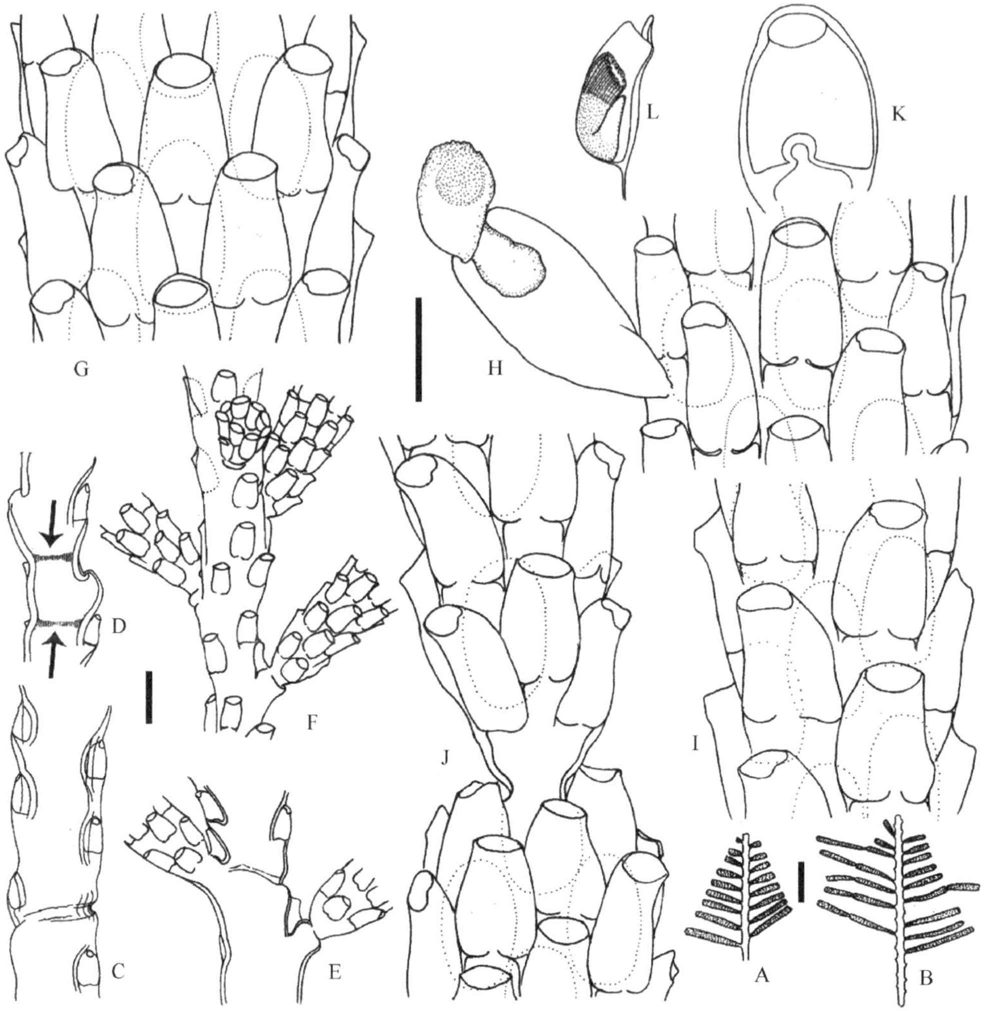

图 4-71 *Thuiaria breitfussi*（Kudelin, 1914）

A–B，群体；C–D，主茎，分枝断裂后仅剩基部垫突，芽鞘 2 列；E–F，主茎与侧枝，下部主茎分枝互生（E），上部分枝轮生（F）；G、I–J，芽鞘 12 列（G）、10 列（H）、7 列（I）、9 列（J 下半部）、6 列（J 上半部）；H，生殖鞘；K，主茎下半部上的芽鞘；L，分枝上的芽鞘，示离茎盲囊。白令海：A–B、D–F、I–J、L，TI200131；G–H，TI200166。楚科奇海：C、K，MBM280067。比例尺：A–B = 1cm；C–F = 1mm；G–L = 0.5mm

鞘中，远茎瓣脱落，缘齿不明显，开口近圆形。芽鞘不具内部齿，收缩的螅芽具离茎盲囊。仅观察到雌性生殖鞘标本，长卵圆形，不具柄，下半部较细，具端孢。具两种刺细胞：第一种较大，长卵圆形，末端钝，内部具 1 根棍状刺，周围缠绕 3–5 圈细丝；另一种较小，梭形，两端尖，内部可观察到 1 根直刺。

分布：北冰洋，白令海，堪察加半岛，千岛群岛。

讨论：在原始描述中，Kudelin（1914）清楚地绘出了一个芽鞘的侧齿和近茎盖结构，符合桧叶螅属的典型特征。Naumov（1960）观察到了本种的芽鞘侧齿，但未观察到远茎盖，将其归至柏螅属 *Thuiaria*。在我们所检查的标本中，芽鞘侧齿较常见，近茎盖则仅见于分枝远端的部分新生芽鞘中，其他大部分芽鞘中近茎盖缺失。由此可见在早期形态发生过程中存在近茎盖，成熟后可能是由于螅芽伸缩等活动导致近茎盖脱落。Yamada（1950）采自日本厚岸湾的标本在分枝模式、芽鞘排列数等方面与本种相近，但其标本的芽鞘较小，其离茎侧长度仅为白令海的 2/3，芽鞘没有缘齿。由于 Yamada 的标本不具生殖鞘，暂时无法确定他的标本是否为本种。

（81）交互柏螅 *Thuiaria alternitheca* Levinsen, 1893

图 4-72

Thuiaria alternitheca Levinsen, 1893: 52–53, pl. 7, fig 15–20; Jäderholm, 1909: 96, pl. 10 fig. 18; Broch, 1910: 221; Kramp, 1913: 27; 1914: 1050–1051; 1932: 13; 1938: 57–58; Kudelin, 1914: 314–315, fig. 103; Broch, 1918: 143–145, fig. 78; Calder, 1970: 1536, pl. 8 fig. 2; Vervoort, 1972: 185; Ólafsson, 1975: 10, fig. 23; Schuchert, 2001: 114–115, fig. 98A–D.

Selaginopsis alternitheca: Nutting, 1904: 133: pl. 40, fig. 5–7.

? *Thuiaria alternitheca* forma *sachalini*: Kudelin, 1914:315–317.

? *Thuiaria sachalini* Kudelin, 1914: Naumov, 1960: 421, fig. 308, pl. 14, fig. 4.

? *Selaginopsis alternitheca*: Fraser, 1937: 142–143, pl. 31, fig. 165a–c; 1944: 253–254, pl. 53, fig. 238a–c. [? *Thuiaria sachalini* Kudelin, 1914]

? *Thuiaria alternitheca*: Naumov, 1960: 422, fig. 49B, 309, pl. 12, fig. 6a–b.

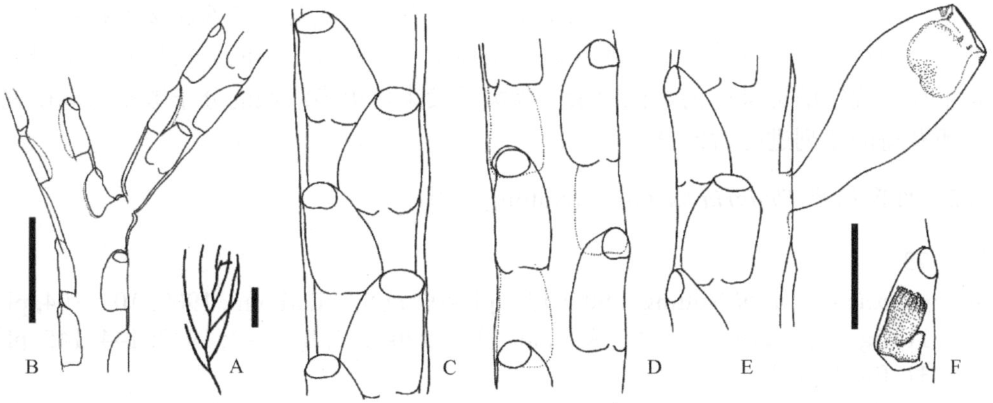

图 4-72　*Thuiaria alternitheca* Levinsen, 1893，USNM 29171，白令海

A，群体分枝，示分枝模式；B，分枝与次级分枝；C–E，分枝上芽鞘排列，C、E 为分枝侧面观，D 为分枝正面观，E，生殖鞘；F，离茎盲囊。比例尺：A = 1cm；B = 1mm；C–F = 0.5mm

模式产地：格陵兰岛西南侧戴维斯海峡。

采集地及航次：白令海，美国西北太平洋科学考察航次（1906），标本租借于NMNH，登记信息见附录 1。

形态特征：所检标本为 1 段侧枝，具八级双歧分枝，各小枝近等粗，分枝腋窝处具芽鞘，具短垫突。小枝基部收缩，分枝不分节。芽鞘均排成 2 纵列，每列芽鞘交互排列，基部略错开，芽鞘基部相交处因生长受限，具 1 倾斜截面，顶部分别向左右两侧分开，排列似 4 列。芽鞘表面光滑，完全贴生，中部较宽，两端略窄，开口处近圆形，不具缘齿，芽盖单瓣，位于远茎侧，近圆形，可完全覆盖芽鞘开口。芽鞘不具内部齿，收缩的螅芽具离茎盲囊。观察到 1 个成熟的生殖鞘，从芽鞘下方垂直生出，性别未知，长卵圆形，下半部略细，顶端开口较大，具 5 个内部齿。具两种刺细胞：第一种较大，长卵圆形，内部具 1 根棍状刺，周围缠绕多圈细丝；另一种较小，梭形，两端尖，内部可观察到 1 根直刺状结构。

分布：北冰洋，白令海。

讨论：本种与 *Thuiaria hautlaubi* 的芽鞘、生殖鞘、刺细胞（未放射）的形态特征相似，区别在于本种为多级双歧分枝模式（Levinsen 1893；本研究），芽鞘排成 2 纵列，而后者分枝简单，分枝上不具次级分枝，芽鞘排成 4 纵列。Kramp（1938）观察到了具有上述两种不同分枝方式（不分枝或重复双歧分枝）的群体，他认为这属于本种正常的标本间的变化，可能与成熟度相关。Kudelin（1914）将在萨哈林岛采到的不分枝的标本鉴定为本种的一个变型 *T. alternitheca* forma *sachalini*。Naumov（1960）将该变型提升为物种 *T. sachalini* Kudelin, 1914。Fraser（1937，1944）在加拿大弗雷德里克岛报道的 *T. alternitheca* 记录的分枝模式与 *T. sachalini* 更相似。此外，Naumov（1960）的记录与原始描述及本研究相似，但其芽鞘不是完全贴生，生殖鞘表面具环纹。在本研究中，分枝模式是重要的属级或种级鉴别特征，但也在特定物种的不同生长阶段出现了上述两种不同的分枝模式。本研究将上述不确定的记录列为疑似记录，尚需后续来自更多海域的分子数据与本研究中所获得的序列进行对比分析。

（82）哈氏柏螅 *Thuiaria hartlaubi* (Nutting, 1904)

图 4-73

Selaginopsis hartlaubi Nutting, 1904: 133, pl. 40, fig.8; Jäderholm, 1909: 103–104, pl. 11, fig. 16; Fraser, 1911: 66; Ritchie, 1912: 220–223, fig. 1–2; 1937: 144–145, pl. 31, fig. 168a–b.

Thuiaria hartlaubi: Naumov, 1960: 426–427, fig. 49d, 314, pl. 19, fig. 2; Antsulevich, 1987: 101; Schuchert, 2001: 119.

模式产地：白令海，普里比洛夫群岛圣乔治岛以北（USNM19812，50.6667°N，169.3333°W，79m，1893.IX.3）。

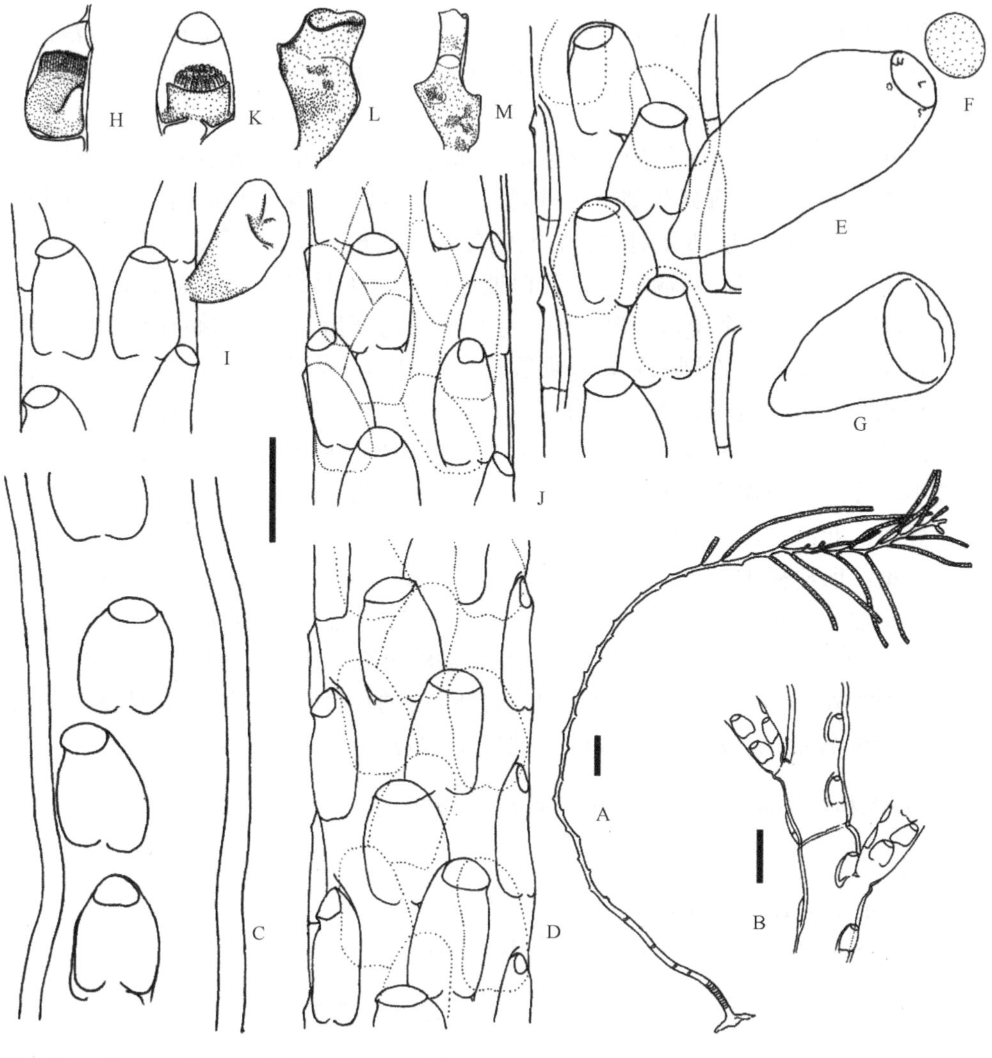

图 4-73　*Thuiaria hartlaubi*（Nutting, 1904）

A，群体；B，主茎与分枝；C，主茎（下半部）；D–E、I–J，分枝，示芽鞘基部排成 3 列（E、I）或 4 列（D、J），芽鞘末端交替分向左右两侧，E、I 具生殖鞘；F，示 E 中生殖鞘的顶盖；G、L–M，未成熟的生殖鞘；H、K，示芽鞘和离茎盲囊。楚科奇海：A–H，MBM280322。白令海：I–M，USNM71638。比例尺：A = 1cm；B = 1mm；C–M = 0.5mm

采集地及航次：白令海，美国北太平洋科学考察航次（1893），标本租借于 NMNH；楚科奇海，中国第四次北极科学考察。标本信息见附录 1。

形态特征：群体附于石块上，羽状，直立生长，具明显的主茎，主茎基部具 13–19 圈排列紧密的环轮，主茎与分枝粗，围鞘厚，主茎略呈“Z”形，主茎内部大约有 6 条条状组织附于围鞘内壁上，交错呈网状，网孔狭长，分枝内部具 3–4 条条状组织，每条组织连接 2 列芽鞘。主茎分枝，分枝互生，无次级分枝，分枝腋窝处具芽鞘，基部明显收缩，具短垫突。主茎不规律分节，分节处具较浅的收缢，分枝不分节。主茎上的芽鞘排成 2 纵列，与分枝位于同一平面，同侧相邻分枝间隔 4–11 个芽鞘，芽鞘互生，芽鞘基部基本位于同一直线上，顶部分别向左右两侧分开，位于主茎中下部的部分芽鞘顶部向两侧分开的趋势不明显；侧枝上芽鞘排成 3 列或 4 列，每列芽鞘交互排列，基部略错开，芽鞘基部相交处因生长受限，具 1 倾斜截面，顶部分别向左右两侧分开，呈 6 列或 8 列状。芽鞘表面光滑，完全贴生，中部较宽，两端略窄，开口处近圆形，不具缘齿，芽盖单瓣，位于远茎侧，近圆形，可完全覆盖芽鞘开口。芽鞘不具内部齿，收缩的螅芽具离茎盲囊。观察到 1 种生殖鞘，性别未知，长卵圆形，不具柄，从芽鞘下方垂直生出，顶端具 1 片透明的圆形盖，具 4–5 个内部齿，一般 4 个，呈十字对称排列。具两种刺细胞：第一种较大，长卵圆形，内部具 1 根棍状刺，周围缠绕 3–5 圈细丝；另一种较小，梭形，两端尖，内部可观察到 1 根直刺状结构。

分布：北冰洋，白令海。

讨论：所检标本 USNM71638 与本种群模 USNM19812 的采集信息相同，特征与原始描述一致。Nutting 描述与 USNM71638 一致，但在他的绘图（Nutting 1904，pl. 10，fig. 8）中，芽鞘较 USNM71638 细长。楚科奇的标本 MBM280322 与 USNM71638 的芽鞘形态一致，但前者所具有的两种类型的刺细胞均略大于后者。本种与 *Thuiaria alternitheca* 的异同见 *T. alternitheca* 的讨论。

（83）乌氏柏螅 *Thuiaria uschakovi* Naumov, 1960

图 4-74

Thuiaria sp. No. 1: Ushakov, 1937: 23, 33, fig. 1.

Thuiaria uschakovi Naumov, 1960: 420–421, fig. 307.

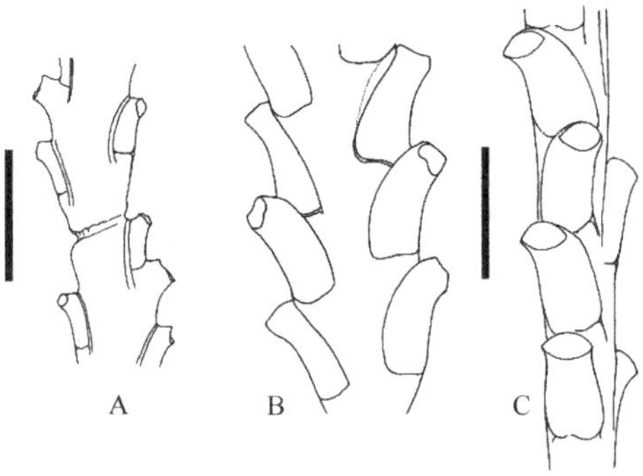

图 4-74 *Thuiaria uschakovi* Naumov, 1960，RBCM976-00575-001，加拿大北部弗雷德里克岛，北冰洋

A，主茎与分枝基部；B–C，分枝芽鞘排列，示分枝正面观（B）和侧面观（C）。比例尺：A = 1cm；B–C = 0.5mm

Selaginopsis trilateralis: Arai, 1977: 28.
? *Selaginopsis trilateralis* Fraser, 1936b: 504, fig. 3; 1937: 148; 1948: 240.

模式产地：北冰洋拉普捷夫海（73.0833°N，140.75°E）、东西伯利亚海域、喀拉海，16–68m（Uschakow 1937，Naumov 1960）。

采集地及航次：北冰洋，标本租借于加拿大不列颠哥伦比亚博物馆，详见附录 1。

形态特征：标本中包括 1 段类似主茎的结构，分节，分节处具 1 环缢，具分枝，互生，分枝基部具垫突和腋生芽鞘，标本分枝断裂，仅剩垫突。主茎上具芽鞘，互生，排成 2 纵列，位于同一平面，芽鞘 4/5 贴生，末端游离部分略外弯。标本中分枝上的芽鞘排列紧密，排成 2 纵列，基部位于同一平面，但上部分别弯向分枝两侧，呈 *Hydrallmania* 型，芽鞘 4/5 贴生，几乎完全浸入分枝。主茎和分枝上的部分芽鞘边缘具两个不明显的齿，未观察到芽盖。

分布：北冰洋拉普捷夫海、东西伯利亚海域、喀拉海、弗雷德里克岛。

讨论：所检标本为 Fraser 生前整理并检查过的标本，他将该标本鉴定为 *Selaginopsis trilateralis* Fraser, 1936。据 *S. trilateralis* 的原始描述，其模式产地为加拿大不列颠哥伦比亚省、美国休斯敦斯图尔特水道（RBCM976-574），均不具生殖鞘，水深 25–55m（Fraser 1936b）。该标本中只有样品编号和鉴定学名，无采集地信息，但根据 Arai（1977），该标本号所对应的标本，采集地为加拿大北部弗雷德里克岛，位处北冰洋，距 *S. trilateralis* 模式产地较远。该标本的芽鞘排列呈 *Hydrallmania* 特征，与 *S. trilateralis* 原始描述存在较大差异，与 *Thuiaria uschakovi* Naumov, 1960 一致。

（84）三列柏螅 *Thuiaria triserialis* (Mereschkowsky, 1878)

图 4-75A–G

Selaginopsis triserialis Mereschkowsky, 1878: 435–436, pl. 16, fig. 1–2; Nutting, 1904: 129, pl. 39, fig. 1–2; Fraser, 1937: 148–149, pl. 33, fig. 175.
Thuiaria triserialis: Kudelin, 1914: 324–326; Naumov, 1960: 423–424, fig. 311; Antsulevich, 1987: 100–101.
? *Sertularia incongrua* Torrey, 1902: 69, pl. 9, fig. 81–82.

模式产地：堪察加半岛。

采集地及航次：堪察加半岛，标本租借于 RBCM 和 NMNH，标本信息见附录 1。

形态特征：所检标本 USNM42815 来自堪察加半岛，为 5 段长度为 6–7mm 的片段，无生殖鞘，未观察到分枝和垫突等结构。芽鞘均排成 3 列，互生，几乎完全贴生，芽鞘边缘侧齿不很明显，具离茎盲囊。另一标本可能采自加利福尼亚州，高 19mm，宽 9mm，无生殖鞘，具明显主茎，分枝明显细于主茎，具垫突和腋生

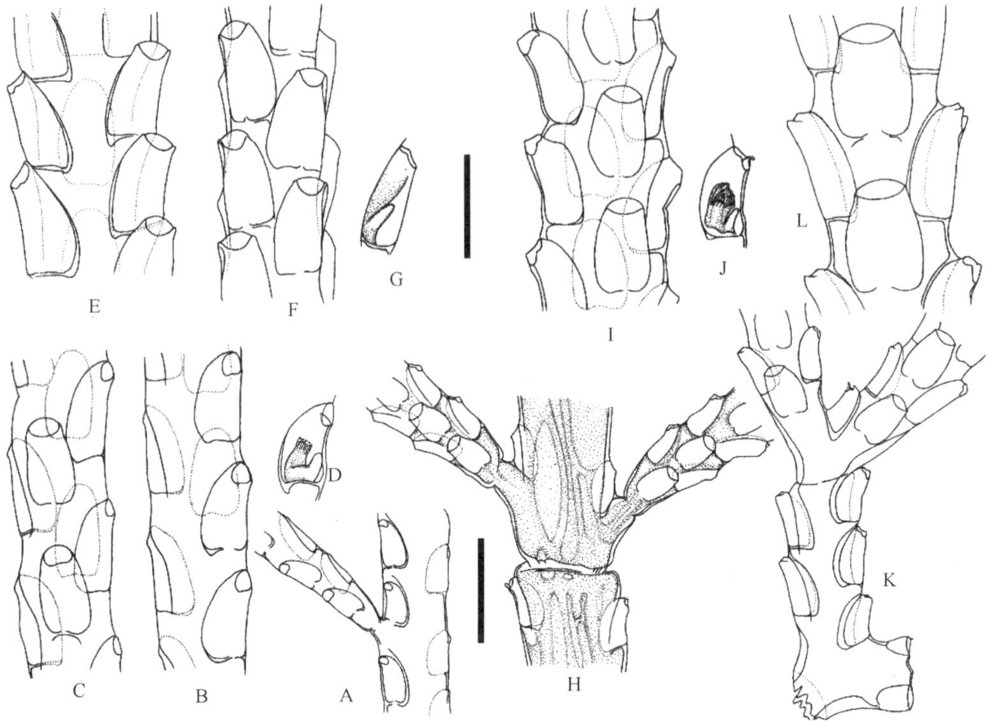

图 4-75 A–G，*Thuiaria triserialis* (Mereschkowsky, 1878)；H–J，*Thuiaria pinnata* (Mereschkowsky, 1878)；K–L，*Thuiaria plumiformis* (Nutting, 1904)

A、H、K，主茎与侧枝（或分枝与次级分枝）；B–C、E、F、I、L，分枝上芽鞘排成 3 列（B、E、L）或 4 列（C、F、I）；D、G、J，离茎盲囊。A–D，RBCM976-576-1，采集地未知，Fraser 鉴定；E–G，USNM42816，白令海，堪察加半岛，Clark 或 Nutting 鉴定。H–J，RBCM976-573-1，采集地未知，Fraser 鉴定；K–L，鄂霍次克海，萨哈林岛南部阿尼瓦湾，USNM28927，Clark 或 Nutting 鉴定为 *Selaginopsis pinnata*。比例尺：A，H，K = 1mm；B–G，I–J，L = 0.5mm

芽鞘，分枝与垫突相连的部位明显较细，后渐粗，之后稳定。主茎分节，具收缢。主茎和分枝上均具芽鞘，在主茎上排成 2 纵列，在分枝上排成 3 纵列或 4 纵列，芽鞘完全贴生并浸入，芽鞘边缘不具明显的侧齿，具离茎盲囊。

分布：堪察加半岛，千岛群岛，日本海，加利福尼亚州。

讨论：所检标本为 Nutting（USNM42815）和 Fraser（RBCM976-576-1）检查、鉴定为本种的标本，分枝上的芽鞘均排成 3 纵列，前者采自与模式产地，芽鞘边缘具不明显的齿，与原始描述基本一致，而后者的芽鞘边缘不具齿。Naumov（1960）采自鄂霍次克海和日本海的标本与本种的原始描述基本一致，主要区别在于其标本的群体呈羽状，分枝上的芽鞘排成 3 列或 4 列，而在原始描述中分枝为螺旋状，分枝上的芽鞘均排成 3 列。这些形态上的差异是否为种内正常变化，仍需进一步核实。Antsulevich（2015）将 *Sertularia incongrua* Torrey, 1902（模式产地为美国加利福尼亚州圣佩德罗）列为本种的同种异名。由于 *S. incongrua* 的原始描述基于不成熟标本，描述过于简单，模式标本无法追溯，因此它们是否为同种仍需进一步确认。

（85）羽枝柏螅 *Thuiaria pinnata* (Mereschkowsky, 1878)

图 4-75H–J

Selaginopsis pinnata Mereschkowsky, 1878: 436–437, pl. 16, fig. 3–4; Kirchenpauer, 1884: 14; Nutting, 1904: 130–131, pl. 39, fig. 6; Fraser, 1936a: 125, pl. 32, fig. 173; 1937: 147.

模式产地：鄂霍次克海，模式标本保存于俄罗斯科学院动物研究所，不具生殖鞘。

采集地及航次：标本租借于加拿大不列颠哥伦比亚博物馆，采集地可能是北美太平洋沿岸，标本登记信息见附录 1。

形态特征：共检查 2 片玻片标本，各含 1 段高约 16mm，宽约 10mm 的片段。主茎直立，明显较分枝粗，简单羽状分枝，分枝互生，与主茎位于同一平面，分枝长度往群体顶部方向逐渐有规律地变短，分枝基部具垫突，具腋生芽鞘，分枝与垫突相连的部位明显较细，后渐粗，之后稳定。主茎分节，具收缢。主茎和分枝上均具芽鞘，在主茎上排成 2 纵列，在分枝上排成 4 纵列。芽鞘完全贴生并部分浸入，部分芽鞘边缘具 2 个明显的侧齿，在个别芽鞘中观察到 1 瓣远茎盖，具离茎盲囊。无生殖鞘标本。

分布：鄂霍次克海，美国圣胡安群岛，加拿大不列颠哥伦比亚省。

讨论：本研究检查的标本为 Fraser 鉴定过的标本，根据他的发表记录（Fraser 1937，1944），该标本可能采自美国圣胡安群岛或加拿大不列颠哥伦比亚省，均处北美太平洋沿岸。该标本在群体特征和芽鞘贴生等方面与本种的原始描述基本一致，不同之处可能是芽鞘侧齿的明显程度。Mereschkowsky（1878）在原始描述中，提到芽鞘的两侧形成细微的夹角。本种的模式标本和所检标本均无生殖鞘，仍需使用性成熟的标本结合分子系统学进行修订。

（86）华丽柏螅 *Thuiaria ornata* (Nutting, 1904)

图 4-76A–E

Selaginopsis ornata Nutting, 1904: 131, 40, fig. 1–3; Fraser, 1937, 146–147, pl. 32, fig. 171.

? *Selaginopsis plumiformis* Nutting, 1904: 129–130, 39, fig. 3.

模式产地：白令海（53.9333°N，165.9333°W，82m）。

采集地及航次：白令海，美国北太平洋科学考察航次（1888，1893），标本租借于 NMNH，登记信息见附录 1。

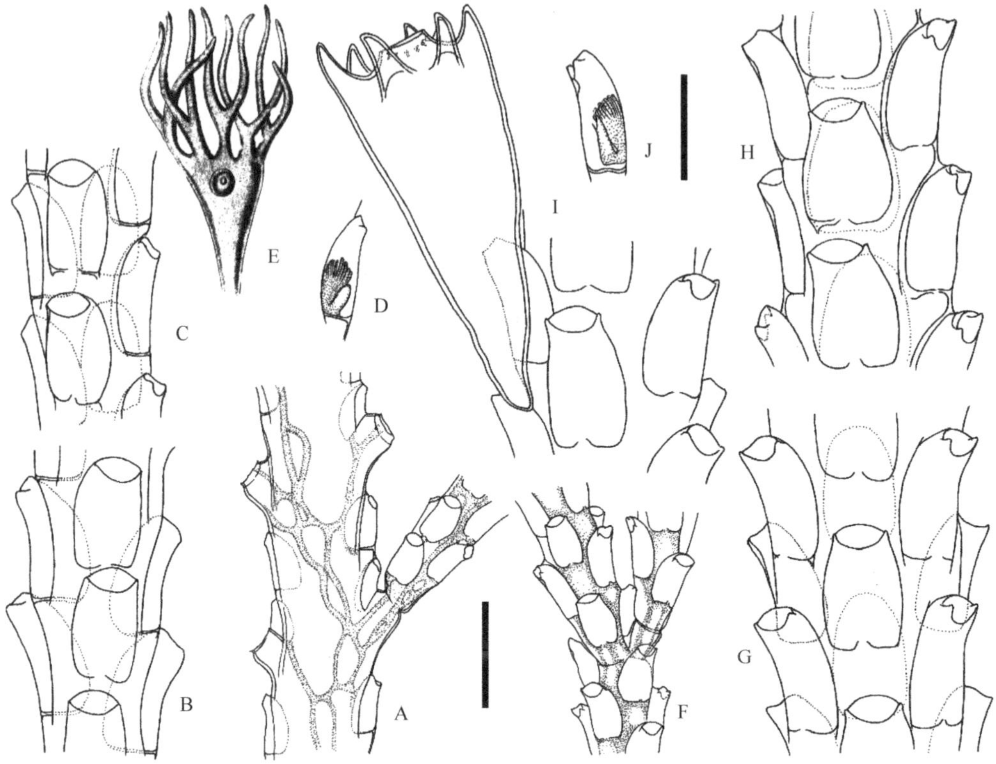

图 4-76 A–E，*Thuiaria ornata* (Nutting, 1904)；F–J，*Thuiaria plumiformis* (Nutting, 1904)

A、F，主茎与分枝基部；B–C、G–I，分枝芽鞘排列，I 具 1 个雄性生殖鞘；D、J，离茎盲囊；E，雌性生殖鞘。白令海，阿留申群岛西侧：A–D，USNM20457；E，摘自 Nutting（1904），USNM19814/USNM18738/Nutting 个人收藏的标本，模式标本。鄂霍次克海，萨哈林岛南部阿尼瓦湾：F–J，USNM42769。比例尺：A、F = 1mm；B–D、G–J = 0.5mm；E，未知

形态特征：具明显主茎，主茎围鞘内壁上的组织呈网状，分枝近对生，分枝间具 4 个芽鞘，分枝基部具短垫突，主茎上芽鞘 2 列，分枝上芽鞘 4 列，分枝基部芽鞘 3 列。芽鞘圆柱状，几乎完全贴生，部分芽鞘开口处具 2 个不明显的缘齿，未观察到芽盖，收缩的芽盖具离茎盲囊。不具生殖鞘。

分布：白令海，加拿大不列颠哥伦比亚省。

讨论：所检标本 USNM20457 与模式标本采集站位相同，USNM70248 与模式产地相近，两瓶标本的特征与原始描述一致。

（87）羽形柏螅 *Thuiaria plumiformis* (Nutting, 1904)

图 4-75K–L；图 4-76F–J；图 4-77X

Selaginopsis plumiformis Nutting, 1904: 129–130, 39, fig. 3.

模式产地：白令海（60.36667°N，168.75°W）。

O
R
S
U
V
I
Q
T
X
E
W
L
K
J
N
G
H
P
C
A
B
F
M
D

图 4-77　A–E，Thuiaria heteroclada Jäderholm, 1902，模式标本；F–L，Sertularia nuttingi Levinsen, 1913，模式标本，在本研究中修订为 Thuiaria heteroclada 的同种异名；M–P，Thuiaria intermedia (Levinsen, 1913)，模式标本；Q–S，Thuiaria heteroclada；T，Thuiaria sp. 3；U–W，Thuiaria sp. 2；X，Thuiaria plumiformis (Nutting, 1904) （彩图请扫封底二维码）

A–B、F、M，群体；C、G–H、N，主茎与分枝，H 示次级分枝；D、J–L、P，生殖鞘，D 示雌性生殖鞘，J–L、P 示雄性生殖鞘；K–L，J 中生殖鞘的顶部；E、I、J、O、Q–X，分枝上的芽鞘。日本平户海峡：A，UNHM 水螅虫纲模式标本# 37b；B–E，水螅虫纲模式标本# 37a；F–L：NHMD HYD-000147。朝鲜海峡：M–P，NHMD HYD-000134。黄海：Q，MBM280280（DNA286）；R，MBM280087（DNA290）；S，MBM280159-3（DNA313）；T，MBM000823；U，MBM282794；V–W，MBM185865。鄂霍次克海，萨哈林岛南部阿尼瓦湾：X，USNM42769。比例尺：A–B、F、M = 1cm；C、G–H、N = 2mm；D–E、I–L、O–X = 0.5mm

采集地及航次： 鄂霍次克海，美国北太平洋科学考察航次（1906），标本租借于 NHNM，标本信息见附录 1。

形态特征： 所检标本的主茎、分枝模式、芽鞘排列特征与本研究中的 *Thuiaria ornata* 标本一致，唯一区别在本种标本的芽鞘略大于 *Selaginopsis ornata*，标本中具 1 个雄性生殖鞘，着生于芽鞘侧下方，呈长锥形，往顶部渐宽，顶部具短领，领周围具 6 个短棘，领内具 6 个内部齿围成环状。

分布： 白令海，鄂霍次克海。

讨论： 本种与 *Selaginopsis ornata* Nutting, 1904 可能分别代表同一物种的雄性和雌性两种性别。

（88）异枝柏螅 *Thuiaria heteroclada* Jäderholm, 1902

图 4-77A–L、Q–S；图 4-78

Thuiaria heteroclada Jäderholm, 1902: 5–6, fig. 2–4 (♀).

Sertularia nuttingi Levinsen, 1913: 303–304, pl. 4, fig. 1–4 (♂, syn. nov.); Kudelin,1914: 217–218: fig. 59–60.

Sertularia heteroclada: Stechow, 1923d: 15; Yamada, 1959: 71; Hirohito, 1995: 211–213, fig. 70.

Thuiaria sp. Gao, 1956: 92–93, fig.25a–e (♂).

Selaginopsis trilateralis: Gao, 1956: 94–95, fig. 26a–c; Tang & Gao, 2008: 317.

Sertularia sp. cf. *Sertularia heteroclada*: Hirohito, 1983: 51, fig. 23.

Selaginopsis cornigera: Park & Rho, 1986: 36–38, fig. 12a–e, pl. 4, fig. b (♀).

Selagonopsis triserialis: Park & Rho, 1986: 35–36, fig. 11, pl. 4, fig. a (♂).

Thuiaria nuttingi: Park & Rho, 1986: 29–30, fig. 10a–b (♂)

Selaginopsis triserialis: Tang & Gao, 2008: 317.

Thuiaria argentea: Park, 2010: 117–118, fig. 65a–e (♂).

Thuiaria cornigera: Park, 2010:120–122, fig. 67a–f (♀).

Thuiaria trilateralis: Xu *et al.* 2012: 306.

模式产地： 日本平户海峡水深 60m。

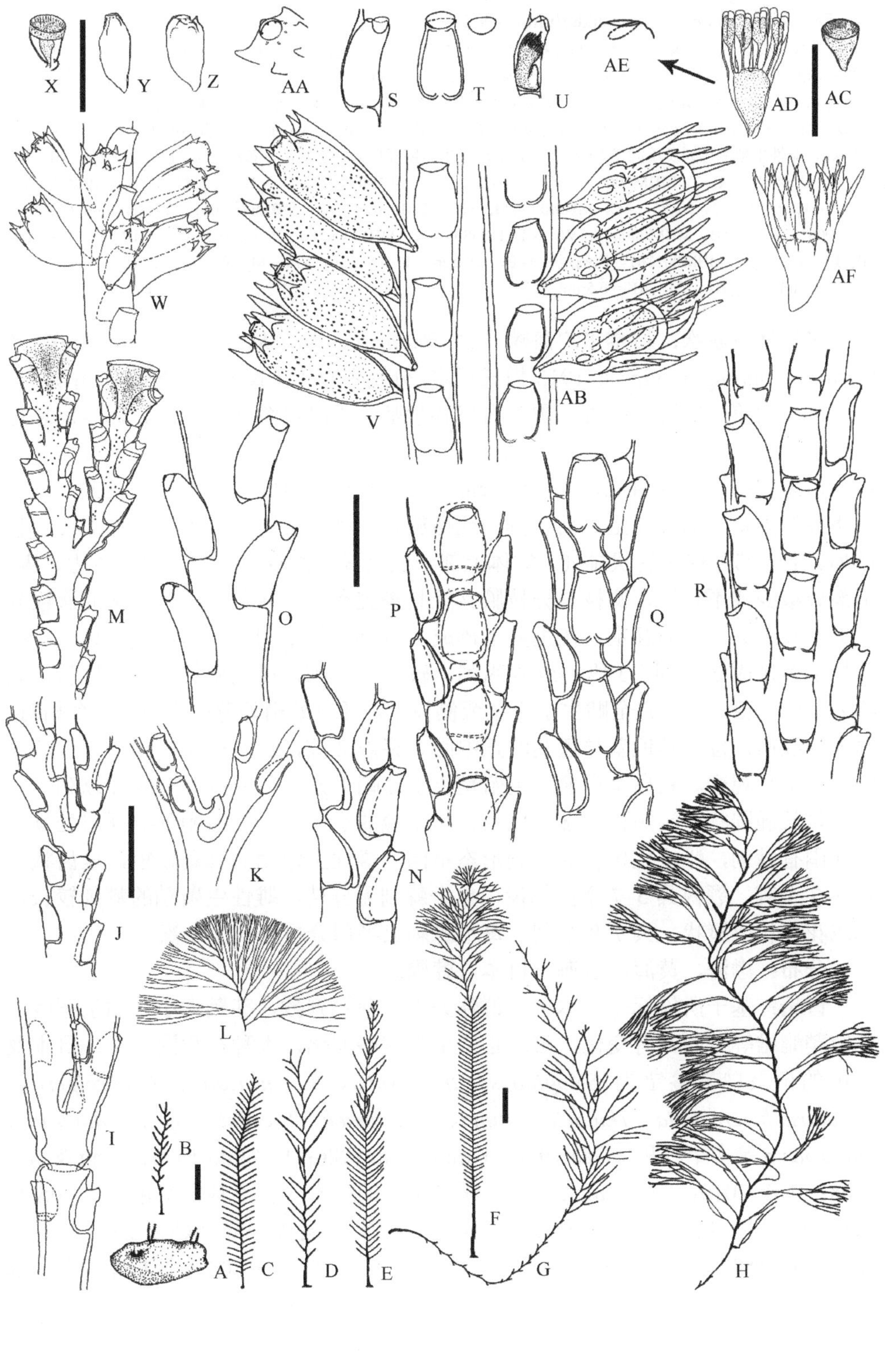
X
Y
Z
AA
S
T
U
AE
AD
AC
W
V
AB
AF
M
O
P
Q
R
J
K
N
L
I
B
A
C
D
E
F
G
H

图 4-78 *Thuiaria heteroclada* Jäderholm, 1902

A–H，群体，仅 H 具生殖鞘；I，主茎与分枝；J，侧枝与次级分枝；K，次级分枝；L，完全成熟的群体，侧枝分枝模式示意图；M，分枝末端；N–R，分枝上芽鞘排成 2 列（N–O）、4 列（P、Q）或 5 列（R），N–O 示芽鞘排列稀疏变化，P、Q 示芽鞘贴生变化；S，芽鞘侧面观及其远茎芽盖，近茎瓣脱落；T，芽鞘正面观；U，离茎盲囊；V–AA，雄性生殖鞘排列及不同发育阶段，排成 2 列（V）或 4 列（W），AA 示雄性生殖鞘侧俯视图，示内部齿；AB–AF，雌性生殖鞘排列及不同发育阶段，AE 示雌性生殖鞘开口处具 1 圆盖。黄海：A，MBM000825；B、N、P–Q，MBM000673；C、T，MBM000679；D，MBM000182；E，MBM000663；F，MBM000189；G、K，MBM000676；H，MBM000289；I–J、L、U、AC，MBM000820；M，MBM000187；O，MBM000905；R，MBM000666；S，MBM000185；V、AB，MBM000645；W，MBM185860；X，MBM000186；Y–Z、AD–AE，MBM000645；AA，MBM000818；AF，MBM001101。比例尺：A–E、L = 1cm；F–H = 2cm；I–K、M、W–Z、AC–AD、AF = 1mm；N–U = 0.5mm；V、AA–AB、AE = 0.5mm

采集地及航次：日本平户海峡（含 *Thuiaria heteroclada* Jäderholm, 1902 及 *Sertularia nuttingi* Levinsen, 1913 模式标本，分别保存于 UNHM 和 NHMD）；黄海、东海，全国第一次海洋普查、国家自然科学基金委渤黄海共享航次。标本信息见附录 1。

形态特征：群体直立，高 3–50cm，成熟度不同的群体形态差异较大。具 1 根明显的主茎，侧枝互生，羽状排列或螺旋状排列，或同一群体下半部侧枝羽状排列、上半部分枝螺旋状排列。群体上部一般具 3–5 级双歧分枝，部分多达 8 级，下部分级少或不分级，侧枝与分枝腋窝处具垫突和腋生芽鞘，部分新生的次级分枝上不具垫突。芽鞘互生，在主茎上排成 2 纵列，位于同一平面，排列稀疏，在分枝上多排成 2 纵列、3 纵列或 4 纵列，较少 5 纵列，排列密集。芽鞘柱状，高约为宽的两倍，几乎完全贴生于主茎或侧枝上，开口处稍外弯；芽鞘具 2 个相对、等大的缘齿，位于其近茎与远茎的正中间。芽盖 2 瓣，远茎瓣呈椭圆形，近茎瓣较小，不易观察。具离茎盲囊。生殖鞘位于芽鞘下方，在侧枝上排成 2 纵列，互生，呈长椭圆状，具短柄，部分生殖体具稀疏的小斑点。生殖鞘顶端开口处具短领并围有棘刺，雌雄生殖鞘的棘刺形态不同，雄性生殖鞘的棘刺较短，呈齿状，具 5–7 个刺，领内具 5–7 个内部齿，单个棘刺无分枝，雌性生殖鞘的棘刺较长，围成花苞状或冠状，具 7–8 个刺，每个棘刺上半部分再分枝 1–2 次。

分布：渤海，黄海，东海；日本，韩国。

讨论：基于所检标本，本种在群体外形、芽鞘列数、芽鞘大小、贴生程度、生殖鞘雌雄等方面具有变化，可能正是由于这些变化，本种在我国黄海、日本及韩国的记录曾被鉴定为 *Selaginopsis trilateralis*、*S. triserialis*、*S. cornigera*、*Sertularia heteroclada*、*Thuiaria nuttingi*、*T. argentea*、*T. cornigera*、*T. trilateralis*、*Thuiaria* sp.等多个物种（Gao 1956；Park & Rho 1986；Hirohito 1995；Tang & Gao 2008；Park 2010；Xu *et al.* 2012）。采自黄海的标本（多不具生殖鞘）在 16S 和 COI 进化树上均聚成单系群，但仍检测到一定的遗传差异（COI 遗传距离，0.0000–0.0189），不排除存在隐种的可能。尽管我们检查了 200 多瓶标本，但多以

全国第一次海洋普查的标本为主，无法用于分子系统学研究，近几年采集的新鲜标本不具生殖鞘，无法将分子系统学和形态两方面的差异进行关联分析。经检查模式标本，可以确定 *Thuiaria heteroclada* 与 *T. nuttingi* 为同种异名，它们代表采自同一航次、同一站位不同性别的群体，前者为雌性，后者为雄性，它们的模式标本在群体特征、芽鞘形态等方面均一致，但被 Jäderholm（1902）和 Levinsen（1913）命名为不同的物种，Park 和 Rho（1986）及 Park（2010）也将本种不同性别的标本鉴定为不同物种。

Thuiaria intermedia 的模式产地（朝鲜海峡，水深 91m）与 *T. nuttingi* 模式产地（日本平户海峡，水深 60m）直线距离在 200km 以内，但 Levinsen（1913）将它们命名为不同的物种，主要依据是前者芽鞘的近茎侧中间具有一“齿状突起”。重检模式标本后，我们发现“齿状突起”可能与 *T. intermedia* 芽鞘游离部分相对较多有关，并不存在真正的突起。此外，将 *T. intermedia*、*T. nuttingi* 及黄海的标本比较发现，*T. intermedia* 的芽鞘较大，与 MBM280087（DNA290，站位 124–8B）相似，而 *T. nutting* 芽鞘较小，与 MBM280159-3（DNA313，站位 3600–2B）相似。两个 DNA 样品的 COI 遗传距离为 0.0189，显示出一定的遗传分化。

所检的黄海标本与 *Thuiaria heteroclada*、*T. nuttingi* 及 *T. intermedia* 的模式标本的群体特征具有一定的形态区别，芽鞘和生殖鞘特征与 *T. heteroclada* 更接近。综合考虑形态和分子系统学数据，本研究暂将黄海的标本鉴定为 *T. heteroclada*，将 *T. intermedia* 作为有效种。后续需结合更多新鲜、成熟标本结合分子系统学对我国黄海、韩国、日本的相关物种（可能含隐种）进行修订。

（89）中脊柏螅 *Thuiaria intermedia* (Levinsen, 1913)

图 4-77M–P

Sertularia intermedia Levinsen, 1913: 304–305, pl. 4, fig. 7–10；Kudelin, 1914: 219–220, fig. 61。

模式产地：朝鲜海峡。

采集地及航次：朝鲜海峡，重检 NHMD 模式标本，登记信息见附录 1。

形态特征：群体具明显主茎，2 簇未性成熟的标本主茎粗状，不呈“Z”形，分枝互生，羽状；1 簇性成熟的群体下半部分枝互生呈羽状，上半部分枝呈螺旋状排列，主茎呈“Z”形。分枝腋窝处具垫突和腋生芽鞘。沿主茎从下而上，分枝长度逐渐变短。主茎和分枝不规律分节，分节处具收缢。羽状分枝（群体下部）一般不具次级分枝，螺旋状分枝（群体上部）呈多级双歧分枝，分枝次数 1–5 级。芽鞘管状，在主茎和分枝上排成 2 纵列，两列芽鞘开口方向略偏向主茎或分枝的一侧，约 4/5 贴生，近茎侧部分陷入，末端略外弯，末端具 2 个明显的低矮侧齿，侧齿尖。受芽鞘远茎侧齿影响，显微观察时，芽鞘近茎侧中央的围鞘形似“脊突”

（不是真正的脊突）。具 2 瓣芽盖，远茎瓣明显，近茎瓣小，易与近茎侧中央的围鞘相混淆。具雄性生殖鞘，着生芽鞘侧下方，在分枝一侧排成 2 纵列。雄性生殖鞘呈锥形，往顶部方向逐渐变宽，顶部具 6–8 个短棘，具短领。

分布：朝鲜海峡。

讨论：本种可能是 *Thuiaria heteroclada* 的同种异名，但需分子系统学验证，详见 *T. heteroclada* 讨论。

（90）柏螅未定种 *Thuiaria* sp. 2 (sp. nov.?)

图 4-77U–W；图 4-79

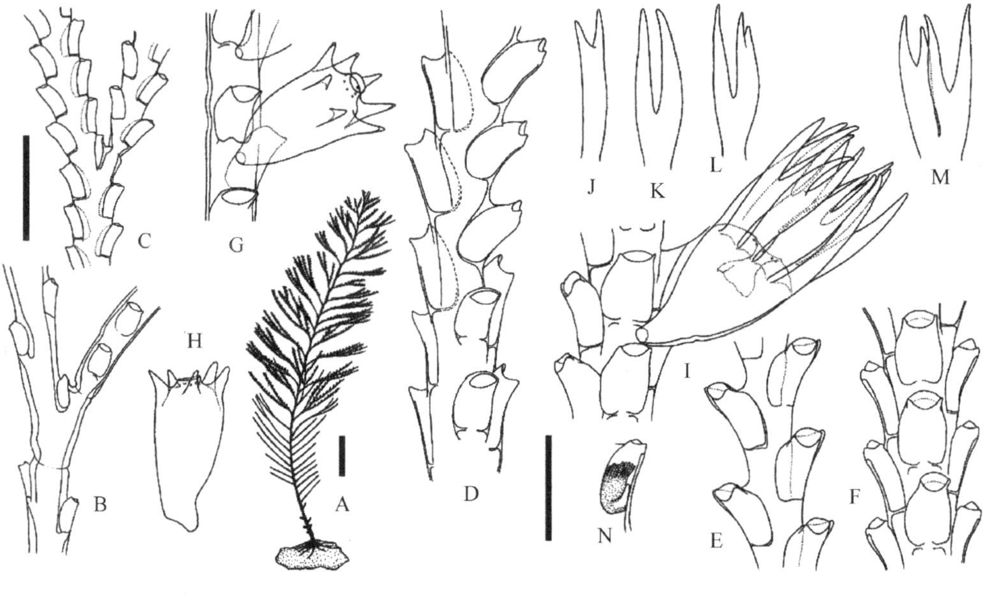

图 4-79 *Thuiaria* sp. 2 (sp. nov. ?)

A，群体，具生殖鞘；B，主茎与分枝；C，侧枝与次级分枝；D–G、I，分枝上芽鞘排成 2 列（D 上半部、E、G）或 3 列（D 下半部、F、I）；G–H，雄性生殖鞘；I–M，雌性生殖鞘，J–M 示生殖鞘顶部棘刺形态变化；N，离茎盲囊。黄海：A–C、E–H，MBM185865；I、J–N，MBM282794；D，MBM000678。比例尺：A = 1cm；B–C = 1mm；D–N = 0.5mm

采集地及航次：黄海，全国第一次海洋普查标本，标本信息见附录 1。

形态特征：群体高 90–100mm，具明显主茎，主茎下半部的侧枝互生呈羽状，主茎不呈“Z”形；上半部侧枝呈螺旋状排列，主茎略呈“Z”形。主茎中部上的侧枝较长，往顶部和基部逐渐变短。侧枝及次级分枝腋窝处具垫突和腋生芽鞘。主茎和分枝不规律分节，分节处具收缢。群体下部的侧枝一般不具次级分枝，群体上部呈多级双歧分枝，分枝次数 1–4 级。芽鞘管状，宽圆，在主茎上排成 2 纵列，在分枝排成 2 纵列或 3 纵列。分枝上具 2 列芽鞘时，芽鞘开口方向略偏向主茎或分枝的一侧，这种侧偏现象在群体末端的次级分枝上更为明显。芽鞘约 2/3 贴生，近茎侧部分陷入，游离端显著外弯，末端具 2 个低矮侧齿，侧齿尖。具 2 瓣芽盖，远茎瓣明显，近茎瓣小。具离茎盲囊。生殖鞘位于芽鞘下方，在分枝上排成 2 纵列，互生，呈长椭圆状，具短柄。生殖鞘顶端开口处具短领并围有棘刺，雌雄生殖鞘的棘刺形态不同。雄性生殖鞘的棘刺较短，呈齿状，具 5–7 个刺，单个棘刺无分枝，领内具 4–6 个内部齿，雌性生殖鞘的棘刺较长，围成花苞状或冠状，具 8–10 个刺，每个棘刺上半部分再分枝一至两次，领内具 7–9 个内部齿。

分布：黄海。

讨论：本种与黄海的 *Thuiaria heteroclada* 标本非常相似，与后者的主要区别在于它的群体整体纤细但芽鞘排列紧密、芽鞘生殖鞘小、芽鞘排成 2 列时侧偏明显、芽鞘游离端外弯明显、生殖鞘顶端棘刺数量略少，这些形态上的差异可能意味着它是不同于 *Thuiaria heteroclada* 的物种（可能是新种），但需后续标本结合分子系统学验证。

（91）柏螅未定种 *Thuiaria* sp. 3

图 4-77T；图 4-80

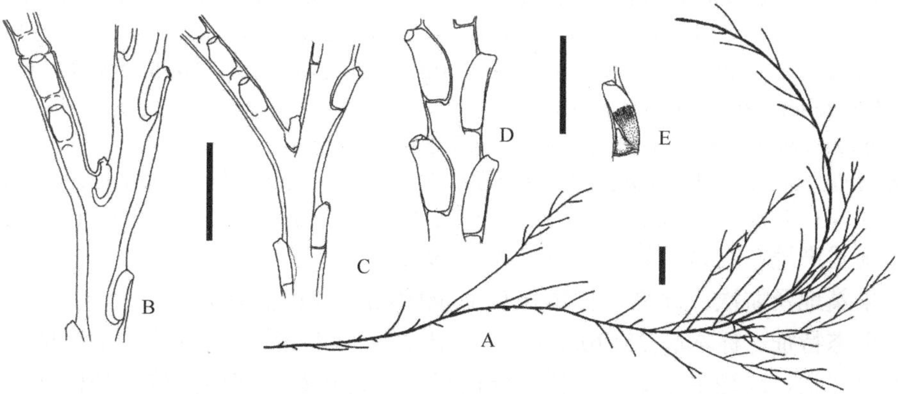

图 4-80　*Thuiaria* sp. 3

A，群体；B，主茎与分枝；C，侧枝与次级分枝；D，分枝；E，离茎盲囊。黄海：A–D，MBM000823；E，MBM186108。比例尺：A = 1cm；B–C = 1mm；D–E = 0.5mm

采集地及航次：黄海、东海，全国第一次海洋普查、东海大陆架调查标本，标本信息见附录 1。

形态特征：群体纤细，高 80–260mm，具明显主茎，主茎不呈“Z”形，侧枝绕主茎螺旋状排列，侧枝具多级双歧分枝，可多达 10 级。侧枝和次级分枝的腋窝处光滑，具腋生芽鞘，不具环轮、收缢或垫突，但具 1 短节，短节上具 2–3 对芽鞘，节末具 1 个收缢。主茎较少分节，分节处具收缢。芽鞘长管状，表面光滑，在主茎和分枝上排成 2 纵列，位同一平面。芽鞘中间略粗，上部略收缩、外弯，完全贴生，部分浸入围鞘，边缘具 2 个明显的低矮侧齿，具 1 瓣远茎圆盖，近茎盖小或不明显。不具生殖鞘标本。

分布：黄海，东海。

讨论：本种虽不具生殖鞘，但其群体和芽鞘的特征与 *Thuiaria heteroclada* 等相似，因此将其暂归至本属。所检标本与本属其他物种的最大区别在于主茎分枝腋窝处不具垫突、芽鞘较细长。其分类学地位尚需使用性成熟标本，结合分子系统学进行系统修订。

4.18 桧叶螅属 *Sertularia* Linnaeus, 1758

模式种：*Sertularia argentea* Linnaeus, 1758

鉴别特征：同模式种。

（92）银色桧叶螅 *Sertularia cupressina* Linnaeus, 1758

图 4-81

Sertularia cupressina Linnaeus, 1758: 808; Pallas, 1766: 141–144; Hincks, 1868: 270, pl. 57, fig. a–b; Broch, 1918: 124, fig. 65–66; Hancock *et al.*, 1956: 307–325, fig. 1a–d, 2c; Naumov, 1960: 361–362, fig. 252; Cornelius, 1995: 88–90, fig. 21; Schuchert, 2001: 105, fig. 88.

Dynamena cupressina: Fleming, 1828: 543–544.

Sertularia argentea Linnaeus, 1758: 809; Apstein, 1915: 127; Hancock *et al.* 1956: 307–325, fig. 1e–m, 2a–b, d–e, 3a–j, 5a–f; Schuchert, 2001: 103–104, fig. 87.

模式产地：英格兰近岸（Cornelius 1979）。

采集地及航次：冰岛，标本保存于 MHNG，登记信息见附录 1。

形态特征：标本高 25–70mm，具明显主茎，较分枝粗，分枝与主茎位于同一平面呈羽状，或绕主茎螺旋生长，分枝互生，具 0–6 级双歧分枝，分枝基部具垫突和腋生芽鞘。主茎和分枝分节，主茎每节一般具 2 个分枝，分枝每节具 1–3 对芽鞘，分节处具 1 个倾斜收缢。主茎和分枝上的芽鞘近对生，位于同一平面，芽鞘表面光滑，上下近等粗，下半部筒状，贴生，上半部侧扁、外弯，边缘具 2 个尖齿，芽盖 2 瓣，远茎瓣大于近茎瓣，芽鞘无内部齿，具离茎盲囊。生殖鞘圆锥形，表面光滑，生于分枝芽鞘侧下方，雌性生殖鞘具短柄，往开口方向逐渐变宽，具短领，两侧具 2 个耳状棘刺，往侧斜上方生长，领内约具 12 个内部齿，顶端具端胞。

分布：英格兰，法国；北冰洋。

图 4-81　*Sertularia cupressina* Linnaeus, 1758（彩图请扫封底二维码）

A、F、L，群体；B、G–H、M，主茎与分枝；C–E、I–K、N–O，分枝；C、P–Q，雌性生殖鞘。法国罗斯科夫：A–E，MHNG-INVE-60970；F–K，MHNG-INVE-60971。冰岛：L–Q，MHNG-INVE-29949。比例尺：A、F、L = 1cm；B、G、M = 2mm；C、D–E、I–K、N–Q = 1mm；H = 1mm。样品经硼砂洋红–固绿染色。Dr Peter Schuchert（MHNG）拍摄

讨论：本种与 *Sertularia argentea* 的关系一直存在争议。Pallas（1766）认为它们是同种异名，Cornelius（1979）将它们列为同种，但随后 Cornelius（1995）又通过群体的颜色、分枝排列方式、主茎节间的分枝数目、分枝模式、芽鞘的开

口方向等方面的形态差异将它们区分为不同种。基于主茎节间分枝数目、群体大小的不同，Schuchert（2001）也将它们区分为不同种，但目前 Schuchert 更倾向认为它们为同种（与 P. Schuchert 私人通信）。目前两个物种的四条 16S rRNA 序列的相似度为 99.8%，似乎支持它们是同种，但 16S rRNA 对北方冷水海域相关物种的解析度似乎有限（Song *et al.* 2016a），仍需微卫星等其他分子标记的验证，详细讨论见 Song 等（2016a）。

（93）强壮桧叶螅 *Sertularia robusta* (Clark, 1877)

图 4-82

Thuiaria robusta Clark, 1877: 227, pl.15, fig. 53–55; Nutting, 1904: 64, pl. 8, fig. 5–7; Fraser, 1944: 307, pl. 65, fig. 293.

Sertularia robusta: Naumov, 1960: 364–365, fig. 13E, 19D, 255, pl. 8, fig. 3;

Calder, 1970: 1533, pl. 7, fig. 5–6; Antsulevich, 2008: 62–63.

? *Sertularia fabricii* Levinsin, 1893: 48–49, pl. 6, fig. 14–17; Schuchert, 2001: 105–107, fig. 89A–D.

? *Thuiaria fabricii*: Nutting, 1901: 185, pl. 24, fig. 4–5; 1904: 71, pl. 12, figs. 1–2; Fraser, 1937: 164; 1944: 301.

模式产地：楚科奇海、白令海。

采集地及航次：楚科奇海、白令海，中国第一次、第三次、第四次、第五次、第六次北极科学考察，标本信息见附录 1。

形态特征：群体附于石块、海鞘或海绵表面。早期稚体单根、直立生长，不分枝，主茎分节，分节处具 1 圈环轮，节间具 1–3 对芽鞘，基部具 3–5 圈环轮。未充分发育的群体下部约 10 个侧枝互生，与主茎位于同一平面，与主茎夹角 20°–30°，之后生出的侧枝与主茎夹角变大（30°–60°），绕主茎螺旋生长，相邻分枝间旋转 60°，顶部侧枝及小枝呈现蓬松状。充分发育的群体，主茎往顶部方向逐渐变粗，顶部分枝排成密实的半球形或球形，主茎中下部侧枝几乎完全脱落，一般仅剩基部的短节或垫突，略显纤细，少数侧枝断口中抽出新的枝芽。性成熟的群体具明显主茎，略呈“Z”形，规律分节，每节具 1 个侧枝，分节处具收缢，具 1–2 圈环轮。侧枝扭转 30°–90°，双歧分枝次数可多达 10 次，侧枝基部具 1 短节，具 2–3 对芽鞘，之后规律分节，每节末端伴随下一级双歧分枝，其中一小枝基部具垫突，另一小枝不具垫突，两小枝均亦扭转，夹角 15°–30°，腋窝处具芽鞘。未成熟的群体侧枝双歧分枝次数少，基部具垫突（上无芽鞘），侧枝基部一般具 1 环轮，在标本 MBM280344 中观察到的 1 个侧枝，在垫突与小枝间连接 1 个分节，上无芽鞘，具 5 个稀疏的环轮。芽鞘表面光滑，大部分浸入主茎或分枝围鞘，基部宽，往开口方向逐渐变窄，远端外弯，芽鞘开口与主茎平行。芽鞘的排列方式

图 4-82　*Sertularia robusta* (Clark, 1877)

A，群体，中段附有海绵；B，螅枝分枝模式；C，群体 A 中下部生出的稚芽，芽鞘近对生；D，主茎与分枝；E–F，分枝；G，分枝上的芽鞘与生殖鞘排列方式，示芽鞘近对生，末端普遍弯向分枝的一侧；H–I，同一雄性生殖鞘正面观（H）及侧面观（I）；J–N，雌性生殖鞘；O–P，离茎盲囊，同时示芽鞘形态变化。楚科奇海：A、C、F、O，MBM280059。白令海：B、G–I，P，MBM280408；D–E，MBM280226；J–N，MBM280409。比例尺：A–B = 1cm；C、E = 1mm；D = 2mm；F–P = 0.5mm

及贴生程度具变化：早期稚体下部的芽鞘对生，与主茎或分枝位于同一平面，往上方向逐渐变为近对生，芽鞘对簇的间距大于成体，芽鞘 1/2 贴生。成熟或近成熟的群体主茎上的芽鞘对生或近对生，分枝上的芽鞘近对生，芽鞘末端开口朝向主茎或分枝的一侧，芽鞘弯管状，主茎上的芽鞘完全贴生，分枝上的芽鞘 1/2 至完全贴生，位于分节收缢下面的芽鞘一般 1/2–2/3 贴生。芽鞘末端具两个明显的缘齿，具 2 瓣芽盖，近茎瓣小于远茎瓣，近茎瓣月牙形，远茎瓣近圆形，有些近茎瓣以重复 2 片形成存在。芽鞘不具内部齿，收缩的螅芽具发达的离茎盲囊，部分中空的分枝可见到离茎盲囊所留下的类似隔膜似的痕迹。生殖鞘着生于芽鞘侧下方，垂直于芽鞘所在平面倾斜往上生长，排成 2 纵列，位于芽鞘的同侧，不具柄，顶部具 2 根棘刺，顶端具短领，具单瓣圆盖。雄性生殖鞘卵圆形（腹面观），基部略细，中部和上部近等宽，顶部具 2 根棘刺，位于顶端远茎方向，顶部具短领，基部宽，顶部窄，顶端开口，开口弯向远茎侧，具 4–6 个内部齿，具一个小的端胞，三角形，侧扁，略外弯，表面光滑，无环纹。雌性腹面呈倒三角形，主体略短于雄性，顶端具 2 根角状长棘刺（在标本 MBM240469 中发现 1 个雌性生殖鞘在近茎侧也具有单条刺，较远茎侧的 2 根刺短），往两侧斜上方生长，长度与生殖鞘鞘体高度约相同，两刺位于生殖鞘顶部远茎侧，近茎侧平，近茎侧中间隆起（弯背），开口略倾向远茎侧，具短领，领部基部宽，末端变窄，具一个较大的端胞，抱于两根棘刺中间，内具 2 个以上的组织球，具 5–11 个内部齿。

分布：北冰洋，白令海。

讨论：本种与 *Sertularia xuelongi* 等物种的形态差异及遗传关联详见 Song 等（2016a）。Antsulevich（2008）将 *Sertularia fabricii* Levinsin, 1893（模式产地：格陵兰岛）作为本种的同种异名，尚需分子系统学验证。

（94）雪龙桧叶螅 *Sertularia xuelongi* Song, Gravili & Wang, 2016

图 4-83；图 4-84

Sertularia xuelongi Song, Gravili & Wang, 2016: 464, fig. 2–3.

? *Sertularia* sp. (sp. n.?), Antsulevich, 2008: 64–65, plate 5, fig. 9A–E.

模式标本：正模，MBM280308（16S rRNA 序列：KR085169，克隆 P249-1、P249-2、P249-3、P249-5、P249-6）；副模，MBM280309。

采集地及航次：白令海海盆，水深 800–1500m，中国第四次北极科学考察，标本信息详见附录 1。

形态特征：群体黄褐色，细长，具主茎，呈明显“Z”形，主茎略粗于分枝。群体上半部的分枝完整，下半部分枝断裂，仅剩基部，分枝呈螺旋状排列，与主茎不位于同一平面。侧枝细长，分枝规律，每级双歧分枝生成 1 长节和 1 短节，其中长节具垫突，短节不具垫突，分节末端各自再次分枝，以此重复可多达 10 次。主茎、分枝均分节，分节处收缢明显，伴有 1–3 圈环轮，每节均有 1 个侧枝或次级分枝。芽鞘互生，在主茎和侧枝上均排成 2 纵列，主茎每节具 3–5 个芽鞘，其中 1 个腋生，侧枝每节具 8–19 个芽鞘。芽鞘长管状，表面光滑，近茎侧少部分浸入围鞘，2/3–4/5 贴生，腋窝处芽鞘 1/2 贴生，顶部游离、外弯，开口所在平面与主茎接近平行，开口处略收缩，边缘具两个等大的侧齿，具 2 瓣芽盖，近茎瓣较小，月牙形，不能活动，远茎盖近圆形，可活动，可完全覆盖芽鞘开口。芽鞘无内部齿，收缩的螅芽具离茎盲囊。生殖鞘着生于芽鞘侧下方，垂直于分枝所在平面，往斜上方生长，排成 2 纵列。雌性生殖鞘长卵圆形，侧扁，表面光滑，无棘刺，具短领，顶端具一圆形开口，开口往离茎方向倾斜，具 1 椭圆形盖，具 8–10 个内部齿，充分发育的个体具端孢。无雄性生殖鞘标本。具 2 种刺细胞：第一种较大，长卵圆形，鞋底状，顶端尖，底端钝，内部具 1 根棍状刺，周围缠绕多圈细丝；另一种较小，梭形，两端尖，内部可观察到 1 根直刺状结构。

分布：白令海海盆，800–1500m。

讨论：本种为白令海盆的深海种，与白令海、楚科奇海、冰岛、甚至法国近岸等海域的同属浅水种具体较高的遗传相似度和关联，详见 Song 等（2016a）。

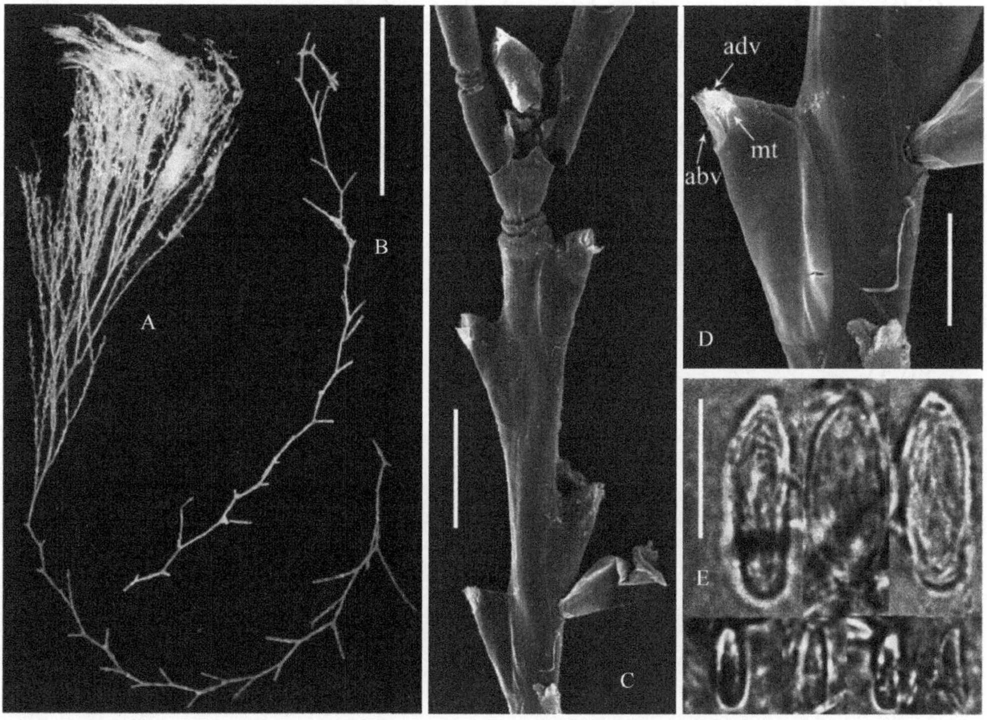

图 4-83　*Sertularia xuelongi* Song, Gravili & Wang，2016（彩图请扫封底二维码）

A，正模，MBM280308；B，副模，MBM280309；C–D，分枝扫描电镜图，D 为局部放大，示芽鞘放大及生殖鞘从孔隙中生出，箭头示芽盖近茎瓣（adv）、远茎瓣（abv）及缘齿（mt）；E，刺细胞，MBM280308，type Ⅰ（上）和 type Ⅱ（下）。比例尺：A–B = 2cm；C = 0.5mm；D = 20um；E = 10μm。A，王少青拍摄

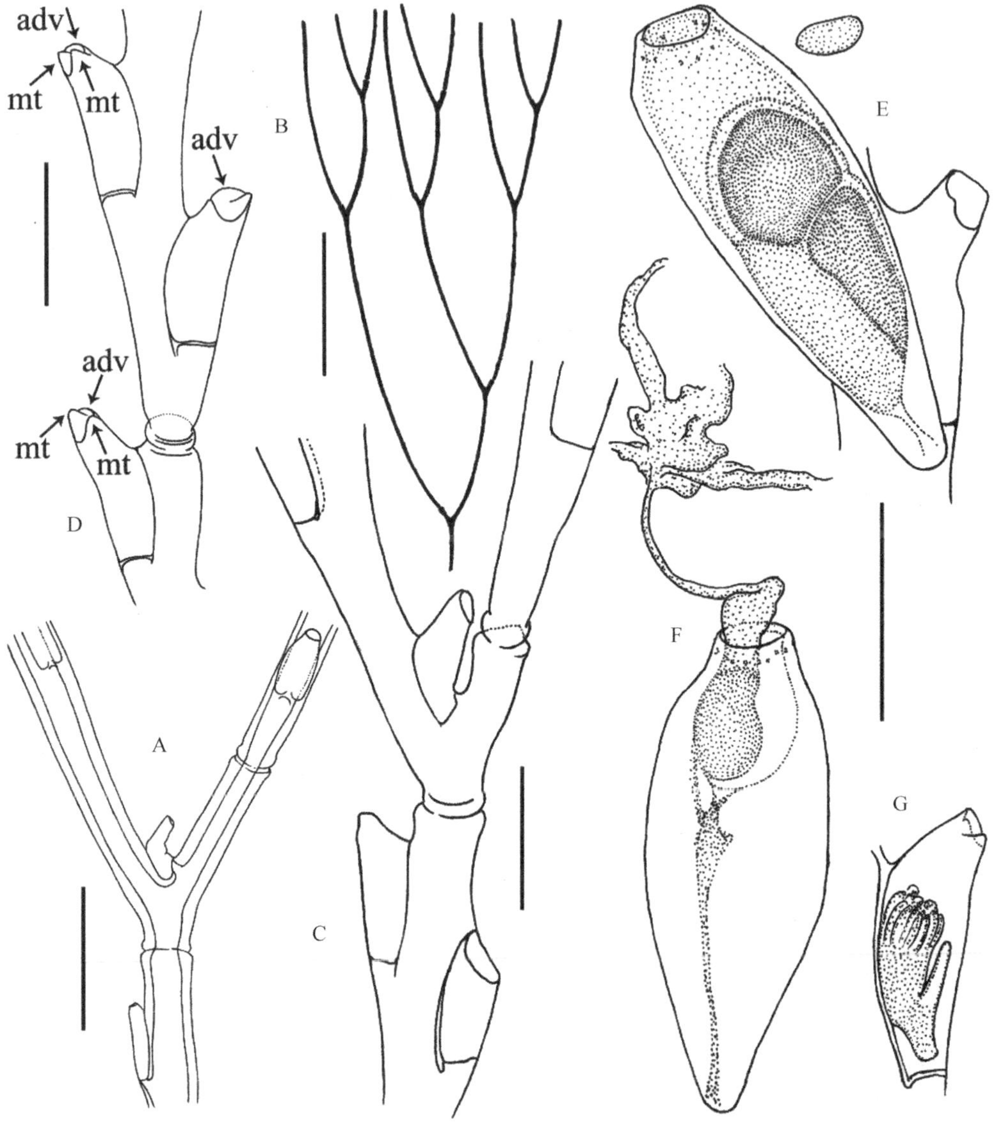

图 4-84 *Sertularia xuelongi* Song, Gravili & Wang, 2016，正模，MBM280308

A，主茎与右侧的分枝；B，分枝模式示意图；C，分枝；D，分枝上的芽鞘排列，箭头示芽盖近茎瓣（adv）或缘齿（mt）；E，雌性生殖鞘及顶盖；F，雌性生殖鞘及端胞；G，芽鞘及离茎盲囊。比例尺：A = 1mm；B = 1cm；C–D = 0.5mm；E–G = 0.5mm

（95）桧叶螅未定种 1 *Sertularia* sp. 1

图 4-85

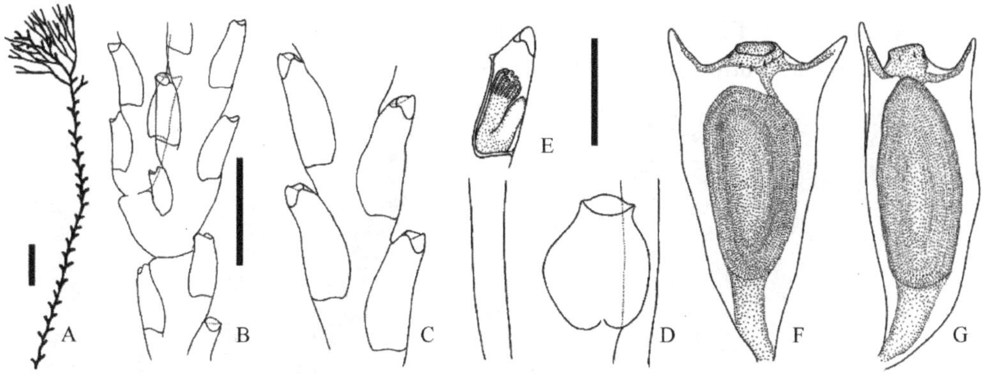

图 4-85　*Sertularia* sp. 1，TI200134，白令海

A，群体；B，主茎与分枝；C，群体顶部的分枝及芽鞘；D，主茎下半部上的芽鞘；E，离茎盲囊；F–G，生殖鞘，F 顶部具 2 根棘刺，棘刺往下形成 2 条纵棱，G 具 3 根棘刺，形成 3 条纵棱。比例尺：A = 1cm；B = 1mm；C–G = 0.5mm

采集地及航次：白令海峡，中国第五次北极科学考察，标本信息见附录 1。

形态特征：标本高约 10mm，具明显主茎，主茎基部缺失，具分枝，大部分分枝断裂，仅剩基部垫突，顶部分枝蓬松，绕主茎螺旋排列，具 3–4 级重复双歧分枝，分枝腋窝处具垫突和腋生芽鞘。主茎和分枝分节。芽鞘在主茎和分枝上近对生，排成 2 纵列，主茎下半部的芽鞘圆而鼓，呈桃形，主茎上半部和分枝上的芽鞘长筒状，约 7/8 贴生，几乎完全浸入主茎或分枝，往顶端方向略变细，游离部分略贴向的茎侧。芽鞘表面光滑，末端具两个明显的缘齿，具 2 瓣芽盖，近茎瓣小于远茎瓣，不具内部齿，具离茎盲囊。生殖鞘着生于芽鞘侧下方，垂直于芽鞘所在平面倾斜往上生长，生殖鞘锥形，表面光滑，鞘内组织表面具斑点，具短柄，往开口方向逐渐增宽，顶端具短领，具单瓣圆盖，领内具 8–10 个内部齿，顶部具 2–3 根耳状棘刺，往斜上方生长，并往生殖鞘下方延伸，使生殖鞘呈二棱体或三棱体状。

分布：白令海峡。

讨论：本种与 *Sertulaia robusta* 的最大区别在于主茎上的分枝扭转明显，夹角小、芽鞘浸入明显，生殖鞘呈二棱体或三棱体状。此种棱状的生殖鞘与 Noumov（1960）报道的 *Sertularia albimaris* Mereschkowsky, 1878 相似，但后者的芽鞘外展明显，群体的分枝与主茎位于同一平面（Kudelin 1914；Naumov 1960）。

（96）桧叶螅未定种 2 *Sertularia* sp. 2

图 4-86

? *Sertularella nana* Hartlaub, 1901a: 361, pl. 21, fig. 4, 10–11; Naumov, 1952: 34; 1960, 352–353, fig. 243. [Not *Sertularia nana* Bale, 1926]

? *Sertularia nana*: Nutting, 1904: 105, pl. 26, fig. 6.

图 4-86 *Sertularia* sp. 2，在 NMNH 鉴定为 *Sertularia nana* (Hartlaub, 1901)。USNM69414，美国加利福尼亚州蒙特雷湾（彩图请扫封底二维码）

A，群体；B，主茎与分枝；C，分枝；D，芽鞘；E，箭头示离茎盲囊。比例尺：A = 2mm；B–C = 1mm；D–E = 0.5mm

采集地及航次：美国加利福尼亚州蒙特雷湾，美国加利福尼亚州沿岸调查航次（1904），标本信息见附录 1。

形态特征：标本高 100mm，具明显主茎，略呈"Z"形，主茎粗于分枝，分枝互生，与主茎位于同一平面，具腋生芽鞘和垫突，主茎和分枝分节，主茎每节具 1 个分枝和 3 个芽鞘（含腋生芽鞘），分枝每节具 2–6 个芽鞘，分节处具 1 个收缢。芽鞘管状，表面光滑，互生，在主茎和分枝上排成 2 纵列，芽鞘 2/5 贴生，基部宽，往末端方向逐渐变细，上半部明显外展，芽鞘边缘具两个明显的侧齿，具两瓣芽盖，近茎盖小于远茎盖，未观察到内部齿，具离茎盲囊。不具生殖鞘标本。

分布：美国加利福尼亚州蒙特雷湾。

讨论：此标本是 NMNH 中唯一被鉴定为 *Sertularia nana* (Hartlaub, 1901)的馆藏标本。它的芽鞘特征与 *S. nana* 相似，采集地与 *S. nana* 的模式产地美国华盛顿州皮吉特湾同处北美太平洋沿岸。但由于 *S. nana* 的原始描述基于不具分枝的不成熟片段，其成体的分枝模式未知。Naumov（1960）将采自鄂霍次克海的一水螅片段鉴定为 *S. nana*，也不具分枝。从所检本分枝基部的垫突、腋生芽鞘等特征可推测其成熟的标本应具多级双歧分枝，符合本属的特征。

（97）北冰洋桧叶螅 *Sertularia arctica* Allman, 1874

图 4-87

Sertularia arctica Allman, 1874: 204, pl. 14, fig. 1–2; 1876: 264, pl. 14, fig. 1–2.

Sertularia tenera Sars, 1873: 108–109, pl. 4, fig. 1–4; Antsulevich, 1987: 74; Naumov, 1960: 353–354, fig. 244; Yamada, 1950: 15; Berezina, 1948: 64; Kramp, 1943: 36; Uschakow, 1937: 21; Jaderholm, 1919:15; Broch, 1905: 19.

Thuiaria arctica: Calder, 2012: 40.

? *Thuiaria derbeki* Kudelin, 1914: 305, fig. 100, pl.3, fig. 3; Naumov, 1960: 411–412, fig. 299.

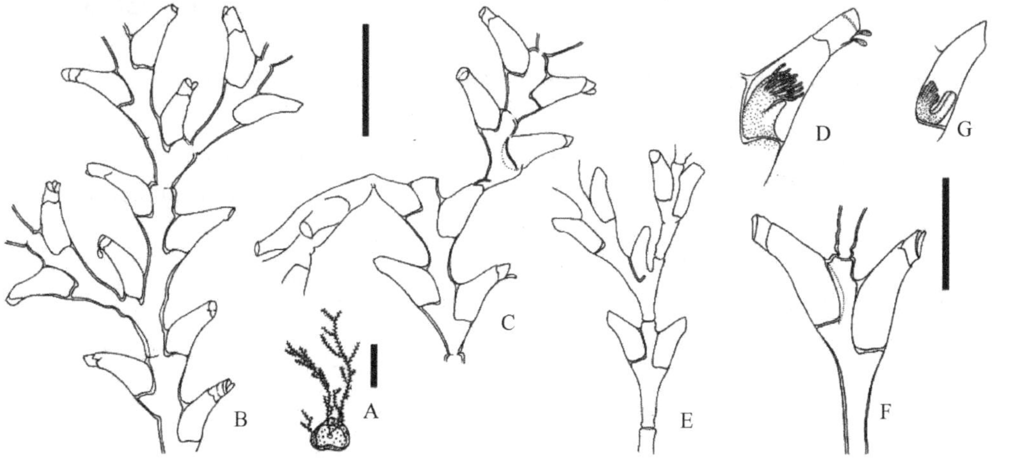

图 4-87　*Sertularia arctica* Allman, 1874

A，群体；B，主茎与分枝；C，分枝，示 2 个分枝从芽鞘内生出；D、G，离茎盲囊；E，分枝；F，芽鞘。楚科奇海：A–D，MBM280326。中国第四次北极科学考察，采集地未知：TI200060。比例尺：A = 1cm；B–C、E = 1mm；D、F–G = 0.5mm

模式产地：巴仑支海，斯瓦尔巴特群岛，斯匹次卑尔根群岛。

采集地及航次：楚科奇海，中国第一次、第四次、第六次北极科学考察，标本信息见附录 1。

形态特征：群体纤细，附于石块或海鞘表面，具明显“Z”形主茎，主茎基部具 1–4 节短分节，上不具芽鞘，主茎分枝，分枝互生，与主茎约呈 90°夹角，分枝略扭转，与主茎所在平面呈 5°–15°夹角，相邻分枝间隔 3–8 个芽鞘，其中 1 个腋生。分枝基部具垫突，垫突短粗，较分枝粗，部分垫突的长度与腋窝处芽鞘基部宽度相同，分枝生长处（垫突基部收缩明显），呈倒三角形，具次级分枝，分枝模式同侧枝，在同一侧枝上观察到 3 个小枝从芽鞘内生出，此种分枝模式在所检标本中较罕见。主茎、分枝均规律分节，主茎分节规律（除基部的短分节），每节具 1–2 个分枝，分枝每节 1–2 对芽鞘对簇。主茎和分枝芽鞘均近对生，主茎上间距大于分枝上的间距，主茎上芽鞘对簇呈“L”形，分枝上呈“V”形，分枝上芽鞘基部浸入明显，与分枝主干围鞘围成“V”形。芽鞘表面光滑，长管状，1/4–1/2贴生，贴生部分宽圆，往开口方向逐渐变细，游离部分外弯，具 2 个侧齿，具 2 瓣芽盖，近茎瓣近圆形，可活动，远茎瓣椭圆形，远茎瓣大于近茎瓣，部分芽鞘末端的围鞘和芽盖层叠，次数多达 3 次。收缩的螅芽具离茎盲囊。无生殖鞘标本。

分布：北冰洋，楚科奇海。

（98）同形桧叶螅 *Sertularia similis* Clark, 1877

图 4-88

Sertularia similis Clark, 1877: 219–220, pl. 15, fig. 56; Naumov, 1960: 356–357, fig. 247.

Thuiaria simillis: Nutting, 1904:69, pl. 10, fig. 7–9; Fraser, 1936a: 126; 1937, 164; 1944: 307.

Not *Sertularia similis*: Huang & Liu, 1987: 65–66, fig. 5; Tang & Gao, 2008, checklist in: Liu (Ed.): 318; Xu, Lin & Wang, 2012, checklist in Huang & Lin (Ed.), Vol. 1: 306.

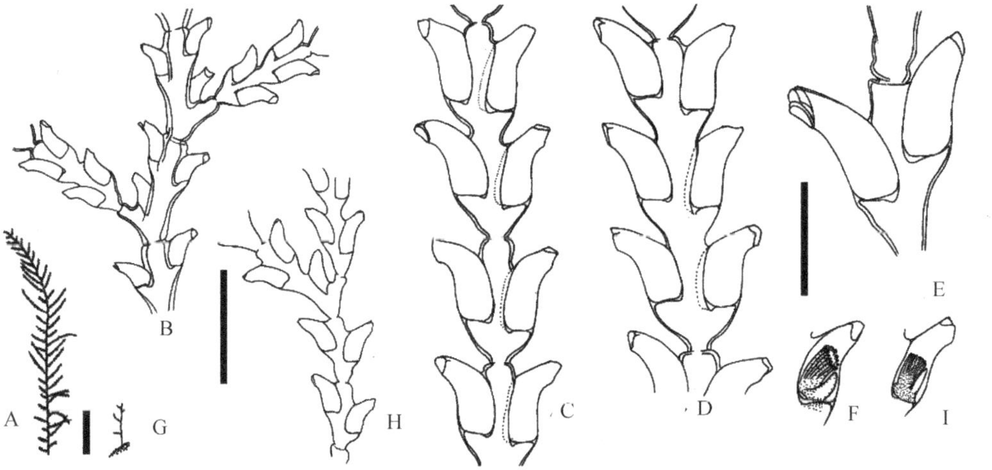

图 4-88 *Sertularia similis* Clark, 1877

A、G，群体，G 示稚体；B，主茎与分枝；C–D、H，分枝；E，芽鞘大小变化（较大）；F、I，离茎盲囊。楚科奇海：A–D，MBM280328；E，MBM280429。F–I，TI200053，中国第四次北极科学考察，采集地未知。比例尺：A、G = 1cm；B、H = 1mm；C–F、I = 0.5mm

模式产地：模式标本 USNM4378，USNM68957，阿拉斯加州布里斯托尔湾哈格迈斯特岛，白令海。

采集地及航次：白令海、楚科奇海，美国极地科学考察（1898），中国第四次、第六次北极科学考察，标本信息见附录 1。

形态特征：群体羽状，纤细，具明显主茎，略呈（MBM280328，TI 200053）或不呈（USNM69201）“Z”形。具分枝，分枝互生，分枝扭转 20°–60°，但群体整体上仍呈现平面羽状；无二级分枝；分枝基部具垫突，垫突上无芽鞘，垫突中部略收缩。主茎及分枝均分节，主茎规律分节，每节具 1 个分枝，分枝分节不规律，每节具 1–3 对芽鞘对簇，主茎相邻分枝间隔 3–5 个芽鞘，其中 1 个腋生，分节处具收缢；主茎上的芽鞘近对生，分枝上对生或近对生（仅是略错开），分枝芽鞘以对簇形式存在，均排成 2 纵列，开口处略偏身体主茎或侧枝的一侧，分枝偏向近主茎侧。芽鞘表面光滑，管状，基部宽，往开口方向逐渐变细，1/2–2/3 贴生，游离部分外展，离茎侧中间内凹，分枝上的芽鞘下半部明显陷入主干围鞘中，与主干形成倒三角形或“V”形结构（与 *Sertularia cupressoides* 类似），轮廓圆滑，曲线平滑。具 2 个侧齿，芽盖 2 瓣，均近半圆形，近茎瓣小于远茎瓣。芽鞘内部不具内部齿，收缩的螅芽具离茎盲囊。无生殖鞘标本。

分布：楚科奇海，白令海，鄂霍次克海，日本海，千岛群岛，北美太平洋侧皮吉特湾。

讨论：本种芽鞘开口处朝向或弯向分枝同侧，类似 *Sertularia robusta*，但不如 *S. robusta* 明显。本种芽鞘排列与 *S. robusta* 稚体相似，但芽鞘明显较小。

（99）施氏桧叶螅 *Sertularia schmidti* Kudelin, 1914

图 4-89

Sertularia schmidti Kudelin, 1914: 191–193, fig. 39–40; Naumov, 1960: 354, fig. 245A–B; Calder, 1970: 1533–1535, pl. 7, fig. 7–9.

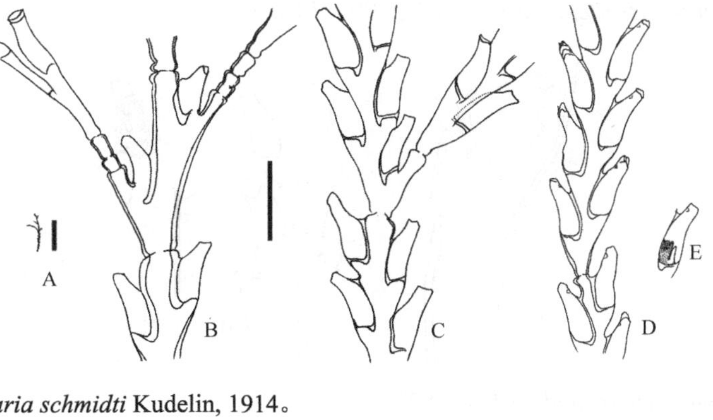

图 4-89　*Sertularia schmidti* Kudelin, 1914。

A，群体；B–C，主茎与分枝；D，分枝；E，离茎盲囊。楚科奇海：A–C，MBM280058；D–E，TI200187。比例尺：A = 1cm；B–E = 0.5mm

采集地及航次：楚科奇海，中国第五次北极科学考察，标本信息见附录 1。

形态特征：仅 2 瓶标本，MBM280058 标本含 1 簇群体的下半部分，具分枝，

TI200187 含 1 根稚体。群体小型，具明显主茎，直立生长，不呈“Z”形，分节，每节具 1–2 个分枝，分枝互生，分枝基部具垫突，腋窝处具 1 个芽鞘，垫突后连接 2–3 个短节，上无芽鞘，新分枝基部具 1 个环轮，之后呈倒三角形。主茎基部不具环轮（MBM280058），稚体（TI200187）下半部及中间各具有 3 段连续的短分节，不具芽鞘。芽鞘近对生，2 纵列，位于同一平面，分枝扭转 90°，分节处倾斜，具 1 个收缢，每节间隔 2–3 个芽鞘；芽鞘表面光滑，汤匙状，近茎侧约 1/2 贴生，下半部宽圆，往远端方向逐渐变细，上半部外展，末端略内收。末端具 2 个侧齿，不尖锐，具 2 瓣近等大的芽盖，近半圆形，部分芽鞘的芽盖层叠 1–3 次。收缩的螅芽具离茎盲囊，在稚体部分芽鞘的近茎侧内下方具 1 个内部齿。无生殖鞘标本。

分布：楚科奇海，白令海，加拿大北部海域。

（100）拟柏桧叶螅 *Sertularia cupressoides* Clark, 1877

图 4-90

Sertularia cupressoides Clark, 1877: 220, pl. 13, fig. 37; Kudelin, 1914: 200–203, fig. 46–48; Naumov, 1960: 359–360, fig. 250; Yamada, 1950: 15–16, pl. 1, fig. 17–19; 1957: 159; Antsulevich, 1987: 74–75.

Thuiaria cupressoides: Nutting, 1901: 185.

Thuiaria dalli Nutting, 1904:68–69, pl. 10, fig. 4–6; Fraser, 1936a: 126; 1937: 164, pl. 38, fig. 200; 1944: 300, pl. 63, fig. 284.

Not synonym of *Sertularia cupressoides* Clark, 1877 [*Sertularia nasonovi* Kudelin, 1914: 207–209, fig. 52–53].

? *Sertularia cupressoides*: Antsulevich, 1987:74–75.

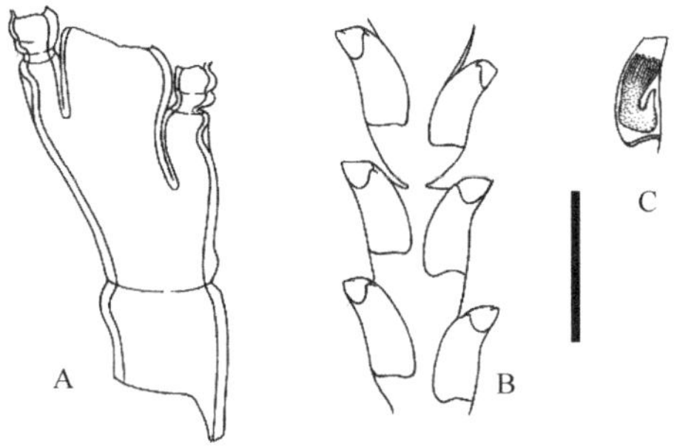

图 4-90 *Sertularia cupressoides* Clark, 1877

A，主茎与两分枝基部；B，分枝；C，离茎盲囊。阿拉斯加湾：A–C，USNM70722。比例尺：A–C = 0.5mm

模式产地：阿拉斯加湾（USNM4338，55.2350°N，160.4920°W，11m；USNM4465，24m）。

采集地及航次：阿拉斯加湾，美国 Harriman 阿拉斯加考察航次（1899），标本信息见附录 1。

形态特征：所检标本仅含 5 个片段，其中 1 个为主茎，仅残留分枝基部，另外 4 个为分枝片段。主茎上具分枝，主茎上不具芽鞘，分枝互生，分枝基部具垫突，具 2–3 圈环轮，分枝腋窝处不具芽鞘。分枝分节，每节具 1–2 对芽鞘对簇，分节处倾斜，具收缢。芽鞘呈对簇，对生或近对生，对簇间排列紧密，贴生明显，位于同一平面，芽鞘开口处略朝向或弯向分枝同一侧。芽鞘表面光滑，管状，约 1/2 贴生，下半部贴生部分陷入分枝主干，下半部宽圆，上半部游离部分往开口方向逐渐变细，外弯。具 2 个侧齿，芽盖 2 瓣，近茎瓣椭圆形，远茎瓣近圆形，近茎瓣小于远茎瓣。芽鞘内部不具内部齿，收缩的螅芽具离茎盲囊。无生殖鞘标本。

分布：喀拉海，阿拉斯加湾，白令海，鄂霍次克海，日本海，千岛群岛。

讨论：所检标本采自本种的模式产地，虽然标本不完整，但形态特征与原始描述一致。本种的芽鞘开口处朝向或弯向分枝同一侧，类似 *Sertularia robusta*，但不如 *S. robusta* 明显。Antsulevich（1987）将 *Sertularia nasonovi* Kudelin, 1914 列为本种的同种异名，但 *S. nasonovi* 的主茎上具芽鞘，分枝腋窝处也具芽鞘（Kudelin 1914，P207–208），很明显为不同的物种。Antsulevich（1987）所报道的本种的记录需核实。

（101）羽形桧叶螅 *Sertularia plumosa* (Clark, 1877)

Type Ⅰ，图 4-91；Type Ⅱ，图 4-92
Thuiaria plumosa Clark, 1877: 228–229, pl. 16, fig. 62.

模式产地：白令海努尼瓦克岛，USNM4409。

采集地及航次：楚科奇海、加拿大海盆、白令海，中国第四次、第五次、第六次北极科学考察，标本信息见附录 1。

形态特征：群体直立，主茎明显呈“Z”形，分枝互生，呈重复多级双歧分枝，分枝具垫突，具腋生芽鞘。主茎及分枝均分节，分节处具收缢。芽鞘互生，在主茎和分枝上排成 2 纵列，芽鞘约 2/3 贴生，具 2 个缘齿和 2 瓣芽盖，近茎瓣大于远茎瓣，螅芽收缩后具离茎盲囊。所检标本按生殖鞘的形态差异可分为 2 种类型：第一种生殖鞘（type Ⅰ）呈三棱柱形，底端细，往开口方向逐渐变粗，三条纵棱在顶端继续延伸，形成 3 根棘刺，开口具短领，领内约具 9 个内部齿，顶部具端胞；与第一种相比，第二种生殖鞘（type Ⅱ）主要区别在于它的领部明显较长，开口明显弯向远茎侧，生殖鞘不呈明显的三棱形。

分布：阿拉斯加，加拿大海盆，楚科奇海，白令海。

讨论：本种第一种生殖鞘类型（type Ⅰ）与原始描述一致。两种生殖鞘形态所对应的 16S rRNA 和 COI 基因的遗传距离分别为（16S rRNA: 0.003–0.021; COI: 0.003–0.010），在系统进化树上两种类型的不同样品并非各自聚成单系群，而是存

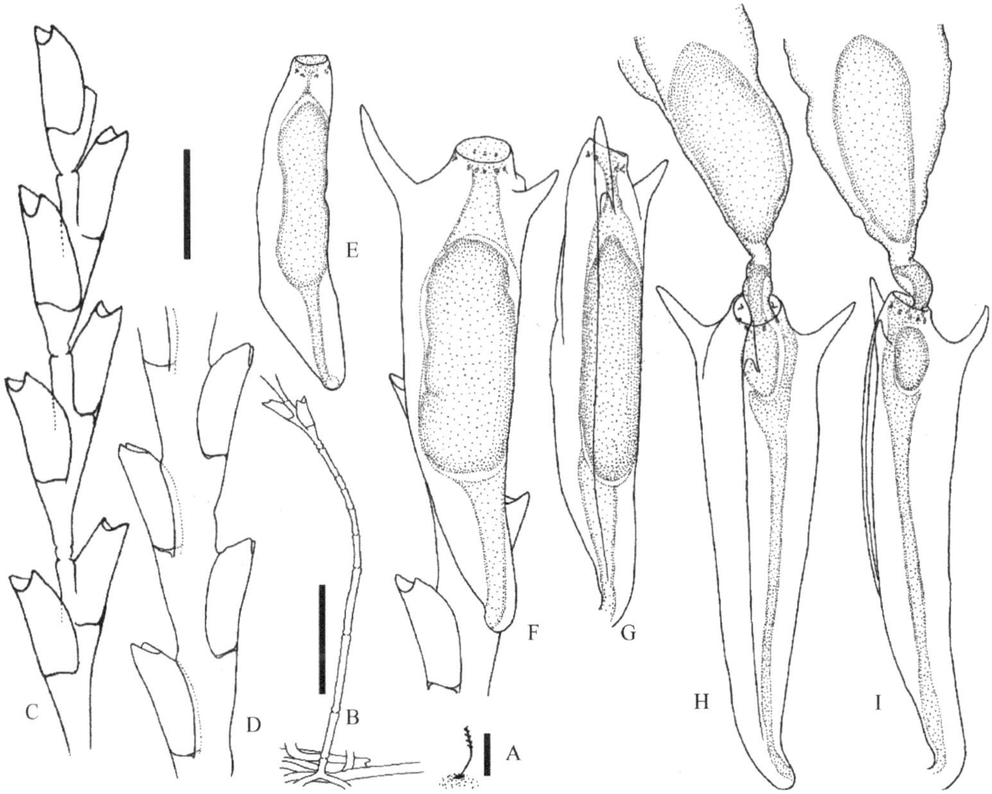

图 4-91 *Sertularia plumose* (Clark, 1877) type Ⅰ

A–C，同一稚体群体，C 示稚体主茎；D，成体分枝；E–I，雌性生殖鞘，E 示未成熟生殖鞘，F–G 示同一生殖鞘正面观（F）及侧面观（G）；H–I，同一生殖鞘正面观（H）及侧面观（I）。白令海：A–I，MBM280116。比例尺：A = 1cm；B = 2mm；C–I = 0.5mm

在交叉（图 3-3）。16S rRNA 遗传距离最大值（0.021）来自样品 MBM240562，它的生殖鞘属第二种类型，但其芽鞘比其他同类型样品大，根据目前所掌握的数据很难确定这两种类型是否属同种、是否还存在其他隐种，它们在遗传上的高度相似、在形态上却存在较大变化，可能暗示在它们正处于物种分化早期。可能需要助微卫星等其他分子标记进行深入研究。目前暂主观地将其归为同一物种的不同类型。

（102）多室桧叶螅 *Sertularia loculosa* Busk, 1852

图 4-93A–E

Sertularia loculosa Busk, 1852: 393, pl. 19: fig. 9; Migotto, 1996: 71–73, fig. 13f–I; Schuchert, 2003: 188–189, fig. 42; Tseng *et al.*, 2014: 4–5 (list).

Sertularia ligulata: Billard, 1925b: 178–181, fig. 35; Millard, 1975: 307–309, fig. 100a–d; Vervoort & Vasseur, 1977: 53–57, fig. 24; Hirohito, 1995: 213–215, fig. 71a–g.

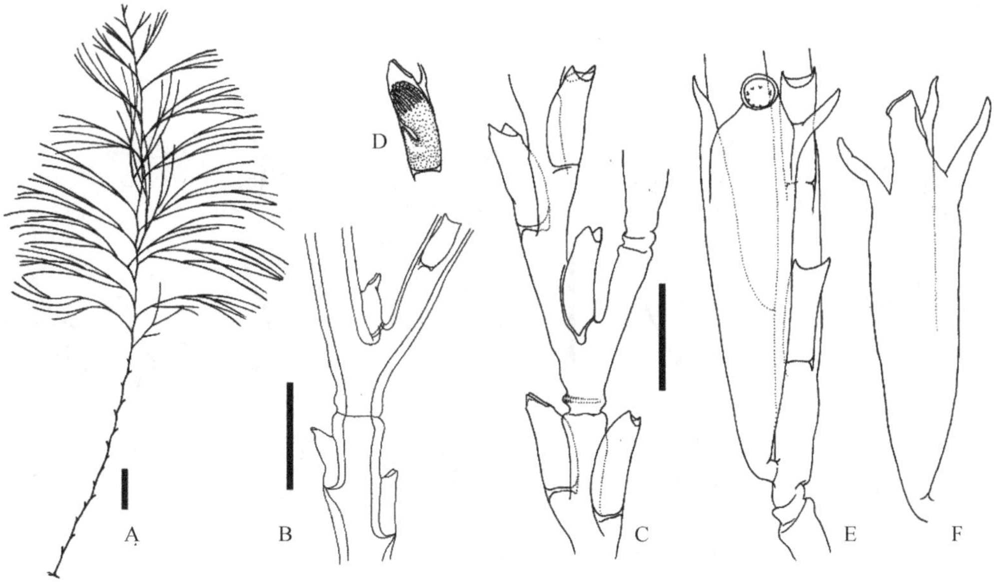

图 4-92　*Sertularia plumose* (Clark, 1877) type Ⅱ

A，群体；B，主茎与分枝；C，分枝；D，离茎盲囊；E–F，雄性生殖鞘。楚科奇海：A–C、E–F，MBM280225；D，MBM280371。比例尺：A = 1cm；B = 1mm；C–F = 0.5mm

Sertularia turbinate: Ritchie, 1910b: 821; Bale, 1913: 124, pl.12: fig. 6; Jäderholm, 1919: 14, pl. 3, fig. 8.

Not *Sertularia loculosa*: Bale, 1884: 91.

采集地及航次：南海，全国第一次海洋普查、中国科学院南沙群岛科学考察，标本信息见附录 1。

形态特征：群体直立，无分枝，分节，节间具收缢或铰合关节，仅在主茎最下端的一对芽鞘底部观察到铰合关节。芽鞘对生，排成 2 纵列，芽鞘对在主茎的一侧彼此邻近（图 4-93c），在另一侧则彼此分开（图 4-93e）。芽鞘基部约 3/4 贴生，中部具 1 横隔，将芽鞘分为 2 室，芽鞘顶部外弯，扩展，末端具 3 个矮齿。芽盖单瓣，位于远茎侧，椭圆形。无生殖鞘标本。

分布：北部湾，台湾；日本、印度—太平洋地区、南非、非洲西部、巴西，澳大利亚。

讨论：在所检标本仅具 1 瓣清晰的芽盖，Schuchert（2003）在其标本中观察到 2 瓣芽盖，近茎瓣非常小，远茎瓣与本研究标本相似。Schuchert（2003）将本种归至 *Sertularia* 属，综合考虑本种具铰合关节这一形态特征和本研究中对 *Sertularia* 属的分子系统学修订结果，将本种移至 *Dynamena* 属。

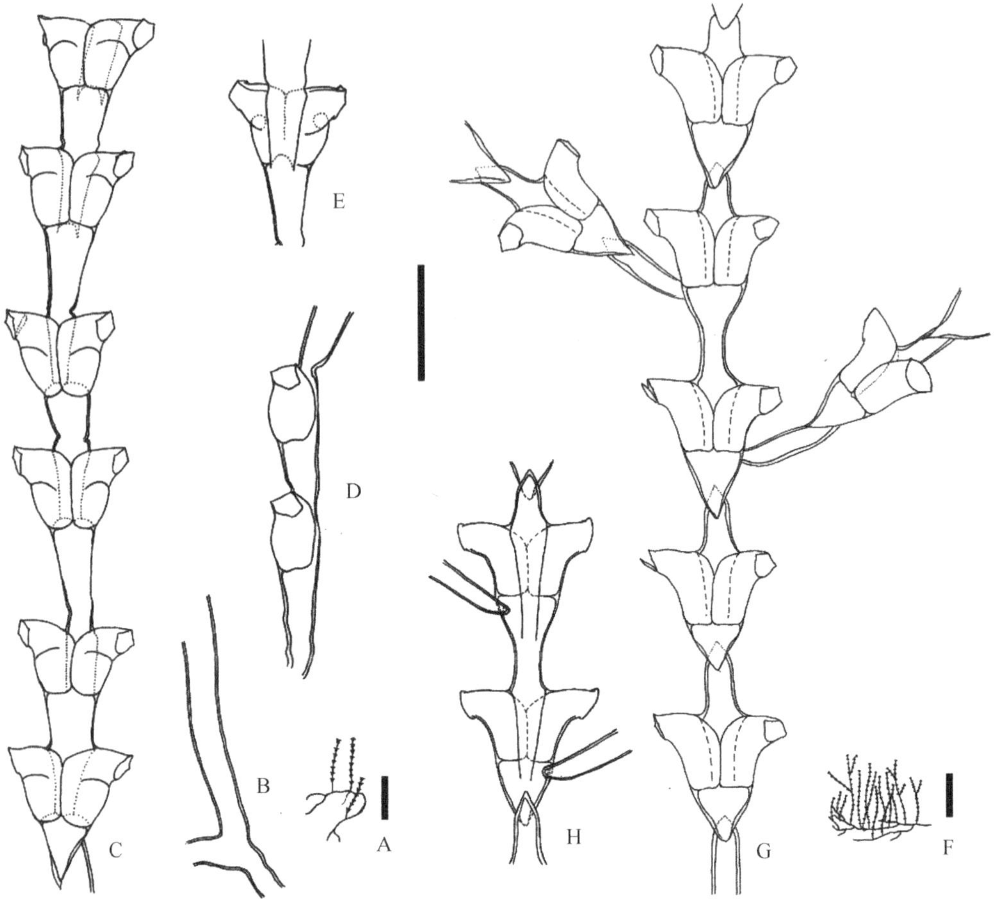

图 4-93　A–E，*Sertularia loculosa* Busk, 1852，MBM280295，南海北部湾；F–H，*Salacia desmoides* (Torrey, 1902)，MBM280295，中国青岛

A、F，群体；B，螅茎基部；C、G，螅茎，示芽鞘正面观；D，芽鞘侧面观；E、H，芽鞘背面观。比例尺：A、F = 1cm；B–E、G–H = 0.5mm

（103）汤加桧叶螅 *Sertularia tongensis* Stechow, 1919

图 4-94；图 4-95

Sertularia tongensis Stechow, 1919a: 101–102, fig. N.

? *Dynamena dalmasi* Versluys, 1899: 38–40, fig. 6–8.

模式产地：汤加群岛。

采集地及航次：汤加群岛（模式标本，航次未知）、我国南海北部湾，全国第一次海洋普查标本，标本信息见附录 1。

形态特征：群体具匍匐根，具多根直立主茎，具分枝，分枝基部紧贴主茎芽鞘侧下方，不具垫突，分枝形态与主茎相同。主茎和分枝规律分节，每节中间具

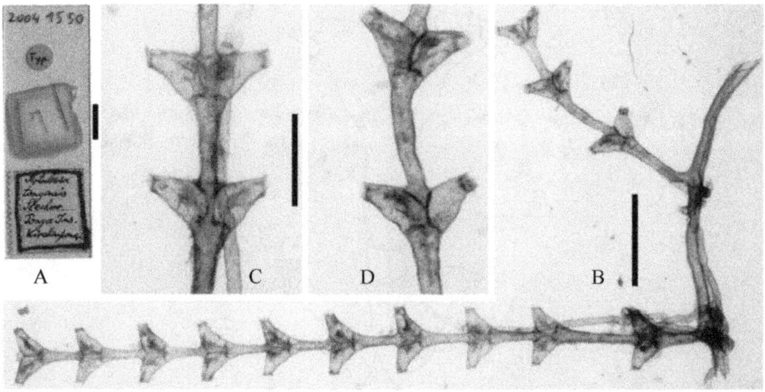

图 4-94　*Sertularia tongensis* Stechow, 1919，模式标本，ZSM20041550，汤加群岛（彩图请扫封底二维码）

A，模式标本玻片；B，匍匐根及主茎；C–D，芽鞘。比例尺：A = 1cm；B = 1mm；C–D = 0.5mm。拍摄者：Dr Ruthenstainer Bernhard

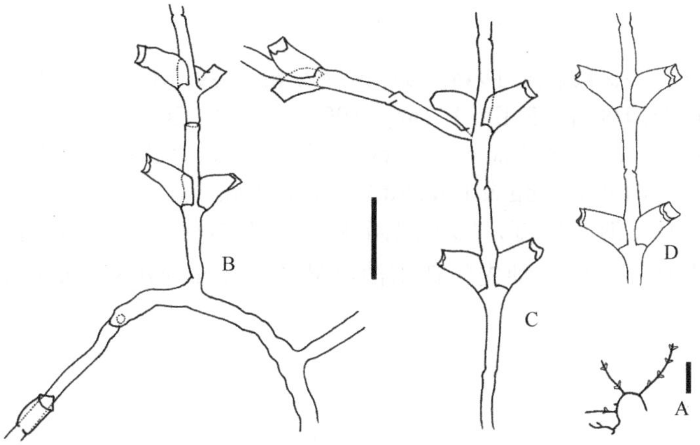

图 4-95　*Sertularia tongensis* Stechow, 1919，MBM004640，南海

A，群体；B，匍匐根及主茎；C，主茎与分枝；D，芽鞘远端层叠。比例尺：A = 2mm；B–D = 0.5mm

1 对芽鞘。芽鞘对生，分节末端具收缢。芽鞘近 1/2 贴生，顶部外弯，芽鞘对的近茎侧几乎呈“一”字形，与主茎垂直，末端具 3 个缘齿，1 个近茎齿，2 个远茎齿，末端具层叠，所检标本芽盖脱落。无生殖鞘标本。

分布：汤加群岛；南海。

(104) 膨胀桧叶螅 *Sertularia tumida* Allman, 1877

图 4-96

Tridentata westindica Stechow, 1919b: 30–31, fig. 5; 1923: 210, fig. H.

Sertularia borneensis Billard, 1925: 171, fig. 31.

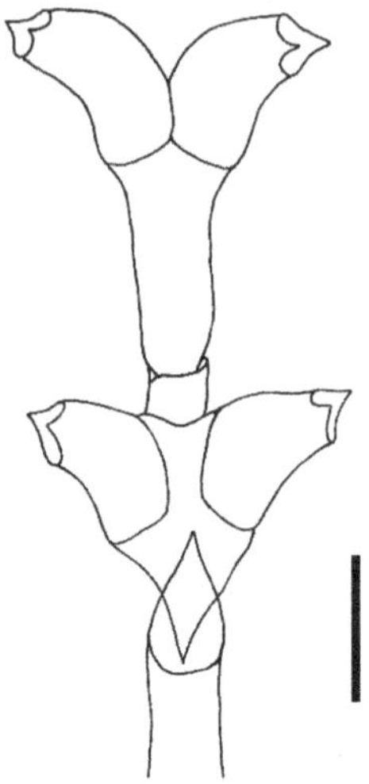

图 4-96 *Sertularia tumida* Allman, 1877，南海南沙群岛
示芽鞘排列。据 Tang（1991a）重绘。比例尺：0.2mm

Sertularia westindica Fraser, 1944: 291, pl. 62, fig. 279; Mammen, 1965: 40, fig. 71; Cooke, 1975: 100, pl. 5, fig. 1; Tang, 1991a: 28–29, fig. 3.

Sertularia tumida: Tang & Gao, 2008, checklist in: Liu (Ed.): 318; Xu, Lin & Wang, 2012, checklist in Huang & Lin (Ed.), Vol. 1: 306.

分布：加勒比海，印度，印度尼西亚，马绍尔群岛；南沙群岛牛车轮礁。

讨论：本种基于唐质灿先生在南沙群岛的 *Sertularia westindica* 记录（Tang 1991a）。

第5章 进化特点

5.1 表型进化特点

对近90种桧叶螅的分子系统学（16S，图3-3）和50个形态特征（附录2）进行关联分析，可以发现桧叶螅科主要的单系群间具以下特点。

1）共源特征。桧叶螅科各主要单系群内（对应图3-3中的分支标示）具有较多的共源性状（synapomorphies），部分特征已被选定为科级或属级分类特征。以芽鞘缘齿的数量为例，在进化树上（图3-3）由下而上依次为无缘齿（Staurothecidae）、2个缘齿或3个缘齿（Symplectoscyphidae）、4个缘齿（Thyroscyphidae）、3个缘齿或4个缘齿（Sertularellidae）、无缘齿（*Salacia desmoides*）、无缘齿（Diphasidae fam. nov.）、3个缘齿（*Dynamena*）、无缘齿或2个缘齿（*Thuiaria*）、无缘齿、2个缘齿、0缘齿、2个缘齿（Sertulariidae *sensu stricto*）。

2）平行进化。除去具芽鞘和生殖鞘等被鞘螅类的共有特征外，主要的单系群间的形态特征无连续性变化、无过渡形态类型，呈现平行进化趋势。以上述芽鞘缘齿数和芽盖数在各类群间均无显著递增或递减规律。进一步分析芽盖的数量变化，也有类似的结果。此外，在较多单系群内可以重复观察到简单与复杂的分枝方式同时存在，如Symplectoscyphidae中，*Fraseroscyphus*代表简单的分枝方式，处于该单系群的较原始的分支位置，而另外两个属*Symplectoscyphus*和*Antarctoscyhus*则具有较复杂的分枝方式，在主茎分枝的腋窝处均进化出垫突和腋生芽鞘等结构。另如在图3-3中的单系群j中，*Sertularia* cf. *cupressoides*分枝简单，而*Sertularia plumosa*和*Abietinaria pulchra*则进化出较为复杂的重复多级双歧分枝模式。即使是在*Xingyurella*属中，*X. turgida*分枝简单，而*X. xingyuarum*分枝复杂。

3）地域性。部分单系群的地理分布具地域性，如*Sertularia plumosa*和*Abietinaria pulchra*等所在的单系群（图3-3j）仅分布在北冰洋、北太平洋等北方海域，它们在系统进化树上的位置提示它们地质年代上较晚出现的类群。*Staurotheca*、*Antarctoscyphus*仅分布在南极海域，出现在进化树的基部，出现的地质年代较早。而*Symplectoscyphus*则呈现全球分布模式，采自北冰洋、我国黄海、我国东海、南极的不同物种在系统进化树上聚成单系群（图3-3A–B）。

4）趋同进化。在不同支上出现芽鞘多列、特化的雌性生殖体保护结构等趋同进化特征。例如，*Staurotheca*（南极）、*Thuiaria*（北冰洋、北太平洋）位于不同的单系群，但均出现了芽鞘排成多于 2 纵列的特征。*Sertularella mirabilis* 与 *Staurotheca* 也具不同起源，它们却进化出了类似的分枝方式，呈现接合成网状的群体结构。又如，*Thuiaria*（北太平洋），*Diphaisa*（北冰洋、北大西洋、北太平洋）、*Staurotheca*（南大洋），尽管分布在不同海域，但均出现特化的雌性生殖体保护结构。*Antarctoscyphus* sp.与 *Hydrallmania distans* 分处南极和北极，在进化树上出现在完全不同的分支上，但都出现芽鞘顶端往左右两侧交替排列的形态特征。

5）重获水母体阶段。Teissier（1931）和 Migotto（1998）分别发现两种桧叶螅 *Amphisbetia operculata* 和 *Dynamena marginata* 具退化的水母体阶段，是目前在桧叶螅科中报道的两种具水母体阶段的物种，为广布种。它们位于进化树（图 3-3）的中上部，它们上面的 *Hydrallmania* 和 Sertulariidae *sensu stricto* 两个相邻单系群均具端胞、释放浮浪幼虫，而它们下面的相邻单系群 *Diphasia* 属则具特化的育儿袋结构，也经浮浪幼虫阶段。水母体阶段在桧叶螅科中重新出现，显示出桧叶螅科生活史和进化的复杂性，值得通过新兴的组学和基因编辑验证等手段深入研究。

5.2 极地相关性、连通性与物种分化

在附录 1 中，我们列出了本研究所有标本的原始采集数据，这些基础数据可用于动物地理学和全球气候变化分析。但我们尝试分析它们的分布时，遇到的一个关键的难题：如何界定物种？Schuchert（2014）使用线粒体（16S、COI）及核基因（ITS1-5.8S-ITS2）数据研究了羽螅 *Plumularia setacea* 的遗传结构，发现这个物种在全球多个分布海域间存在较大的遗传差异和多样性，无法确定这些差异对应于多个隐种，还是同一物种在不同海域存在群体分化，若仅基于形态或仅分子系统学，物种划分结果不同。按照传统的区系划分方式，仅依赖形态数据，来界定物种的分布模式，难以避免研究人员的主观性。因此本研究只对具有分子数据的代表性物种的分布规律进行了探讨。

根据基于形态学的动物地理学证据，北冰洋的大型底栖动物区系被认为起源于北太平洋和（或）北大西洋的年轻区系（Briggs 1977；Golikov & Scarlato 1989；Dunton 1992）。在 20 多年前，Dunton（1992）就强烈建议通过分子系统学数据重建北冰洋生物区系的进化过程。在本研究中，*Abietinaria pulchra*、*Sertularia plomosa*、*Sertularia robusta* 在楚科奇海和白令海均有分布，它们各自不同样品的 COI、16S 序列各聚成单系群，两个海域间的遗传距离极小（未发表数据）。在加拿大海盆（北冰洋）和白令海（北太平洋）的采集到的 *Serutlaria plumosa*，它们的 16 S rRNA 序列完全一致，显示出北冰洋与北太平洋（白令海）间的极地相关性和连通性。

雪龙桧地螅 *Sertularia xuelongi* 是本研究发表的深海新种，也是我国北极科学考察所发表的第一个大型底栖生物新种，采集于白令海海盆边缘，水深 800–1500m。其群体主茎、芽鞘和生殖鞘的形态与楚科奇海及白令海的浅水种 *Sertularia robusta* 具有明显的区别（Song *et al.* 2016a），但它们的 16S rRNA 序列的遗传距离为 99.4%。系统的检查我国六次北极科学考察的样品，发现 *S. xuelongi* 仅分布在白令海海盆，不属于北冰洋区系，但分子数据表明它与北冰洋（包括冰岛）的浅水物种具有极高的相关性，可能有共同的起源。与其他相似种 *Sertularia cupressina*、*S. sinenis*、*S. robusta* 等浅水冷水种相比，*S. xuelongi* 的雌性生殖鞘顶端不具备用以保护端胞（内含浮浪幼体）的棘刺，可能代表了深海环境中的一种形态特化（详见 Song *et al.* 2016b）。

巨芽小桧叶螅 *Sertularella gigantea* 和 *Sertularella* sp. 1 是本研究中极地相关性及物种连通性的另一例证，它们的地理分布见 Song（2006）图 114 所示。两者形态相近，主要的差异是后者的芽鞘表面具明显的波纹。在 COI 分子系统树上，两个物种聚成单系支，它们各自的样品进一步聚成单系支。在本研究早期构建的 16S 和 COI 测试树中，采自黄海的 *S. gigantea* 样品与白令海的样品优先聚成同支（未发表数据），这表明黄海与白令海的 *S. gigantea* 可能具共同的起源，至少存在较高的遗传相关性。进一步分析两个物种的分布方式，可以发现在中国、韩国及日本海域仅存在 *S. gigantea*；而在鄂霍次克海、白令海、楚科奇海、加拿大、冰岛等其他北方海域中，两个物种同时存在，呈现同域（sympatry）分布模式。这表明 *Sertularella* sp. 1 的起源地可能位于中、日、韩海域外的其他北方海域，与 *S. gigantea* 具共同祖先。

除 *Sertularella gigentea* 之外，在黄海所记录的北极种或北极相似种，还包括 *Thuiaria marktanneri*（与北极的 *T. carica* 形态相似）、*Hydrallmania distans*（与北极的 *H. falcata* 相似）、*Abietinaria* sp.（与北极的 *A. thuiarioides* 相似）等。出现在黄海的这些冷水种的系统演化与起源尚需更多分子数据验证。但特别要指出的是，*Hydrallmania distans* 在近 10 年的黄东海调查中几乎绝迹，无新鲜采集记录。*Thuiaria heterocladia* 是黄海冷水团中的常见水螅类，在分子系统树上已经可以观察到一定的物种分化（见第 4 章），与 *T. heterocladia* 相似的几个形似种，如 *T. ornata* 等，在我国近六次北极科学考察中均未采到。

5.3 极地特有种属及两极同源

在本研究所记录的 25 个属中，*Antarctoscyphus*、*Staurotheca*、*Mixoscyphus* 是南大洋所特有的属，*Thuiaria*、*Hydrallmania*、*Sertularia*、*Thuiaria*、*Abietinaria* 等是北冰洋、北大西洋、北太平洋等北方海域特有的属，*Bicaularia*、

Fraseroscyphus、*Idiellana* 等则分布于极地之外的近岸海域。

辫螅属 *Symplectoscyphus* 和小桧叶螅属 *Sertularella* 是两极海域的共有属，除两极外，在印度洋、大西洋、太平洋（如我国东海）也有分布。在分子进化树上（图 3-3，16S），北冰洋的辫螅（*Symplectoscyphus tricuspidatus*）与南大洋（*S. glacialis*、*S. liouvillei*）及我国东海（*Symplectoscyphus* sp. 2）的种类聚在一起。令我们意外的是，我国东海的辫螅位于进化树较靠外的进化支上。由于较多 GenBank 中的 16 S rRNA 参考序列较短，物种数少，基于目前的分子系统发育结果，尚不能完全体现它们的分化和进化全貌。但根据现有数据可推测北冰洋的物种出现较晚，并不是起源中心，两极同源并不仅涉及两极海域，还涉及这一类群在长期而缓慢地扩散、迁移、进化与演化过程中途径的其他中间海域。

5.4 全球气候变化与生物多样性保护策略

本研究所积累的形态和分子数据代表了这一类群的现状，未来可作为全球气候变化研究的本底参考数据。而对应于生物多样性保护和全球气候变化应对策略，则取决于管理部门的具体管理需求。

对于管理决策人员，我们认为理解物种分化和进化的过程、监测并保护现有的多样性现状，是制定相关管理决策的重要依据。至少管理者应该意识到，物种的分化和进化是极其缓慢的生物地球化学过程（万年至百万年尺度），但人类活动，如北极航道的开通，则可能会在短时间内（几十年至几百年）打破北大西洋、北冰洋、北太平洋间相关物种的迁移规律和分布格局，其可能引发的生态、环境和社会问题难以预测。

本研究以桧叶螅科为例，从近全球的尺度和视角，为海洋科技工作者和管理人员提供了一个理解海洋生物多样性和进化的窗口。在提升我国应对极地气候变化等国际事务中的话语权等方面具有积极意义。

5.5 研究结论与展望

本书研究了采自北冰洋、白令海、中国海域、印度洋、南大洋等近 2000 号桧叶螅标本，对 104 种桧叶螅现生种进行了描述，获得 30 个物种的分子序列，发现 2 新属、2 新种，建立 7 个分类新组合，对形态和分子数据进行进化分析，发现桧叶螅科主要单系群间呈现平行进化关系，重复出现简单与复杂的分枝方式，在不同支上出现芽鞘多列、特化的雌性生殖体保护结构等趋同进化特征，部分单系群具明显的地域性，仅分布在北极等北方海域或南极海域。这些结果为所研究海域的生物多样性调查、监测、教育与保护提供了丰富的本底数据。

作为展望，我们首先建议未来的研究人员应将有限的资助、时间和精力投入到采集新鲜材料、获取准确的分子序列之上，从而逐渐完善桧叶螅科及至整个水螅虫纲、水母亚门的系统学。很多研究尝试综合形态与分子数据，对水螅虫纲的一些分类阶元进行修订，但一旦涉及具体至科以下的属级阶元，受限于材料的获取和研究人员薄弱的形态分类经验等因素，成功案例少。综合形态学、分子系统学、生物学（如生活史）甚至古生物学等多方面数据是这个领域发展的必然趋势。在水螅虫纲中，使用 COI、16S rRNA、18S rRNA、28S rRNA、ITS1+5.8+ITS2 这套分子标记应可以基本满足不同分类阶元的系统学研究需求，但对样品的固定、保存及研究成本提出了较高的要求。为了完善水螅虫纲的系统演化，理清部分科、属的系统学位置，将 16S、18S 和 28S 三个 rRNA 基因串联建树，在水螅虫纲内被广泛使用与采纳，值得推广。在更广的时空尺度上深入研究部分物种（如 *Sertularia plumosa* complex）的分化、扩散与连通性机制可能是未来的一个研究方向，但此类的研究需国际合作，共同聚焦少数物种、广泛采样，并采用微卫星、转录组、基因组等其他分子生物学研究技术。

参 考 文 献

陈连增. 2008. 中国极地科学考察回顾与展望. 中国科学基金, 4: 199~247.

丁煌. 2016. 极地国家政策研究报告 (2015–2016). 北京: 科学出版社, 1~310.

刘瑞玉. 2008. 中国海洋生物名录. 北京: 科学出版社, 363~364.

中国首次北极科学考察队. 2000. 中国首次北极科学考察报告. 北京: 海洋出版社, 1~191.

Alder J. 1856. A notice of some new genera and species of British hydroid zoophytes. Annals and Magazine of natural History (2), 18: 353~362.

Allman G J. 1872. A monograph of the gymnoblastic or tubularian hydroids. Conclusion of Part I, and Part II, containing descriptions of the genera and species of the Gymnoblastea. Volume II. Ray Society Publication, 47: 155~450.

Allman G J. 1874. Report on the Hydroida collected during the expedition of H.M.S. "Porcupine". Transactions of the Zoological Society of London, 8: 469~481.

Allman G J. 1876. Diagnoses of new genera and species of hydroids. Journal of the Linnean Society of London, Zoology,12: 251~284.

Allman G J. 1877. Report on the Hydroida collected during the exploration of the Gulf Stream by L. F. de Pourtalès, assistant United States Coast Survey. Memoirs of the Museum of Comparative Zoology, 5 (2): 1~66.

Allman G J. 1885. Description of Australian, Cape, and other Hydroida, mostly new, from the Collection of Miss H. Gatty. Journal of the Linnean Society, Zoology, 19: 132~161.

Allman G J. 1888. Report on the Hydroida dredged by H. M. S. Challenger during the years 1873–76. Part II. – The Tubularinae, Corymorphinae, Campanularinae, Sertularinae, and Thalamophora. The Voyage of H. M. S. Challenger, Zoology, 23: 1~90.

Antsulevich A E. 1987. Hydroids from the shelf waters of the Kuril Islands. Leningrad: Zoological Institute, Academy of Science of the USSR. 163.

Antsulevich A E. 1988. The morphology of hydroid *Sertularella spasskii* (Feniuk, 1947) as an example of an operculum flaps number oligomerization in the family Sertulariidae. Vestnik Leningradskogo universiteta. Biologiia, 3 (2): 115~116.

Antsulevich A E. 2008. Hydroids (Hydrozoa, Hydroidea) of the Chukchi Sea. Issled Fauny Morei, 61: 44~84.

Antsulevich A E. 2011. *Polysertularella polyseriata*, a new genus and species of hydroid (Hydrozoa; Leptothecata; Sertulariidae) from the Sea of Okhotsk. Zootaxa, 3107: 59~64.

Antsulevich A E. 2015. Hydrozoa (Hydroids and Hydromedusae) of Russian sea. St. Petersburg: St. Petersburg University Press. 860. [in Russian]

Antsulevich A E, Vervoort W. 1993. Some little-known species of hydroids (Cnidaria: Hydrozoa: Lafoeidae) and description of *Papilionella pterophora* gen. nov, spec. nov. (Sertulariidae). Zoologische Mededelingen, Leiden, 67 (30): 431~443.

Apstein C. 1915. Nomina conservanda. Sitzungsberichte der Gesellschaft naturforschender Freunde zu Berlin, 5: 119~202.

Arai M N. 1977. Specimens of new hydroid species described by C. M. Fraser in the collections of the British Columbia Provincial Museum. Syesis, 10: 25~30.

Bale W M. 1884. Catalogue of the Australian hydroid zoophytes. Sydney : Australian Museum. 198.

Bale W M. 1913. Further notes on Australian hydroids. II. Proceedings of the Royal Society of Victoria, new series, 26 (1): 114~147.

Bale W M. 1915. Report on the Hydroida collected in the Great Australian Bight and other localities, pt. III. Fisheries. Zoology (Biological). Results of the Fishing Experiments carried on by the F. I. S. "Endeavour", 1909–1914, 3 (5): 241~336.

Bale W M. 1919. Further notes on Australian hydroids, IV. Proceedings of the Royal Society of Victoria, new series, 31 (2): 327~361.

Bale W M. 1924. Report on some hydroids from the New Zealand coast, with notes on New Zealand Hydroida generally, supplementing Farquhar's list. Transactions and Proceedings of the New Zealand Institute, 55: 225~268.

Bartlett G C. 1907. Notes on hydroid zoophytes. The Geelong Naturalist, 3: 35~45.

Bellamy N, Risk, M J. 1982. Coral gas: oxygen production in Millepora on the Great Barrier Reef. Science, 215 (4540): 1618~1619.

Bensasson D, Zhang D X, Hartl D L, Hewitt G M. 2001. Mitochondrial pseudogenes: evolution's misplaced witnesses. Trends in Ecology & Evolution, 16 (6) : 314~321.

Berezina N A. 1948. Podtip Cnidaria–Strekayushchie. Klass Hydrozoa–Gidroidy. Podklass Hydroidea–Gidroidnye. Otryad Leptolina. Opredelitel'fauny i flory severnykh morei SSSR: 47~65.

Billard A. 1906. Hydroïdes. Expédition Antarctique Française (1903–1905) commandée par le Dr Jean Charcot. Paris : Masson. 20.

Billard A. 1909. Révision des espèces types d'hydroïdes de la collection Lamouroux conservée à l'Institut Botanique de Caen. Annales des Sciences Naturelles, Zoologie, Series 9, 9 : 307~336.

Billard A. 1910. Révision d'une partie de la collection des hydroïdes du British Museum. Annales des Sciences Naturelles, Zoologie, Series 9, 11 : 1~67.

Billard A. 1912. Hydroïdes de Roscoff. Archives de Zoologie Expérimentaleet Générale, 51 (2): 459~478.

Billard A. 1914. Hydroïdes [Deuxième Expédition Antarctique Française (1908–1910), commandée par le Dr Jean Charcot]. Paris: Masson. 34.

Billard A. 1919. Note sur quelques espèces nouvelles de Sertularella de l'expédition de "Siboga". Archives de Zoologie Expérimentale et Générale Notes et Revue, 58 (1): 18~23.

Billard A. 1920. Notes sur quatres espèces d'hydroïdes du genre "*Diphasia*". Bulletin de la Société Zoologique de France, 45: 144~147.

Billard A. 1924. Note sur espèces la plupart nouvelles de Synthecides et de Sertularides du "Siboga". Bulletin de la Société zoologique de France, 49: 646~652.

Billard A. 1925. Les hydroïdes de l'Expédition du Siboga. II. Synthecidae et Sertularidae. Siboga-Expeditie, 7 : 1~232.

Blanco O M. 1969. Un nuevo Sertulárido antártico, *Symplectoscyphus naumovi* nov. sp. Neotrópica, 15 (46): 14~16.

Blanco O M. 1971. El genero "*Staurotheca*" en antartida y area adyacente (Coelenterata-Syntheciidae). Revista del Museo de La Plata, n. ser. 11, Zoologia, 96: 59~71.

Blanco O M. 1978. Adicción a los hidrozoos antárticos argentinos. Neotrópica, 24 (72): 155~160.

Blanco O M. 1982. Un nuevo sertularido de Isla Baja. Revista del Museo de La Plata, n. ser. 13, Zoología, 133: 39~43.

Blanco O M. 1984. Contribucion Al Conocimiento De Hidrozoos Antarticos Y Subantarticos.

Direccion Nacional Del Antartico, Instituto Antartico Argentino, Contribucion, 294: 1~53.

Boero F, Bouillon J. 1993. *Fraseroscyphus sinuosus* n. gen. (Cnidaria, Hydrozoa, Leptomedusae, Sertulariidae), an epiphytic hydroid with a specialized clinging organ. Canadian Journal of Zoology, 71: 1061~1064.

Bonnevie K. 1899. Hydroida. Norske Nordhavs-Expedition 1876–1878, Zoologi, 26: 1~104.

Bouillon J, Gravili C, Pages F, Gili J M, Boero F. 2006. An introduction to Hydrozoa. Memoires du Museum National D'Histoire Naturelle, 194: 1~591.

Bouillon J, Boero F. 2000. Synopsis of the families and genera of the Hydromedusae of the world, with a list of the worldwide species. Thalassia Salentina, 24: 47~296.

Briggs E A, 1938. Hydroida. Australasian Antarctic Expedition 1911–14, Scientific Reports Series C, Zoology and Botany, 9 (4): 1~46.

Briggs J C. 1977. Marine Zoogeography. New York: McGraw-Hill.

Britayev T A, San-Martin G L. 2001. Description and life-history traits of a new species of Proceraea with larvae infecting *Abietinaria turgida* (Polychaeta, Syllidae & Hydrozoa, Sertulariidae). Ophelia, 54 (2): 105~113.

Britayev T A, San-Martin G, Sheiko O V. 1998. Symbiotic Polychaetes *Proceraea* sp. (Polychaeta, Syllidae) and modification of hydrothecae in hydroid *Abietinaria turgida* (Hydrozoa, Sertullariidae). Zoologicheskii Zhurnal, 77: 527~532.

Broch H. 1905. Nordesee-Hydroiden von dem norwegischen Fischereidampfer "Michael Sars" in den Jahren 1903–1904 in dem Nordmeer gesammelt, nebst Bemerkungen über die Systematik der Tecaphoren Hydroiden. Bergens Museums Aarbog, 6: 1~26.

Broch H. 1909. Hydroiduntersuchungen, I. Tecaphore Hydroiden von dem nördlichen Norwegen nebst Bemerkungen über die Variation und Artbegrenzung der nordischen Lafoea-Arten. Tromsø Museums Aarshefter, 29: 27~40.

Broch H. 1910. Die Hydroiden der Arktischen Meere. Fauna Arctica, 5 (1): 128~248.

Broch H. 1918. Hydroida. (Part II). Danish "Ingolf" Expedition, 5: 1~206.

Broch H. 1948. Antarctic Hydroids. Scientific Results of the Norwegian Antarctic Expedition 1927–1928, 28: 1~23.

Brusca R, Moore W, Schuster M. 2016. Invertebrates. Sunderland: Sinauer Associates, Inc.: 1~1104.

Bulman O M B. 1970. Graptolithina with sections on Enteropneusta and Pterobranchia. *In:* Teichert C. Treatise on Invertebrate Paleontology, V (2nd edition). Geological Society of America and University of Kansas Press. 163.

Busk G. 1852. An account of the Polyzoa, and sertularian zoophytes, collected in the voyage of the Rattlesnake, on the coasts of Australia and the Louisiade Archipelago. *In:* MacGillivray J. Narrative of Voyage of H.M.S. Rattlesnake, commanded by the late Captain Owen Stanley R S, F R S, C. during the years 1846–1850, Vol. 1. London: Boone. 343~402.

Cairns S D, Calder D R, Brinckmann-Voss A, Castro C B, Mills C E, Jaap W C, Arai M N, Haddock S H D, Opresco D M. 2002. Common and scientific names of aquatic invertebrates from the United States and Canada. American Fisheries Society Special Publication, 28: 1~115.

Calder D R. 1970. Thecate hydroids from the shelf waters of northern Canada. Journal of the Fisheries Board of Canada, 27 (9): 1501~1547.

Calder D R. 1972. Some athecate hydroids from the shelf waters of northern Canada. Journal of the Fisheries Board of Canada, 29 (3): 217~228.

Calder D R. 1975. Biotic census of Cape Cod bay: hydroids. The Biological Bulletin, 149 (2): 287~315.

Calder D R. 1983. Hydroida from estuaries of South Carolina, U.S.A.: families Sertulariidae and

Plumulariidae. Proceedings of the Biological Society of Washington, 96 (1): 7~28.
Calder D R. 1991. Shallow-water hydroids of Bermuda. The Thecatae, exclusive of Plumularioidea. Royal Ontario Museum Life Science Contributions, 154: 1~140.
Calder D R, Brinckmann-Voss A. 2011. Gustav Heinrich Kirchenpauer (1808–1887) of the City of Hamburg, and his research on hydroids and bryozoans. Zootaxa, 2742: 49~59.
Calder D R. 2012. On a collection of hydroids (Cnidaria, Hydrozoa, Hydroidolina) from the west coast of Sweden, with a checklist of species from the region. Zootaxa, 3171: 1~77.
Calder D R, Vervoort W, Hochberg E. 2009. Lectotype designations of new species of hydroids (Cnidaria, Hydrozoa), described by C.M. Fraser, from Allan Hancock Pacific and Caribbean Sea Expeditions. Zoologische Mededelingen, 83 (32): 919~1058.
Calkins G N. 1899. Some hydroids from Puget Sound. Proceedings of the Boston Society of Natural History, 28 (13): 333~367.
Campenhausen B V. 1896. Hydroiden von Ternate, nach den Sammlungen Prof. W. Kükenthal's. Zoologischer Anzeiger, 19 (498): 103~107.
Cartwright P, Nawrocki A M. 2010. Character evolution in Hydrozoa (phylum Cnidaria). Integrative and Comparative Biology, 50 (3): 456~472.
Cartwright P, Evans N M, Dunn C W, Marques A C, Miglietta M P, Schuchert P, Collins A G. 2008. Phylogenetics of Hydroidolina (Hydrozoa: Cnidaria). Journal of the Marine Biological Association of the United Kingdom, 88: 1663~1672.
Chen J Y, Oliveri P, Gao F, Dornbos S Q, Li C W, Bottjer D J, Davidson E H. 2002. Precambrian animal life: probable developmental and adult cnidarian forms from Southwest China. Developmental biology, 248 (1): 182~196.
Chen Q C, Li K Z. 2008. Phylum CTENOPHORA Eschscholtz, 1829. *In*: Liu R Y. Checklist of Marine Biota of China Seas. Beijing: Science Press. 363~364. [陈清潮, 李开枝. 2008. 栉板动物门 Phylum CTENOPHORA Eschscholtz, 1829. 见: 刘瑞玉. 中国海洋生物名录. 北京: 科学出版社, 363~364.]
Choong H H. 2015. Hydroids of the genus *Sertularella* (Cnidaria: Hydrozoa: Sertulariidae) from the Pacific coast of Canada in the collection of the Royal Ontario Museum, with descriptions of four new species. Zootaxa, 3925 (3): 387~408.
Choong H H, Calder D R. 2013. *Sertularella mutsuensis* Stechow, 1931 (Cnidaria: Hydrozoa: Sertulariidae) from Japanese tsunami debris: systematics and evidence for transoceanic dispersal. BioInvasions Record, 2: 33~38.
Clark S F. 1877. Report on the hydroids collected on the coast of Alaska and the Aleutian Islands by W.H. Dall, U.S. Coast Survey, and party, from 1871 to 1874 inclusive. Proceedings of the Academy of Natural Sciences of Philadelphia, 28: 209~238.
Collins A G. 2000. Towards understanding the phylogenetic history of Hydrozoa: hypothesis testing with 18S gene sequence data. Scientia Marina, 64 (S1): 5~22.
Collins A G, Bentlage B, Lindner A, Lindsay D, Haddock S H, Jarms G, Norenburg J L, Jankowski T, Cartwright P. 2008. Phylogenetics of Trachylina (Cnidaria: Hydrozoa) with new insights on the evolution of some problematical taxa. Journal of the Marine Biological Association of the UK, 88 (08): 1673~1685.
Collins A G, Bentlage B, Matsumoto G I, Haddock S H, Osborn K J, Schierwater B. 2006a. Solution to the phylogenetic enigma of Tetraplatia, a worm-shaped cnidarian. Biology letters, 2 (1): 120~124.
Collins A G, Schuchert P, Marques A C, Jankowski T, Medina M, Schierwater B. 2006b. Medusozoan

phylogeny and character evolution clarified by new large and small subunit rDNA data and an assessment of the utility of phylogenetic mixture models. Systematic biology, 55 (1): 97~115.

Cooke W J. 1975. Shallow water hydroids from Enewetak Atoll, Marshall Islands. Micronesica, 11(1): 85~108.

Cornelius P F S. 1979. A revision of the species of Sertulariidae (Coelenterata, Hydroida) recorded from Britain and nearby seas. Bulletin of the Natural History Museum (Zoology), 34 (6): 243~321.

Cornelius P F S. 1995. North-west European thecate hydroids and their medusae. Part 2. Sertulariidae to Campanulariidae. Synopses of the British Fauna, New Series, 50: 1~386.

Cunha A F, Genzano G N, Marques A C. 2015. Reassessment of morphological diagnostic characters and species boundaries requires taxonomical changes for the genus *Orthopyxis* L. Agassiz, 1862 (Campanulariidae, Hydrozoa) and some related campanulariids. PLoS ONE, 10 (2), e0117553: 1~35.

Cunningham C W, Buss L W. 1993. Molecular evidence for multiple episodes of paedomorphosis in the family Hydractiniidae. Biochemical Systamatics and Ecology, 21 (1): 57~69.

Cunningham C W. 1997. Can three incongruence tests predict when data should be combined? Molecular Biology and Evolution, 14 (7): 733~740.

Cuvier G L. 1830. Le règne animal, distribué d'après son organisation, pour servir de base à l'histoire naturelle des animaux et d'introduction à l'anatomie comparée. Nouvelle Édition, Déterville, Paris, 5 vols.

Daly M, Brugler M R, Cartwright P, Collins A G, Dawson M N, Fautin D G, France S C, McFadden C S, Opresko, D M, Rodriguez E, Romano S L, Stake J L. 2007. The phylum Cnidaria: A review of phylogenetic patterns and diversity 300 years after Linnaeus. *In:* Zhang Z Q, Shear W A. Linnaeus Tercentenary: Progress in Invertebrate Taxonomy. Zootaxa, 1668:127~182.

Darriba D, Taboada G L, Doallo R, Posada D. 2012. jModelTest 2: more models, new heuristics and parallel computing. Nature Methods, 9: 772.

David C N. 1973. Quantitative method for maceration of *Hydra* tissue. Wilhelm Roux' Archiv für Entwicklungsmechanik der Organismen, 171 (4): 259~268.

Dawson E W. 1992. The Coelenterata of the New Zealand region: a handlist for curators, students and ecologists. Occasional papers of the Hutton Foundation, 1: 1~68.

Decker S W. 1898. Mitteilungen des Deutschen Seefischerei-Vereins, 14: 237~240.

Deshayes G P, Edwards H M. 1836. Histoire naturelle des animaux sans vertebres, presentant les caracteres generaux et particuliers de ces animaux, leur distribution, leurs classes, leurs familles, leurs genres, et la citation des principales especes qui s'y rapportent par JBPA de Lamarck (Vol. 7), JB Bailliere.

Dunton K. 1992. Arctic biogeography: the paradox of the marine benthic fauna and flora. Trends in Ecology & Evolution, 7(6): 183~189.

El Beshbeeshy M, Jarms G. 2011. Thecate hydroids from the Patagonian shelf (Coelenterata, Hydrozoa, Thecata). Verhandlungen des Naturwissenschaftlichen Vereins in Hamburg, 46: 19~233.

Ellis J, Solander D C. 1786. The natural history of many curious and uncommon zoophytes, collected from various parts of the globe by the late J. Ellis, systematically arranged and described by the late Daniel Solander (Publ. by the author's daughter at the request of Sir Jos. Banks). Benjamin White and Son, and Peter Elmsly, London, i–xii, 1~206.

Emblem A, Karlsen B O, Evertsen J, Miller D J, Moum T, Johansen S D. 2012. Mitogenome polymorphism in a single branch sample revealed by SOLiD deep sequencing of the *Lophelia pertusa* coral genome. Gene, 506 (2): 344~349.

Ender A, Schierwater B. 2003. Placozoa are not derived cnidarians: evidence from molecular morphology. Molecular Biology and Evolution, 20 (1): 130~134.

Farris J S, Källersjö M, Kluge A G, Bult C. 1994. Testing significance of incongruence. Cladistics, 10 (3): 315~319.

Fenyuk V. 1947. Materialy po gidroidam (Thecaphora) Okhotskogo morya. Some materials on the hydroids (Thecaphora) from the Ochotsk Sea. 'Byulleten' Moskovskogo Obshchestva Ispytatelei Prirody, n. ser, 52 (2): 3~13.

Fleming J. 1828. A history of British animals, exhibiting the descriptive characters and systematical arrangement of the genera and species of quadrupeds, birds, reptiles, fishes, Mollusca, and Radiata of the United Kingdom. Edinburgh: Ball and Bradfute. i–xxiii, 565.

Folmer O, Black M, Hoen W, Lutz R, Vrijenhoek R. 1994. DNA primers for amplification of mitochondrial cytochrome c oxidase subunit I from diverse metozoan invertebrates. Molecular Marine Biology and Biotechnology, 3: 294~299.

Fraser C M. 1911. The hydroids of the west coast of North America. With special reference to those of the Vancouver Island region. Bulletin from the Laboratories of Natural History of the State University of Iowa, 6 (1): 3~91.

Fraser C M. 1912. Some hydroids of Beaufort, North Carolina. Bulletin of the Bureau of Fisheries, United States, 30: 337~387.

Fraser C M. 1914. Some hydroids of the Vancouver Island region. Transactions of the Royal Society of Canada (3), 8 (sect. IV): 99~216.

Fraser C M. 1935. Some Japanese hydroids, mostly new. Transactions of the Royal Society of Canada, 29 (3): 105~112.

Fraser C M. 1936a. Hydroid distribution in the vicinity of the Queen Charlotte Islands. Canadian Field-Naturalist, 50: 122~126.

Fraser C M. 1936b. Hydroids from the Queen Charlotte Islands. Journal of the Biological Board of Canada, 1 (6): 503~507.

Fraser C M. 1937. Hydroids of the Pacific coast of Canada and the United States. Toronto: The University of Toronto Press. 208.

Fraser C M. 1938. Hydroids of the 1934 Allan Hancock Pacific Expedition. Allan Hancock Pacific Expedition, 4 (1): 1~105.

Fraser C M. 1944. Hydroids of the Atlantic coast of North America. University of Toronto press. 451.

Fraser C M. 1948. Hydroids of the Allan Hancock Pacific Expeditions since March, 1938. Allan Hancock Pacific Expeditions, 4: 179~343.

Galea H R. 2008. On a collection of shallow-water hydroids (Cnidaria: Hydrozoa) from Guadeloupe and Les Saintes, French Lesser Antilles. Zootaxa, 1878: 1~54.

Galea H R. 2010. Additional shallow-water thecate hydroids (Cnidaria: Hydrozoa) from Guadeloupe and Les Saintes, French Lesser Antilles. Zootaxa, 2570: 1~40.

Galea H R. 2013. New additions to the shallow-water hydroids (Cnidaria: Hydrozoa) from the French Lesser Antilles: Martinique. Zootaxa, 3686 (1): 1~50.

Galea H R. 2015. Two new genera and nine new species of hydroids (Cnidaria: Hydrozoa) from off New Caledonia. European Journal of Taxonomy, 135: 1~19.

Galea H R, Häussermann V, Försterra G. 2009. New additions to the hydroids (Cnidaria: Hydrozoa) from the fjords region of southern Chile. Zootaxa, 2019: 1~28.

Galea H R, Schories D. 2012. Some hydrozoans (Cnidaria) from Central Chile and the Strait of Magellan. Zootaxa, 1: 19~67.

Galea H R, Schories D, Forsterra G, Häussermann V. 2014. New species and new records of hydroids (Cnidaria: Hydrozoa) from Chile. Zootaxa, 3852: 1~50.

Gao Z S. 1956. On the hydroids along Shandong coast. Journal of Shandong University, 2 (4): 70~103. [高哲生. 1956 山东沿海水螅虫的研究(一). 山东大学学报, 2 (4]: 70~103.]

Gao Z S, Li F L, Chang Y M, Li X L. 1958. On the hydromedusae from the Shandong coast. Journal of Shandong University, 1: 75~118. [高哲生, 李凤鲁, 张云美, 李宪纶. 1958 山东沿海水螅水母的研究(一). 山东大学学报, 1: 75~118.]

Gibbons M J, Ryland J S. 1989. Intertidal and shallow water hydroids from Fiji. I. Athecata to Sertulariidae. Memoirs of the Queensland Museum, 27 (2): 377~432.

Gili J M, Vervoort W, Pages F. 1989. Hydroids from the West African coast: Guinea Bissau, Namibia and South Africa. Scientia Marina, 53 (1): 67~112.

Golikov A N, Scarlato O A. 1989. Evolution of Arctic Ecosystems during the Neogene Period. *In:* Herman Y. The Arctic Seas: Climatology, Oceanography, Geology, and Biology. New York: Van Nostrand Reinhold. 257~279.

Govindarajan A F, Boero F, Halanych K M. 2006. Phylogenetic analysis with multiple markers indicates repeated loss of the adult medusa stage in Campanulariidae (Hydrozoa, Cnidaria). Molecular Phylogenetics and Evolution, 38: 820~834.

Gravier–Bonnet N. 1979. Hydraires semi-profonds de Madagascar, (Coelenterata Hydrozoa), étude systématique et écologique. Zoologische Verhandelingen, Leiden 169: 3~76.

Gravili C, De Vito D, Di Camillo C G, Martell L, Piraino S, Boero F. 2015. The non-Siphonophoran Hydrozoa (Cnidaria) of Salento, Italy with notes on their life-cycles: an illustrated guide. Zootaxa, 3908 (1): 1~187.

Gray J E. 1843. Additional radiated animals and annelids. *In*: Dieff enbach E. Travels in New Zealand, vol. 2. Fauna of New Zealand. London: John Murray, 292.

Guindon S, Dufayard J-F, Lefort V, Anisimova M, Hordijk W, Gascuel O. 2010. New algorithms and methods to estimate maximum-likelihood phylogenies: assessing the performance of PhyML 3.0. Systematic Biology, 59 (3): 307~321.

Halanych K M, Lutz R A, Vrijenhoek R C. 1998. Evolutionary origins and age of vestimentiferan tube-worms. Cahiers de Biologie Marine, 39: 355~358.

Han J, Hu S, Cartwright P, Zhao F, Ou Q, Kubota S, Wang X, Yang X. 2016. The earliest pelagic jellyfish with rhopalia from Cambrian Chengjiang Lagerstätte. Palaeogeography, Palaeoclimatology, Palaeoecology, 449: 166~173.

Han J, Kubota S, Uchida H O, Stanley Jr G D, Yao X, Shu D, Li Y, Yasui K. 2010. Tiny sea anemone from the Lower Cambrian of China. PLoS One, 5 (10): e13276.

Hancock D A, Drinnan, R E, Harris, W N. 1956. Notes on the biology of *Sertularia argentea* L. Journal of the Marine Biological Association of the United Kingdom, 35 (02): 307~325.

Hargitt C W. 1924. Hydroids of the Philippine Islands. Philippine Journal of Science, 24 (4): 467~507.

Hargitt C W. 1908. Notes on a few coelenterates of Woods Hole. Biological Bulletin, Marine Biological Laboratory Woods Hole, Mass, 14 (2): 95~120.

Hargitt C W. 1927. Some hydroids of south China. Bulletin of the Museum of Comparative Zoology at Harvard College, 67 (16): 491~520.

Hartlaub C. 1901a. Hydroiden aus dem Stillen Ocean. Ergebnisse einer Reise nach dem Pacific (Schauinsland 1896–97). Zoologische Jahrbuecher, Systematik, 14: 349~379.

Hartlaub C. 1901b. Revision der Sertularella Arten. Abhandlungen aus dem Gebiete der

Naturwissenschaften, Naturwissenschaftlicher Verein in Hamburg, 16: 1~143.

Hartlaub C. 1904. Hydroiden, in Expédition antarctique Belge: résultats du voyage du S. Y. "Belgica" en 1897–1899. Rapports scientifiques, Zoologie: 1~19.

Hartlaub C. 1905. Die Hydroiden der Magalhaensischen Region und chilenischen Küste, in Fauna chilensis. Zoologische Jahrbuecher Supplement, 6 (3): 497~714.

He J R, Zheng L M, Zhang W J, Lin, Y S, Cao W Q. 2014. Morphology and molecular analyses of a new *Clytia* species (Cnidaria: Hydrozoa: Campanulariidae) from the East China Sea. Journal of the Marine Biological Association of the United Kingdom, 95 (2): 289~300.

Hickson S J, Gravely F H. 1907. II.–Hydroid zoophytes. National Antarctic Expedition 1901–1904, Natural History, 3: 1~34.

Hincks T. 1868. A history of the British hydroid zoophytes. Volume 1: i–lxvii, 1~338, frontispiece, figs. 1–45, volume 2, pis. London, John van Voorst. 1~67.

Hincks T. 1874. On deep-water Hydroida from Iceland. Annals and Magazine of Natural History (4), 13: 146~153.

Hincks T. 1880. XXXIII.—On new Hydroida and Polyzoa from Barents Sea. Annals and Magazine Of Natural History, 6 (34): 277~286.

Hirohito. 1969. Some hydroids of the Amakusa Islands. Publications of the Biological Laboratory, Imperial Household, Tokyo, 9: 1~32.

Hirohito. 1974. Some hydrozoans of the Bonin Islands. Tokyo: Publications of the Biological Laboratory, Imperial Household. 11, 1~55.

Hirohito. 1983. Hydroids from Izu Ôshima and Niijima. Tokyo: Publications of the Biological Laboratory, Imperial Household. 6, 1~83.

Hirohito. 1995. The hydroids of Sagami Bay. II. Thecata. Tokyo: Publications of the Biological Laboratory, Imperial Household. 1~244.

Hodgson M M. 1949. A revision of the Tasmanian Hydroida. Papers and Proceedings of the royal society of Tasmania. 1~65.

Huang, M J. 1988. A new record of *Aglaophenia whiteleggei* Bale (Hydroida, Plumulariidae) from Qingdao coast. Journal of Shandong College of Oceanology, 18 (2): 44~47. [黄美君. 1988. 青岛沿海佳美羽螅 *Aglaophenia whiteleggei* Bale 的新记录. 山东海洋学院学报, 18 (2]: 44~47.]

Huang, M J, Liu, H. 1987. Studies on the hydroids in the Adajacent waters outside Jiaozhou Bay, Shandong Province, China. Journal of Shandong College of Oceanology, 17 (3): 61~69. [黄美君, 刘恒. 1987. 胶州湾附近海域水螅虫类的研究. 山东海洋学院学报, 17 (3]: 61~69.]

Huang, Z G, Cai, R X. 1984. Marine fouling and its prevention (I). Beijing: Ocean Press. 1~352. [黄宗国, 蔡如星. 1984. 海洋污损生物及其防除(上册). 北京: 海洋出版社. 1~352]

Huelsenbeck, J P, Ronquist, F. 2001. MRBAYES: Bayesian inference of phylogenetic trees. Bioinformatics, 17 (8): 754~755.

Hutton, F W. 1873. On the New Zealand sertularians. Transactions and Proceedings of the New Zealand Institute, 5: 256~269.

Inaba M. 1890. Hydroida collected at Misaki, Miura, Soshu. Zoological Magazine, 2: 292~297. [in Japanese]

Jäderholm E. 1896. Ueber aussereuropäische Hydroiden des zoologischen museums der Universität Upsala. Bihang till Kongl. Svenska Vetenskaps-Akademiens Handligar, 4 (6): 1~20.

Jäderholm E. 1902. Neue oder wenig bekannte ostasiatische Hydroiden. Bihang till Kongl. Svenska Vetenskaps-Akademiens Handligar, 28, 4 (13): 1~7.

Jäderholm E. 1903. Aussereuropäische Hydroiden im schwedischen Reichsmuseum. Arkiv för

Zoologi, 1: 259~312.
Jäderholm E. 1904. Mitteilungen ueber einige von der Schwedischen Antarctic-Expedition 1901–1903 eingesammelte Hydroiden. Archives de Zoologie Expérimentale et Générale, 4 (3): 1~14.
Jäderholm E. 1905. Hydroiden aus antarktischen und subantarktischen Meeren gesammelt von der schwedischen Südpolarexpedition. Wissenschaftliche Ergebnisse der Schwedischen Südpolar-Expedition 1901~1903, 5 (8): 1~41.
Jäderholm E. 1907. Zur Kenntnis der Hydroidenfauna des eringsmeeres. Arkiv för Zoologi, 4 (8): 1~8.
Jäderholm E. 1908. Die Hydroiden des sibirischen Eismeeres, gesammelt von der russischen Polar-Expedition 1900–1903. Zapiski Imperatorskoi Akademii Nauk po Fiziko-Matematichesk-omu Otdeleniyu (8), 18 (12): 1~28.
Jäderholm E. 1909. Northern and arctic Invertebrates in the collection of the Swedish State Museum (Riksmuseum), IV. Hydroiden. Kungliga Svenska Vetenskakademiens Handlingar, 45 (1): 1~124.
Jäderholm E. 1919. Zur Kenntis der Hydroidenfauna Japans. Arkiv för Zoologi, 12 (9): 1~34.
Jarms G, Voigt E. 1994. Filelloides cretacea ngn sp, ein durch Bioimmuration überlieferter Vertreter der Ordnung Hydroida (Hydrozoa) aus der Maastrichter Tuffkreide (Obermaastrichtium). Paläontologische Zeitschrift, 68 (1–2): 211~221.
Jarvis F E. 1922. The hydroids from the Chagos, Seychelles and other islands and from the coasts of British East Africa and Zanzibar. Transactions of the Linnean Society of London, Zoology, 18: 331~360.
Johnston G. 1847. A history of the British zoophytes, 2nd ed, 2 vols. London: Van Voorst. 1, i–xvi, 488.
Kamita T, Sato T N. 1941. Marine fauna at Jinsen Bay. Corea. J. Chosen National History Society, Seoul, Korea, 8 (10): 1~3.
Katoh K, Toh H. 2008. Improved accuracy of multiple ncRNA alignment by incorporating structural information into a MAFFT-based framework. BMC Bioinformatics, 9: 212.
Kayal E, Bentlage B, Collins A G, Kayal M, Pirro S, Lavrov D V. 2012. Evolution of linear mitochondrial genomes in medusozoan cnidarians. Genome Biology and Evolution, 4 (1): 1~12.
Kayal E, Roure B, Philippe H, Collins A G, Lavrov D V. 2013. Cnidarian phylogenetic relationships as revealed by mitogenomics. BMC Evolutionary Biology, 13 (1): 5
Kim J.H, Antunes A, Luo S.J, Menninger J, Nash W G, O'Brien S J, Johnson W E. 2006. Evolutionary analysis of a large mtDNA translocation (numt) into the nuclear genome of the *Panthera* genus species. Gene, 366 (2): 292~302.
Kirchenpauer G H. 1864. Neue Sertulariden aus verschiedenen Hamburgischen Sammlungen, nebst allgemeinen Bemerkungen über Lamouroux's Gattung Dynamena. Verhandlungen der Kaiserlichen Leopoldino-Carolinischen Deutschen Akademie der Naturforscher, 31 (3): 1~16.
Kirchenpauer G H. 1876. Ueber die Hydroidenfamilie Plumularidae, einzelne Gruppen derselben und ihre Fruchtbehälter. II. Plumularia und Nemertesia. Abhandlungen aus dem Gebiete der Naturwissenschaften herausgegeben vom Naturwissenschaftlichen Verein zu Hamburg-Altona, 6 (2): 1~59.
Kirchenpauer G H. 1884. Nordische Gattungen und Arten von Sertulariden. Abhandlungen aus dem Gebeite der Naturwissenschaften herausgegeben vom Naturwissenschaftlichen Verein in Hamburg, 8 (3): 93~144.
Kirkpatrick R. 1890. Reports on the zoological collections made in Torres Straits by professor A C.

Haddon, 1888–1889: Hydroida and Polyzoa. Scientific Proceedings of the Royal Dublin Society, n. ser. 6 : 603~626.

Kraft P, Kraft J, Prokop R J. 2001. A possible hydroid from the Lower and Middle Ordovician of Bohemia. Alcheringa, 25 (2): 143~154.

Kramp P L. 1911. Report on the hydroids collected by the "Danmark" Expedition at North-East Greenland. Meddelelser om Grønland, 45: 341~396.

Kramp P L. 1913. Hydroids collected by the "Tjalfe" expedition to the west coast of Greenland in 1908 and 1909. Videnskabelige Meddelelser fra Dansk aturhistorisk Forening i København, 66: 1~36.

Kramp P L. 1914. Hydroider. Conspectus Faunae Groenlandicae. Meddelelser om Grønland, 23: 953~1080.

Kramp P L. 1932. Hydroids collected in the West-Greenland Fjords in 1911 and 1912. Meddelelser om Grønland, 91: 1~35.

Kramp P L. 1938. Marine Hydrozoa. Hydroida. The Zoology of Iceland, 2: 1~82.

Kramp P L. 1943. The Zoology of East Greenland. Hydroida. Meddelelser om Grønland, 121:1~52.

Kubota S. 1976. Notes on the nematocysts of Japanese Hydroids, Ⅰ. Journal of the Faculty of Science Hokkaido University Seriers VI, Zoology, 20 (2): 230~243.

Kubota S. 1992. Four bivalve-inhabiting hydrozoans in Japan differing in range and host preference. Scientia Marina, 56: 149~159.

Kudelin N V. 1914. Fauna de la Russe et des pays limitrophes. Hydraires (Hydroidea). Vol II. Petrograd, Akademiya Nauk, St Petersburg, 596. [in Russian]

Lamouroux J V F. 1816. Histoire des polypiers coralligènes flexibles vulgairement nommés zoophytes. Imp. de F. Poisson, Caen; En anglais: London, 1824, i–xxxiv, 560.

Lamouroux J V F. 1821. Exposition méthodique des genres de l'ordre des polypiers, avec leur description et celle des principales espèces, figurées dans 84 planches, les 63 premières appartenant à l'histoire naturelle des zoophytes d'Ellis et Solander. Paris: Agasse, i-viii, 115.

Lamouroux J V F. 1824. Section III. On Polypes flexibles. *In*: Freycinet L D. Paris: Voyage autour du monde Zoologie. Pillet aîné. 603~643.

Leclère L, Schuchert P, Cruaud C, Couloux A, Manuel M. 2009. Molecular phylogenetics of Thecata (Hydrozoa, Cnidaria) reveals long-term maintenance of life history traits despite high frequency of recent character changes. Systematic Biology, 58 (5): 509~526.

Leloup E. 1932. Une collection d'hydropolypes appartenant à l'Indian Museum de Calcutta. Records of the Indian Museum, 34 (2): 131~170.

Leloup E. 1935. Hydraires calyptoblastiques des Indes Occidentales. Mémoires du Musée Royal d'Histoire Naturelle de Belgique (2): 2, 1~73.

Leloup E. 1938. Quelques hydropolypes de la baie de Sagami, Japon. Bulletin du Musée Royal d'Histoire Naturelle de Belgique, 14 (28): 1~22.

Leloup E. 1952. Faune de Belgique: Coelentérés. Institut Royal des Sciences naturelles, Bruxelles, Belgique, 283.

Lepechin J. 1781 Novae Pennatulae et Sertulariae species descriptae. Acta Academiae Scientiarum Imperialis Petropolitanae 1778, 2: 236~238.

Levinsen G M R. 1893. Meduser, Cteno-phorer og Hydroider fra Grønlands Vestkyst, tilligemed Bemaerkninger om Hydroidernes Systematik. Videnskabelige Meddelelser fra Dansk naturhistorisk Forening i København, 4: 143~212, 215~220.

Levinsen G M R. 1913. Systematic studies on the Sertulariidae. Videnskabelige Meddelelser fra dansk Naturhistorisk Forening, 64: 249~323.

Li X Z, Wang H F, Wang S Q. *et al.* 2016. Diagnosing illustrations for macro-benthos in Jiaozhou Bay. Beijing: Science Press. 365. [李新正, 王洪法, 王少青, 等. 2016. 胶州湾大型栖生物鉴定图谱. 北京: 科学出版社, 365.]

Ling S W. 1938. Studies on Chinese Hydrozoa. II. Report on some common hydroids from the East Saddle Island. Lingnan Science Journal, 17 (2): 357~365. [林绍文. 1938. 中国水螅类之研究 II. 舟山群岛, 嵊山之习见水螅虫. 岭南科学, 17 (2]: 357~365.]

Linnaeus C V. 1758. Systema Naturae per Regna Tria Naturae [editio decima, reformata 1 (Regnum animale)]. Stockholm: Salvii. 824.

Lou W J. 2013. Mitochondrial heteroplasmy of fig wasps. Master dissertation. Baoding: Hebei University. 67. [娄文静. 榕小蜂线粒体异质性研究. 硕士学位论文. 保定: 河北大学. 1~67]

Mammen T A. 1965. On a collection of hydroids from South India. II. Suborder Thecata (excluding family Plumulariidae). Journal of the Marine Biological Association of India, 7 (1): 1~57.

Marktanner-Turneretscher G. 1890. Die Hydroiden des k. k. naturhistorischen Hofmuseums. Annalen des (K. K.) Naturhistorischen (Hof) Museums von Wien, 5: 195~286.

Marktanner-Turneretscher G. 1895. Zoologische Ergebnisse der im Jahre. 1889 auf Kosten der Bremer Geographischen Gesallschaft von Dr. Willy Kükenthal und Alfred Walter ausgeführten Expedition nach Ost-Spitzbergen. Hydroiden Zoologische Jahrbücher, Abteilung für Systematik, 8: 391~438.

Maronna M M, Miranda T P, Peña Cantero Á L, Barbeitos M S, Marques A C. 2016. Towards a phylogenetic classification of Leptothecata (Cnidaria, Hydrozoa). Scientific Reports, 6, 18075: 1~23.

Martínez D E, Iñiguez AR, Percell K M, Willner J B, Signorovitch J, Campbell R D. 2010. Phylogeny and biogeography of *Hydra* (Cnidaria: Hydridae) using mitochondrial and nuclear DNA sequences. Molecular Phylogenetics and Evolution, 57: 403~410

Medel Soteras M D, García F J, García-Gómez J C. 1991. La familia Sertulariidae (Cnidaria: Hydrozoa) en el Estrecho de Gibraltar y la peninsula iberica: Aspectos taxonómicos y zoogeográficos. Cahiers de Biologie marine, 32, 503~543.

Medel Soteras M D, Vervoort W. 1998. Atlantic Thyroscyphidae and Sertulariidae (Hydrozoa, Cnidaria) collected during the CANCAP and Mauritania-II expeditions of the National Museum of Natural History, Leiden, The Netherlands. Zoologische Verhandelingen: 1~85.

Medina M, Collins A G, Takaoka T.L, Kuehl J.V, Boore J L. 2006. Naked corals: skeleton loss in Scleractinia. Proceedings of the National Academy of Sciences, 103 (24): 9096~9100.

Medina M, Collins A G, Silberman J D, Sogin M L. 2001. Evaluating hypotheses of basal animal phylogeny using complete sequences of large and small subunit rRNA. Proceedings of the National Academy of Sciences, 98 (17): 9707~9712.

Mereschkowsky C. 1877. On a new genus of hydroids from the White Sea, with a short description of other new hydroids. Annals and Magazine of Natural History (4), 20: 220~229.

Mereschkowsky C. 1878. Studies on the Hydroida. Annals and Magazine of Natural History (5), 1: 239~256, 322~340.

Meusel M S, Moritz R F A. 1993. Transfer of paternal mitochondrial-DNA during fertilization of honeybee (*Apis mellifera* L.) eggs. Current Genetics, 24 (6): 539~543.

Miglietta M P. 2005. A global prospective on life cycle, colony from and skeleton evolution in the Hydractiniidae (phylum Cnidaria, class Hydrozoa), with a taxonomic revision of the family. PhD dissertation. Durham: Duke University. 167.

Miglietta M P, McNally L, Cunningham C W. 2010. Evolution of calcium-carbonate skeletons in the

Hydractiniidae. Integrative and comparative biology, 50 (3): 428~435.

Miglietta M P, Schuchert P, Cunningham C W. 2009. Reconciling genealogical and morphological species in a worldwide study of the Family Hydractiniidae (Cnidaria, Hydrozoa). Zoologica Scripta, 38 (4): 403~430.

Migotto A E. 1996. Benthic shallow-water hydroids (Cnidaria, Hydrozoa) of the coast of São Sebastião, Brazil, including a checklist of Brazilian hydroids. Zoologische Verhandelingen, Leiden 306 : 1~125.

Migotto A E. 1998. The life cycle of Sertularia marginata Kirchenpauer, 1864 (Cnidaria: Hydrozoa): a medusoid-producing sertulariid. Journal of Natural History, 32 (1): 1~12.

Migotto A E, Calder D R. 1998. *Sertularia vervoorti* (Hydrozoa: Sertulariidae), an undescribed species of hydroid from Brazil. Zoologische Mededelingen, Leiden, 323: 169~174.

Millard N A H. 1957. The Hydrozoa of False Bay, South Africa. Annals of The South African Museum, 43: 173~243.

Millard N A H. 1964. The Hydrozoa of the south and west coasts of South Africa. Part II. The Lafoeidae, Syntheciidae and Sertulariidae. Annals of The South African Museum, 48: 1~56.

Millard N A H. 1975. Monograph on the Hydroida of southern Africa. Annals of The South African Museum, 68: 1~513.

Millard N A H. 1978. The geographical distribution of southern African hydroids. Annals of The South African Museum, 74: 159~200.

Millard N A H, Bouillon J. 1973. Hydroids from the Seychelles (Coelenterata). Annales du Musée Royal de l'Afrique Centrale. Série in Octavo, Science Zoologique, 206 : 1~106.

Mladineo I, Petrić M, Hrabar J, Bočina I, Peharda M. 2012. Reaction of the mussel *Mytilus galloprovincialis* (Bivalvia) to *Eugymnanthea inquilina* (Cnidaria) and *Urastoma cyprinae* (Turbellaria) concurrent infestation. Journal of invertebrate pathology, 110 (1): 118~125.

Möbius K. 1877. Die Auster und die Austernwirtschaft. 126. Hempel & Parrey, Berlin. (The oyster and oyster-culture. US Commission Fish and Fisheries, pt. 8, Rapt. of Commissioner 1880: 683~747.

Morri C, Puce S, Bianchi C N, Bitar G, Zibrowius H, Bavestrello G. 2009. Hydroids (Cnidaria: Hydrozoa) from the Levant Sea (mainly Lebanon), with emphasis on alien species. Journal of the Marine Biological Association of the United Kingdom, 89 (1): 49~62.

Moura C J, Cunha M R, Porteiro F M, Rogers A D. 2011. The use of the DNA barcode gene 16S mRNA for the clarification of taxonomic problems within the family Sertulariidae (Cnidaria, Hydrozoa). Zoologica Scripta, 40 (5): 520~537.

Moura C J, Harris D J, Cunha M R, Rogers A D. 2008. DNA barcoding reveals cryptic diversity in marine hydroids (Cnidaria, Hydrozoa) from coastal and deep-sea environments. Zoologica Scripta, 37 (1): 93~108.

Murdoch J. 1885. Marine invertebrates (exclusive of mollusks). Report of the International Expedition to Point Barrow, Alaska. Washington, DC: US Government Printing Office, 136: 176.

Muscente A D, Allmon W D. 2013. Revision of the hydroid Plumalina Hall, 1858 in the Silurian and Devonian of New York. Journal of Paleontology, 87 (4): 710~725.

Naumov D V. 1952. Novye vidy gidroidov iz raonov yuzhnogo Sakhalina i Kuril'skikh ostrovov, in Opisanie novykh vidom fauny sovetskogo soyuza. Trudy Zoologicheskogo Instituta. Akademiya Nauk SSSR, Leningrad, 12: 34~39.

Naumov D V. 1957. Rol'protzessov oligomerizatzii i polimerizatzii v evolyutzii kolonialnykh gidrozoev [The role of oligomerization and polymerization in the evolution of colonial Hydrozoa]. Trudy Leningradskogo Obshchestva Estestvoisp, 73 (4): 38~42.

Naumov D V. 1960. Hydroids and Hydromedusae of the marine, brackish and freshwater basins of the U.S.S.R. Opredeliteli po Faune SSSR 70. Moskwa-Leningrad: Academia Nauk Pablishes. 626.

Naumov D V, Stepan'yants 1962. Gidroidy podotryada Thecaphora, sobrannye v antarkticheskikh i subantarkticheskikh vodakh sovetskoi antarkticheskoi ekspeditsiei na dizel'-elektrokhode "Ob", in Resul'taty biologicheskikh issledovanii sovetskoi antarkticheskoi ekspeditsii (1955–1958 gg), 1. Issledovaniya Fauny Morei, 1 (9): 69~104.

Naumov D V, Stepan'yants S D. 1972. Hydroida, in Marine invertebrates from Adélie Land, collected by the XII th and XVth French Antarctic Expeditions. 3. Téthys (supplement 4): 25~60.

Norman A M. 1878. XXIII.—Note on *Selaginopsis* (= *Polyserias Hincksii*, Mereschkowsky), and on the circumpolar distribution of certain Hydrozoa. Annals and Magazine of natural History, 1 (3): 189~192.

Nutting C C. 1899. Hydroida from Alaska and Puget Sound. Proceedings of the United States National Museum, 21 (1171): 741~753.

Nutting C C. 1901. Papers from the Harriman Alaska expedition, XXI. The Hydroids. Proceedings of the Washington Academy of Sciences, 3: 157~216.

Nutting C C. 1904. American hydroids. Part II. The Sertularidae. Proceedings of the United States National Museum, 4: 1~151.

Nutting C C. 1905. Hydroids of the Hawaiian Islands collected by the steamer Albatross in 1902. Bulletin of the United States Fish Commission, 23 (3): 931~959.

Nutting C C. 1927. Report on Hydroida collected by the Unites States Fisheries steamer Albatross in the Philippine region, 1907~1910, in Contributions to the biology of the Philippine Archipelago and adjacent regions, part 3. Bulletin of the United States National Museum, 100: 195~242.

Ólafsson E. 1975. Hveldyr (Hydrozoa). Náttúrufræðingurinn, 45: 1~26.

Ortman B D, Bucklin A, Pages F, Youngbluth M. 2010. DNA Barcoding the Medusozoa using mtCOI. Deep Sea Research Part II: Topical Studies in Oceanography, 57 (24~26): 2148~2156.

Pallas P S. 1766. Elenchus zoophytorum sistens generum adumbrationes generaliores et specierum cognitarum succinctas descriptiones, cum selectis auctorum synomymis. Hagae Comitum [= The Hague]: Apud Petrum Van Cleef. i–xxviii, 451.

Park E, Hwang D S, Lee J S, Song J I, Seo T K, Won Y J. 2012. Estimation of divergence times in cnidarian evolution based on mitochondrial protein-coding genes and the fossil record. Molecular phylogenetics and evolution, 62 (1): 329~345.

Park J H. 2011. New Records of Two Hydroids (Cnidaria: Hydrozoa) from Korean Waters. The Korean Journal of Systematic Zoology, 27 (1): 89~92.

Park J H, Song J I. 2000. Hydroids (Cnidaria, Hydrozoa) of Dokdo Islands, Korea. The Korean Journal of Systematic Zoology, 16 (1): 55~63.

Park J H. 1990. Systematic study on the marine hydroids (Cnidaria, Hydrozoa) in Korea I. The Korean Journal of Systematic Zoology, 6 (1): 71~86.

Park J H. 1992. Zoogeographical distribution of marine hydroids (Cnidaria: Hydrozoa: Hydroida) in Korea. The Korean Journal of Systematic Zoology, 8: 279~299.

Park J H. 1993. Marine hydroids (Cnidaria: Hydrozoa: Hydroida) from Cheju Island, Korea. The Korean Journal of Systematic Zoology, 9: 261~280.

Park J H. 1995. Hydroids (Cnidaria: Hydrozoa: Hydroida) from Chindo Island, Korea. The Korean Journal of Systematic Zoology, 11 (1): 9~17.

Park J H. 1998. New records of three hydroid species from Geojedo Island, Korea. The Korean Journal of Systematic Zoology, 14 (3): 165~171.

Park J H. 2010. Invertebrate Fauna of Korea, Volume 4, Number 1, Thecates (Cnidaria: Hydrozoa:

Thecatae). Incheon: National Institute of Biological Resources. 183.

Park J H, Rho B J. 1986. A systematic study on the marine hydroids in Korea. 9. The Family Sertulariidae. The Korean Journal of Systematic Zoology Special Issue, 1: 1~52.

Peña Cantero Á L. 1991. Hydrozoa Calyptoblastea del area del Arco de Escócia (Antártica) recogidos durante la campana"Antártida 8611". Memoria de Licenciado, University of Valencia: 1~233.

Peña Cantero Á L, García Carrascosa A M. 1994. Hidrozoos de la campana 'Antartida 8611'. In Castellví, J. ed, Actas del cuarto simposio espanol de estudios antarticos. CICYT, Madrid: 117~140.

Peña Cantero Á L, García Carrascosa A M, Vervoort W. 1997a. On *Antarctoscyphus* (Cnidaria, Hydrozoa), a new genus of Antarctic hydroids and the description of two new species. Polar Biology, 18 (1): 23~32. [Peña Cantero *et al.* 1997a]

Peña Cantero Á L, Svoboda A, Vervoort W. 1997b. Species of Staurotheca Allman, 1888 (Cnidaria: Hydrozoa) from recent antarctic expeditions with RV Polarstern, with the description of six new species. Journal of Natural History, 31 (3): 329~381. [Peña Cantero *et al.* 1997b]

Peña Cantero Á L, García Carrascosa, A M. 1999. Biogeographical distribution of the benthic thecate hydroids collected during the Spanish Antartida 8611 expedition and comparison between Antarctic and Magellan benthic hydroid faunas. Scientia Marina, 63 (S1): 209~218.

Peña Cantero Á L, Svoboda A, Vervoort W. 1999. Species of *Antarctoscyphus* Peña Cantero García Carrascosa and Vervoort 1997 (Cnidaria, Hydrozoa, Sertulariidae) from recent Antarctic expeditions with R.V. Polarstern, with the description of two new species. Journal of Natural History, 33 (12): 1739~1765.

Peña Cantero Á L, Svoboda A, Vervoort W. 2002. Species of *Symplectoscyphus* Marktanner-Turneretscher, 1890 (Cnidaria: Hydrozoa, Sertulariidae) from recent Antarctic expeditions with R.V. Polarstern, with the description of four new species. Journal of Natural History, 36 (13): 1509~1568.

Peña Cantero Á L, Vervoort W. 2003. Species of *Staurotheca* Allman, 1888 (Cnidaria: Hydrozoa: Sertulariidae) from US Antarctic expeditions, with the description of three new species. Journal of Natural History, 37 (22): 2653~2722.

Peña Cantero Á.L, Vervoort W. 2005. *Mixoscyphus antarcticus* gen. nov, sp. nov. (Cnidaria, Hydrozoa, Sertulariidae), the first truly endemic genus of Antarctic benthic hydroids. Polar Biology, 28 (12): 956~963.

Peña Cantero Á L. 2010. On a new Antarctic species of *Symplectoscyphus* Marktanner-Turneretscher, 1890 (Cnidaria, Hydrozoa, Sertulariidae), with an annotated checklist of the Antarctic species of the genus. Zootaxa, 2494: 29~44.

Peña Cantero Á L, Sentandreu V, Latorre A. 2010. Phylogenetic relationships of the endemic Antarctic benthic hydroids (Cnidaria, Hydrozoa): what does the mitochondrial 16S rRNA tell us about it? Polar Biology, 33: 41~57.

Peña Cantero Á L, Sentandreu V. 2016. Phylogenetic relationships of endemic Antarctic species of *Staurotheca* Allman, 1888 (Cnidaria, Hydrozoa). Polar Biology, doi:10.1007/s00300-016-1954-6: 1~12.

Pennycuik P R. 1959. Faunistic records from Queensland, pt. V. Marine and brackish water hydroids. Papers, Department of Zoology, University of Queensland, 1 (6): 141~210.

Pictet C. 1893. Étude sur les hydraires de la Baie d'Amboine. Revue Suisse de Zoologie, 1: 1~64.

Piraino S, Todaro C, Geraci S, Boero F. 1994. Ecology of the bivalve-inhabiting hydroid *Eugymnanthea inquilina* in the coastal sounds of Taranto (Ionian Sea, SE Italy). Marine Biology, 118: 695~703.

Posada D, Crandall K A. 1998. Modeltest: testing the model of DNA substitution. Bioinformatics, 14 (9): 817~818.

Postaire B, Magalon H, Bourmaud C A F, Gravier - Bonnet N, Bruggemann J H. 2016. Phylogenetic relationships within Aglaopheniidae (Cnidaria, Hydrozoa) reveal unexpected generic diversity. Zoologica Scripta, 45 (1): 103~114.

Preker M, Lawn I D. 2010. Hydroids (Cnidaria: Hydrozoa: Leptolida) from Moreton Bay, Queensland, and adjacent regions: a preliminary survey. Memoirs of the Queensland Museum-Nature, 54 (3): 109~149.

Pyataeva S V, Kosevich I A. 2008. Soft tissue organization in some sertulariid colonial hydroids (Hydrozoa: Sertulariidae). Journal of the Marine Biological Association of the UK, 88 (8): 1703~1713.

Ralph P M. 1961a. New Zealand thecate hydroids. Part III.–Family Sertulariidae. Transactions of the Royal Society of New Zealand, 88: 749~838.

Ralph P M. 1961b. New Zealand thecate hydroids. Part V.–The distribution of the New Zealand hydroids. Transactions of the Royal Society of New Zealand, Zoology, 1 (7): 103~111.

Ramil F, Vervoort W. 1992. Report on the Hydroida collected by the "BALGIM" expedition in and around the Strait of Gibraltar. Zoologische Verhandelingen, Leiden, 277: 3~262.

Redier L. 1964. Révision des hydraires de la collection Lamarck (Muséum national d'Histoire Naturelle). Bulletin du Muséum National d'Histoire Naturelle, Paris, 36: 122~156.

Rees W J, Vervoort W. 1987. Hydroids from the John Murray Expedition to the Indian Ocean, with revisory notes on *Hydrodendron*, *Abietinella*, *Cryptolaria* and *Zygophylax* (Cnidaria: Hydrozoa). Zoologische Verhandelingen, Leiden, 237: 1~209.

Rees W J, Thursfield S. 1965. II.—The Hydroid Collections of James Ritchie. Proceedings of the Royal Society of Edinburgh. Section B. Biology, 69 (1~2): 34~220.

Rho B J. 1967. Marine hydroids from the west and south sea of Korea. Publications of Korean Culture Research Institute, 10: 341~360.

Rho B J. 1969. Studies on the marine hydroids in Korea. The Journal of Korean Research Institute for Better Living, 2: 161~172.

Rho B J. 1977. Illustrated flora and fauna of Korea. 20. Porifera, Hydrozoa and Ascidiacea. Seoul: Ministry of Education. 470.

Rho B J, Chang S R. 1972. A taxonomic study of the marine hydroids in Korea. 3. Marine hydroids from Jeju-do and Chuja-kundo. The Journal of Korean Research Institute for Better Living, 9: 97~112.

Rho B J, Chang S R. 1974. On the classification and the distribution of the marine benthic animals in Korea. I. Hydroids. The Journal of Korean Research Institute for Better Living, 12: 133~158.

Richardson A J, Bakun A, Hays G C, Gibbons M J. 2009. The jellyfish joyride: causes, consequences and management responses to a more gelatinous future. Trends in ecology & evolution, 24 (6): 312~322.

Ritchie J. 1907. The hydroids of the Scottish National Antarctic Expedition. Transactions of the Royal Society of Edinburgh, 45: 519~545.

Ritchie J. 1909. New species and varieties of Hydroida Thecata from Andaman Island. Annals and Magazine of Natural History, 8 (3): 524~528.

Ritchie J. 1910 The marine fauna of the Mergui Archipelago, Lower Burma, collected by J. J. Simpson and R. M. Rudmose-Brown. The hydroids. Proceedings of the Zoological Society of London, 799~825.

Ritchie J. 1912. Some northern hydroid zoophytes obtained by Hull trawlers, with description of a new species of plumularian. Proceedings of the Royal Society of Edinburgh 18 (4): 219~230.

Ronowicz M, Włodarska-Kowalczuk M, Kukliński P. 2013a. Hydroid epifaunal communities in Arctic coastal waters (Svalbard): effects of substrate characteristics. Polar Biology, 36 (5): 705~718.

Ronowicz M, Włodarska-Kowalczuk M, Kukliński P. 2013b. Depth- and substrate-related patterns of species richness and distribution of hydroids (Cnidaria, Hydrozoa) in Arctic coastal waters (Svalbard). Marine Ecology, 34 (s1): 165~176.

Ronowicz M, Kukliński P, Mapstone G M. 2015. Trends in the diversity, distribution and life history strategy of Arctic Hydrozoa (Cnidaria). PloS one, 10 (3), e0120204.

Ronquist F, Teslenko M, van der Mark P, Ayres D L, Darling A, Höhna, S, Larget B, Liu L, Suchard M A, Huelsenbeck J P. 2012. MrBayes 3.2: efficient Bayesian phylogenetic inference and model choice across a large model space. Systematic biology, 61 (3): 539~542.

Rozas J, Sánchez-DelBarrio J C, Messeguer X, Rozas R. 2003. DnaSP, DNA polymorphism analyses by the coalescent and other methods. Bioinformatics, 19 (18): 2496~2497.

Ruiz C, May-Itzá W J, Quezada-EuÁn J J G, De la Rúa P. 2013. Presence of nuclear copies of mitochondrial origin (NUMTs) in two related species of stingless bee genus *Melipona* (Hymenoptera: Meliponini). Journal of Zoological Systematics and Evolutionary Research, 51 (2): 107~113.

Ruthensteiner B, Reinicke G B, Straube N. 2008. The type material of Hydrozoa described by Eberhard Stechow in the Zoologische Staatssammlung Muenchen. Spixiana, 31 (1): 3~27.

Sars G O. 1873. Bidrag til Kundskaben om Dyrelivet paa vore Havbanker. Forhandlinger i Videnskabsselscabet i Kristiania, 1872: 73~119.

Schuchert P. 2000. Hydrozoa (Cnidaria) of Iceland collected by the BIOICE programme. Sarsia, 85 (5~6): 411~438.

Schuchert P. 2001. Hydroids of Greenland and Iceland (Cnidaria, Hydrozoa). Meddelelser om Grønland, Bioscience, 53: 1~184.

Schuchert P. 2003. Hydroids (Cnidaria, Hydrozoa) of the Danish expedition to the Kei Islands. Steenstrupia, 27 (2): 137~256.

Schuchert P. 2014. High genetic diversity in the hydroid *Plumularia setacea*: A multitude of cryptic species or extensive population subdivision? Molecular Phylogenetics and Evolution, 76: 1~9.

Schuchert P. 2015. Sertulariidae Lamouroux, 1812. *In:* Schuchert P. (2015) World Hydrozoa database. Available from: http://www.marinespecies.org/aphia.php?p = taxdetails&id = 1614 (2016-01-30).

Schuchert P. 2016 Hydractiniidae L. Agassiz, 1862. *In:* Schuchert P. (2016) World Hydrozoa database. Available from: http://marinespecies.org/aphia.php?p = taxdetails&id = 1601 (2016-07-25).

Shimabukuro V, Marques A C. 2006. Morphometrical analysis, histology, and taxonomy of *Thyroscyphus ramosus* (Cnidaria, Hydrozoa) from the coast of Brazil. Zootaxa, 1184: 29~42.

Smaldon G, Heppell D, Watt K R. 1976. Type specimens of invertebrates (excluding insects) held at the Royal Scottish Museum, Edinburgh. Royal Scottish Museum Information Series. Natural History, 4: 1~118

Song X. 2006 Regeneration and attachment of two marine hydroids. Master dissertation, Xiamen University, Xiamen, 1~124. [宋希坤. 2006. 两种海洋水螅再生与附着的研究. 厦门大学硕士学位论文, 1~124]

Song X. 2016. Diversity and evolution of Sertulariidae Larmouroux, 1812 (Cnidaria: Hydrozoa) in China, with records from Chinese Arctic and Antarctic National Research Expeditions. PhD dissertation. University of Chinese Academy of Sciences, Bejing / Institute of Oceanology, Chinese Academy of Sciences, Qingdao, 1~333. [宋希坤. 2016. 中国及两 极桧叶螅科多样性与进化.中国科学院大学博士学位论文, 1~333.]

Song X, Gravili C, Wang J, Deng Y, Wang Y, Fang L, Lin H, Wang S, Zheng Y, Lin J. 2016a. A new deep-sea hydroid (Cnidaria: Hydrozoa) from the Bering Sea Basin reveals high genetic relevance to Arctic and adjacent shallow-water species. Polar Biology, 39 (3): 461~471.

Song X, Xiao Z, Gravili C, Ruthensteiner B, Mackenzie M, Wang S, Chen J, Yu N, Wang J. 2016b. Worldwide revision of the genus *Fraseroscyphus* Boero and Bouillon, 1993 (Cnidaria: Hydrozoa): an integrative approach to establish new generic diagnoses. Zootaxa, 4168 (1): 1~37.

Song X, Gravili C, Ruthensteiner B, Lyu M, & Wang J. 2018. Incongruent cladistics reveal a new hydrozoan genus (Cnidaria: Sertularellidae) endemic to the eastern and western coasts of the North Pacific Ocean. Invertebrate Systematics, 32(5), 1083~1101.

Song X, Lyu M, Ruthensteiner B, Wang J, & Gravili C. 2019. Unexpected systematic affinities and geographic expansion of a marine alien hydroid (Cnidaria: Hydrozoa). Systematics and Biodiversity. Systematics and Biodiversity, 17(3): 230~244.

Splettstosser W. 1929. Beitrage zur Kenntnis der Sertulariiden. *Thyroscyphus* Allm, *Cnidoscyphus* nov. gen, *Parascyphus* Ritchie. Zoologische Jahrbiicher, Systematik, Okologie und Geogra phic derTiere, 58: 1~134.

Stearn C W, Riding R. 1973. Forms of the hydrozoan Millepora on a recent coral reef. Lethaia, 6 (2): 187~199.

Stechow E. 1912. Hydroiden der Münchener Zoologischen Staatssammlung. Zoologische Jahrbücher, Abteilung für Systematik, 32 (4): 333~378.

Stechow E. 1913a. Hydroidpolypen der japanischen Ostküste. II. Teil: Campanularidae, Halecidae, Lafoeidae, Campanulinidae und Sertularidae, nebst Ergänzungen zu den Athecata und Plumularidae. *In:* Doflein, F. ed, Beiträge zur Naturgeschichte Ostasiens. Abhandlungen der Königlich Bayerischen Akademie der Wissenschaften, Supplementband zu den Abhandlungen der Mathematisch-naturwissenschaftlichen Klasse, 3 (2): 1~162.

Stechow E. 1913b. Neue Genera thecater Hydroiden aus der Familie der Lafoeiden und neue Species von Thecaten aus Japan. Zoologischer Anzeiger, 43 (3): 137~144.

Stechow E. 1919a. Zur Kenntnis der Hydroidenfauna des Mittelmeeres, Amerikas und anderer Gebiete, nebst Angaben über einige Kirchenpauer'sche Typen von Plumulariden. Zoologische Jahrbücher, Abteilung für Systematik, 42 (1): 1~172.

Stechow E. 1919b. Neue Ergebnisse auf dem Gebiete der Hydroidenforschung. Muenchener Medizinische Wochenschrift, 66: 852~853.

Stechow E. 1920. Neue Ergebnisse auf dem Gebiete der Hydroidenforschung. Sitzungsberichte der Gesellschaft für Morphologie und Physiologie, München, 31: 9~45.

Stechow E. 1921. Neue Genera und Species von Hydrozoen und anderen Evertebraten. Archiv für Naturgeschichte (A), 87 (3): 248~265.

Stechow E. 1922. Zur Systematik der Hydrozoen, Stromatoporen, Siphonophoren, Anthozoen und Ctenophoren. Archiv für Naturgeschichte (A), 88 (3): 141~155.

Stechow E. 1923a. Neue Hydroiden der Deutschen Tiefsee Expedition, nebst Bemerkungen über einige andere Formen. Zoologischer Anzeiger, 56: 1~20.

Stechow E. 1923b. Über Hydroiden der Deutschen Tiefsee Expedition, nebst Bemerkungen über einige andre Formen. Zoologischer Anzeiger, 56: 97~119.

Stechow E. 1923c. Zur Kenntnis der Hydroidenfauna des Mittelmeeres, Amerikas und anderer

Gebiete. II. Teil. Zoologische Jahrbücher für Systematik, 47: 29~270.

Stechow E. 1923d. Die Hydroidenfauna der japanischen Region. Journal of the College of Science, Imperial University of Tokyo, 44: 1~23.

Stechow E. 1925a. Hydroiden der deutschen Tiefsee-Expedition. *In:* Chun C, Brauer A, Vanhöffen E, Apstein C. Wissenschaftliche Ergebnisse der Deutschen Tiefsee-Expedition "Valdivia", Gustav Fischer Verlag, Jena, 17: 383~546.

Stechow E. 1925b. Hydroiden aus West- und Südwestaustralien nach den Sammlungen von Prof. Dr. Michaelsen und Prof. Dr. Hartmeyer. Zoologische Jahrbücher für Systematik, 50: 191~269.

Stechow E. 1931. Neue Hydroiden von der Mutsu-Bai, Nordjapan. Zoologischer Anzeiger, 96 (78): 177~187.

Stechow E, Müller H C. 1923. Hydroiden von den Aru-Inseln. Abhandlungen der Senckenbergischen naturforschenden Gesellschaft, 35: 459~478.

Stechow E, Uchida T. 1931. Report of the Biological Survey of Mutsu Bay. 21. Hydroiden von MutsuBai, Nord-Japan. Science Reports of the Tôhoku Imperial University (Biology), Fourth Series, 6 (3): 545~571.

Stepan'yants S D. 1972. Hydroidea of the coastal waters of the Davis Sea (collected by the XIth Soviet Antarctic Expedition of 1965–1966), in Biologial results of the Soviet Antarctic Expeditions, 5. Issledovaniya Faunei Morei, 11 (19): 56~79.

Stepan'yants S D. 1979. Hydroids of the Antarctic and subantartic waters. in Explorations of the fauna of the seas. in Biologial results of the Soviet Antarctic Expeditions, 6. Issledovaniya Fauny Morei, 22: 1~200.

Stepan'yants S D. 2001. Subphylum Medusozoa. Classes Hydrozoa, Siphonophora, Scyphozoa. *In:* Sirenko B I. List of species of free-living Invertebrates of Eurasian Arctic Seas and Adjacent deep waters. Issledovania Fauni Morei, 51: 31~36.

Stranks T N. 1993. Catalogue of recent Cnidaria type specimens in the Museum of Victoria. Occasional Papers from the Museum of Victoria, 6: 1~26.

Tamura K, Peterson D, Peterson N, Stecher G, Nei M, Kumar S. 2011. MEGA5: molecular evolutionary genetics analysis using maximum likelihood, evolutionary distance, and maximum parsimony methods. Molecular Biology and Evolution, 28 (10): 2731~2739.

Tang Z C, Huang M J. 1987. The morphological study of *Symplectoscyphus huanghaiensis* Tang et Huang (Hydroida). Oceanologia et Limnologia Sinica, 18 (3): 291~294. [唐质灿, 黄美君. 1987. 黄海辫螅的形态研究. 海洋与湖沼, 18 (3): 291~293]

Tang Z C. 1991a. On a collection of Hydroida from the Nansha Islands, Hainan Province, China. Publications of marine biological researches on Nansha Islands and its adjacent waters (I). Beijing: Ocean Press. 25~36. [唐质灿. 1991a. 南沙群岛海区的水螅虫类. 南沙群岛及其临近海区海洋生物研究论文集(一). 北京: 海洋出版社. 25~36.]

Tang Z C. 1991b. *Monoserius pennarius* assemblage and its ecological and geographical studies on the continental shelf of waters around the Nansha Islands, South China Sea. Publications of marine biological researches on Nansha Islands and its adjacent waters (II). Beijing: Ocean Press. 255~261. [唐质灿. 1991b. 南沙群岛海区陆架单列羽螅组合及其生态地理学的研究. 南沙群岛及其临近海区海洋生物研究论文集(二). 北京: 海洋出版社. 255~261.]

Tang Z C. 1991c. A new species of the genus *Symplectoscyphus* (Hydroida) from the Northwest Waters off the Antarctic Peninsula. Studia Marina Sinica, 32: 1~5. [唐质灿. 1991c. 南极半岛西北部海域辫螅属 (水螅虫类)一新种. 海洋科学集刊, 32: 1~5.]

Tang Z C. 1998. A new species of the genus *Filellum* (Hydrozoa: Lafoeidae) from the waters around

Nansha Islands, South China Sea. Studies on marine fauna and flora and biogeography of the Nansha Islands and Neighbouring Waters III. Beijing: Ocean Press. 42~46. [唐质灿. 1998. 南沙群岛海区丝管螅属 (水螅虫纲: 管螅科) 一新种. 南沙群岛及其邻近海区海洋生物分类区系和生物地理学研究 III. 北京: 海洋出版社. 42~46].

Tang Z C, Gao S W. 2008. Subphylum Medusozoa Petersen, 1979. *In:* Liu R Y. Checklist of Marine Biota of China Seas. Beijing: Science Press. 301~332. [唐质灿, 高尚武. 2008. 刺胞动物门 Subphylum Medusozoa Petersen, 1979. 见: 刘瑞玉. 中国海洋生物名录. 北京: 科学出版社, 301~332.]

Tang Z C, Huang M J. 1986. A new species of the genus *Symplectoscyphus* (Hydroida) from the Huanghai Sea. Chinese Journal of Oceanology and Limnology, 4 (3): 317~318.

Taylor P D. 1988. A probable thecate hydroid from the Upper Cretaceous of southern England preserved by bioimmuration. Paläontologische Zeitschrift, 62 (3~4): 167~174.

Teissier G. 1931. Étude expérimentale du développement de quelques hydraires. Annales des Sciences Naturelles, Zoologic et Biologic Animale, 10 (14): 5~60.

Thompson D A W. 1879. On some new and rare hydroid zoophytes (Sertulariidæ and Thuiariidæ) from Australia and New Zealand. Annals and Megazine of Natural History (5), 3 (14): 97~114.

Thompson J D, Gibson T J, Plewniak F, Jeanmougin F, Higgins D G. 1997. The ClustalX windows interface: flexible strategies for multiple sequence alignment aided by quality analysis tools. Nucleic Acids Research, 25 (24): 4876~4882.

Torrey HB. 1902. The Hydroida of the Pacific Coast of North America. University of California Publications, Zoology, 1: 1~104.

Torrey HB. 1904. Contributions from the laboratory of the Marine Biological Association of San Diego. I. The hydroids of the San Diego region. University of California Publications, Zoology, 2 (1): 1~43.

Totton A K. 1930. Coelenterata. Part V. Hydroida. British Antarctic ("Terra Nova") Expedition 1910, Natural History Report, Zoology, 5: 131~252.

Trask J B. 1857. On nine new species of zoophytes from the Bay of San Francisco and adjacent localities. Proceedings of the California Academy of Natural Sciences, 1: 112~115.

Trebilcock, R E. 1928. Notes on New Zealand Hydroida. Proceedings of the Royal Society of Victoria, 41, 1~31.

Tseng L C, Wu C H, Twan W H, Tang Z C, Hwang J S. 2014. Hydroids (Cnidaria, Hydrozoa) from marine environments in Taiwan. Zoological Studies, 53 (1): 1~7.

Uschakow P. 1937. Materials on the Hydroids of the Arctic Seas of U.S.S.R. Leningrad: Transc Inst. 5~34.

Ushakov P V. 1964. Some characteristics of the distribution of bottom fauna off the coast of east Antarctica, Information Bulletin. Soviet Antarctic Expedition, 4 (5): 287~292, figs 1~3. (Originally in Informatsionnyi Byulleten' Sovestkoi Antarktichesk oi Ekspeditsii, 40).

Van Gemerden-Hoogeveen G C H. 1965. Hydroids of the Caribbean: Sertulariidae, Plumulariidae and Aglaopheniidae. Studies on the fauna of Curaçao and other Caribbean Islands, 22 (1): 1~87.

Vanhöffen E. 1910. Die Hydroiden der Deutschen Südpolar-Expedition 1901–1903. Deutsche Südpolar-Expedition 1901–1903, XI (Zoology III): 269~340.

Veron J E N. 1995. Corals in space and time: the biogeography and evolution of the scleractinia. Ithaca: Cornell University Press. 321.

Verrill A E. 1873. Brief contributions to zoology, from the Museum of Yale College, 23–24. Results of recent dredging Expeditions on the coast of New England. American Journal of Science, 3 (5):

1~16, 98~106.

Versluys J J. 1899. Hydraires calyptoblastes recueillis dans la mer des Antilles, pendant l'une des croisières accomplies par le comte R. de Dalmas sur son yacht "Chazalie". Mémoires de la Société Zoologique de France, 12: 29~58.

Vervoort W. 1941. The Hydroida of the Snellius Expedition (Milleporidae and Stylasteridae excluded). Biological results of the Snellius Expedition XI. Temminckia, 6: 186~240.

Vervoort W. 1946. Hydrozoa (C1) A. Hydropolypen. Fauna Van Nederland, 14: 1~336.

Vervoort W. 1959. The Hydroida of the tropical west coast of Africa. Atlantide Report. Scientific Results of the Danish Expedition to the Coasts of Tropical West Africa, 1945–1946, 5: 211~325.

Vervoort W. 1967. The Hydroida and Chondrophora of the Israel South Red Sea Expedition. Israel South Red Sea Expedition Reports, 25: 18~54.

Vervoort W. 1968. Report on a collection of Hydroida from the Caribbean region, including an annotated checklist of Caribbean hydroids. Zoologische Verhandelingen, Leiden, 92: 1~124.

Vervoort W. 1972. Hydroids from the Theta, Vema and Yelcho cruises of the Lamont-Doherty geological observatory. Zoologische Verhandelingen, Leiden, 120: 1~247.

Vervoort W. 1993. Cnidaria, Hydrozoa, Hydroida: Hydroids from the Western Pacific (Philippines, Indonesia and New Caledonia). I: Sertulariidae (Part1). *In:* Crosnier A. Résultats des Campagnes MUSORSTOM. Vol.II. Mémoires du Muséum national d'Histoire naturelle. 89~298.

Vervoort W, Vasseur P. 1977. Hydroids from French Polynesia with notes on distribution and ecology. Zoologische Verhandelingen, Leiden, 159: 3~98.

Vervoort W, Watson J E. 2003. The marine fauna of New Zealand: Leptothecata (Cnidaria: Hydrozoa) (thecate hydroids). NIWA Biodiversity Memoir, 119: 1~538.

Voigt E. 1973. *Hydrallmania graptolithiformis* n. sp, eine durch Biomuration erhaltene Sertulariidae (Hydroz.) aus der Maastrichter Tuffkreide. Paläontologische Zeitschrift, 47 (1~2): 25~31.

Voigt O, Collins A G, Pearse V.B, Pearse J S, Ender A, Hadrys H, Schierwater B. 2004. Placozoa – no longer a phylum of one. Current Biology, 14: R944~R945.

Wagler H, Berghahn R, Vorberg R. 2009. The fishery for whiteweed, *Sertularia cupressina* (Cnidaria, Hydrozoa), in the Wadden Sea, Germany: history and anthropogenic effects. ICES Journal of Marine Science: Journal du Conseil, 66 (10): 2116~2120.

Wallace D C, Chalkia D. 2013. Mitochondrial DNA Genetics and the Heteroplasmy Conundrum in Evolution and Disease. Cold Spring Harbor Perspectives in Biology, 5 (11): 1~47.

Watson J E. 1973. Pearson Island expedition 1969. 9. Hydroids. Transactions of the Royal Society of South Australia, 97: 153~200.

Watson, J E. 2000. Hydroids (Hydrozoa: Leptothecatae) from the Beagle Gulf and Darwin Harbour, northern Australia. The Beagle, Records of the Museums and Art Galleries of the Northern Territory, 16: 1~82.

Watson J E. 2002. Hydroids (Cnidaria: Hydrozoa) from southern Queensland. Memoirs of Museum Victoria, 59 (2): 337~354.

Watson J E, Vervoort W. 2001. The hydroid fauna of Tasmanian seamounts. Zoologische Verhandelingen: 151~188.

Wei C D. 1959. Primary research report of hydroids and hydromedusa from Zhoushan. Journal of Hangzhou University, 2: 189~212. [魏崇德. 1959 舟山水螅虫类和水螅水母类的初步调查报告. 杭州大学学报, 2: 189~212.]

Westendorp G D. 1843. Recherches sur les polypiers flexibles de la Belgique, et particulièrement des environs d'Ostende. Bruges: de Pachtère. 48.

WoRMS. 2019. Hydrozoa. Available from: http://www.marinespecies.org/aphia.php?p=taxdetails & id=1337 on 2019-08-16.

Xu Z Z, Huang J Q, Lin M, Guo D H, Wang C G. 2014. The Superclass Hydrozoa of Phylum Cnidaria in China. Beijing: China Ocean Press. 944. [许振祖, 黄加琪, 林茂, 郭东晖, 王春光. 2012.中国刺胞动物门水螅虫总纲. 北京: 海洋出版社. 944.]

Xu ZZ, Lin M, Wang C G. 2012. Medusozoa. *In:* Huang Z Z, Lin M. The Living Species and Their Illustrations in China's Seas (Part 1): The Living Species in China's Seas. Beijing: China Ocean Press. 291~323. [许振祖, 林茂, 王春光. 2012. 水母亚门 MEDUSOZOA. 见: 黄宗国, 林茂. 中国海洋物种和图集–上卷, 中国海洋物种多样性. 北京: 海洋出版社. 291~323.]

Yamada M. 1950. Hydroids. The fauna of Akkeshi Bay, XVII. Journal of the Faculty of Science, Hokkaido University Series 6, Zoology, 10 (1): 1~20.

Yamada M. 1955. Notes on some sertularian hydroids from northern Japan. Bulletin of the Biogeographical Society of Japan, 16~19, 17~20.

Yamada M. 1957. Marine Hydroids from the Vladivostok Region. Journal of the Faculty of Science, Hokkaido University Series 6, Zoology, 13 (1~4): 156~160.

Yamada M. 1958. Hydroids from the Japanese Inland Sea, mostly from Matsuyama and its vicinity. Journal of the Faculty of Science, Hokkaido University Series 6, Zoology, 14 (1): 51~63.

Yamada M. 1959. Hydroid fauna of Japanese and its adjacent waters. Publications from the Akkeshi Marine Biological Station, 9: 1~101.

Yeh Y C. 1995. Morphology of Plumulariidae hydroida in Taiwan. Master thesis, Kaohsiung: National Sun Yat-sen University, 1~101. [叶怡君. 1995. 台湾羽鞘科水螅的形态研究. "国立"中山大学硕士学位论文, 1~101.]

Zhang H, Cao W H, Wu Z W, Song X K, Wang J J, Yan T. 2015. Biofouling on deep-sea submersible buoy systems off Xisha and Dongsha Islands in the northern South China Sea. International Biodeterioration & Biodegradation, 104: 92~96

Zhou K L, Zheng L M, He J R, Lin Y S, Cao W Q, Zhang W J. 2013. Detection of a new *Clytia* species (Cnidaria: Hydrozoa: Campanulariidae) with DNA barcoding and life cycle analyses. Marine Biological Association of the United Kingdom. Journal of the Marine Biological Association of the United Kingdom, 93 (8): 2075.

Zou R L. 1978. Studies on the corals of Xisha Islands, China. 2. The genus *Millepora* with the description of a new species. In The collection of research reports of Ocean organisms in the Oceanic Regions of Zhongsha and Xisha Islands. Academia Sinica. South China Sea Institute of Oceanology. 85~89. [邹仁林. 1978. 西沙群岛珊瑚礁的研究 II, 多孔螅属及其一个新种描述. 我国西沙、中沙群岛海域海洋生物调查研究报告集. 中国科学院南海海洋研究所. 北京: 科学出版社, 81~89.]

附录 1　样品信息登记

（1）*Staurotheca antarctica* Hartlaub, 1904

中国第一次南极科学考察： MBM240356，49 段，♂，♀，南极半岛西北部海域，向阳红 10 号，S21，66.8217°S，69.3283°W，三角拖网，295m，泥，1985.I.25，唐质灿，王荣。

（2）*Staurotheca compressa* Briggs, 1938

中国第一次南极科学考察： MBM240152，15 段，♀，MBM240365，7 段，不具生殖鞘，南极半岛西北部海域，向阳红 10 号，South Bay，站位及经纬度未知，20–100m，1985 年 1–2 月，陆保仁。

（3）*Staurotheca glomulosa* Peña Cantero, Svoboda & Vervoort, 1997

中国第一次南极科学考察： MBM240154，250mL 广口瓶 1 整瓶，♂，♀，MBM240163，50 段，♂，♀，MBM240174，500mL 广口瓶 1 整瓶，♂，♀，MBM240294，500mL 广口瓶 1 整瓶，♂，♀，MBM240377，2000mL 广口瓶 1 整瓶，♂，♀，MBM240385，250mL 广口瓶 1 整瓶，♂，♀，MBM240390，14 段，无生殖鞘，MBM240403，500mL 广口瓶 1 整瓶，♂，♀，MBM240408，2000mL 广口瓶 1 整瓶，♂，♀，MBM240415，10 段，♀，MBM240418，2 段，无生殖鞘，MBM280482，9 段，♂，♀，南极半岛西北部海域，向阳红 10 号，L5，62.8600°S，60.0143°W，三角拖网，217m，软泥，1985.II.5，唐质灿，王荣；MBM240380，500mL 广口瓶 1 整瓶，♂，♀，南极半岛西北部海域，向阳红 10 号，M1-1，62.2033°S，58.9167°W，阿氏拖网，114m，软泥，1984.XII.27，唐质灿，王荣；MBM240167，10 段，♂，♀，南极半岛西北部海域，向阳红 10 号，M1-3，62.2033°S，58.9167°W，三角拖网，110m，软泥、石块，1985.II.12，唐质灿，王荣；MBM240162，7 段，无生殖鞘，MBM240310，100 段，无生殖鞘，南极半岛西北部海域，向阳红 10 号，民防站，站位及经纬度未知，阿氏拖网，110m，软泥，1984.XII.28，唐质灿，王荣；MBM240317，5 段，♀，南极半岛西北部海域，向阳红 10 号，采集信息不详，唐质灿，王荣；MBM240337，8 段，♂，♀，南极半岛西北部海域，向阳红 10 号，采集信息不详，唐质灿，王荣。

（4）*Fraseroscyphus hozawai* (Stechow, 1931)

模式标本： *Symplectoscyphus hozawai* Stechow, 1931，群模，采自日本陆奥湾（Mutsu-Bay，Oma-Shimote），附于盘鲍 *Haliotis gigantea* Gmelin, 1791 壳表，无生殖鞘和附着盘，S. Hozawa，1927. VIII. 18，分别为：ZSM20040228，福尔马林固定，现乙醇固定标本，1 簇，高 28mm，宽 8mm；ZSM20041654，玻片标本 3 个片段，高 7–8mm，宽 1–6mm；ZSM20041655，玻片标本，高 7mm，宽 3mm，*Sertularella sinuosa* Fraser, 1948 选模（Calder，Vervoort & Hochberg，2009），采自加利福尼亚州圣佩德罗，无其他采集信息，分别为：选模，SBMNH 347307（AHF Holotype No. 95），1 簇，高 17mm，具 2 个生殖鞘，性别未知，具 1 个附着盘；副选模，SBMNH 369460，5 簇，高达 10mm，附于珊瑚藻表面，具 1 个生殖鞘. 黄海辫螅 *Symplectoscyphus huanghaiensis* Tang & Huang, 1986 正模：MBM102663，1 簇，高 33mm，宽 20mm，具 8 个生殖鞘（♀），1 个具端胞，无附着盘，黄海，威海乳山，汇岛潮间带，36.6855°N，121.6660°E，附于马尾藻 *Sargassum* 表面，1982.X.7，唐质灿。

其他中国标本： MBM185675，1 簇，无生殖鞘，具 13 个附着盘，黄海，连云港平山岛，35.1667°N，119.8667°E，1–5m，附于海藻表面，1975.XII.17，廖玉麟；MBM185532，1 簇，无生殖鞘，1 个分枝从芽鞘内生出，具 12 个附着盘，黄海，青岛汇泉湾汇泉角潮间带，36.0441°N，120.3358°E，1–5m，底质不详，1981.XI.14，唐质灿；MBM280006（含 6 片刺细胞玻片标本），10 簇，无生殖鞘，具附着盘，附于海草表面，汇泉湾潮间带，青岛，36.0547°N，120.3349°E，2014. VII.26，宋希坤；MBM280007，3 簇，无生殖鞘，无附着盘，附于海草表面，太平湾，青岛，36.0476°N，120.3425°E，2014. VII.25，宋希坤. MBM280015，1 簇，无生殖鞘，具附着盘，附于海草表面，汇泉湾潮间带，青岛，36.0564°N，120.3309°E，2012. VIII.3，宋希坤，陈金晶，袁宁；MBM280267，2 簇，无生殖鞘，无附着盘，黄海，青岛汇泉湾潮间带，36.0547°N，120.3349°E，1–5m，附于海藻表面，2012.VIII.3，宋希坤，陈晶晶，袁宁；MBM280292，2 簇，无生殖鞘，无附着盘，黄海，青岛汇泉湾潮间带，36.0547°N，120.3349°E，生于马尾藻、苔藓虫表面，2012.VIII.4，宋希坤，陈晶晶，袁宁；MBM280291，2 簇，1 个分枝从芽鞘内生出，无生殖鞘，无附着盘，黄海，威海乳山竹岛东侧龙须菜养殖海域，36.7315°N，121.5998°E，1–5m，生于龙须菜表面，2013.VIII.3，孙忠民；MBM280266，3 簇，无生殖鞘，无附着盘，黄海，青岛汇泉湾潮间带，36.0547°N，120.3349°E，1–5m，附于海藻表面，2012.VIII.4，宋希坤，陈晶晶，袁宁。

其他美国标本：MBM280124，1 簇，具 10 个生殖鞘（♀），具 3 个附着盘，美国加利福尼亚州北部博德加湾，38.3000°N，123.0500°W，6m，附于珊瑚藻表面，1983.V.4，Ferdinando Boero；CASIZ 14588，3 簇，具 12 个附着盘，无生殖鞘，附于珊瑚藻上，加利福尼亚州蒙特雷县，中国站，1923.IV.Wallace；CASIZ 14589，2 段，具 1 个生殖鞘（♂），加利福尼亚州圣迭戈县，1913，Wallace，基于加州科学院 Christina Piotrowski 和 Kelly Markello 所拍显微照片，原标本被鉴定为 *Serutlarella tricuspidata* (Alder, 1856)。

（5）*Fraseroscyphus irregularis* (Trebilcock, 1928)

群模（Syntype），2 片玻片标本 NMV F57894、F57941，2 瓶乙醇标本 NMV F57939、F57940（采集时由福尔马林固定），采于新西兰达尼丁市圣克莱尔（St. Clair，Dunedin），缠绕在珊瑚藻表面，采集时间 1923.V.3，采集人，R. E. Trebilcock. NMV F57894，玻片标本，2 簇，高 6–9mm，宽 5–8mm，3 个片段，高 6–11mm，宽 2–3mm，1 个游离生殖鞘，含 6 个生殖鞘（♂），3 个从芽鞘内生出，2 个从芽鞘侧下方生出，1 个着生位置不确定；NMV F57941，玻片标本，1 簇，仅匍匐根，团状，直径 2mm，无生殖鞘，2 个螅芽的触手生出芽鞘，可观察到刺细胞；NMV F57939，22 簇，其中 8 簇较大，高 4–6mm，宽 5–10mm，14 族较小，高 1–4mm，宽 2–5mm，9 个片段，高 3–8mm，宽 1–4mm，17 个游离生殖鞘，共 38 个生殖鞘（♀），26 个从芽鞘内生出，7 个从芽鞘侧下方生出，5 个着生位置不确定，具 4 个 cling organs，分成 2–5 瓣，最大直径 0.09–0.13mm；NMV F57939 刺细胞玻片 1 片；NMV F57940，附于海藻表面，高 4mm，宽 14mm，具 5 个生殖鞘，可能是雌性。

（6）*Fraseroscyphus macrogonus* (Trebilcock, 1928)

模式标本：NMV F57892，群模（Syntype），2 片玻片标本，新西兰达尼丁市圣克莱尔（St. Clair，Dunedin），附于低潮区礁石表面，采集时间 1923.IV–V，采集人，R. E. Trebilcock. 玻片标本 1，7 个片段，高 3–10mm，宽 1–5mm，4 个生殖鞘（♂），1 个从芽鞘口部生出，3 个从芽鞘基部长出，具 2 个附着盘，对生，1–2 瓣，直径 0.12–0.14mm；玻片标本 2，14 个片段，高 3–10mm，宽 2–4mm，5 个生殖鞘（♂），2 个从芽鞘内生出，2 个从芽鞘基部长出，1 个无法确定。

智利疑似标本：根据 Dr Galea 所提供照片重检，1 段，高 2mm，宽 2mm，具 1 个生殖鞘和 1 段卷须，均从芽鞘口部生出，生殖鞘仅剩基部，可能是雄性，智利河大区科拉尔近岸，站位 AMI，S07，39.85744° S，73.44024° W，水深 5m，Horia Galea，2010. V. 26. 本记录被 Galea 和 Schories（2012）鉴定为 *Symplectoscyphus* sp.2。

（7）*Symplectoscyphus densestriatus* Tang, 1991

中国第一次南极科学考察：MBM240443（正模，原标本号 HY-85-01），1 簇，9 段，附于六放海绵上，具生殖鞘，MBM240267，1 簇，具生殖鞘，MBM240268，8 段，具生殖鞘，MBM240366，4 段，具生殖鞘，MBM240416，1 段，具生殖鞘，南极半岛西北部海域，向阳红 10 号，S26，64.4083°S，61.6833°W，阿氏拖网，378m，硬泥、石块，1985.II.7，唐质灿，王荣；MBM240311，1 段，具生殖鞘，南极半岛西北部海域，向阳红 10 号，民防湾，站位及经纬度未知，1984.XII.28，唐质灿，王荣；MBM240189，1 段，具生殖鞘，南极半岛西北部海域，向阳红 10 号，民防站，站位及经纬度未知，1985.I.6，唐质灿，王荣。

（8）*Symplectoscyphus glacialis* (Jäderholm, 1904)

中国第一次南极科学考察：MBM240444，20 段，具生殖鞘，南极半岛西北部海域，向阳红 10 号，L5，62.8600°S，60.0143°W，三角拖网，217m，软泥，1985.II.5，唐质灿，王荣。

（9）*Symplectoscyphus liouvillei* (Billard, 1914)

中国第一次南极科学考察：MBM280487，1 簇，具不成熟的生殖鞘，南极半岛西北部海域，向阳红 10 号，M4，62.2633°S，58.7650°W，三角拖网，478m，泥沙、石块，1985.II.12，唐质灿，王荣；MBM240360，1 簇，无生殖鞘，南极半岛西北部海域，向阳红 10 号，R2，62.1667°S，58.3333°W，三角拖网，512m，1985.II.11，唐质灿，王荣；MBM240176，5 簇，具生殖鞘，南极半岛西北部海域，向阳红 10 号，采集信息不详，唐质灿，王荣。

（10）*Symplectoscyphus vanhoeffeni* Totton, 1930

中国第一次南极科学考察：MBM240156，1 团，无生殖鞘，南极半岛西北部海域，向阳红 10 号，L5，62.8600°S，60.0143°W，三角拖网，217m，软泥，1985.II.5，唐质灿，王荣；MBM240410，1 团，无生殖鞘，南极半岛西北部海域，向阳红 10 号，M1-2，62.2033°S，58.9167°W，0.25m^{2}采泥器，110m，软泥、砾石，1985.I.30，唐质灿，王荣；MBM240397，5 段，具生殖鞘，南极半岛西北部海域，向阳红 10 号，M4，62.2633°S，58.7650°W，三角拖网，478m，泥沙、石块，1985.II.12，唐质灿，王荣；MBM240327，5 段，无生殖鞘，南极半岛西北部海域，向阳红 10 号，S2，62.5517°S，56.4767°W，0.25m^{2}采泥器，270m，泥质砂，1985.I.20，唐质灿，王荣；MBM240180，7 段，具生殖鞘，MBM240308，2 段，具生殖鞘，南极半岛西北部海域，向阳红 10 号，S23，62.8600°S，58.1250°W，

三角拖网，450m，石块、粉砂，1985.II.4，唐质灿，王荣；MBM240198，20 段，具生殖鞘，MBM240304，1 簇，无生殖鞘，MBM240309，1 簇，无生殖鞘，MBM240331，1 簇，无生殖鞘，MBM240407，多于 100 段，具生殖鞘，MBM240416，14 段，具生殖鞘，MBM240433，15 段，具生殖鞘，南极半岛西北部海域，向阳红 10 号，S26，64.4083°S，61.6833°W，阿氏拖网，378m，硬泥、石块，1985.II.7，唐质灿，王荣；MBM240150，多于 100 段，具生殖鞘，MBM240362，1 段，具不成熟的生殖鞘，MBM240367，3 段，具不成熟的生殖鞘，南极半岛西北部海域，向阳红 10 号，South Bay，站位及经纬度未知，20–100m，1985，1 月–2 月，陆保仁。

（11）*Symplectoscyphus cumberlandicus* (Jäderholm, 1905)

中国第一次南极科学考察： MBM240276，10 段，具不成熟的生殖鞘，MBM240343，1 簇，不具生殖鞘，MBM240481，1 簇，具不成熟的生殖鞘，南极半岛西北部海域，向阳红 10 号，M1–1，62.2033°S，58.9167°W，阿氏拖网，114m，软泥，1984.XII.27，唐质灿，王荣；MBM240159，1 簇，具不成熟的生殖鞘，南极半岛西北部海域，向阳红 10 号，民防站，站位及经纬度未知，1985.I.6，唐质灿，王荣；MBM240290，2 簇，不具生殖鞘，南极半岛西北部海域，向阳红 10 号，民防站，站位及经纬度未知，1985.I.6，唐质灿，王荣。

（12）*Symplectoscyphus paulensis* Stechow, 1923

模式标本： ZSM20040973（现乙醇保存），标本丢失，仅剩空瓶；ZSM20043881 - ZSM20043883（玻片标本），具 8 段标本，不具生殖鞘，印度洋，圣保罗群岛（St. Paul Islands，Indian Ocean）以东 7km，38.6667° S，77.6433° E，672m，站位“Valdivia”165，1899.I.03。

（13）*Symplectoscyphus tricuspidatus* (Alder, 1856)

中国第一次北极科学考察标本， TI200004，单个芽鞘，无生殖鞘，楚科奇海，雪龙号，J13，70.4833°N，167.1667°W，箱式采泥，50m，粉砂质泥，1999.VII.18，郑凤武；TI200001，1 段，无生殖鞘，白令海，雪龙号，B1-12A，60.6667°N，178.3000°W，箱氏采泥，1999.VII.20，郑凤武。

中国第三次北极科学考察标本： MBM189674，9 簇，具生殖鞘，白令海，雪龙号，BS09，64.3323°N，167.5052°W，阿氏拖网，29m，泥沙，2008.VII.27，王永强，张光涛，张永山；MBM280389，1 簇，具生殖鞘，楚科奇海，雪龙号，R09，70.9933°N，168.9733°W，阿氏网，29m，泥沙，2008.VIII.2，王永强，张光涛，张永山。

中国第四次北极科学考察标本： MBM280333，1 簇，无生殖鞘，楚科奇海，雪龙号，Co-1，71.2500°N，157.1500°W，阿氏拖网，40m，沙粒，2010.VII.26，王永强，陶振铖，刘群；MBM280327，1 簇，无生殖鞘，楚科奇海，雪龙号，CC08，68.3026°N，166.9585°W，三角拖网，27m，石块泥，2010.VII.21，王永强，陶振铖，刘群；TI200057，1 簇，无生殖鞘，雪龙号，三角拖网，2010，王建军；TI200066，1 簇，无生殖鞘，雪龙号，三角拖网，2010，王建军；TI200084，8 段，无生殖鞘，雪龙号，三角拖网，2010，王建军。

中国第五次北极科学考察标本： MBM240512，1 簇，无生殖鞘，雪龙号，样品上标有“加 20”，具体采集信息未知，2012，林学政；MBM280117，3 根，无生殖鞘，楚科奇海，雪龙号，CC4，68.1312°N，167.5035°W，阿氏拖网，43m，岩石、苔藓虫，2012.VII.19，林学政；MBM280221，1 簇，无生殖鞘，白令海，雪龙号，BL12，62.5615°N，175.2543°W，阿氏拖网，71.4m，苔藓虫，2012.VII.16，林学政；MBM280115，1 簇，无生殖鞘，楚科奇海，雪龙号，CC6，68.2357°N，167.1454°W，三角拖网，36.5m，2012.VII.19，林和山；TI200104，3 段，无生殖鞘，白令海，雪龙号，BM03，63.8667°N，172.7167°W，三角拖网，54.9m，2012.VII.16，林和山；TI200116，4 段，2 簇，无生殖鞘，楚科奇海，雪龙号，CC04，68.1312°N，167.5035°W，三角拖网，43m，2012.VII.19，林和山；TI200117，1 簇，具生殖鞘，白令海，雪龙号，BS02，61.1167°N，175.5833°W，三角拖网，91m，2012.IX.11，林和山；TI200118，1 簇，无生殖鞘，白令海，雪龙号，BS02，61.1167°N，175.5833°W，三角拖网，91m，2012.IX.11，林和山；TI200149，1 簇稚体，无生殖鞘，白令海，雪龙号，BM03，63.8695°N，172.7178°W，三角拖网，54.9m，2012.VII.17，林和山。

中国第六次北极科学考察标本： MBM240452，1 簇，无生殖鞘，楚科奇海，雪龙号，CC4，63.1300°N，167.5120°W，三角拖网，49m，硬泥、砾石，2014.VII.29，王少青；MBM240496，1 簇，无生殖鞘，白令海，雪龙号，NB12，64.0025°N，171.9764°W，三角拖网，52.6m，石块，2014.VII.26，王少青；MBM240523，1 簇，无生殖鞘，白令海，雪龙号，NB01，60.8000°N，177.2028°W，三角拖网，131.4m，2014.VII.23，刘晨临；MBM240527，2 簇，无生殖鞘，楚科奇海，雪龙号，C03，71.6125°N，157.9347°W，三角拖网，63m，软泥，2014.VIII.3，刘晨临；MBM240558，1 簇，无生殖鞘，白令海，雪龙号，NB12，64.0025°N，171.9764°W，三角拖网，52.6m，石块，2014.VII.26，刘晨临；TI200209，1 簇，无生殖鞘，白令海，雪龙号，圣劳伦斯岛岛北，63.8561°N，171.5000°W，三角拖网，20m，2014.IX，10，林俊辉；TI200239，1 簇，3 段，无生殖鞘，楚科奇海，雪龙号，CC4，63.1300°N，167.5120°W，三角拖网，49m，硬泥、砾石，2014.VII.29，林俊辉；TI200265，2 簇，无生殖鞘，楚科奇海，雪龙号，C03，71.6125°N，157.9347°W，三角拖网，63m，软泥，2014.VIII.3，林俊辉；TI200296，4 簇，具生殖鞘，白令海，雪龙号，NB12，

64.0025°N，171.9764°W，三角拖网，52.6m，石块，2014.VII.26，林俊辉。

（14）*Symplectoscyphus* sp. 1

中国第四次北极科学考察，MBM280309，1 簇，无生殖鞘，白令海，雪龙号，B14，60.9217°N，177.6810°W，渔拖网，130m，粉砂，2010.VII.15，王永强，陶振铖，刘群。

（15）*Symplectoscyphus* sp. 2

全国第一次海洋普查标本：MBM001106，1 簇，无生殖鞘，黄海，邯郸，2057，38°N，123.5°E，桁网，66m，泥砂，1959.I.21，采集人不详。

东海大陆架调查标本：MBM185693，1 簇，无生殖鞘，东海，金星号，阿氏拖网，1975，站位信息不详；MBM186046，1 簇，无生殖鞘，东海，金星号，V-8，27.5°N，124.5°E，阿氏拖网，100m，细砂，1975.X.10，唐质灿；MBM186051，4 簇，无生殖鞘，东海，金星号，G6，28.8333 °N，126.3333 °E，阿氏拖网，111m，泥质细砂，1975.X.9，唐质灿；MBM186059，3 簇，无生殖鞘，东海，金星号，V-7，27.5°N，126°E，阿氏拖网，131m，细砂，1976.VII.5，唐质灿；MBM186078，2 簇，无生殖鞘，东海，金星号，V-7，27.5°N，126°E，阿氏拖网，135m，细砂，1976.VIII.28，唐质灿；MBM186081，1 簇，无生殖鞘，东海，金星号，V1-6，阿氏拖网，510m，黏泥，1976.VIII.28，唐质灿；MBM186124，2 簇，无生殖鞘，东海，金星号，ZV-6，阿氏拖网，115m，1976.VII.4，唐质灿；MBM186154，1 簇，无生殖鞘，东海，金星号，阿氏拖网，139m，细砂，1976，VIII，29，唐质灿；MBM186191，3 簇，无生殖鞘，东海，金星号，V-10，27.5°N，125.5°E，阿氏拖网，110m，细砂，1975.X.11，唐质灿；MBM186204，2 簇，无生殖鞘，东海，金星号，V1-5，阿氏拖网，150m，细砂，1976.VIII.28，唐质灿；MBM186205，1 簇，无生殖鞘，东海，金星号，V-7，27.5°N，126°E，阿氏拖网，135m，细砂，1976.VIII.28，唐质灿；MBM186206，3 簇，无生殖鞘，东海，金星号，V1-5，阿氏拖网，150m，细砂，1976.VIII.28，唐质灿；MBM186208，3 簇，无生殖鞘，东海，金星号，V-3，27.5°N，124°E，阿氏拖网，105m，细砂，1976.VIII.27，唐质灿；MBM186288，1 簇，无生殖鞘，东海，金星号，阿氏拖网，90m，细砂，1975.X. 11，唐质灿；MBM186327，2 簇，无生殖鞘，东海，金星号，IV-7，28.5000 °N，126.5000°E，阿氏拖网，121m，细砂，1976.IX.21，唐质灿；MBM186474，2 簇，无生殖鞘，东海，金星号，V1-6，阿氏拖网，550m，软泥，1976.VIII.28，唐质灿；MBM186476，3 簇，无生殖鞘，东海，金星号，站位 30，26.5°N，125°E，阿氏拖网，138m，细砂，1978.VI.11，唐质灿；MBM186492，3 簇，无生殖鞘，东海，金星号，站位 22，阿氏拖网，116m，细砂碎壳，1978.VI.5，唐质灿；MBM186492，6 簇，无生殖鞘，东海，金星号，站位 22，阿氏拖网，116m，细砂碎壳，1978.VI.5，唐质灿；MBM186516，1 簇，无生殖鞘，东海，金星号，站位 5，31.5000°N，128.0000°E，阿氏拖网，147m，细砂，1978.V.30，唐质灿；MBM186527，2 簇，无生殖鞘，东海，金星号，30，26.5°N，125°E，阿氏拖网，138m，细砂，1978.VI.11，唐质灿；MBM186935，2 簇，无生殖鞘，东海，金星号，站位 30，26.5°N，125°E，阿氏拖网，138m，细砂，1978.VI.11，唐质灿。

国家自然科学基金委东海共享航次标本：MBM282662，2 簇，无生殖鞘，东海，科学三号，DH2-8，27.9716°N，125.8984°E，阿氏拖网，2013.VI.30，张树乾；MBM282720，2 簇，无生殖鞘，东海，科学三号，DH4-4，27.7885°N，123.2025°E，阿氏拖网，91m，2013. VII.18，张树乾；MBM282722，1 簇，无生殖鞘，东海，科学三号，DH3-9，27.4014°N，125.1989°E，阿氏拖网，109m，2013.VII.18，张树乾；MBM282723，1 簇，无生殖鞘，东海，金星号，DH5-3，27.4601°N，122.3983°E，阿氏拖网，93m，2013.VII. 19，张树乾；MBM282757，1 簇，无生殖鞘，东海，科学三号，E4-7，27.0498 °N，124.4005 °E，阿氏拖网，2013.XI.6，刘炳芹。

（16）*Mixoscyphus antarcticus* Peña Cantero & Vervoort, 2005

中国第一次南极科学考察：MBM240153，1 簇，♂，MBM240155，1 簇，无生殖鞘，MBM240156，2 簇，♂，南极半岛西北部海域，向阳红 10 号，L5，62.8600°S，60.0143°W，三角拖网，217m，软泥，1985.II.5，唐质灿，王荣。

（17）*Antarctoscyphus spiralis* (Hinckson & Gravely, 1907)

中国第一次南极科学考察：MBM240333，1 段，无生殖鞘，南极半岛西北部海域，向阳红 10 号，L4，62.8367°S，60.7600°W，0.25m^2 采泥器，192m，沙质泥，1985.II.5，唐质灿，王荣；MBM240382，多于 100 簇，具生殖鞘，MBM240388，多于 100 簇，具生殖鞘，MBM240392，10 段，无生殖鞘，MBM240393，10 簇，具生殖鞘，MBM240395，1 段，无生殖鞘，MBM240411，11 段，具生殖鞘，MBM280488，20 段，具生殖鞘，南极半岛西北部海域，向阳红 10 号，M1-1，62.2033°S，58.9167°W，阿氏拖网，114m，软泥，1984.XII.27，唐质灿，王荣；MBM240168，10 簇，无生殖鞘，MBM240172，2 簇，无生殖鞘，MBM240314，6 簇，无生殖鞘，南极半岛西北部海域，向阳红 10 号，M1-3，62.2033°S，58.9167°W，三角拖网，110m，软泥、石块，1985.II.12，唐质灿，王荣；MBM240233，1 段，具生殖鞘，MBM240376，3 簇，具生殖鞘，MBM240413，2 段，无生殖鞘，南极半岛西北部海域，向阳红 10 号，R2，62.1667°S，58.3333°W，三角拖网，512m，1985.II.11，唐质灿，王荣；MBM240316，1 簇，无生殖

鞘，南极半岛西北部海域，向阳红 10 号，S2，62.5517°S，56.4767°W，0.25m² 采泥器，270m，泥质砂，1985.I.20，唐质灿，王荣；MBM240414，10 簇，具生殖鞘，MBM240430，3 簇，无生殖鞘，南极半岛西北部海域，向阳红 10 号，S26，64.4083°S，61.6833°W，阿氏拖网，378m，硬泥、石块，1985.II.7，唐质灿，王荣；MBM240437，1 段，具生殖鞘，南极半岛西北部海域，向阳红 10 号，民防站，站位及经纬度未知，1984.XII.28，唐质灿，王荣；MBM240352，2 簇，具生殖鞘，MBM240386，5 簇，无生殖鞘，南极半岛西北部海域，向阳红 10 号，乔治湾，站位及经纬度未知，三角拖网，450m，石块、软泥，1985.II.9，唐质灿，王荣。

列 18）*Antarctoscyphus elongatus* (Jäderholm, 1904)

中国第一次南极科学考察： MBM240255，2 段，无生殖鞘，南极半岛西北部海域，向阳红 10 号，L6，62.7667°S，60.4417°W，0.25m² 采泥器，147m，软泥，1985.II.5，唐质灿，王荣；MBM240379，8 簇，无生殖鞘，南极半岛西北部海域，向阳红 10 号，M1-1，62.2033°S，58.9167°W，阿氏拖网，114m，软泥，1984.XII.27，唐质灿，王荣；MBM240165，5 簇，具生殖鞘，MBM240315，1 段，无生殖鞘，MBM240340，1 段，无生殖鞘，MBM240409，多于 100 簇，具生殖鞘，南极半岛西北部海域，向阳红 10 号，M1-362.2033°S，58.9167°W，三角拖网，110m，软泥、石块，1985.II.12，唐质灿，王荣；MBM240311，4 簇，无生殖鞘，南极半岛西北部海域，向阳红 10 号，MBM280491，1 簇，无生殖鞘，南极半岛西北部海域，向阳红 10 号，民防站，站位及经纬度未知，1984.XII.28，唐质灿，王荣。

（19）*Antarctoscyphus asymmetricus* Peña Cantero, García Carrascosa & Vervoort, 1997

MBM240397，1 段，无生殖鞘，MBM240441，1 段，无生殖鞘，MBM240487，1 段，无生殖鞘，MBM280496，1 段，无生殖鞘，南极半岛西北部海域，向阳红 10 号，M4，62.2633°S，58.7650°W，三角拖网，478m，泥沙、石块，1985.II.12，唐质灿，王荣；MBM240207，1 段，无生殖鞘，南极半岛西北部海域，向阳红 10 号，民防站，经纬度未知，1985.II.18，唐质灿，王荣；MBM240284，6 段，无生殖鞘，南极半岛西北部海域，向阳红 10 号，民-拉，站位及经纬度未知，阿氏拖网，1587m，1985.II.12，唐质灿，王荣。

（20）*Antarctoscyphus* sp.

中国第一次南极科学考察： MBM240253，1 段，无生殖鞘，南极半岛西北部海域，向阳红 10 号，M3，62.2400°S，58.8617°W，0.25m² 采泥器，405m，泥质、沙，1985.II.12，唐质灿，王荣；MBM240176，1 段，具生殖鞘，南极半岛西北部海域，向阳红 10 号，采集信息不详，唐质灿，王荣。

（21）*Bicaularia tongensis* (Stechow, 1919)

模式标本： 群模（Syntype），3 片玻片标本（ZSM20041539–20041541），采于南太平洋汤加群岛（Tonga Islands），Kirchenpauer 的标本，采集时间早于 1876 年，具体时间不详. ZSM20041539，1 个片段，高 3.2mm，宽 2.0mm，具 6 个芽鞘，1 个生殖鞘；ZSM20041540，1 个片段，高 5.5mm，宽 1.0mm，具 10 个芽鞘，具 1 个分枝和 1 个生殖鞘，均从芽鞘内生出；ZSM20041541，1 个片段，具匍匐根，上生有 5 个主茎，群体高 3mm，宽 10mm，无分枝，无生殖鞘。

加勒比海标本： MBM280462，8 簇，高 6–9mm，宽 2–6mm，2 个片段，高 6–7mm，宽 2mm，具 1 个生殖鞘，性别未知，位于群体底部，由主茎基部的短管（不是芽鞘）中生出，短管中央具环纹，其中一簇具分枝，分枝从芽鞘内生出，加勒比海，法属瓜德罗普岛（Caribbean Sea，Guadeloupe），16.4537°N，61.5355°W，17m，Horia Galea，2009. XI. 19；MBM280463，含 1 片芽盖玻片标本、1 片刺细胞玻片标本，2 簇，高 7–8mm，宽 1–2mm，13 个片段，高 4–7mm，宽 1–3mm，无生殖鞘，加勒比海，法属瓜德罗普岛，16.4464°N，61.5401°W，12–15m，Horia Galea，2009. XI. 30；MBM280464，2 簇，高 6–10mm，宽 3–4mm，附于羽螅主茎上，具 1 个生殖鞘（♀），从短管中生出，法属马提尼克岛（Martinique），14.8419°N，61.2279°W，13m，Horia Galea，2012.II.18。

西太平洋马里亚纳群岛： XMUB000550，17 簇，附于漂浮在海面上的马尾藻（Sargassaceae）表面，具 4 簇，成功获得分子数据，每簇分别编号，厦门大学 2017 年西太平洋调查航次，12.3868°N, 143.9512°E, 0.5m, 2017.VI.4，宋希坤，样品详细信息如下：XMUB000550-1，单簇，具 3 个生殖鞘，2 个生殖鞘从芽鞘内生出；XMUB000550-2、XMUB000550-3，各具单簇，不具生殖鞘；XMUB000550-4 具 7 个生殖鞘，其中 4 个生殖鞘从芽鞘内生出，另有 17 个水螅片段。

（22）*Xingyurella turgida* (Trask, 1857)

CASIZ94719，1 簇，CASIZ94721，2 簇，CASIZ94722，1 簇，美国加利福尼亚州索诺马县，R.J. Hamby，采集时间不详；CASIZ14595，2 簇，美国加利福尼亚州蒙特雷县中国点，潮间带水坑，W.S. Wallace；MHNG-INVE-29467，美国加利福尼亚州洛杉矶威尼斯泻湖（Venice Lagoon，Los Angles），潜水采集（by diving or snorkelling），0–30m，1997.I.02。

（23）*Xingyurella pedrensis* (Torrey, 1904)

CASIZ25606，1 簇，美国俄勒冈州（off Lane County，Oregon，USA），站位 D-43-48，39.8°N，124°W，77m，俄勒冈州州立大学海洋学院；CASIZ29271，2 簇，美国俄勒冈州，35.5°N，124°W，82m，俄勒冈州州立大学海洋学院。

（24）*Xingyurella gotoi* (Stechow, 1913)

德国 Franz Doflein 东亚航次（1904–1905）：模式标本，ZSM20040227，标本 1 簇，基底不完整，高 22mm，宽 13mm，标本中下部具 14 个生殖鞘，ZSM20050746–ZSM20050752，7 片玻片标本，含 10 段标本，高度 0.5–2mm，ZSM20050746，ZSM20050748，ZSM20050749，ZSM20050751 各具 1 个生殖鞘。采自日本相模湾（Japan，Sagami Bay，NE of Okinose Bank），35.0167°N，139.5556°E，水深 600m，leg. F. Doflein expedition，站位“Zuso Maru”5，Nr. 357a，1904.XI. 10。

（25）*Xingyurella xingyuarum* Song, Cinzia, Ruthensteiner, Lyu & Wang, 2018

全国第一次海洋普查标本：MBM000453，1 簇，有生殖鞘（棘刺短），渤海，盐城，1041，桁网，20m，砂质泥，1959.II.4；MBM000474，2 簇，无生殖鞘，黄海，盐城，2053，阿氏拖网，66.5m，褐色砂泥，1959.X.18；MBM000475，1 簇，无生殖鞘，黄海，盐城，3003，阿氏拖网，70m，褐色松泥，1959.X.20，胡公一；MBM000476，2 簇，无生殖鞘，黄海，盐城，2053，阿氏拖网，55.8m，褐色软泥，1959.X.9；MBM000477，1 簇，无生殖鞘，东海，828，4128，阿氏拖网，52m，软泥，1959.X.25；MBM000478，1 簇，有生殖鞘（棘刺短），黄海，盐城，2054，阿氏拖网，47m，软泥，1959.X.19，陈木；MBM000479，3 簇，有生殖鞘（棘刺短），黄海，盐城，2064，阿氏拖网，67m，细砂，1959.X.17，陈木；MBM000480，1 簇，有生殖鞘（棘刺短），黄海，盐城，3043，阿氏拖网，25m，沙砾，1959.X.29，陈木；MBM000481，1 簇，有生殖鞘（棘刺短），黄海，盐城，3011，阿氏拖网，21m，软泥，1959.X.22，陈木；MBM000482，1 簇，无生殖鞘，黄海，盐城，3009，阿氏拖网，10m，褐色砂泥，1959.X.22，胡公一；MBM000483，1 簇，无生殖鞘，黄海，盐城，2046，阿氏拖网，22m，细砂，1959.X.18，陈木；MBM000484，碎片段，有生殖鞘（棘刺长），渤海，邯郸，1028，阿氏拖网，不详，褐色软泥，1959.VII.17，江锦祥；MBM185488，3 簇，无生殖鞘，南黄海，金星号，634，22m，粉砂壳，1958. VII.14；MBM280073，2 簇，无生殖鞘，黄海，盐城，2046，阿氏拖网，22m，细砂，1959.X.18。

国家自然科学基金委渤黄海、东海共享航次标本：MBM280111，1 簇，无生殖鞘，黄海，1098-2B，38.6675°N，121.1556°E，阿氏拖网，65.5m，砾石，2010.XI.23，宋希坤、张均龙、宁平、吴旭文；MBM280160，1 簇，无生殖鞘，黄海，科学三号，3300-2B，33.0123°N，123.0452°E，阿氏拖网，32.5m，软泥，2010.XI.28，宋希坤、张均龙、宁平、吴旭文；MBM280232，1 簇，无生殖鞘，黄海，科学三号，124-9B，37.9804°N，123.9998°E，阿氏拖网，2011.XI.5；MBM280243，1 簇，无生殖鞘，黄海，科学三号，3875-5B，38.7349°N，123.9992°E，阿氏拖网，56.9m，2010.VII.15，刘文亮、蒋维、吴旭文；MBM280259，2 簇，有生殖鞘（棘刺短），黄海，科学三号，3500-4B，35.0020°N，120.8518°E，阿氏拖网，35.4m，细砂，碎石，2010.XI.30，宋希坤、张均龙、宁平、吴旭文；MBM282659，1 簇，有生殖鞘（棘刺短），东海，科学三号，DH1-3，30.0010°N，124.0006°E，阿氏拖网，65m，2013.X.27，刘炳芹。

（26）*Xingyurella* sp. (sp. nov.?)

基于 Park（1998）和 Hirohito（1983，1995）鉴定为 *Symplectoscyphus turgidus* 的描述资料，采集于济州岛、日本近岸。

（27）*Sertularella valdiviae* Stechow, 1923

德国首次 Valdivia 深海考察航次（1898–1899）：模式标本，ZSM20040930（现 70%乙醇保存），1 团，直径约 20mm，具生殖鞘；中具 9 片玻片标本，ZSM20041566–1569，ZSM20043881，ZSM20050520–20050523，各含多簇片段，其中 ZSM20041567、ZSM20050520、ZSM20050521、ZSM20050523 具生殖鞘。标本采自印度洋圣保罗群岛（St. Paul Islands，Indian Ocean）以东 7km，38.6667°S，77.6433°E，672m，站位“Valdivia”165，1899.I.03.

（28）*Sertularella mirabilis* Jäderholm, 1896

全国第一次海洋普查标本：MBM000451，7 簇，黄海，盐城，3060 站，阿氏拖网，36m，泥砂无砾，1959.X.31，胡公一；MBM000460，2 簇，黄海，邯郸，3060 站，阿氏拖网，37m，褐色砂泥，1959.IV.28，胡公一；MBM000467，1 簇，黄海，V，4010，BT，67m，1959.I.20，崔玉珩；MBM000468，1 簇，东海，404，4007，阿氏拖网，37m，1959.IV.6，朱谨钊；MBM000469，3 簇，东海，4009，阿氏拖网，60.5m，砂质泥，1959.VII.2，朱谨钊；MBM000470，3 簇，黄海，邯郸，3008，阿氏拖网，73.5m，砂泥碎贝壳，1959.VII.8，陈木；MBM000471，2 簇，东海，404，4008，阿氏拖网，46m，软泥，1959.XII.6，许界善；MBM000472，1 簇，东海，4008，阿氏拖网，47m，泥质砂，1959.X.25，朱谨钊、许界善；MBM000819，8 簇，无生殖鞘，黄海，盐城，3074，阿氏拖网，褐色泥沙，1959.VII.21，

黄；MBM004239，2 簇，无生殖鞘，南海，131，6121，阿氏拖网，泥质砂，1959.VII.16，唐；MBM004240，6 簇，无生殖鞘，南海，航 21，6066，阿氏拖网，中砂，1959.IV.25，孙；MBM004241，8 簇，具生殖鞘，南海，6012，阿氏拖网，中沙，1959.VII.20，权；MBM004242，1 簇，无生殖鞘，南海，394，6228，三角拖网，碎壳，1959.II.15，李志荣；MBM004243，1 簇，无生殖鞘，南海，101，6227，阿氏拖网，砂质泥，1960.III.13，沈；MBM004244，7 簇，无生殖鞘，南海，101.6143，阿氏拖网，粗砂泥，1960.IV.8，王；MBM004247，4 簇，具生殖鞘，南海，航 1，6067，阿氏拖网，粗砂碎壳，1960.II.17，沈；MBM004249，5 簇，无生殖鞘，南海，航 21，6067，阿氏拖网，中砂，1959.IV.25，孙；MBM004250，3 簇，无生殖鞘，南海，101，6144，阿氏拖网，砂质泥，1960.IV.8，刘；MBM004252，1 簇，无生殖鞘，南海，307，6188，阿氏拖网，砂质泥，1959.I.29，刘；MBM004253，1 簇，无生殖鞘，南海，307，6244，三角拖网，粉沙质泥，1959.IV.16，徐；MBM004254，1 簇，具生殖鞘，南海，220，6023，阿氏拖网，113，1957.VII.19，权；MBM004255，1 簇，无生殖鞘，南海，171，6109，阿氏拖网，23 中砂，1959.IV.21，良；MBM004256，3 簇，无生殖鞘，南海，航 1，6094，阿氏拖网，1959.X.23，良；MBM004257，4 簇，无生殖鞘，南海，航 2，6078，阿氏拖网，泥砂，1959.X.20，徐；MBM004258，1 簇，具生殖鞘，南海，航 2，6093，阿氏拖网，细砂，1959.X.22，良；MBM004260，5 簇，无生殖鞘，南海，航 2，6094，阿氏拖网，泥质沙，1960.IV.6，唐；MBM004397，3 簇，无生殖鞘，南海，394，6161，阿氏拖网，1959.IX.10；MBM004561，2 簇，无生殖鞘，南海，航 2，6079，阿氏拖网，泥质沙，1960.II.10，沈；MBM004563，4 簇，无生殖鞘，南海，航 2，6093，阿氏拖网，粗沙质泥，1960.II.8，沈；MBM004564，1 簇，无生殖鞘，南海，航 1，6093，阿氏拖网，钙质沙，1959.VII.5，良、孙；MBM004600，10 簇，无生殖鞘，南海，228，6156，阿氏拖网，泥质粗砂，1959.XI.28，李；MBM004626，10 簇，无生殖鞘，南海，101，6161，阿氏拖网，泥，1960.V.7，沈；MBM004647，1 簇，无生殖鞘，南海，228，6175，阿氏拖网，泥质砂，1959.XI.23，唐；MBM004650，1 簇，无生殖鞘，南海，171，6142，阿氏拖网，砂质泥，1959.IV.22，李；MBM004656，1 簇，无生殖鞘，南海，S，6017，阿氏拖网，29 粉砂，1959.VII.20，权；MBM004729，1 簇，无生殖鞘，南海，394，6228，阿氏拖网，碎壳，1959.II.15，李；MBM004784，1 簇，无生殖鞘，南海，航 1，6066，阿氏拖网，泥细沙，1959.IV.25，孙；MBM004798，7 簇，无生殖鞘，南海，航 2，6080，阿氏拖网，沙，1960.IV.8，唐；MBM004799，2 簇，无生殖鞘，汕，228，6015，阿氏拖网，黄色细砂，1959.XII.24，于；MBM004861，1 簇，无生殖鞘，南海，航 1，6091，阿氏拖网，细沙，1959.IV.18，孙；MBM185516，12 簇，无生殖鞘，东海，金星号，107，阿氏拖网，沙，1964.VIII.15，吕。

东海大陆架调查标本：MBM186146，6 簇，具生殖鞘，Sy，金星号，32.5000°N，125.3333°E，阿氏拖网，70m，泥质沙，1976.VII.22；MBM186305，1 簇，具生殖鞘；MBM186367，1 簇，无生殖鞘，东海，V-4，27.5000°N，122.5000°E，1976.VII.5；MBM187231，1 簇，无生殖鞘；MBM187246，1 簇，无生殖鞘，南沙群岛，实验 3 号，站位 43，125m，1994.IX.18；MBM185934，15 簇，无生殖鞘，东海，金星号，V-8，27.5°N，124.5°E，阿氏拖网，100m，细砂，1975.X.10，唐、徐；MBM185946，13 簇，东海，金星号，V-3 站，AT，105m，细砂，1976.VIII.27，唐质灿、亣铃欣；MBM185941，54 簇，东海，金星号，18，AT，105m，细砂碎壳，1978.VI.28，唐质灿、刘继兴；MBM186161，1 簇，无生殖鞘，东海，金星号，18，29.5°N，126°E，阿氏拖网，105m，细砂，1978.VI.21，唐等；MBM186589，20 簇，无生殖鞘，东海，金星号，18，29.5°N，126°E，阿氏拖网，105m，细砂碎壳，1978.VI.28，唐、刘等；MBM186130，2 簇，无生殖鞘，东海，金星号，V-9，27.5°N，125°E，阿氏拖网，106m，细砂，1975.X.10，唐，徐；MBM185937，6 簇，东海，金星号，G-6 站，AT，110m，泥质粗砂，1975.X.9，唐质灿；MBM185933，19 簇，东海，金星号，V-11 站，AT，162m，细砂，1975.X.10，唐质灿；MBM185947，6 簇，东海，金星号，IV-6 站，AT，115m，底质不明，1976.VII.4，刘继兴；MBM185945，20 簇，东海，金星号，22 站，AT，116m，细砂碎壳，1978.VI.5，唐质灿；MBM186537，8 簇，无生殖鞘，东海，金星号，17，29.5°N，127°E，阿氏拖网，117m，细沙，1978.VI.29，许；MBM185948，4 簇，东海，金星号，1V-7 站，AT，126m，细砂，1976.IX.21，唐质灿；MBM185935，5 簇，东海，金星号，V-7 站，AT，131m，细砂，1976.VII.5，刘继兴、唐质灿；MBM185944，17 簇，东海，金星号，V-7 站，AT，135m，细砂，1976.VIII.28，唐质灿；MBM185940，19 簇，东海，金星号，30 站，AT，138m，细砂，1978.VI.11，唐质灿；MBM185936，4 簇，东海，金星号，VI-4 站，AT，139m，细砂，1976.VIII.29，唐质灿；MBM185938，14 簇，东海，金星号，VI-5 站，AT，150m，细砂，1976.VIII.28，唐质灿；MBM186172，16 簇，具生殖鞘，东海，金星号，V-11，27.5°N，126°E，阿氏拖网，162m，细砂，1975.X.10，唐；MBM185951，1 簇，东海，金星号，29 站，AT，550m，软泥，1978.VI.10，唐质灿；MBM186369，1 簇，无生殖鞘，东海，金星号，30，26.5°N，125°E，阿氏拖网，38m，细砂，1978.VI.11，唐、吴等；MBM185950，1 簇，东海，金星号，10-5 站，AT，110m，1976.7.4，张；MBM185931，23 簇，东海，金星号，V-5 站，AT，90m，细砂，1975.X.11，唐质灿；MBM185930，20 簇，东海，金星号，V-5 站，AT，90m，细砂，1975.X.11，唐质灿；MBM185932，28 簇，东海，金星号，V-5 站，AT，90m，细砂，1975.X.11，唐质灿；MBM185939，20 簇，无生

殖鞘，东海，金星号，V-5，125，27.5，阿氏拖网，90m，细砂，1975.X.11，唐、吴等；MBM187159，6 簇，具生殖鞘，南沙群岛，实验 3 号，70，阿氏拖网，94m，沙，1990.VI.10；MBM185942，20 簇，东海，金星号，V-4 站，AT，99m，砂碎壳，1976.VII.5，唐质灿；MBM185949，1 簇，东海，金星号，V1-3 站，AT，130m，细砂碎壳，1976.VIII.29，唐质灿；MBM186431，6 簇，无生殖鞘，东海，科 1，ZV11-21，阿氏拖网，180m，砂，1981.VII.6，唐、徐。

国家自然科学基金委渤黄海、东海共享航次标本：MBM280145，2 簇，无生殖鞘，黄海，124-8B，36.9803°N，123.9977°E，75.1m，2011.XI.15，张均龙；MBM282617，6 簇，无生殖鞘，东海，E2-6，28.4167°N，125°E，95.6m，2013.X.30，刘炳芹；MBM282621，1 簇，无生殖鞘，东海，DH2-8，27.9687°N，125.9014°E，116m，2013.VI.30，张树乾；MBM282639，1 簇，无生殖鞘，东海，科学三号，DH2-8，28°N，125.9°E，116m，2013.VI.30，张树乾；MBM282640，1 簇，无生殖鞘，东海，科学三号，DH1-7，30°N，126°E，79.6m，2013.X.28，刘炳芹；MBM282642，8 簇，无生殖鞘，东海，科学三号，DH1-7，30°N，126°E，阿氏拖网，79.6m，2013.VI.30，张树乾；MBM282669，1 簇，无生殖鞘，东海，科学三号，DH3-7，27.8013°N，124.4995°E；MBM282680，3 簇，无生殖鞘，东海，科学三号，DH4-4，27.7827°N，123.2058°E，91m，2013.VII.18，张树乾；MBM282685，2 簇，无生殖鞘，东海，科学三号，DH4-6，27.2987°N，123.9986°E，106m，2013.VII.18，张树乾；MBM282693，7 簇，无生殖鞘；MBM282724，1 簇，无生殖鞘，东海，科学三号，E5-4、E5-H，27.3°N，122.6667°E，101m，2013.XI.7，刘炳芹；MBM282727，8 簇，无生殖鞘，东海，科学三号，DH5-5，27.1295°N，122.9995°E，114m，2013.VII.10，张树乾；MBM182725，1 簇，无生殖鞘，东海，科学三号，DH 5-9，26.4385°N，124.0553°E，146m，2013.VII.9，张树乾。

（29）*Sertularella sinensis* Jäderholm, 1896

基于 Jäerholm（1896）、Stechow（1913）、Hirohito（1995）的形态数据。

（30）*Sertularella areyi* Nutting, 1904

东海大陆架调查标本：MBM185693，1 段，无生殖鞘，东海，1978，站位未知；MBM186191，2 段，无生殖鞘，东海，金星号，V470B，阿氏拖网，110m，细砂。

国家自然科学基金委渤黄海、东海共享航次标本：MBM280008，1 簇，无生殖鞘，附于 *Thuiaria marktanneri* Stechow，1913 表面，黄海，科学三号，124-9B，37.9804°N，123.9998°E，阿氏拖网，57m，2011.XI.15。

（31）*Sertularella rugosa* (Linnaeus, 1758)

中国第四次北极科学考察：TI200050，含 2 片刺细胞玻片，9 簇，高 4–18mm，宽 3–10mm，无生殖鞘，雪龙号，布袋 213 号样品，站位不详，阿氏拖网，附于海鞘柄部，2010 年，王建军。

中国第五次北极科学考察：MBM280072，4 根早期稚体（3 根各具 1 个芽鞘，1 根具 2 个芽鞘），无生殖鞘，附于柏螅（*Thuiaria* sp.）螅茎上，高 1–2mm，宽 1mm，楚科奇海，雪龙号，CC6 站位，68.236°N，167.1454°W，36.5m，阿氏拖网 15min，2012.VII.19，林学政；TI200102，1 簇，高 4mm，宽 2mm，楚科奇海，雪龙号，CC6，68.236°N，167.1454°W，阿氏拖网，36.5m，附于海鞘表面，2012.VII.19，林和山。

中国第六次北极科学考察：TI200196，1 簇，高 5mm，宽 2mm，无生殖鞘，楚科奇海，雪龙号，CC6，68.24°N，167.1317°W，箱氏采泥，43m，泥、砾石，2014.VII.28，林俊辉；TI200272，1 簇，高 14mm，宽 15mm，无生殖鞘，楚科奇海，雪龙号，C03，69.032°N，166.49°W，阿氏拖网，33m，软泥，2014.VII.29，林俊辉。

（32）*Sertularella gigantea* Mereschkowsky, 1878

全国第一次海洋普查：MBM000473，散乱的片段，黄海，盐城，2058 站，BT，22m，褐砂泥，1959.I.22；MBM000485，散乱的片段，黄海，盐城，3008 站，桁网，75m，褐软泥，1959.I.21；MBM000486，标本散乱，不成簇，黄海，邯郸，2065 站，双，71.3m，细砂石砾，1959.VII.8，陈木；MBM000487，3 根，高 33–35mm，宽 13–22mm，黄海，盐城，2061 站，桁网，75m，砂质泥，1959.I.22；MBM000488，1 根，高 35mm，宽 33mm，黄海，邯郸，3003 站，双，70m，褐色软泥，1959.IV.18，胡公一；MBM000489，1 簇，高 74mm，宽 48mm，黄海，盐城，2065 站，BT，71m，砂质泥，1959.I.20；MBM000490，5 根，高 24–35mm，宽 16–29mm，黄海，邯郸，2009 站，阿氏拖网，46.5m，褐沙泥贝壳，1959.VII.15；MBM000491，1 根，高 65mm，宽 35mm，黄海，邯郸，2057 站，BT，66m，泥砂，1959.I.21。

中国第三次北极科学考察：MBM189690，40 段，高 7–73mm，宽 2–35mm，♀，白令海，雪龙号，BS09，64.3323°N，167.5052°W，阿氏拖网，29m，泥沙，2008.VII.27，王永强，张光涛，张永山。

中国第四次北极科学考察：MBM280324，1 段，高 2.4mm，宽 0.5mm，无生殖鞘，楚科奇海，雪龙号，CC08，68.3026°N，166.9585°W，三角拖网，27m，石块泥，2010.VII.21，王永强，陶振铖，刘群；MBM280340，1 簇，高 3.5mm，宽 1.4mm，无生殖鞘，楚科奇海，雪龙号，C02，69.1270°N，167.3420°W，阿氏拖网，42m，附于苔藓虫表面，2010.VII.21，王永强，陶振铖，刘群。

中国第五次北极科学考察：MBM280071，1 簇，高 50mm，宽 30mm，无生殖鞘，楚科奇海，雪龙号，C03，69.0379°N，166.4824°W，阿氏拖网，25.7m，岩石，2012.VII.19，林学政；TI200085，TI200149，TI200178，14 簇，高 9–80mm，宽 3–90mm，另有 7 段，高 5–20mm，宽 2–20mm，♂，白令海，雪龙号，BM03，63.8695°N，172.7178°W，三角拖网，54.9m，附于海鞘柄部或多毛类栖管上，2012.VII.17，林和山；TI200132，1 簇，高 9mm，宽 15mm，无生殖鞘，附于柏螅 *Thuiaria breitfussi* 表面，白令海，雪龙号，BN02，64.4474°N，171.3416°W，三角拖网，30.6m，附于海绵表面，2012.VII.16，林和山；TI200122，3 个稚体，高 2–9mm，宽 1–5mm，无生殖鞘，白令海，雪龙号，BS02，61.1203°N，175.5826°W，三角拖网，91m，附于海鞘表面，2012.IX.11，林和山；TI200156，1 个稚体，高 6mm，宽 2mm，无生殖鞘，楚科奇海，雪龙号，C06，70.5223°N，162.7443°W，三角拖网，29.3m，2012.VII.20，林和山；TI200186，1 段，高 20mm，宽 9mm，无生殖鞘，楚科奇海，雪龙号，C03，69.0379°N，166.4824°W，三角拖网，25.7m，2012.VII.19，林和山。

中国第六次北极科学考察：MBM240475，2 簇，高 75–130mm，宽 17–32mm，♂，白令海，雪龙号，圣劳伦斯岛岛北，63.8561°N，171.5000°W，三角拖网，20m，海鞘柄部，2014.IX.10，王少青；TI200208，1 簇，高 120mm，宽 50mm，♂，白令海，圣劳伦斯岛岛北，雪龙号，63.8561°N，171.5000°W，三角拖网，20m，2014.IX.10，林俊辉；TI200214，3 段，高 15–18mm，宽 2–10mm，无生殖鞘，楚科奇海，雪龙号，C01，69.239°N，168.0273°W，三角拖网，51m，软泥，2014.VII.30，林俊辉；TI200238，1 段，未测量，无生殖鞘，楚科奇海，雪龙号，CC4，63.1300°N，167.5120°W，三角拖网，49m，硬泥、砾石，2014.VII.29，林俊辉；TI200266，2 簇，高 21–25mm，宽 16–19mm，♀，楚科奇海，雪龙号，C03，69.0490°N，166.5670°W，三角拖网，33m，软泥，2014.VII.29，林俊辉；TI200295，标本丰富，密集附着于 3 个生长在一起的海鞘柄部表面，柄长合计 400mm，宽 3–45mm，♂，白令海，雪龙号，NB12，64.0025°N，171.9764°W，三角拖网，52.6m，石块，附于海鞘柄部，2014.VII.26，林俊辉。

（33）*Sertularella* sp. 1

中国第五次北极科学考察：MBM240511，1 簇，无生殖鞘，雪龙号，样品上标有“加 20”，具体采集信息未知，2012，林学政；TI200094，2 个稚体，分具 2 个和 3 个芽鞘，无生殖鞘，附于海绵表面，白令海，雪龙号，BN02，64.4474°N，171.3416°W，三角拖网，30.6m，附于海绵表面，2012.VII.16，林和山；TI200103，7 段，白令海，雪龙号，BM03，63.8695°N，172.7178°W，三角拖网，54.9m，附于海鞘柄部或多毛类栖管上，2012.VII.17，林和山。

中国第六次北极科学考察：MBM240497，14 簇附于同一海鞘表面，高 34–160mm，宽 25–58mm，白令海，雪龙号，NB12，64.0025°N，171.9764°W，三角拖网，52.6m，石块，附于海鞘表面，2014.VII.26，王少青；MBM240557，2 簇，96–108mm，38–44mm，具生殖鞘，楚科奇海，雪龙号，NB12，64.0025°N，171.9764°W，三角拖网，52.6m，石块（海鞘表面），2014.VII.26，刘晨临。

（34）*Sertularella spirifera* Stechow, 1931

模式标本：ZSM20040925，20040926（现乙醇保存），多簇标本，具生殖鞘；ZSM20041665，ZSM20041666，玻片标本，各具 5 段样品，具生殖鞘，日本陆奥湾（Mutsu Bay，Noheji near Asamushi），Kokubo 和 Kamada，1926.VIII. 22。

国家自然科学基金委渤黄海共享航次：MBM282795，1 簇，具生殖鞘，黄海，124–8B，36.9803°N，123.9977°E，75.1m，2011.XI.15，张均龙。

（35）*Sertularella inabai* Stechow, 1913

全国第一次海洋普查标本：MBM000445，1 簇，渤海，盐城，2002 站，桁网，54m，砂碎壳，1959.I.28；MBM000446，1 簇，黄海，盐城，3073 站，阿氏拖网，27m，细砂，1959.X.30，陈木；MBM000447，1 簇，黄海，邯郸，3044 站，BT，24m，石块、泥，1959.II.2，胡公一；MBM000448，2 簇，黄海，邯郸，3008 站，砂泥贝壳，阿氏拖网，76m，1959.X.17，黄宗国；MBM000449，1 簇，黄海，邯郸，1100 站，拖网，28.4m，细砂，1959.X.24，江锦祥；MBM000450，1 簇，黄海，盐城，3044 站，阿氏拖网，31m，泥砂无砾，1959.X.29，胡公一；MBM000452，1 簇，黄海，盐城，2005 站，BT，50m，褐沙泥，1959.I.26；MBM000454，3 簇，黄海，盐城，3033 站，阿氏拖网，37m，软泥，1959.X.23，陈木；MBM000456，1 簇，黄海，盐城，3034 站，阿氏拖网，41m，软泥，1959.X.23，陈木；MBM000457，1 根，渤海，盐城，1100 站，阿氏拖网，30m，泥砂，1959.IV.24，陈木；MBM000458，3 簇，黄海，盐城，3047 站，拖网，34m，泥沙砾，1959.X.26，陈木；MBM000459，3 根，渤海，邯郸，1035 站，阿氏拖网，52.5m，砂泥贝壳，1959.VII.17，江锦祥；MBM000462，标本散乱，不完整，黄海，邯郸，2005 站，阿氏拖网，48m，褐色泥砂，1959.VII.16，江锦祥；MBM000464，2 根，黄海，渔政 3，3058 站，阿氏拖网，27m，石底，1958.X.20；MBM000465，6 根，渤海，V，1011 站，BT，23m，硬质砂，1958.X.31；MBM000466，碎标本，渤海，1018 站，BT，24m，砂质泥，1958.XI.1；MBM000463，1 簇，渤海，V，1035 站，BT，50m，褐色矿

质砂，1958.XI.2；MBM000492，4 根，邯郸，黄海，2003 站，阿氏拖网，38.5m，褐色泥砂，1959.VII.17，陈木；MBM000493，2 簇，邯郸，黄海，1099 站，阿氏拖网，50m，褐泥砂，1959.X.25，江锦祥。

（36）*Sertularella mutsuensis* Stechow, 1931

模式标本：为处于生长早期的 2 个稚体，其中具 2 个芽鞘，而另一段具单个芽鞘，被封于同一玻片（ZSM20041658）中，采集人为 S. Hozawa，采集时间不详。Choong 和 Calder（2013）分别将其指定为选模（具 2 个芽鞘）和副选模（具单个芽鞘）。

（37）*Sertularella miurensis* Stechow, 1921

Sertularella miurensis Stechow，1931 群模，均使用福尔马林固定，1 瓶为乙醇保存，部分水螅片段封在 4 片玻片中，其中一片为 Dr Ruthensteiner 按照本研究中的方法使用 ZSM20040913 制备的刺细胞玻片，日本，相模湾，样品浮于水面，德国 Franz Doflein 东亚航次（1904–1905），Nr. 1707b，1904.X.06。标本信息：ZSM20040913，多于 60 段螅茎附于褐藻表面，高达 8mm，具丰富的雄性生殖鞘；ZSM20050470，玻片标本，2 段螅茎，具 3 个生殖鞘，高达 5mm；ZSM20050471，玻片标本，1 段螅茎，具 4 个雄性生殖鞘，高达 5mm；ZSM20050473，玻片标本，2 段螅茎，具 4 个生殖鞘，高达 4mm。

Sertularella obtusa Stechow，1931 群模，均使用福尔马林固定，2 瓶为乙醇保存，部分水螅片段封在 3 片玻片中，其中一片为 Dr Ruthensteiner 按照本研究中的方法使用 ZSM20040221 制备的刺细胞玻片，日本，陆奥湾，附于海藻表面，S. Hozawa，采集日期不详。标本信息：ZSM20040221，约 300 段螅茎附于海藻表面，高达 7mm，具丰富的雌性生殖鞘；ZSM20040914，约 250 段螅茎附于海藻表面，高达 8mm，具丰富的雌性生殖鞘；ZSM20041659，玻片标本，11 段，高达 4mm，具 19 个雌性生殖鞘；ZSM20041660，玻片标本，2 段，高达 5mm，2 个游离生殖鞘。

中国标本：MBM187254，5 簇，浙江嵊山，1980.IX.12，陈、武；MBM187255，15 簇，浙江嵊山，1980.IX.9，陈、王；MBM187268，5 簇，浙江嵊山，1980.IX.12，陈、王；MBM280301，2 个群体，青岛第一海水浴场，附于贻贝上，2013.VIII.8，宋希坤；MBM280019，MBM280020，各 1 簇，不具生殖鞘，青岛第一海水浴场，2015.VIII.14，宋希坤；DNA 样品 426，青岛第二海水浴场，2015.VIII.16，宋希坤。

（38）*Sertularella acutidentata* Billard, 1919

国家自然科学基金委东海共享航次标本：MBM282749，1 簇，具生殖鞘，东海，科学三号，E2-4，28.8689°N，124.2011°E，阿氏拖网，76m，2013.X.29，刘炳芹；MBM282619，2 簇，MBM282637，3 簇，MBM282643，1 簇，均无生殖鞘，东海，科学三号，DH1-7，29.9997°N，125.9978°E，阿氏拖网，79.6m，2013.VI.30，张树乾；MBM282614，3 簇，具生殖鞘，东海，科学三号，E3-6，28.4176°N，123.5182°E，阿氏拖网，101m，2013.XI.6，刘炳芹；MBM282673，4 簇，无生殖鞘，东海，科学三号，DH5-5，27.1295°N，122.9995°E，阿氏拖网，114m，2013.VII.10，张树乾；MBM282677，1 簇，无生殖鞘，东海，科学三号，DH5-5，27.1295°N，122.9995°E，阿氏拖网，114m，2013.VII.10，张树乾；MBM282638，6 簇，无生殖鞘，东海，科学三号，DH2-8，27.9687°N，125.9014°E，阿氏拖网，116m，2013.VI.30，张树乾。

（39）*Sertularella diaphana* (Allman, 1885)

全国第一次海洋普查标本：MBM230612，1 簇，高 35mm，宽 25mm，北部湾，228，6182 站，阿氏拖网，19m，砂质泥，1960.IV.20，孙福增；MBM230615，6 根，高 5–10mm，宽 10mm，北部湾，228，6223 站，阿氏拖网，30m，泥沙，1960.V.20，孙福增；MBM230616，碎片段，北部湾，海调 10，6179 站，阿氏拖网，21.8m，软泥，1959.XII.12，梁观升；MBM230618，5 簇，高 33 65mm，宽 25 50mm，北部湾，228，6167 站，阿氏拖网，43.5m，珊瑚，1960.IV.11，孙福增；MBM230622，碎片段，北部湾，0060，7905 站，阿氏拖网，26m，细粉砂，1962.VIII.26。

（40）*Sertularella albida* Kirchenpauer, 1884

MBM280077，1 簇，无生殖鞘，俄罗斯库页岛东南端，捷尔佩尼耶湾（Gulf of Patience），近岸岩相潮间带，46.9443°N，143.0963°E，2–5m，2013.IX.7，孙忠民。

（41）*Sertularella decipiens* Billard, 1919

全国第一次海洋普查标本，标本登记信息见附录 1。MBM230642，3 个片段，北部湾，228，6223 站，阿氏拖网，30m，泥砂，1960.V.20，孙福增。

（42）*Sertularella quadridens* (Bale, 1884)

全国第一次海洋普查标本：MBM230623，3 簇，北部湾，228，6266 站，阿氏拖网，51m，泥质砂，1960.V.24，孙福增；MBM230627，4 簇，北部湾，航工 1 号，6221 站，阿氏拖网，21m，泥质中沙，1960.X.18，沈寿彭；MBM230629，1 簇，北部湾，0010，6221 站，阿氏拖网，19m，黏泥，1960.II.10，范振刚；MBM230630，4 簇，北部湾，228，6223 站，阿氏拖网，30m，泥质砂，1960.V.23，孙福增；MBM230631，5 簇，北部湾，228，6179 站，阿氏拖网，14m，粉砂质泥，1960.IV.17，孙福增；MBM230633，1 簇，北部湾，航工 1 号，6272 站，阿氏

拖网，40m，中沙，1960.X.20，沈；MBM230634，1 簇，北部湾，航工 1 号，6222 站，阿氏拖网，25m，砂质泥，1960.X.18，关锡廉、那荣华；MBM230635，6 根，北部湾，0010，6221 站，阿氏拖网，22m，矿质软泥，1959.XII.7，马锈同；MBM230636，标本散乱，无完整整体，北部湾，228，6266 站，阿氏拖网，51m，泥质砂，1960.V.24，孙福增；MBM230637，3 簇，北部湾，0010，6266 站，阿氏拖网，50m，泥质沙，1959.XII.11，马锈同；MBM230638，2 根，北部湾，010，6239 站，阿氏拖网，57m，泥质沙，1960.II.4，范振刚；MBM230641，5 根，北部湾，0010，7607 站，阿氏拖网，22m，粗砂、软泥，1962.I.13，孙福增；MBM230642，20 簇，北部湾，航工，6273 站，介铃欣，46m，沙质泥，1960.X.25，沈寿彭；MBM230643，1 簇，北部湾，航工，6266 站，阿氏拖网，50.5m，泥沙贝壳，1960.VII.13，沈寿彭。

（43）*Sertularella* sp. 2

中国第一次南极科学考察：MBM240353，1 段，无生殖鞘，南极半岛西北部海域，向阳红 10 号，M3，62.2400°S，58.8617°W，0.25m^2 采泥器，405m，泥质、沙，1985.II.12，唐质灿，王荣；MBM240489，1 段，无生殖鞘，MBM280490，5 段，无生殖鞘，南极半岛西北部海域，向阳红 10 号，M4，62.2633°S，58.7650°W，三角拖网，478m，泥沙、石块，1985.II.12，唐质灿，王荣。

（44）*Papilionella spasskii* (Fenyuk, 1947)

美国西北太平洋航次（1906）：USNM29172，2 段，无生殖鞘，日本北海道津轻海峡（Hokkaido，Tsugaru Strait），日本海，信天翁号（Albatross R/V），底栖拖网，4808，41.5972°N，140.6130°E，86m，1906.VII. 16。

（45）*Idiellana pristis* (Lamouroux, 1816)

全国第一次海洋普查、中越北部湾联合考察：MBM002216，1 簇，东海，4050 站，阿氏拖网，68m，1959.X.25，唐质灿；MBM002217，1 簇，东海，4046 站，阿氏拖网，57m，褐色泥沙，1959.X.22，侯永宝；MBM000224，3 簇，东海，4055 站，阿氏拖网，70m，粉沙，1959.X.22；MBM000225，1 簇，东海，4124 站，阿氏拖网，23m，软泥，1960.I.21，王永良，具生殖鞘；MBM002259，1 簇，东海，4076 站，阿氏拖网，89m，褐色泥质沙，1959.VII.4，程丽仁；MBM002267，4 根，东海，4078 站，阿氏拖网，27m，软泥，1959.X.25，林光宇、刘银城，具生殖鞘；MBM002268，2 根，东海，4050 站，阿氏拖网，61m，泥质沙，1959.II.4，唐质灿；MBM002272，1 簇，东海，4066 站，阿氏拖网，89m，泥质沙，1959.X.22，林光宇；MBM002274，4 根，东海，4065 站，阿氏拖网，78m，软泥，1959.X.2，林光宇；MBM002283，7 簇，东海，4054 站，阿氏拖网，69m，沙质泥，1959.XII.8，徐风山、朱谨钊；MBM002302，片段，东海，4050 站，阿氏拖网，60m，泥质沙，1959.XII.8，王永良；MBM004154，3 簇，南海，6210 站，阿氏拖网，38m，粗砂贝壳，1960.V.16，刘继兴；MBM004155，1 簇，南海，6156 站，阿氏拖网，97m，沙质泥，1960.V.6，刘继兴；MBM004156，1 簇，南海，6141 站，阿氏拖网，67m，粗沙+贝壳，1960.IV.8，刘继兴；MBM004157，1 簇，南海，6203 站，双刃网，23m，粗砂，1960.V.14，刘继兴；MBM004158，7 簇，南海，6153 站，阿氏拖网，55m，粗沙，1960.IV.9，王永良；MBM004159，1 簇、标本散乱，南海，6187 站，阿氏拖网，97m，砂质泥，1960.V.14，刘；MBM004160，3 簇，南海，6172 站，双刃网，78.9m，粗砂石块，1959.IV.17，唐质灿；MBM004161，1 簇，南海，6203 站，阿氏拖网，36.3m，贝壳沙泥，1959.I.30，刘继兴；MBM004163，5 簇，南海，6173 站，阿氏拖网，85m，沙质泥，1959.I.29，刘继兴；MBM004164，簇，南海，6174 站，BT，89m，砂质泥，1959.IV.8，唐质灿；MBM004165，8 簇，宽 5–20mm，南海，6167 站，68m，双刃网，粗砂石块，1959.IV.17，唐质灿；MBM004166，2 簇，南海，6141 站，阿氏拖网，78m，沙质泥，1959.IV.25，马锈同；MBM004167，3 根，南海，6173 站，阿氏拖网，79.5m，泥质沙贝壳，1959.X.23，李；MBM004168，4 簇，南海，6161 站，阿氏拖网，125m，泥质沙，1959.XI.24，唐质灿；MBM004169，3 簇，南海，6160 站，阿氏拖网，104m，粗沙石块，1959.XI.24，李；MBM004170，1 簇，南海，6058 站，阿氏拖网，35m，泥质沙，1959. XII.9，马锈同；MBM004171，2 簇，南海，6162 站，阿氏拖网，77m，软泥，1959.XI.25，唐质灿；MBM004172，14 簇，南海，6204 站，阿氏拖网，54m，泥砂，1959.XI.20，唐质灿，具生殖鞘；MBM004613，1 簇，南海，6090 站，阿氏拖网，52m，沙质软泥，1959.VII.6，孙福增，具生殖鞘；MBM005450，1 簇，南海，6173 站，0.1m^2 采泥器，75m，软泥，1959.VII.12，徐风山；MBM230644，4 小簇，北部湾，6220 站，阿氏拖网，38m，泥质砂砾，1960.X.17，沈寿彭；MBM230645，1 簇，北部湾，6179 站，阿氏拖网，16m，软泥，1960.II.13，孙福增；MBM230646，1 根，北部湾，6275 站，阿氏拖网，49m，泥质沙，1960.II.10，孙福增；MBM230647，1 根，北部湾，6275 站，阿氏拖网，30m，粉沙质泥，1960.V.13，范振刚；MBM230649，1 根，北部湾，6214 站，阿氏拖网，47m，泥，1960.II.15，孙福增；MBM230650，片段，北部湾，6229 站，阿氏拖网，39.2m，泥质沙，1960.V.6，范振刚；MBM230651，1 簇，北部湾，6262 站，阿氏拖网，57m，泥质沙，1959.XII.5，马锈同，具生殖鞘；MBM230652，1 簇，北部湾，6179 站，阿氏拖网，21.8m，软泥，1959.XII.12，范振刚；MBM230653，2 簇，北部湾，6247 站，阿氏拖网，29m，泥质沙，1959.XII.13，梁观升，具生殖鞘；MBM230654，2 簇，北部湾，6274 站，阿氏拖网，18m，泥质沙，1959. XII.12，艾（越南人采

集）；MBM230655，1 根，北部湾，6217 站，阿氏拖网，18m，泥沙，1960.VII.11，孙福增；MBM230656，1 根，北部湾，6180 站，DT，40.5m，泥质沙，1960.IV.12，张宝琳；MBM230657，2 簇，北部湾，6179 站，阿氏拖网，14m，粉沙型泥，1960.V.17，孙福增；MBM230658，1 根，北部湾，6222 站，阿氏拖网，24m，粗沙，1960.II.13，范振刚、吕铃欣；MBM230659，1 簇，北部湾，6248 站，阿氏拖网，34m，泥质沙，1960.IV.18，张宝琳；MBM230660，1 簇，6167 站，DT，55m，砂质，1960.VII.10，孙福增；MBM230661，片段，北部湾，6242 站，阿氏拖网，55 ，粉沙型泥，1960.V.26，孙福增；MBM230662，片段，北部湾，6230 站，阿氏拖网，38m，砂质泥，1960.X.15，沈寿彭；MBM230663，2 簇，北部湾，6179 站，阿氏拖网，15m，软泥，1960.XI.9，张宝琳，具生殖鞘；MBM230664，1 簇，北部湾，6235 站，阿氏拖网，39m，软泥，1959.XII.14，张宝琳，具生殖鞘；MBM230665，1 簇，北部湾，6272 站，阿氏拖网，44.5m，泥质沙，1960.V.18，范振刚，具生殖鞘；MBM230666，2 簇，北部湾，6237 站，阿氏拖网，50.5m，泥质沙，1960.IV.14，孙福增；MBM230667，8 簇，北部湾，6184 站，阿氏拖网，19m，砂质泥，1960.IV.15，孙福增；MBM230668，3 簇，北部湾，6234 站，阿氏拖网，30m，泥质沙，1960.II.17，孙福增；MBM230669，3 簇，北部湾，6261 站，阿氏拖网，42m，泥质中沙，1959.XII，4，马锈同，具生殖鞘；MBM230670，1 簇，北部湾，6263 站，阿氏拖网，59m，泥沙，1960.VII.9，龙（越南人采集），具生殖鞘；MBM230671，5 簇，北部湾，6259 站，阿氏拖网，31.5m，泥质沙，1960.IV.14，孙福增；MBM230672，2 簇，宽 40–50mm，北部湾，6233 站，阿氏拖网，22m，泥质沙，1960. IV.22，孙福增；MBM230673，3 簇，北部湾，6284 站，阿氏拖网，16.8m，泥沙，1960.VII.10，范振刚；MBM230674，1 簇，北部湾，6278 站，阿氏拖网，62m，1959. XII.4，范振刚，具生殖鞘；MBM230675，1 根，北部湾，6220 站，网形不详，34.5m，沙泥，1960.VII.8，范振刚；MBM230676，1 根，北部湾，6180 站，阿氏拖网，43m，粗砂，1960.VII.10，孙福增；MBM230677，2 根，北部湾，6233 站，阿氏拖网，22m，砂质泥，1960.VII.18，孙福增，具生殖鞘；MBM230678，1 簇，北部湾，6233 站，阿氏拖网，13.5m，粗砂，1960.VII.11，沈寿彭；MBM230679，1 根，北部湾，6265 站，阿氏拖网，63m，泥质砂，1960.II.18，范振刚；MBM230680，1 根，北部湾，6217 站，阿氏拖网，60m，泥质沙，1960.II.9，孙福增；MBM230681，3 根，北部湾，6270 站，阿氏拖网，32.8m，泥沙，1960.VII.7，范振刚；MBM230682，1 簇，北部湾，6261 站，阿氏拖网，43m，泥沙，1960.VII.6，沈寿彭，具生殖鞘；MBM230683，片段，北部湾，6262 站，阿氏拖网，49.6m，泥沙，1962.VII.7，范振刚，具生殖鞘；MBM230684，1 簇，北部湾，6282 站，阿氏拖网，24.5m，泥质沙，1960.V.17，范振刚；MBM230685，1 根，北部湾，6277 站，阿氏拖网，35m，泥粉沙，1960.VII.9，孙福增；MBM230686，1 根，北部湾，6183 站，BT，20.5m，软泥，1959. XII.11，孙福增；MBM230687，1 根，北部湾，6247 站，阿氏拖网，31m，砂质泥，1960.IV.19，孙福增；MBM230688，3 簇，北部湾，6268 站，阿氏拖网，30m，砂质泥，1960.IV.14，孙福增；MBM230689，1 根，北部湾，6167 站，双刃网，43.5m，珊瑚，1960.I.21，孙福增；MBM230690，1 根，北部湾，6232 站，阿氏拖网，91m，砂质泥，1959. XII.11，范振刚；MBM230691，1 根，北部湾，6284 站，阿氏拖网，18.5m，泥质沙，1960.II.11，范振刚；MBM230692，1 簇，北部湾，6180 站，阿氏拖网，40m，粗砂，1960.II.8，孙福增；MBM230693，2 簇，北部湾，6239 站，阿氏拖网，57m，泥质沙，1960.II.4，范振刚；MBM230694，1 簇，北部湾，6220 站，双刃网，36.8m，粗砂，1960.II.4，范振刚；MBM230695，1 簇，北部湾，6247 站，阿氏拖网，31m，泥，1960.II.15，孙福增；MBM230696，6 簇，北部湾，6260 站，阿氏拖网，33m，泥质沙，1960.II.9，孙福增；MBM230697，3 簇，北部湾，6262 站，阿氏拖网，51.5m，泥沙，1960.II.8，范振刚，具生殖鞘；MBM230698，1 根，北部湾，6261 站，阿氏拖网，50m，粉沙质泥，1960.II.8，范振刚；MBM230699，3 簇，北部湾，6270 站，阿氏拖网，35m，泥砂，1960.II.8，范振刚，具生殖鞘；MBM230701，2 簇，北部湾，6191 站，阿氏拖网，18m，软泥，1960.XI.15，张宝琳；MBM230703，2 簇，北部湾，6233 站，阿氏拖网，22m，砂质泥，1960.II.17，孙福增；MBM230704，1 簇，北部湾，6182 站，网形不详，18m，底质不详，1960.II.16；MBM230705，2 簇，宽 20–50mm，北部湾，6252 站，阿氏拖网，57m，泥质沙，1960.X.14，沈寿彭，具生殖鞘；MBM230706，1 根，北部湾，6192 站，阿氏拖网，15m，泥质砂，1960.X.14，张宝琳，具生殖鞘；MBM230707，1 簇，北部湾，6217 站，阿氏拖网，60m，泥质砂，1960.XI.4，孙福增，具生殖鞘；MBM230708，3 簇，北部湾，6180 站，DT，45m，细砂、石块，1960.X.9，张宝琳；MBM230709，2 簇，北部湾，6236 站，阿氏拖网，47.5m，泥质砂砾，1960.IV.18，孙福增；MBM230710，片段，北部湾，6262 站，阿氏拖网，44.6m，泥沙，1960.VII.7，范振刚；MBM230711，干标本，北部湾，6172 站，BT，90m，石块，1960.X.9，张宝琳；MBM230712，干标本，北部湾，6194 站，网形不详，26m，软泥，1960.II.8；MBM230713，干标本，北部湾，7905 站，阿氏拖网，29m，粗沙质软泥，1962.IV.9，孙福增；MBM230714，干标本，北部湾，6252 站，阿氏拖网，58.8m，砂质泥，1960.V.14，范振刚；MBM230716，干标本，北部湾，6158 站，DT，55m，砂，1960.X.18，张宝琳；MBM230717，干标本，北部湾，6233 站，阿氏拖网，22m，砂质泥，1960.XI.15，张宝琳；MBM230718，干标本，北部湾，6260 站，阿氏拖网，31m，细沙，1960.IV.13，张宝琳；MBM230719，干标本，北部湾，6222 站，阿氏拖网，25m，沙质软泥，1960.X.18，沈寿彭；

MBM230720，干标本，北部湾，6167 站，BT，57m，石块，1960.X.8，张宝琳；MBM230721，干标本，北部湾，6222 站，阿氏拖网，25m，沙质软泥，1960.X.18，关锡廉、那荣华；MBM230722，干标本，北部湾，6269 站，阿氏拖网，31m，泥质沙，1960.V.13，范振刚；MBM230723，干标本，北部湾，6182 站，阿氏拖网，19m，砂质泥，1960.IV.20；MBM230724，干标本，北部湾，6249 站，阿氏拖网，30m，细砂，1960.II.10，孙福增；MBM230725，干标本，北部湾，6212 站，阿氏拖网，25m，泥质砂，1960.II.17，孙福增；MBM230726，干标本，北部湾，6248 站，阿氏拖网，37m，沙质泥，1960.II.14；MBM230727，干标本，北部湾，6199 站，阿氏拖网，33m，泥，1960.II.14，孙福增；MBM230728，干标本，北部湾，6238 站，阿氏拖网，60m，泥质沙，1960.VIII.13，张宝琳；MBM230729，干标本，北部湾，6267 站，阿氏拖网，35m，软泥，1960.II.10，孙福增；MBM230730，干标本，北部湾，6192 站，阿氏拖网，18m，泥质砂，1960.II.16，孙福增；MBM230731，干标本，北部湾，6196 站，阿氏拖网，12m，砂，1960.II.17，孙福增；MBM230732，干标本，北部湾，6238 站，阿氏拖网，53m，泥质砂，1959. XII.5，孙福增；MBM230733，干标本，北部湾，6192 站，阿氏拖网，18m，软泥，1959. XII.19，张宝琳；MBM230735，干标本，北部湾，6184 站，阿氏拖网，20m，泥质沙，1959. XII.12，梁观升；MBM230736，干标本，北部湾，6183 站，阿氏拖网，16m，泥质砂，1960.IV.17，孙福增；MBM230737，标本散乱，片段，北部湾，7305 站，阿氏拖网，67m，细粉砂软泥，1962. VIII.25，孙福增，具生殖鞘；MBM230738，1 簇，北部湾，7204 站，阿氏拖网，41m，粉砂质黏土软泥，1962.I.22，孙福增；MBM230739，1 簇，北部湾，7202 站，阿氏拖网，31m，粗粉砂，1962.I.22，孙福增；MBM230740，1 簇，北部湾，7304 站，阿氏拖网，55m，粗粉砂，1962.IV.20，孙福增；MBM230741，片段，北部湾，7305 站，阿氏拖网，64m，细粉砂软泥，1963.X.18；MBM230742，2 簇，北部湾，7304 站，阿氏拖网，54m，细质泥，1960.I.21，孙福增，具生殖鞘；MBM230743，1 簇，北部湾，7201 站，阿氏拖网，22m，细粉砂软泥，1962. VIII.27，孙福增，具生殖鞘；MBM230744，1 簇，北部湾，7304 站，阿氏拖网，54m，粗粉砂，1962. VIII.25，孙福增，具生殖鞘；MBM230745，1 根，北部湾，7702 站，阿氏拖网，55m，细粉砂软泥，1962.I.21，孙福增；MBM230746，3 簇，北部湾，7602 站，阿氏拖网，26m，细粉砂，1960.VII.18，孙福增，具生殖鞘；MBM230747，片段，北部湾，7303 站，阿氏拖网，34m，粗粉砂，1962.I.21，孙福增；MBM230748，2 簇，北部湾，9502 站，阿氏拖网，32m，细粉砂软泥，1962.I.15，孙福增；MBM230749，3 簇，北部湾，7403 站，阿氏拖网，49m，粉砂质软泥，1962.IV.15，孙福增；MBM230751，2 簇，北部湾，7901 站，阿氏拖网，52m，中砂，1960.I.21，具生殖鞘；MBM230752，1 根，北部湾，7104 站，阿氏拖网，31m，中砂，1962.I.23，孙福增；MBM230753，无标本，北部湾，7304 站，阿氏拖网，57m，粗粉砂软泥，1962.X.11；MBM230754，2 根，北部湾，0010 站，阿氏拖网，22m，粗砂软泥，1962.I.13，孙福增；MBM230755，1 簇，北部湾，7203 站，阿氏拖网，42m，细粉砂，1962.X.24，孙福增，具生殖鞘；MBM230756，1 根，北部湾，7103 站，阿氏拖网，29m，粉砂质软泥，1962.IV.20，孙福增；MBM230761，1 簇，北部湾，0010 站，阿氏拖网，20m，细粉砂软泥，1962. VIII.19，孙福增 MBM230757，干标本，北部湾，7803 站，阿氏拖网，75m，软泥，1962.I.11，孙福增；MBM230758，干标本，北部湾，7403 站，阿氏拖网，49m，细粉砂软泥，1962.I.14，张宝琳；MBM230762，片段，北部湾，0010 站，阿氏拖网，54m，细质泥，1960.I.21，孙福增；MBM230763，1 根，北部湾，7104 站，阿氏拖网，32m，细砂，1962.IV.22，前；MBM230764，1 簇，北部湾，0010 站，阿氏拖网，45m，粗粉沙软泥，1960.I.21，孙福增；MBM230765，1 簇，北部湾，7402 站，阿氏拖网，33m，粗粉砂，1962.X.13，59；MBM230766，1 根，北部湾，7203 站，阿氏拖网，40m，细粉砂，1962. VIII.27，孙福增，具生殖鞘；MBM230767，4 簇，北部湾，7305 站，阿氏拖网，62m，细粉砂软泥，1962.I.21，孙福增；MBM230768，片段，北部湾，7203 站，阿氏拖网，42m，细粉砂，1962.X.24，56m，具生殖鞘；MBM230769，1 簇，北部湾，7104 站，阿氏拖网，29m，粗粉砂，1962.VIII.26，孙福增；MBM230770，三根，北部湾，7405 站，阿氏拖网，50m，粗粉砂，1962.VIII.20，孙福增；MBM230771，1 簇，北部湾，7202 站，阿氏拖网，32m，粗粉砂，1962.VIII.27，孙福增；MBM230772，3 簇，北部湾，7204 站，阿氏拖网，46m，粗砂，1962.X.24，52；MBM230773，片段，北部湾，7103 站，阿氏拖网，22m，粉砂质黏土软泥，1962.I.23，孙福增；MBM230774，1 根，北部湾，7404 站，阿氏拖网，58m，粗粉砂，1962.I.14，孙福增；MBM230775，1 根，北部湾，0010 站，阿氏拖网，43m，粉砂质软泥，1962.IV.11，前；MBM230776，1 簇，北部湾，7306 站，阿氏拖网，30m，软泥，1962.X.18；MBM230777，1 簇，北部湾，7102 站，阿氏拖网，30m，软泥，1962.X.19；MBM230778，1 根，北部湾，7503 站，阿氏拖网，51m，1962.X.14

中国科学院南沙群岛海区综合科学考察，MBM187227，1 簇，南沙，站位不详，网形不详，65m，底质不详，1988.VIII.1，唐质灿。

（46）*Salacia desmoides* (Torrey, 1902)

MBM280295，约 40 根，高 30–150mm，青岛第一海水浴场，附于裙带菜 *Undaria pinnatifida* (Harrey) Suringar，1873 及叉开网翼藻 *Dictyoptevis divaricata* (okamura) Okamura，1932 表面，2012.VIII.4，宋希坤，陈金晶，袁宁。

（47）*Salacia tetracythara* Lamouroux, 1816

全国第一次海洋普查标本：MBM004089，干标本，南海，6172站，阿氏拖网，82m，灰褐色泥沙，1959.I.15，唐质灿；MBM004090，干标本，南海，6079站，阿氏拖网，125m，泥沙，1960.IV.8，唐质灿；MBM004092，干标本，南海，6091站，阿氏拖网，89m，粗沙，1951.IV.18，孙福增；MBM004093，干标本，南海，6167站，网形不详，55m，石块、珊瑚、碎壳，1959.I.15，唐质灿；MBM004096，干标本，南海，6078站，阿氏拖网，87m，沙质泥，1959.VII.11，马锈同；MBM004098，3簇，高30–50mm，宽40–50mm，南海，6158站，阿氏拖网，64m，粗沙碎壳，1959.IV.17，唐质灿；MBM004124，3簇，高70–75mm，宽70–100mm，南海，6203站，阿氏拖网，22m，泥质粗沙，1960.III.12，沈寿彭；MBM004229，片段，南海，6078站，阿氏拖网，深度不详，泥质砂，1960.II.10；MBM004230，片段，南海，6204站，阿氏拖网，54m，泥沙，1959.XI.20，唐质灿；MBM004231，片段，南海，6091站，阿氏拖网，78m，泥质沙，1959.VII.5，马锈同；MBM004232，1簇，高30mm，宽40mm，南海，6210站，双刃网，45m，粗石头，1959.XI.18，唐质灿；MBM004233，片段，南海，6152站，阿氏拖网，18m，泥沙，1959.VII.12，唐质灿，具生殖鞘；MBM004234，3簇，高20–30mm，宽15–60mm，南海，6167站，双刃网，68m，粗沙石块，1959.IV.17，唐质灿；MBM004235，4簇，高30–60mm，宽25–70mm，南海，6153站，双刃网，50m，粗砂，1962.VIII.38，孙福增；MBM004236，片段，南海，6153站，双刃网，49m，粗沙，1959.X.30，王永良；MBM004237，片段，南海，6222站，BT，19.5m，泥质沙，1959.IV.17，徐风山；MBM004238，片段，南海，6210站，阿氏拖网，38m，粗砂贝壳，1960.V.16，刘继兴；MBM230967，8簇，高15mm，宽10mm，北部湾，7607站，阿氏拖网，22m，粗砂软泥，1962.I.13，孙福增；MBM230968，1簇，高40mm，宽15mm，北部湾，7905站，阿氏拖网，29m，细粉砂软泥，1962.I.6，孙福增；MBM230969，10簇，高15–110mm，宽10–60mm，北部湾，7607站，阿氏拖网，20m，粗粉砂软泥，1962.VIII.19，孙福增，具生殖鞘；MBM230970，1簇，高30mm，宽15mm，北部湾，6167站，BT，57m，石块，1960.X.8，张宝琳；MBM230971，6簇，高30–40mm，宽20–30mm，北部湾，6222站，阿氏拖网，24m，粗沙，1960.II.13，范振刚、吕铃欣；MBM230972，1簇，高60mm，宽40mm，北部湾，6222站，阿氏拖网，24.4m，粗沙，1960.V.18，孙福增；MBM230973，片段，北部湾，6220站，双刃网，36.8m，粗砂，1960.II.9，越南人；MBM230974，2簇，高40–50mm，宽20–40mm，北部湾，6172站，DT，84.2m，石粒，1960.VII.10，孙福增，具生殖鞘；MBM230975，2簇，高20–40mm，宽10–30mm，北部湾，6223站，阿氏拖网，27m，泥质沙，1960.II.13，范振刚；MBM230976，6簇，高30–50mm，宽20–40mm，北部湾，6480站，DT，40.5m，泥质沙砾，1960.VI.12，张宝琳；MBM230977，3簇，高50–70mm，宽40–60mm，北部湾，6223站，阿氏拖网，30m，泥沙，1960.V.20，孙福增；MBM230978，27簇，高40–100mm，宽30–90mm，北部湾，6221站，阿氏拖网，21m，泥质中砂，1960.X.18，沈寿彭；MBM230979，12簇，高30–140mm，宽20–100mm，北部湾，6222站，阿氏拖网，25m，沙质软泥，1960.X.18，关锡廉、那荣华，具生殖鞘；干标本，南海，6204站，阿氏拖网，42m，粗沙，1959.IV.11，范振刚；干标本，南海，6158站，双刃网，66m，粗砂石块，1959.I.15，唐质灿。

（48）*Salacia hexodon* (Busk, 1852)

MBM280296，MBM280262，各1株，青岛第一海水浴场，附于裙带菜Undaria pinnatifida (Harrey) Suringar, 1873表面，2012.VIII.4，宋希坤，陈金晶，袁宁。

（49）*Salacia punctagonangia* (Hargitt, 1924)

国家自然科学基金委东海共享航次标本：MBM282697，1簇，无生殖鞘，东海，科学三号，DH5–5，27.1295°N，122.9995°E，阿氏拖网，114m，2013.VII.10，张树乾。

（50）*Diphasia rosacea* (Linnaeus, 1758)

冰岛底栖无脊椎动物调查航次（BIOICE，1991–1994），标本信息见附录1。MHNG-INVE-27645，冰岛，BIOICE2484，65.84°N，24.21°W，37m，Peter Schuchert，1993.XI.07，BIOICE2484。

（51）*Diphasia digitalis* Busk, 1852

全国第一次海洋普查标本：MBM230897，2簇，北部湾，6240站，双刃网，60m，泥质沙，1959.XII.6，范振刚，具生殖鞘；MBM230898，1簇，北部湾，6273站，阿氏拖网，46m，沙质泥，1960.X.25，沈寿彭；MBM230899，1簇，北部湾，7405站，网形不详，深度不详，底质不详，1962.I.14。

（52）*Diphasia minuta* Billard, 1920

全国第一次海洋普查标本：MBM230858，片段，北部湾，6236站，阿氏拖网，47.5m，砾泥质砂，1960.IV.18，孙福增。

东海大陆架调查标本：MBM185961，片段，东海，G-6站，阿氏拖网，110m，泥质粗砂，1975.X.9，唐质灿，具生殖鞘；MBM185962，片段，东海，III-4站，阿氏拖网，82m，细沙，1976.VI.27，唐质灿、徐风山；MBM185963，片段，东海，VI-5站，阿氏拖网，150m，细砂，1976.VIII.28，唐质灿、张宝琳；MBM185964，片段，东海，G-5

站，阿氏拖网，100m，细砂，1975.X.9，唐质灿；MBM185965，片段，东海，IV-5 站，阿氏拖网，11m，细砂，1975.VII.4，张宝琳，具生殖鞘；MBM185966，片段，东海，III-5 站，阿氏拖网，103m，细砂，1976.IX.20，唐质灿、张宝琳；MBM185967，片段，东海，G-4 站，阿氏拖网，80m，泥质砂，1975.X.9，唐质灿，具生殖鞘；MBM185968，片段，东海，III-6 站，阿氏拖网，96m，泥质砂，1976.VI.27，唐质灿、吴，具生殖鞘；MBM185969，片段，东海，V-T 站，阿氏拖网，135m，细砂，1976.VIII.28，唐质灿，具生殖鞘；MBM185970，片段，东海，IV-1 站，阿氏拖网，70m，泥质砂，1976.VII.3，具生殖鞘。

（53）*Diphasia palmata* Nutting, 1905

全国第一次海洋普查：MBM002214，片段，东海，4050 站，阿氏拖网，64m，泥质砂，1959. XII.8，王永良；MBM002228，片段，东海，4054 站，阿氏拖网，69m，沙质泥，1959. XII.8，朱谨钊；MBM002234，片段，东海，4050 站，三角拖网，60m，褐色泥质砂，1959.II.4，程丽仁；MBM002235，片段，东海，4050 站，阿氏拖网，60m，泥质砂，1959. XII.8，王永良；MBM002236，片段，东海，4050 站，BT，61m，褐色软泥，1959.II.4，程丽仁；MBM230896，片段，东海，6232 站，阿氏拖网，91m，砂质泥，1959. XII.11，马锈同。

（54）*Diphasia scalariformis* Kirkpatrick, 1890

全国第一次海洋普查标本：MBM002227，片段，东海，4075 站，阿氏拖网，72m，砂质泥，1959.I.7，朱谨钊，具生殖鞘；MBM002228，片段，东海，4054 站，阿氏拖网，69m，1959.XII.8，朱谨钊，具生殖鞘；MBM002229，片段，东海，4055 站，阿氏拖网，83m，1959.XII.8，朱谨钊，具生殖鞘；MBM002230，片段，东海，4055 站，阿氏拖网，83m，1959.XII.8，朱谨钊，具生殖鞘；MBM002231，片段，东海，4065 站，阿氏拖网，81m，1959.XII.5，朱谨钊；MBM002232，片段，东海，4051 站，阿氏拖网，57m，细砂，1959.XII.7，王永良；MBM002233，片段，东海，4055 站，阿氏拖网，70m，1959. x .24，崔，具生殖鞘；MBM002237，片段，东海，4076 站，阿氏拖网，86m，软泥和碎贝壳，1959.II.1，许，具生殖鞘；MBM002239，片段，东海，4046 站，阿氏拖网，63m，泥质沙，1959.VIII.10，宝，具生殖鞘；MBM002242，片段，东海，4046 站，阿氏拖网，63m，1959.VIII.10，宝，具生殖鞘；MBM002243，片段，东海，4046 站，阿氏拖网，57m，1959.X.22，侯永宝，具生殖鞘；MBM004221，片段，南海，6048 站，阿氏拖网，82m，泥质砂，1959.XII.10，吴，具生殖鞘；MBM004222，片段，南海，6118 站，阿氏拖网，58m，沙质泥，1959.X.18，采集人不详，具生殖鞘；MBM004224，片段，南海，6143 站，阿氏拖网，117m，泥质沙，1959.X.28，唐质灿；MBM004225，片段，南海，6079 站，阿氏拖网，128m，砂，1959.X.21，王永良；MBM004227，片段，北部湾，6079 站，阿氏拖网，128m，1959.X.20，良，具生殖鞘；MBM004229，片段，北部湾，6141 站，阿氏拖网，73m，1959.X.29，李，具生殖鞘；MBM004473，片段，南海，6141 站，阿氏拖网，67m，粗砂贝壳，1960.IV.8，刘继兴；MBM004474，片段，南海，6090 站，阿氏拖网，53m，泥质砂，1960.IV.7，沈寿彭，具生殖鞘；MBM004475，片段，南海，6107 站，阿氏拖网，94m，沙质泥，1960.II.6，沈寿彭，具生殖鞘；MBM004476，片段，南海，6162 站，阿氏拖网，145m，泥，1960.IV.7，沈寿彭；MBM004477，片段，南海，6078 站，阿氏拖网，87m，泥质沙，1960.II.10，曲，具生殖鞘；MBM004478，片段，南海，6065 站，阿氏拖网，69m，泥质沙，1960.IV.9，唐质灿；MBM004479，片段，南海，6067 站，阿氏拖网，129m，1960.IV.9，唐质灿，具生殖鞘；MBM004480，片段，南海，6228 站，阿氏拖网，93m，砂质泥，1960.V.15，刘继兴，具生殖鞘；MBM004481，片段，南海，6206 站，阿氏拖网，87m，泥质沙，1960.V.15，刘继兴，具生殖鞘；MBM004482，片段，南海，6186 站，阿氏拖网，70m，沙质泥，1960.V.14，沈寿彭；MBM004483，片段，南海，6187 站，阿氏拖网，97m，砂质泥，1960.V.14，沈寿彭，具生殖鞘；MBM004484，片段，东海，6067 站，阿氏拖网，129m，1959.IV.9，唐质灿；MBM004485，片段，东海，6227 站，阿氏拖网，98m，1959.V.15，沈寿彭，具生殖鞘；MBM004486，片段，南海，6079 站，阿氏拖网，125m，1960.IV.8，唐质灿、张宝琳，具生殖鞘；MBM004487，片段，南海，6225 站，阿氏拖网，69m，1960.V.15，沈寿彭；MBM004488，片段，南海，6107 站，阿氏拖网，94m，1960.II.6，沈寿彭，具生殖鞘；MBM004535，片段，东海，6066 站，阿氏拖网，74m，1960.II.17，曲，具生殖鞘；MBM004489，片段，南海，6188 站，阿氏拖网，115m，砂质泥，1960.V.14，沈寿彭；MBM004490，片段，南海，6227 站，阿氏拖网，98m，粉砂泥，1960.V.15，沈寿彭；MBM004491，片段，南海，6181 站，阿氏拖网，68m，沙质泥，1960.V.12，刘继兴，具生殖鞘；MBM004492，片段，南海，6206 站，阿氏拖网，87m，泥质砂，1960.V.15，刘继兴；MBM004493，片段，南海，6066 站，阿氏拖网，82m，泥砂，1960.IV.9，唐质灿，具生殖鞘；MBM004505，片段，南海，6079 站，阿氏拖网，121m，泥质砂，1960.II.10，沈寿彭；MBM004506，片段，南海，6173 站，阿氏拖网，84m，砂质泥，1960.III.10，沈寿彭；MBM004507，片段，南海，站位不详，阿氏拖网，38m，泥质粗沙，1960.III.13，沈寿彭，具生殖鞘；MBM004508，片段，南海，6187 站，阿氏拖网，90m，砂质泥，1960.III.11，沈寿彭；MBM004509，片段，南海，6141 站，阿氏拖网，80m，泥质砂，1960.II.10，吴，具生殖鞘；MBM004510，片段，南海，6204 站，阿氏拖网，45m，碎壳、泥砂，1960.V.14，沈寿彭，具生殖鞘；MBM004511，片段，南海，6038 站，阿氏拖

网，108m，粗砂，1960，I.9，王永良；MBM004512，片段，南海，6133 站，阿氏拖网，97m，砂质泥，1960.II.10，刘继兴；MBM004513，片段，南海，6224 站，阿氏拖网，60.8m，泥质砂，1960.III.12，刘继兴，具生殖鞘；MBM004515，片段，南海，6078 站，阿氏拖网，85m，泥质沙，1959.II.16，焕；MBM004516，片段，南海，6232 站，阿氏拖网，83m，软泥，1959.I.27，范振刚，具生殖鞘；MBM004518，片段，南海，6141 站，阿氏拖网，78m，沙质泥，1959.I.27，王永良，具生殖鞘；MBM004519，片段，南海，6022 站，阿氏拖网，93m，软泥，1959.I.25，曲；MBM004520，片段，南海，6243 站，阿氏拖网，94m，砂质泥，1959.I.27，范振刚；MBM004521，片段，南海，6022 站，阿氏拖网，93m，灰软泥，1959.I.25，曲，具生殖鞘；MBM004522，片段，南海，6132 站，阿氏拖网，70m，砂质泥，1959.I.28，王永良；MBM004523，片段，南海，6132 站，BT，70m，沙质泥，1959.I.28，王永良，具生殖鞘；MBM004524，片段，南海，6186 站，阿氏拖网，68m，砂质泥，1959.I.27，刘继兴；MBM004526，片段，南海，6225 站，阿氏拖网，83m，粗砂贝壳，1960.III.12，刘继兴；MBM004527，片段，南海，6188 站，阿氏拖网，111m，沙质泥，1960.III.11，沈寿彭；MBM004528，片段，南海，6228 站，阿氏拖网，98m，沙质泥，1960.III.13，刘继兴，具生殖鞘；MBM004530，片段，南海，6238 站，阿氏拖网，55m，泥质砂，1960.IV.18，唐质灿；MBM004531，片段，南海，6156 站，BT，100m，软泥，1960.III.8，刘继兴、唐质灿；MBM004532，片段，南海，6203 站，阿氏拖网，22m，泥质砂，1960.III.12，沈寿彭，具生殖鞘；MBM004533，片段，南海，6051 站，阿氏拖网，49m，泥质砂，1960.I.20，吴；MBM004534，片段，南海，6160 站，阿氏拖网，101m，粗沙质泥，1960.III.9，刘继兴；MBM004574，片段，北部湾，6207 站，阿氏拖网，128m，1960.III.11，刘，具生殖鞘；MBM004576，片段，南海，6224 站，阿氏拖网，68m，1959.VII.16，徐风山，具生殖鞘；MBM004577，片段，南海，6174 站，阿氏拖网，96m，1959.VII.12，范振刚，具生殖鞘；MBM004578，片段，南海，6092 站，阿氏拖网，105m，泥质砂，1959.VII.5，马锈同，具生殖鞘；MBM004579，片段，南海，6131 站，阿氏拖网，48m，软泥，1959.VII.12，唐质灿，具生殖鞘；MBM004580，片段，南海，6160 站，阿氏拖网，103m，粗砂，1959.VII.10，徐风山；MBM004581，片段，南海，6188 站，阿氏拖网，106m，1959.VII.14，徐风山，具生殖鞘；MBM004582，片段，南海，6079 站，阿氏拖网，117m，泥质砂，1959.VII.11，马锈同；MBM004583，片段，南海，6206 站，阿氏拖网，85m，砂，1959.VII.15，范振刚；MBM004584，片段，南海，6066 站，阿氏拖网，88m，泥质砂，1959.VII.14，马锈同；MBM004585，片段，南海，6066 站，阿氏拖网，88m，1959.VII.14，马锈同，具生殖鞘；MBM004635，片段，南海，6132 站，阿氏拖网，78m，泥质砂，1959.IV.25，马锈同，具生殖鞘；MBM004637，片段，南海，6132 站，阿氏拖网，72m，泥质中砂，1959.IV.20，马锈同；MBM004639，片段，南海，6143 站，阿氏拖网，122.5m，软泥，1959.IV.22，马锈同；MBM004642，片段，南海，6091 站，阿氏拖网，89m，细砂，1959.IV.18，孙福增，具生殖鞘；MBM004643，片段，南海，6142 站，BT，96m，砂质泥，1959.IV.8，王永良；MBM004644，片段，南海，6142 站，阿氏拖网，109m，砂质泥，1959.IV.22，马锈同，具生殖鞘；MBM004649，片段，南海，6183 站，阿氏拖网，16m，砂质泥，1959.IV.19，唐质灿；MBM004652，片段，东海，6133 站，阿氏拖网，86m，1959.IV.25，马锈同；MBM004653，片段，南海，6107 站，阿氏拖网，96.5m，泥质砂，1959.IV.20，马锈同；MBM004654，片段，南海，6238 站，阿氏拖网，55m，泥质沙，1959.IV.18，唐质灿，具生殖鞘；MBM004655，片段，南海，6217 站，阿氏拖网，65m，砂质泥，1959.IV.18，唐质灿；MBM005448，片段，南海，6225 站，阿氏拖网，83m，粗砂贝壳，1960.III.12，刘继兴，具生殖鞘；MBM230833，片段，北部湾，6246 站，阿氏拖网，82m，1960.VII.12，郑，具生殖鞘；MBM230835，片段，北部湾，6243 站，阿氏拖网，74.6m，砂质泥，1960.VII.11，沈寿彭；MBM230836，片段，北部湾，6232 站，阿氏拖网，81m，砂质泥，1960.X.23，沈寿彭；MBM230837，片段，北部湾，6249 站，阿氏拖网，30.5m，砂，1960.VII.13，唐质灿，具生殖鞘；MBM230840，片段，北部湾，6229 站，阿氏拖网，28m，1959.XII.7，马锈同，具生殖鞘；MBM230841，片段，北部湾，6262 站，阿氏拖网，47m，泥质沙，1960.X.14，沈寿彭，具生殖鞘；MBM230842，片段，北部湾，6241 站，阿氏拖网，65.7m，砂质泥，1960.II.10，范振刚；MBM230843，片段，北部湾，6218 站，阿氏拖网，69m，砂质泥，1960.X.9，沈寿彭，具生殖鞘；MBM230844，片段，北部湾，6262 站，阿氏拖网，51.5m，泥质砂，1960.II.8，范振刚，具生殖鞘；MBM230845，片段，北部湾，6194 站，阿氏拖网，26m，砂质泥，1960.IV.12，金；MBM230846，片段，北部湾，6232 站，阿氏拖网，76m，1960.V.26，孙福增，具生殖鞘；MBM230847，片段，北部湾，6182 站，阿氏拖网，19m，砂质泥，1960.IV.20，孙福增；MBM230848，片段，北部湾，6246 站，阿氏拖网，79m，黏泥，1960.II.13，范振刚，具生殖鞘；MBM230849，片段，北部湾，6271 站，阿氏拖网，41m，砂质泥，1960.XII.8，马锈同；MBM230850，片段，北部湾，6167 站，阿氏拖网，43.5m，珊瑚，1960.IV.11，孙福增，具生殖鞘；MBM230851，片段，北部湾，6233 站，阿氏拖网，22m，砂质泥，1960.II.17，孙福增；MBM230852，片段，北部湾，6246 站，阿氏拖网，82m，1960.VII.12，郑，具生殖鞘；MBM230854，片段，北部湾，6262 站，阿氏拖网，51m，泥质砂，1959.XII.5，马锈同，具生殖鞘；MBM230855，片段，北部湾，6230 站，阿氏拖网，38m，1960.X.15，沈寿彭；MBM230856，片段，北部湾，6143 站，阿氏拖网，91m，

泥质沙，1960.II.13，范振刚，具生殖鞘；MBM230857，片段，北部湾，6231 站，阿氏拖网，22m，1959.XII.7，马锈同，具生殖鞘；MBM230858，片段，北部湾，6236 站，阿氏拖网，47.5m，砾泥质砂，1960.IV.18，孙福增，具生殖鞘；MBM230859，片段，北部湾，6243 站，阿氏拖网，93m，泥质砂，1959.XII.11，马锈同，具生殖鞘；MBM230860，片段，北部湾，6229 站，阿氏拖网，37m，1960.X.19，沈寿彭，具生殖鞘；MBM230861，片段，北部湾，6247 站，阿氏拖网，29m，泥质砂，1959.XII.13，越南人采集，具生殖鞘；MBM230862，片段，北部湾，6192 站，阿氏拖网，15m，1960.XI.12，张宝琳，具生殖鞘；MBM230863，片段，北部湾，6251 站，阿氏拖网，47m，泥质砂，1960.II.7，范振刚，具生殖鞘；MBM230864，片段，北部湾，6184 站，阿氏拖网，21m，1960.II.11，孙福增；MBM230865，片段，北部湾，6241 站，阿氏拖网，58.9m，1960.VII.8，沈寿彭；MBM230867，片段，北部湾，6231 站，阿氏拖网，58m，1959.XII.10，范振刚，具生殖鞘；MBM230868，片段，北部湾，6251 站，阿氏拖网，50m，泥质砂，1960.VII.6，范振刚，具生殖鞘；MBM230869，片段，北部湾，6184 站，阿氏拖网，19m，砂质泥，1960.IV.15，孙福增，具生殖鞘；MBM230880，片段，北部湾，6242 站，阿氏拖网，74.6m，1960.VII.11，沈寿彭；MBM230881，片段，北部湾，6231 站，阿氏拖网，61m，1960.V.20，沈寿彭；MBM230882，片段，北部湾，6251 站，阿氏拖网，50m，1960.VII.8，范振刚；MBM230893，片段，北部湾，6238 站，阿氏拖网，53m，1960.XI.5，孙福增，具生殖鞘；MBM230883，片段，北部湾，6253 站，阿氏拖网，60.8m，粉砂泥，1960.VII.9，范振刚；MBM230884，片段，北部湾，6218 站，阿氏拖网，63m，泥质砂，1960.VII.5，范振刚；MBM230886，片段，北部湾，6172 站，阿氏拖网，84.2m，石粒，1960.VII.14，孙福增，具生殖鞘；MBM230887，片段，北部湾，6209 站，阿氏拖网，56.8m，砂质泥，1960.VII.5，范振刚；MBM230888，片段，北部湾，6219 站，阿氏拖网，54m，粉砂质泥，1960.X.4，沈寿彭；MBM230889，片段，北部湾，6243 站，阿氏拖网，91m，软泥，1960.X.24，沈寿彭；MBM230890，片段，北部湾，6267 站，阿氏拖网，55m，砂质泥，1960.VII.10，孙福增；MBM230891，片段，北部湾，6251 站，阿氏拖网，51m，泥质沙，1960.X.9，沈寿彭，具生殖鞘；MBM230892，片段，北部湾，6231 站，阿氏拖网，61m，砂质泥，1960.X.23，沈寿彭；MBM230894，片段，北部湾，6261 站，阿氏拖网，44m，泥质砂，1960.X.9，沈寿彭；MBM230895，片段，北部湾，6229 站，阿氏拖网，39.2m，1960.V.16，范振刚；MBM230900，片段，北部湾，7803 站，阿氏拖网，75m，软泥，1962.I.11，孙福增；MBM230901，片段，北部湾，7203 站，阿氏拖网，42m，1962.IV.24，越南人采集，具生殖鞘；MBM230902，片段，北部湾，7606 站，阿氏拖网，69m，1962.X.12，越南人采集；MBM230903，片段，北部湾，7503 站，阿氏拖网，47m，粗粉砂，1962.I.15，孙福增；MBM230904，片段，北部湾，7605 站，阿氏拖网，67m，1962.VIII.19，越南人采集，具生殖鞘；MBM230905，片段，北部湾，7604 站，阿氏拖网，58m，细粉砂软泥，1962.I.12，孙福增；MBM230906，片段，北部湾，7503 站，阿氏拖网，52m，1962.VIII.22，越南人采集，具生殖鞘；MBM230907，片段，北部湾，7406 站，阿氏拖网，51m，1962.IV.13，孙福增、江；MBM230908，片段，北部湾，7305 站，阿氏拖网，67m，细粉砂软泥，1962.VIII.25，采集人不详，具生殖鞘；MBM230909，片段，北部湾，7702 站，阿氏拖网，55m，1962.I.12，孙福增，具生殖鞘；MBM230910，片段，北部湾，7203 站，阿氏拖网，41m，1962.I.12，孙福增，具生殖鞘；MBM230911，片段，北部湾，7104 站，阿氏拖网，32m，1962.IV.22，越南人采集，具生殖鞘；MBM230912，片段，北部湾，7801 站，阿氏拖网，36m，1962.X.10，越南人采集，具生殖鞘；MBM230913，片段，北部湾，7905 站，阿氏拖网，26m，细粉砂，1962.VIII.16，孙福增；MBM230914，片段，北部湾，7803 站，阿氏拖网，68m，1962.X.10，越南人采集，具生殖鞘；MBM230915，片段，北部湾，7203 站，阿氏拖网，42m，1962.X.24，江；MBM230916，片段，北部湾，7801 站，阿氏拖网，36m，1962.X.10，越南人采集，具生殖鞘；MBM230917，片段，北部湾，7406 站，阿氏拖网，51m，1962.IV.16，孙福增、江；MBM230918，片段，北部湾，7104 站，阿氏拖网，32m，细砂，1962.IV.22，采集人不详，具生殖鞘；MBM230919，片段，北部湾，7503 站，阿氏拖网，52m，1962.VIII.22，越南人采集，具生殖鞘；MBM230920，片段，北部湾，7202 站，阿氏拖网，32m，1962.VIII.27，孙福增，具生殖鞘；MBM230921，片段，北部湾，7605 站，阿氏拖网，80m，1962.VIII.19，孙福增、江；MBM230923，片段，北部湾，7104 站，阿氏拖网，32m，1962.IV.22，越南人采集，具生殖鞘；MBM230924，片段，北部湾，7203 站，阿氏拖网，42m，1962.IV.24，越南人采集；MBM230925，片段，北部湾，7204 站，阿氏拖网，95m，1962.VIII.27，孙福增，具生殖鞘；MBM230926，片段，北部湾，7204 站，阿氏拖网，49m，1962.I.22，孙福增，具生殖鞘；MBM230927，片段，北部湾，7803 站，阿氏拖网，67m，1962.VIII.17，越南人采集，具生殖鞘；MBM230928，片段，北部湾，7204 站，阿氏拖网，46m，1962.X.24，江，具生殖鞘；MBM230929，片段，北部湾，7405 站，阿氏拖网，58m，粗粉砂，1962.VIII.20，孙福增，江，具生殖鞘；MBM230930，片段，北部湾，7801 站，阿氏拖网，35m，粉砂质黏土软泥，1962.VIII.17，孙福增，具生殖鞘；MBM230931，片段，北部湾，7204 站，阿氏拖网，45m，1962.VIII.27，孙福增，具生殖鞘；MBM230932，片段，北部湾，7803 站，阿氏拖网，67m，1962.VIII.17，越南人采集；MBM230933，片段，北部湾，7605 站，阿氏拖网，69m，粉砂质软泥，1962.X.12，江；MBM230934，片段，北部湾，7405 站，

阿氏拖网，63m，粗粉砂软泥，1962.X.22，越南人采集；MBM230935，片段，北部湾，7905站，阿氏拖网，29m，1962.IV.9，孙福增，具生殖鞘；MBM230936，片段，北部湾，7203站，阿氏拖网，42m，细粉砂，1962.X.25，越南人采集；MBM230937，片段，北部湾，7204站，阿氏拖网，49m，1962.I.22，孙福增，具生殖鞘；MBM230938，片段，北部湾，7606站，阿氏拖网，68m，细粉砂软泥，1962.VIII.19，越南人采集，具生殖鞘；MBM230939，片段，北部湾，7606站，阿氏拖网，69m，软泥，1962.X.12，越南人采集；MBM230940，片段，北部湾，7402站，阿氏拖网，32m，粉砂质软泥，1962.IV.15，孙福增；MBM230941，片段，北部湾，7803站，阿氏拖网，68m，1962.X.10，越南人采集；MBM230942，片段，北部湾，7606站，阿氏拖网，68m，1962.VIII.19，越南人采集；MBM230943，片段，北部湾，7301站，阿氏拖网，20m，软泥，1962.VIII.24，江；MBM230944，片段，北部湾，7605站，阿氏拖网，69m，1962.X.12，裴、江，具生殖鞘；MBM230945，片段，北部湾，7404站，阿氏拖网，46m，细砂，1962.IV.14，孙福增，具生殖鞘；MBM230946，片段，北部湾，7702站，阿氏拖网，55m，细粉砂软泥，1962.I.12，孙福增；MBM230947，片段，北部湾，7201站，阿氏拖网，22m，1962.VIII.27，孙福增；MBM230948，片段，北部湾，7602站，阿氏拖网，27m，细粉砂软泥，1962.I.12，孙福增；MBM230949，片段，北部湾，7204站，阿氏拖网，46m，1962.X.24，江；MBM230950，片段，北部湾，7202站，阿氏拖网，32m，1962.VIII.27，孙福增、平；MBM230951，片段，北部湾，7406站，阿氏拖网，55m，粉砂质软泥，1962.I.13，孙福增；MBM230952，片段，北部湾，7404站，阿氏拖网，58m，1962.I.14，孙福增；MBM230953，片段，北部湾，7903站，阿氏拖网，90m，粉砂质软泥，1962.IV.9，孙福增；MBM230954，片段，北部湾，7203站，阿氏拖网，41m，1962.I.22，孙福增；MBM230956，片段，北部湾，7605站，阿氏拖网，32m，细粉砂软泥，1962.I.12，孙福增；MBM230957，片段，北部湾，7606站，阿氏拖网，68m，软泥，1962.I.13，采集人不详；MBM230958，片段，北部湾，7405站，阿氏拖网，60m，粗粉砂，1962.I.14，孙福增；MBM230959，片段，北部湾，7904站，阿氏拖网，79m，细粉砂软泥，1962.VIII.16，孙福增；MBM230960，片段，北部湾，7801站，阿氏拖网，35m，1962.VIII.17，孙福增；MBM230961，片段，北部湾，7602站，阿氏拖网，27m，1962.IV.9，孙福增、江；MBM230963，片段，北部湾，7804站，阿氏拖网，58m，1962.I.14，孙福增、平；MBM230964，片段，北部湾，7405站，阿氏拖网，60m，粗粉砂，1962.I.14，孙福增；MBM230965，片段，北部湾，7803站，阿氏拖网，75m，1962.I.11，孙福增；MBM230966，片段，北部湾，7405站，阿氏拖网，60m，粗粉砂，1962.I.17，孙福增；MBM231338，片段，北部湾，7406站，阿氏拖网，54m，1960.X.12，越南人采集，具生殖鞘；MBM231339，片段，北部湾，6223站，定量采集（$0.1m^2$），25m，粗砂，1960.X.23，那荣华，具生殖鞘。

东海大陆架调查标本：MBM186176，片段，东海，2V-3站，阿氏拖网，98m，1976.VII. 4，唐质灿、齐铃欣，具生殖鞘；MBM186177，片段，东海，G-5站，阿氏拖网，100m，1975.X.9，唐质灿、徐风山，具生殖鞘；MBM188178，片段，东海，V-1站，阿氏拖网，80m，软泥，1976.VIII.27，唐质灿、吴；MBM188179，片段，东海，III-5站，阿氏拖网，103m，细砂，1976.IX.20，唐质灿、张宝琳；MBM186180，片段，东海，G-4站，阿氏拖网，80m，1975.X.9，唐质灿、徐风山，具生殖鞘；MBM186181，片段，东海，V-2站，阿氏拖网，99m，1976.VII.4，唐质灿、齐铃欣，具生殖鞘；MBM186183，片段，东海，II-2站，阿氏拖网，82m，1976.VI.27，唐质灿、徐风山；MBM186184，片段，东海，III-2站，阿氏拖网，80m，1976.VI.27，唐质灿；MBM186185，片段，东海，G-2站，阿氏拖网，55m，1975.X.8，唐质灿、张。

（55）*Diphasia nuttingi* Stechow, 1913

德国 Franz Doflein 东亚航次（1904–1905）：ZSM20041522，玻片标本，含1段主茎，5mm，4个芽鞘，无生殖鞘，日本相模湾（Okinose，Sagami Bay），34.9917°N，139.5806°E，70–180m，“Zuso Maru”，station 7，1904.XI.10。

其他标本：MBM186519，采集信息未知。

（56）*Diphasia dubia* Hargitt, 1927

见 Hagitt（1927）。

（57）*Amphisbetia pacifica* Stechow, 1931

MBM185679，多簇，密集生长于海藻表面，具生殖鞘，青岛石老人海域，1955.XII.31，马绣同，林光宇。

（58）*Dynamena nanshaensis* Tang, 1991

中国科学院南沙群岛科学考察：正模，MBM280300（HY-NS8801），4根，高5–6mm，南沙牛车轮礁，群体群于钙质珊瑚表面，唐质灿，1988.VII.23。

（59）*Dynamena quadridentata* (Ellis & Solander, 1786)

中国科学院西沙群岛科学考察，MBM187081，约85根，高2–7mm，琛航岛，X–032站，1975.V.18，唐质灿；MBM187198，附生于长度约120mm的海藻表面，共约2500根水螅，高2–7mm，琛航岛，西沙群岛，X–032站，1975.V.18，唐质灿。

（60）*Dynamena crisioides* Lamouroux, 1824

中国科学院西沙群岛海洋生物科学考察： MBM187000，1 根，琛航岛，X-028 站，1975.V.16，唐质灿；MBM187001，40-45 根，琛航岛，X-030 站，珊瑚礁石，1975.V.17，唐质灿；MBM187002，15 根，琛航岛，X-031，珊瑚礁石，1975.V.18，唐质灿；MBM187003，19 根，附生在石岛、永生岛之间，礁石上，1975.V.8；MBM187043，2 根，海域不详，75B-10 站，40m，珊瑚，1975.III.25，兴；MBM187065，7 根，广金岛，X-625 站，1975.V.15；MBM187249，4 簇，南海仙宾礁，1988.VII.22。

其他标本： MBM187129，26 簇，福建崇武渔船，1975.VI.23，陈德莲；MBM187283，14 根，采集信息不详。

（61）*Dynamena marginata* Kirchenpauer, 1864

见 Yeh（1995）。

（62）*Hydrallmania distans* Nutting, 1899

全国第一次海洋普查： MBM000220，2 簇，无生殖鞘，南黄海，金星号，4008，三角拖网，55m，灰色砂质，泥石贝壳，1959.I.22；MBM000546，4 簇，无生殖鞘，南黄海，金星号，4026，三角拖网，35m，褐色细砂，贝壳，1959.I.23，程；MBM000221，5 段，无生殖鞘，南黄海，金星号，4021，三角拖网，45m，灰色砂质泥，1959.I.22；MBM000219，6 簇，无生殖鞘，杭州湾，东海，金星号，4116，三角拖网，11m，软泥，1959.II.1，程。

（63）*Abietinaria filicula* (Ellliset & Solander, 1786)

MBM280074，1 簇，无生殖鞘，高 20mm，宽 7mm，俄罗斯库页岛西南端日本海侧近岸，岩相潮间带，47.1417°N，142.0584°E，2–5m，2013.IX.11，孙忠民。

（64）*Abietinaria* sp. 1

见 Gao（1956）。

（65）*Abietinaria turgida* (Clark, 1877)

中国第四次北极科学考察： MBM280374，2 段，13–35mm，3–6mm，有生殖鞘，白令海，雪龙号，NB08，62.6645°N，167.3180°W，阿氏网，27m，泥沙，2010.VII.18，王永强，陶振铖，刘群。

（66）*Abietinaria variabilis* (Clark, 1877)

美国西北太平洋航次（1906）： NMNH 标本，USNM29172，3 段，无生殖鞘，日本北海道津轻海峡（Hokkaido, Tsugaru Strait），信天翁号（Albatross R/V），4808，41.5972°N，140.6130°E，86m，1906.VII. 16。

中国第四次北极科学考察： MBM280373（含 1 片刺细胞玻片），2 段，25–50mm，9–20mm，无生殖鞘，白令海，雪龙号，NB08，62.6645°N，167.3180°W，阿氏网，27m，泥沙，2010.VII.18，王永强，陶振铖，刘群。

中国第六次北极科学考察： TI200252（含 1 片刺细胞玻片），1 段，21mm，10mm，无生殖鞘，楚科奇海，雪龙号，R03，68.6214°N，169.0319°W，三角拖网，52.9m，软泥，2014.VII.29，林俊辉。

（67）*Abietinaria gigantea* (Clark, 1877)

中国第五次北极科学考察： MBM240507，1 簇，有生殖鞘，白令海，雪龙号，BM05，62.7987°N，170.9378°W，三角拖网，20m，2012.IX.9，林学政，样品标示“加 20m 9-9”。

（68）*Abietinaria pulchra* (Nutting, 1904)

中国第一次北极科学考察： TI200003，5 段，无生殖鞘，TI200008，9 段早期稚体，无生殖鞘，楚科奇海，雪龙号，J13，70.4833°N，167.1667°W，箱式采泥，50m，粉砂质泥，1999.VII.18，郑风武；TI200013，1 段主茎，无生殖鞘，楚科奇海，雪龙号，J11，71.0000°N，172.4833°W，箱式采泥，38m，粉砂质泥，1999.VII.16，郑风武。

中国第三次北极科学考察： MBM280412（含 1 片刺细胞玻片），2 段，♀，白令海，雪龙号，BS09，阿氏网，29m，泥沙，2008.VII.27，王永强，张光涛，张永山；MBM280451，2 簇早期稚体，埋于海绵中，无生殖鞘，白令海峡，雪龙号，BS11，65.5000°N，168.8583°W，阿氏网，60m，泥沙，2008.VII.31，王永强，张光涛，张永山；MBM280384，3 段，无生殖鞘，MBM280438，附于 44 个双壳类壳表，每个至少 1 簇，无生殖鞘，楚科奇海，雪龙号，C17，71.4862°N，161.9817°W，阿氏网，45m，软泥，2008.VIII.4，王永强，张光涛，张永山；MBM280420，1 簇，附于双壳类壳表，无生殖鞘，MBM280445，附于 16 个双壳类壳表，每个至少 1 簇，无生殖鞘，MBM280455，附于 22 个双壳类壳表，每个至少 1 簇，无生殖鞘，楚科奇海，雪龙号，C25，70.5030°N，164.0333°W，阿氏网，42m，泥沙石，2008.VIII.3，王永强，张光涛，张永山；MBM280401，2 簇，附于双壳类壳表，无生殖鞘，MBM280403，3 段，无生殖鞘，楚科奇海，雪龙号，C33，68.9165°N，167.5073°W，阿氏网，46m，硬泥，2008.VIII.2，王永强，张光涛，张永山；MBM280387（含 2 片刺细胞玻片），3 稚体，无生殖鞘，楚科奇海，雪龙号，R09，70.9933°N，168.9733°W，阿氏网，29m，泥沙，2008.VIII.2，王永强，张光涛，张永山；MBM189677（含 1 片刺细胞玻片），1 簇，♀，楚科奇海，雪龙号，R13，169 °W，73°N，阿氏网，74m，软泥，2008.IX.6，王永强，张光涛，张永山。

中国第四次北极科学考察： MBM280337，1 段，无生殖鞘，楚科奇海，雪龙号，C02，69.1270°N，167.3419°W，

阿氏网，42m，硬泥，2010.VII.21，王永强，陶振铖，刘群；MBM280346，1 簇，无生殖鞘，楚科奇海，雪龙号，C05，71.0184°N，167.0378°W，阿氏网，38m，沙，2010.VII.24，王永强，陶振铖，刘群；TI200025，3 段，无生殖鞘，C05，71.0184°N，167.0378°W，阿氏网，38m，沙，2010.VII.24，王建军；TI200030，1 段，无生殖鞘，楚科奇海，雪龙号，CC08，68.3026°N，166.9585°W，三角拖网，27m，石块泥，2010.VII.21，王建军；MBM280342，附于 49 个双壳类壳表，每个至少 1 簇，无生殖鞘，楚科奇海，雪龙号，Co-10，71.6202°N，157.9268°W，阿氏网，55m，双壳类，2010.VII.25，王永强，陶振铖，刘群；MBM280351，3 根早期稚体，附于腹足类壳表，无生殖鞘，楚科奇海，雪龙号，M07，74.9947°N，172.0283°W，鱼拖网，386m，软泥、石块，2010.VIII.29，王永强，陶振铖，刘群；MBM280368，4 簇，附于 3 个双壳类壳表，无生殖鞘，MBM280369（含 2 片刺细胞玻片），1 簇，♂，MBM280370，2 簇，具生殖鞘，但未发育完善，楚科奇海，雪龙号，R08，71.0130°N，168.9643°W，阿氏网，36.8m，黏土，2010.VII.22，王永强，陶振铖，刘群；MBM280361，8 簇，附于 5 个双壳类壳表，无生殖鞘，楚科奇海，雪龙号，SR10，72.9936°N，169.0169°W，三角网，71.9m，黏土、沙，2010.VIII.30，王永强，陶振铖，刘群；TI200048，1 段，无生殖鞘，雪龙号，布袋样品 213 号，2010.VII–IX，王建军；TI200077（含 1 片刺细胞玻片），1 簇，♀，雪龙号，布袋样品 214 号，2010.VII–IX，王建军；TI200042，5 簇，附于双壳类壳表，无生殖鞘，雪龙号，布袋样品 389 号，2010.VII–IX，王建军；TI200045，1 段，无生殖鞘，雪龙号，布袋样品 5 号，2010.VII–IX，王建军；TI200064，8 段，具生殖鞘，雪龙号，2010.VII–IX，王建军。

中国第五次北极科学考察：MBM280061，6 段，无生殖鞘，雪龙号，三角拖网，2012.VII–IX，林学政；MBM280062，8 段，无生殖鞘，楚科奇海，雪龙号，CC06，68.2357°N，167.1454°W，三角拖网，36.5m，2012.VII.19，林学政；MBM280063，1 簇，♀，雪龙号，BN02/C03，三角拖网，2012.VII.月，林学政；MBM280064，1 簇，附于双壳类壳表，无生殖鞘，楚科奇海，雪龙号，C04，70.8323°N，166.8781°W，三角拖网，39m，2012.VII.20，林学政；MBM280060，1 段，♀，楚科奇海，雪龙号，CC04，68.1312°N，167.5035°W，三角拖网，43m，2012.VII.19，林学政。

中国第六次北极科学考察：MBM240481（含 1 片刺细胞玻片），1 簇，附于双壳类壳表，无生殖鞘，白令海，雪龙号，B12，60.7186°N，178.7656°W，三角拖网，211m，黏泥，2014.VII.22，王少青；MBM240482，3 根早期稚体，无生殖鞘，白令海，雪龙号，B13，61.2914°N，177.5125°W，三角拖网，136.6m，硬泥，2014.VII.23，王少青；TI200198，1 簇，♂，白令海，雪龙号，B15，62.5400°N，175.3000°W，三角拖网，80m，软泥，2014.VII.25，林俊辉；MBM240487，1 段，♂，白令海，雪龙号，NB01，60.8000°N，177.2028°W，三角拖网，131.4m，2014.VII.23，王少青；MBM240524，1 簇♂，1 簇♀，白令海，雪龙号，NB01，60.8000°N，177.2028°W，三角拖网，131.4m，2014.VII.23，刘晨临；TI200226，1 段，无生殖鞘，白令海，雪龙号，NB01，60.8000°N，177.2028°W，三角拖网，131.4m，2014.VII.23，林俊辉；MBM240501，1 簇，无生殖鞘，白令海，雪龙号，NB09，62.5967°N，167.5997°W，三角拖网，24.5m，铁板沙，2014.VII.25，王少青；TI200215，2 簇，无生殖鞘，楚科奇海，雪龙号，C01，69.239°N，168.0273°W，三角拖网，51m，软泥，2014.VII.30，林俊辉；TI200270，1 根，无生殖鞘，楚科奇海，雪龙号，C03，71.6125°N，157.9347°W，三角拖网，63m，软泥，2014.VIII.3，林俊辉；TI200236，3 根，附于双壳类壳表，一个分枝从芽鞘内生出，无生殖鞘，楚科奇海，雪龙号，C04，71.0340°N，166.9750°W，三角拖网，45m，软泥，2014.VII.31，林俊辉；TI200222，2 段，♀，楚科奇海，雪龙号，C06，70.5225°N，162.8042°W，三角拖网，35.3m，硬泥，2014.VII.30，林俊辉；MBM240459，1 根早期稚体，附于双壳类死壳壳表，无生殖鞘，楚科奇海，雪龙号，CC06，68.2400°N，167.1317°W，三角拖网，43m，沙质泥、砾石，2014.VII.28，王少青；MBM240563，1 簇，附于双壳类壳表，无生殖鞘，楚科奇海，雪龙号，R05，70.9989°N，168.9950°W，三角拖网，42m，沙，2014.IX.8，王少青；TI200246，2 簇，♂，楚科奇海，雪龙号，R05，70.9989°N，168.9950°W，三角拖网，42m，沙，2014.IX.8，林俊辉；TI200287，3 段，生殖鞘不成熟，楚科奇海，雪龙号，R07，72.9944°N，160.9697°W，三角拖网，73m，软泥，2014.VII.31，林俊辉；TI200200，2 簇，♀，楚科奇海，雪龙号，R09，74.6086°N，168.9761°W，三角拖网，181m，泥、砾石，2014.IX.7，林俊辉；TI200301，1 段，无生殖鞘，楚科奇海，雪龙号，R11，76.1522°N，166.2050°W，箱氏采泥，353m，软泥，2014.VIII.8，林俊辉；MBM240463，26 簇，附于双壳类壳表，无生殖鞘，楚科奇海，雪龙号，S01，71.6125°N，157.9347°W，三角拖网，63m，软泥，2014.VIII.3，王少青；MBM240539，3 簇，无生殖鞘，楚科奇海，雪龙号，S01，71.6125°N，157.9347°W，三角拖网，63m，软泥，2014.VIII.3，刘晨临；TI200290，附于 16 个双壳类壳表，每个至少 1 簇，无生殖鞘，楚科奇海，雪龙号，S01，71.6125°N，157.9347°W，三角拖网，63m，软泥，2014.VIII.3，林俊辉；MBM240466（含 1 片刺细胞玻片），1 簇，无生殖鞘，楚科奇海，雪龙号，S02，71.9106°N，157.4644°W，三角拖网，65m，软泥，2014.VIII.3，王少青；MBM240537，1 簇，♀，楚科奇海，雪龙号，S02，71.9106°N，157.4644°W，三角拖网，65m，软泥，2014.VIII.3，刘晨临；TI200277（含 1 片刺细胞玻片），4 段，无生殖鞘，楚科奇海，雪龙号，S02，71.9106°N，157.4644°W，三角拖网，65m，软泥，2014.VIII.3，

林俊辉。

（69）*Abietinaria elsae-oswaldae* Stechow, 1923

模式标本：ZSM20041602，玻片标本，具两段，不具生殖鞘，美国加利福尼亚州蒙特雷湾，附于蟹类 *Oregonia gracilis* Dana，1851 背面，E. Stechow，1912。

（70）*Abietinaria thuiarioides* (Clark, 1877)

中国第六次北极科学考察：TI200229，1 段，无生殖鞘，楚科奇海，雪龙号，R11，76.1522°N，166.2050°W，三角拖网，353m，软泥，2014.VIII.8，林俊辉。

（71）*Abietinaria* sp. 2

MBM185793，1 簇，不具生殖鞘，MBM185688，1 簇，具生殖鞘，均采自黄海，其他采集信息不详。

（72）*Thuiaria articulata* (Pallas, 1766)

中国第三次北极科学考察：MBM280396（含 1 片刺细胞玻片），1 段，仅主茎，分枝脱落，高 79mm，宽 8mm，无生殖鞘，雪龙号，2008.VII–IV，王永强，张光涛，张永山，样品从 5 号大型底栖动物样品桶桶底分出，无标示，经检查原始采集记录，无法查证其他采集信息。

（73）*Thuiaria thuja* (Linnaeus, 1758)

中国第四次北极科学考察：MBM280311（玻片标本），1 段，5mm，0.5mm，无生殖鞘，白令海，雪龙号，BL14，60.9211°N，177.6921°W，三角拖网，130m，软泥，2010.VII.15，王永强，陶振铖，刘群。

（74）*Thuiaria marktanneri* Stechow, 1913

全国第一次海洋普查标本：MBM000145，5 簇，黄海，金星号，2002 站，三角拖网，54m，砂质泥贝壳，1959.I.28；MBM000149，1 簇，黄海，邯郸，2034 站，阿氏拖网，47m，褐色砂泥，1959.VII.13，陈木；MBM000153，2 簇，黄海，盐城，2023 站，三角拖网，49m，褐色软泥，1959.I.25；MBM000169，6 簇，黄海，盐城，2065 站，三角拖网，71m，砂质泥石块，1959.I.20；MBM000172，2 簇，黄海，盐城，2061 站，桁网，75m，砂质泥，1959.I.22；MBM000175，11 簇，黄海，邯郸，2035，阿氏拖网，56m，褐色软泥，1959.VII.14；MBM000176，4 簇，黄海，邯郸，1099 站，阿氏拖网，52m，褐色泥沙，1959.IV.25，黄宗国；MBM000199，9 簇，黄海，2042，阿氏拖网，52m，褐色软泥，1959.VII.19；MBM000201，9 簇，黄海，邯郸，2010，阿氏拖网，45m，褐色砂泥，1959.VII.16；MBM000202，2 簇，黄海，邯郸，1099 站，阿氏拖网，50m，褐色泥沙，1959.X.25，黄宗国；MBM000206，1 簇，黄海，盐城，2023 站，阿氏拖网，49m，褐色软泥，1959.VII.13；MBM000211，10 簇，黄海，盐城，2041，阿氏拖网，51m，褐色泥沙，1959.IV.18；MBM000218，4 簇，黄海，金星号，2036，三角拖网，52m，软泥，1958.X.18；MBM000257，13 簇，92，4846，阿氏拖网，57m，砂质泥；MBM000259，5 簇，黄海，盐城，2005，阿氏拖网，45m，褐色软泥，1959.IV.23；MBM000260，1 簇，黄海，盐城，2006 站，阿氏拖网，51.8m，褐色泥砂，1959.VII.16，江锦祥；MBM000261，3 簇，渤海，盐城，2002 站，阿氏拖网，52m，褐色泥砂，1959.IV.25，黄宗国；MBM000262，7 簇，渤海，盐城，2008 站，阿氏拖网，51m，褐色泥砂，1959.IV.23，黄宗国；MBM000263，1 簇，黄海，盐城，1098 站，阿氏拖网，60m，褐色泥砂，1959.IV.25，黄宗国；MBM000264，7 簇，黄海，盐城，2008 站，阿氏拖网，50.3m，褐色砂贝壳，1959.X.22，江锦祥；MBM000265，4 簇，黄海，邯郸，2005 站，阿氏拖网，48m，褐色泥砂，1959.VII.16，江锦祥；MBM000266，4 簇，黄海，邯郸，2005 站，阿氏拖网，48m，褐色泥砂，1959.VII.16，江锦祥；MBM000267，7 簇，黄海，邯郸，2008 站，桁，54m，褐色泥砂，1959.II.4；MBM000822，22 簇，黄海，盐城，3047，阿氏拖网，33m，褐色砂砾，1959.VII.15；MBM000856，8 簇，黄海，2057，阿氏拖网，68m，褐色泥沙，1958.VII.8；MBM000880，3 簇，黄海，3007，70m，褐色软泥，1959.I.21；MBM000896，13 簇，黄海，邯郸，2023，阿氏拖网，49m，褐色软泥，1959.VII.13；MBM001024，碎片段，黄海，3008，三角拖网，77m，砂质泥，贝壳，1958.XI.10；MBM001033，1 簇，渤海，1098，三角拖网，55m，石，贝壳，1958.X.23；MBM001034，4 簇，黄海，2004，阿氏拖网，21.2m，褐泥砂，1959.VII.17；MBM001036，6 簇，黄海，2060，三角拖网，65m，砂质灰泥；MBM001057，7 簇，黄海，盐城，2034，三角拖网，47m，软泥，1959.X.19；MBM001421，1 簇，黄海，邯郸，3008，73.5m，砂泥碎贝壳，1959.VII.08；MBM001431，2 簇，渤海，1099，0.1m^2 采泥器，48m，泥砂石砾，1959.VII.17；MBM002297，6 簇，东海，401，4075，阿氏拖网，78m，褐色粉砂，1959.XII.15；MBM185635，1 簇，Ny，金星号，2002 站，三角拖网，49m，未采到泥，1958.X.22；MBM185720，1 簇，黄海，金星号，y301 站，阿氏拖网，54m，泥砂，1958.VII.7；MBM185779，1 簇，黄海，金星号，Y303，58.5m，1958.IV.25；MBM185780，7 簇，黄海，金星号，y1 站，阿氏拖网，55m，石砾、粗砂，1958.VII.6；MBM185783，1 簇，渤海，金星号，P802，三角拖网，20m，软泥，1957.VIII.18；MBM185800，5 簇，黄海，金星号，Y603，54m，泥，1957.XI.15；MBM185804，4 簇，黄海，金星号，y206 站，阿氏拖网，51.5m，泥质砂，1958.VII.6；MBM185814，4 簇，黄海，金星号，y247 站，无生殖鞘，45m，砂泥贝壳，1958.IV.9，刘继兴；MBM185832，2 根，黄海，金星号，y704 站，无生殖鞘，

50.5m，贝壳石块，1957.11.16，刘继兴；MBM185839，6 簇，黄海，金星号，Y402，三角拖网，46m，细砂，1958.VI.19；MBM185840，7 簇，黄海，金星号，Y105，阿氏拖网，53.5m，软泥，1958.VII.06；MBM185850，1 簇，无生殖鞘，金星号，冈 2 站，54m，粗砂，1957.9，刘继兴；MBM185874，14 簇，黄海，金星号，Y007，阿氏拖网，50.8m，泥沙，1958.VII.06；MBM185878，1 根，黄海，金星号，y408 站，三角拖网，22m，软泥，1958.III.26；MBM185884，1 根，黄海，金星号，y407 站，阿氏拖网，1958.VII.9；MBM185889，1 簇，黄海，金星号，y108 站，三角拖网，49.3m，未采泥，1958.III.24；MBM185895，6 簇，黄海，金星号，y108 站，50m，1957.X.28；MBM185899，6 簇，黄海，金星号，y407 站，三角拖网，54m，1957.VII.30；MBM186716，62 簇，黄海，金星号，Y604，51m，砂纸泥，1957.XI.15；MBM282582，3 簇，黄海，2034，阿氏拖网，45.8m，褐色泥沙，1959.X.21；MBM282584，1 簇，黄海，1102，三角拖网，18m，褐色软泥，1959.I.28；MBM282585，2 簇，黄海，2023，阿氏拖网，50m，褐色软泥，1959.X.21；MBM282586，5 簇，黄海，2002，阿氏拖网，53m，褐色沙泥，含贝壳、石砾，1959.X.25；MBM282592，1 簇，黄海，2056，桁网，64m，黑泥沙，1958.X.13；MBM282593，3 簇，黄海，2006，阿氏拖网，51m，褐泥沙，砾，1959.X.21；MBM282595，碎片段，黄海，2057，双刃网，70.5m，砂泥，1958.X.31；MBM282605，1 簇，黄海，盐城，2063，66m，泥沙，1959.X.19。

国家自然科学基金委渤黄海共享航次标本：MBM282610，1 簇，黄海，科学三号，3875-5B，38.7531°N，123.8697°E，2010.VII.15，宋希坤，张均龙，吴旭文，宁平；MBM282761，1 簇，黄海，科学三号，2013.VII.09；MBM282775，27 簇，黄海，科学三号，3008-B，37.0000°N，123.7500°E，阿氏拖网，80m，硬泥，2007.VI.14；MBM280075，2 簇，黄海，科学三号，124-8B，37.0922°N，123.9989°E，2011.XI.15；MBM280080，1 簇，黄海，科学三号，B513，2011.VII.16；MBM280125，8 簇，黄海，科学三号；MBM280135，1 簇，黄海，科学三号，124-9B，37.9667°N，123.9833°E，2011.XI.15；MBM280147，2 簇，黄海，科学三号，124-8B，37.0922°N，123.9989°E，2011.XI.15；MBM280197，10 簇，黄海，科学三号，3825-2B，2008；MBM280200，4 簇，黄海，科学三号，3600-2B，35.9961°N，120.5894°E，珊瑚，2011.VII.17；MBM280234，1 簇，黄海，科学三号，124-9B，37.9667°N，123.9833°E，2011.XI.15；MBM280245，1 簇，黄海，科学三号，3875-5B，38.7531°N，123.8697°E，2010.VII.15；MBM280253，1 簇，黄海，科学三号，124-8B，37.0922°N，123.9989°E，阿氏拖网，2011.XI.15；MBM280255，8 簇，黄海，科学三号，124-8B，37.0922°N，123.9989°E，2011.XI.15；MBM280271，9 簇，黄海，科学三号，124-8B，37.0922°N，123.9989°E，阿氏拖网，2011.VII.14；MBM282594，14 簇，黄海，科学三号，124-9B，37.9667°N，123.9833°E，2011.XI.15；MBM282597，9 簇，黄海，科学三号，124-8B，37.0922°N，123.9989°E，阿氏拖网，2011.VII.14。

（75）*Thuiaria carica* Levinsen, 1893

第五次北极科学考察：TI200173（玻片标本），1 段，6mm，1mm，无生殖鞘，楚科奇海，雪龙号，CC6，68.2357°N，167.1454°W，三角拖网，36.5m，2012.VII.19，林和山。

第六次北极科学考察：TI200250（含 2 片刺细胞玻片），1 簇，32mm，9mm，无生殖鞘，楚科奇海，雪龙号，R03，68.6214°N，169.0319°W，三角拖网，52.9m，软泥，2014.VII.29，林俊辉。

（76）*Thuiaria* sp. 1

全国第一次海洋普查标本：MBM000140，2 簇，无生殖鞘，东海，4083，阿氏拖网，89m，泥质中砂，碎壳，1959.IV.4，林；MBM004572，碎片段，无生殖鞘，南海，6080，双刃网，145m，粗沙，贝壳，1959.II.17；MBM000823，5 簇，无生殖鞘，黄海，3039，阿氏拖网，29m，软泥贝壳，1959.X.31，陈；MBM000865，1 簇，无生殖鞘，东海，4009，阿氏拖网，60.5m，砂质泥，1959.VII.2，朱，张；MBM002297，6 簇，无生殖鞘，东海，401，4075，阿氏拖网，78m，褐色粉砂，1959.XII.15；MBM002301，1 簇，无生殖鞘，东海，4075，阿氏拖网，86m，砂，泥，1959.X.24，林；MBM282792，3 簇，无生殖鞘，东海，4083，阿氏拖网，88m，褐色泥质砂，1959.VII.4。

东海大陆架调查标本：MBM185943，90 簇，具生殖鞘，东海，V-5，27.5000°N，125.0000°E，阿氏拖网，90m，细砂，1975.X.11，唐；MBM185955，1 簇，无生殖鞘，东海，G-4，29.8333°N，125.0000°E，阿氏拖网，80m，泥质砂，1975.X.9，唐质灿，徐；MBM186072，3 簇，具生殖鞘，东海，V1-5，阿氏拖网，150m，细砂，1976.VIII.28，唐；MBM186108，2 簇，无生殖鞘，东海，41644，阿氏拖网，70m，泥质沙，1976.VII.22，唐；MBM186109，1 簇，无生殖鞘，东海，V-7，27.5000°N，124.0000°E，阿氏拖网，100m，细砂，1975.X.10，唐；MBM186195，8 簇，无生殖鞘，东海，V-7，27.5000°N，124.0000°E，阿氏拖网，100m，细砂，1975.X.10，唐；MBM186223，4 簇，无生殖鞘，东海，II-8，30.5000°N，127.0000°E，阿氏拖网，100m，泥质砂，1976.VI.26，徐，张；MBM186302，2 簇，无生殖鞘，东海，III-5，29.5000°N，125.5000°E，阿氏拖网，103m，细砂，1976.IX.20，唐；MBM186329，2 簇，无生殖鞘，东海，II-8，30.5167°N，128.0000°E，阿氏拖网，99m，泥质砂，1976.IX.18，唐质灿，亓；MBM186330，2 簇，无生殖鞘，东海，V-3，27.5000°N，124.0000°E，阿氏拖网，105m，细砂，1976.VIII.27，唐质灿，亓；MBM186473，1 簇，无生殖鞘，东海，V-3，27.5000°N，124.0000°E，阿氏拖网，105m，细砂，1976.VIII.28，唐质灿，亓；MBM186494，

1 簇，无生殖鞘，东海，2，32.5000°N，127.0000°E，阿氏拖网，120m，细砂，1978.5.29，唐质灿，许；MBM186499，1 簇，无生殖鞘，东海，18，29.5000°N，126.0000°E，阿氏拖网，105m，细砂，碎壳，1978.VI.28，唐质灿，刘等；MBM186514，3 簇，无生殖鞘，东海，3，32.5000°N，128.0000°E，阿氏拖网，184m，细砂，1978.5.30，唐；MBM186529，2 簇，无生殖鞘，东海，30，26.5000°N，125.0000°E，阿氏拖网，138m，细砂，1978.VI.11，唐质灿，吴；MBM186538，1 簇，无生殖鞘，东海，17，29.5000°N，127.0000°E，阿氏拖网，117m，细砂，1978.VI.29，唐；MBM186570，2 簇，无生殖鞘，东海，II-7，30.5167°N，126.5167°E，阿氏拖网，82m，泥质砂，碎壳，1976.VI.26，唐；MBM186579，1 簇，无生殖鞘，东海，III-6，29.5000°N，126.0000°E，阿氏拖网，96m，泥质砂，1976.VI.27，唐；MBM186772，1 簇，无生殖鞘，东海，V-2，27.5000°N，123.0000°E，阿氏拖网，99m，细粉砂，1976.VII.5，唐质灿，亓；MBM186881，7 簇，具雌性生殖鞘，东海，V-8，27.5000°N，124.5000°E，阿氏拖网，100m，细砂，1975.X.10，唐；MBM282790，1 簇，无生殖鞘，东海，II-7，30.5000°N，126.5000°E，0.1m^{2}采泥器，82m，泥质砂，碎壳，1979.VI.26，唐。

国家自然科学基金委渤黄海、东海共享航次标本：MBM282623，2 簇，无生殖鞘，东海，科学三号，E3-6，27.9980°N，124.2029°E，阿氏拖网，101m，2013.VII.18，张树乾；MBM282626，2 簇，无生殖鞘，东海，科学三号，E6-6，26.3915°N，122.8005°E，阿氏拖网，115m，2013.XI.16，刘炳芹；MBM282657，1 簇，无生殖鞘，东海，科学三号，DH1-7，30.0000°N，125.9978°E，阿氏拖网，79.6m，2013.VI.30，张树乾；MBM282660，18 簇，无生殖鞘，东海，科学三号，DH2-8，27.9687°N，125.9014°E，阿氏拖网，116m，2013.VI.30，张树乾；MBM282661，4 簇，无生殖鞘，东海，科学三号，DH1-7，30.0000°N，125.9978°E，阿氏拖网，79.6m，2013.VI.30，张树乾；MBM282699，4 簇，无生殖鞘，东海，科学三号，E5-4，27.2964°N，122.7003°E，阿氏拖网，101m，2013.XI.17，刘炳芹；MBM282701，4 簇，无生殖鞘，东海，科学三号，DH5-5，27.1295°N，122.9995°E，阿氏拖网，114m，2013.VII.30，张树乾；MBM282703，4 簇，无生殖鞘，东海，科学三号，DH6-5，26.5908°N，122.5011°E，阿氏拖网，105m，2013.VII.10，张树乾；MBM282706，2 稚体附在碎贝壳上，无生殖鞘，东海，科学三号，DH5-7，123.5013，26.7991，阿氏拖网，156m，2013.VII.10，张树乾；MBM282762，1 簇，无生殖鞘，东海，科学三号，DH5-3，27.4599°N，122.4013°E，阿氏拖网，93m，2013.VII.19，张树乾；MBM282763，1 簇，无生殖鞘，东海，科学三号，DH6-7，26.2012°N，123.2010°E，阿氏拖网，12m，刘炳芹；MBM282764，1 簇，无生殖鞘，东海，科学三号，DH5-9，26.4385°N，124.0553°E，阿氏拖网，149m，2013.VII.9，张树乾；MBM282765，2 簇，无生殖鞘，东海，科学三号，DH4-4，27.7827°N，123.2058°E，阿氏拖网，91m，2013.VII.18，张树乾；MBM282766，2 簇，无生殖鞘，东海，科学三号，E4-7，27.0498°N，124.4005°E，阿氏拖网，120m，2013.XI.16，刘炳芹；MBM282768，1 簇，无生殖鞘，东海，科学三号，DH3-9，27.4000°N，125.2009°E，阿氏拖网，109m，2013.VII.18，张树乾。

（77）*Thuiaria mirabilis* (Verrill, 1873)

美国西北太平洋航次（1906）：NMNH 标本，USNM29172（含 1 片刺细胞玻片），3 段，6–14mm，1mm，无生殖鞘，日本北海道津轻海峡（Hokkaido，Tsugaru Strait），信天翁号（Albatross R/V），4808，41.5972°N，140.6130°E，86m，1906.VII. 16，此标本在 NMNH 被鉴定为 *Selaginopsis mirabilis* (Verrill, 1873)。

中国第四次北极科学考察：MBM280323（含 1 片刺细胞玻片），1 段，27mm，17mm，无生殖鞘，楚科奇海，雪龙号，CC08，68.3026°N，166.9585°W，三角拖网，27m，石块泥，2010.VII.21，王永强，陶振钺，刘群。

中国第六次北极科学考察：MBM240456（16S rRNA 序列，KR085165；16S rRNA 克隆序列，克隆号 83–88），2 族，23–36mm，6–7mm，无生殖鞘，楚科奇海，雪龙号，CC06，68.2400°N，167.1317°W，43m，沙质泥、砾石，附于石块或海绵表面，2014.VII.28，王少青。

（78）*Thuiaria obsoleta* (Lepchin, 1781)

美国北极科学考察航次（1893）：USNM20454，5 段，3–8mm，0.8–1mm，芽鞘排成 4–6 纵列（侧枝），无生殖鞘，白令海，信天翁号（Albatross R/V），3504，56.9500°N，169.4500°W，62m，1893.VII.28，标本原鉴定为 *Selaginopsis obsoleta*；USNM68921，3 段，3–5mm，1mm，芽鞘均排成 7 纵列（侧枝），无生殖鞘，白令海布里斯托尔湾（Bristol Bay），采集人 Mckay，原鉴定为 *Selaginopsis cylindrica* (Clark, 1877)。

中国第四次北极科学考察：MBM280459，1 段，120mm，35mm，主茎芽鞘排成 2 纵列，侧枝芽鞘排成 4–6 纵列，无生殖鞘，楚科奇海，雪龙号，CC08，68.3000°N，166.9500°W，三角拖网，27m，石块泥，附于扇贝表面，2010. VII. 21，王永强，陶振钺，刘群。

中国第五次北极科学考察：MBM280203，MBM280227（16S rRNA 克隆序列，459；COI，2359），MBM280229，20 个较大的片段，72–290mm，20–90mm，主茎芽鞘排成 2 纵列，侧枝芽鞘排成 3–9 纵列，无生殖鞘，白令海，雪龙号，BS06，61.6833°N，167.7167°W，三角拖网，19m，2012. IV. 10，林学政。

中国第六次北极科学考察：MBM240514（16S rRNA 克隆序列，15，COI，2092），1 簇，无生殖鞘，白令海，雪龙号，NB04，61.199°N，171.4670°W，三角拖网，49m，硬泥，2014.VII.24，刘晨临、林俊辉。

（79）*Thuiaria cylindrica* Clark, 1877

美国北太平洋科学考察航次，USNM68921，白令海，阿拉斯加布里斯托尔湾，Mackey，C. L，采集日期未知。

（80）*Thuiaria breitfussi* (Kudelin, 1914)

中国第五次北极科学考察：TI200131（含 1 片刺细胞玻片），23 段，无生殖鞘，白令海，雪龙号，BN02，64.4474°N，171.3416°W，三角拖网，30.6m，2012.VII.16，林和山；TI200166（含 3 片刺细胞玻片），4 段，具雌性生殖鞘，白令海，雪龙号，BN01，64.3100°N，171.6900°W，三角拖网，45m，2012.VII.16，林和山。

（81）*Thuiaria alternitheca* Levinsen, 1893

美国西北太平洋科学考察航次：标本租借于 NMNH，USNM29171（含刺细胞玻片标本 4 片），1 段，具生殖鞘，白令海（Commander Islands，Medny Island），信天翁号（Albatross R/V），4787，54.8472°N，167.225°E，99–104m，1906.VI.14。

（82）*Thuiaria hartlaubi* (Nutting, 1904)

美国北太平洋科学考察航次：标本租借于 NMNH，USNM71638（含刺细胞玻片标本 3 片），2 段，具生殖鞘（不成熟），白令海普里比洛夫群岛圣乔治岛以北（Pribilof Islands，North Of St. George island），信天翁号（Albatross R/V），3560，50.6667°N ，169.3333°W（模式产地），79m，1893.IX.3。

中国第四次北极科学考察：MBM280322（16S rRNA 克隆序列，725；含刺细胞玻片标本 3 片），1 簇，有生殖鞘，性别未知，雪龙号，楚科奇海，CC08，68.3026°N，166.9585°W，三角拖网，27m，石块泥，2010.VII. 21，王永强，陶振铖，刘群。

（83）*Thuiaria uschakovi* Naumov, 1960

航次未知，标本租借于 RBCM，RBCM976-575-1，标本包括为多段约 2cm 长的片段，加拿大北部弗雷德里克岛（off Frederick Island），北冰洋，27m，1936.VII. 29。

（84）*Thuiaria triserialis* (Mereschkowsky, 1878)

堪察加半岛，标本租借于 RBCM 和 NMNH，航次未知。USNM42816，5 段，无生殖鞘，堪察加半岛，55°N，166.25°E，1882，Stejneger，L。RBCM976-576-1，玻片标本，1 段，无生殖鞘，采集信息未知。

（85）*Thuiaria pinnata* (Mereschkowsky, 1878)

标本租借于加拿大不列颠哥伦比亚博物馆，可能采集于北美太平洋沿岸。RBCM976-573-1，RBCM976-573-2，均为玻片标本，各具 1 标本片段，无生殖鞘，采集信息未知。

（86）*Thuiaria ornata* (Nutting, 1904)

美国北太平洋科学考察航次，标本租借于 NMNH：USNM20457，29 段，含 2 段主茎，具分枝，不具生殖鞘，白令海，信天翁号（Albatross R/V），2843，59.9333°N，165.9330°W，拖网，82m，1888.VII.28；USNM70248，3 段，含 1 段主茎，含 1 个分枝，白令海，信天翁号（Albatross R/V），3558，56.9667°N，170.1500°W，拖网，46m，1893.IX.03，Clark/Nutting 鉴定为 *Selaginopsis pinnata*。

（87）*Thuiaria plumiformis* (Nutting, 1904)

美国北太平洋科学考察航次，标本租借于 NHNM：USNM28927，2 段，无生殖鞘，鄂霍次克海，库页岛南部阿尼瓦角，信天翁号（Albatross R/V），5017，46.725°N，143.75°E，117m，1906.IX.26，Clark/Nutting 鉴定为 *Selaginopsis pinnata*；USNM42769，2 段，具 1 个雄性生殖鞘，鄂霍次克海，库页岛南部阿尼瓦角，信天翁号（Albatross R/V），5016，46.7414°N，143.75°E，117m，1906.IX.26。

（88）*Thuiaria heteroclada* Jäderholm, 1902

模式标本：*Thuiaria heteroclada* Jäderholm, 1902 模式标本：UNHM HYDROZOA type # 37a，1 簇，高 20mm，具雌性生殖鞘，UNHM HYDROZOA type # 37b，1 簇，100mm，具雌性生殖鞘，日本平户海峡（Hirada Strait，Japan），33.1667°N，129.3°E，60m，1880.III.14，Capt. E. Suenson. *Sertularia nuttingi* Levinsen, 1913 模式标本，NHMD HYD-000147，2 簇，高约 50mm，具雄性生殖鞘，采集信息同上。

全国第一次海洋普查标本：MBM000147，1 簇，北黄海，金星轮，2060，三角拖网，65m，砂质灰泥，1958.XI.10；MBM000154，5 簇，黄海，邯郸，3008，三角拖网，76m，褐色软泥，1959.IV.14，胡公一；MBM000162，1 簇，西黄海，渔政 3，3048，阿氏拖网，40m，禾杂泥，1958.X.20；MBM000163，3 簇，北黄海，金星轮，2064，三角拖网，72m，硬砂，1958.X.13，崔玉珩；MBM000167，1 簇，黄海，盐城，2049，桁网，54m，褐色细沙泥，1959.I.23；MBM000170，1 簇，北黄海，金星轮，2061，三角拖网，75m，砂质泥，1958.XI.10；MBM000180，1 簇，北黄海，金星轮，2002，阿氏拖网，49m，1958.X.22；MBM000182，2 簇，渤海，金星轮，1035，三角拖网，50m，砂质泥，1958.XI.2，王永良、程丽仁；MBM000183，1 簇，东海，C，4012，阿氏拖网，69m，砂质泥，1959.VII.3，

朱谨钊；MBM000185，2 簇，黄海，邯郸，2061，阿氏拖网，68m，砂质泥，1959.IV.14，胡公一；MBM000186，1 簇，黄海，盐城，2003，阿氏拖网，42m，褐色泥砂，1959.IV.25；MBM000187，8 簇，渤海，盐城，1099，桁网，51m，沙泥，1959.I.28；MBM000189，2 簇，黄海，邯郸，2046，阿氏拖网，21m，砂质泥，1959.IV.15，胡公一；MBM000190，1 簇，黄海，盐城，2059，桁网，77m，细砂，1959.I.22；MBM000194，34 簇，黄海，邯郸，2061，阿氏拖网，66.5m，褐色泥砂，1959.VII.9，江锦祥；MBM000214，1 簇，北黄海，金星轮，2047，三角拖网，34m，硬砂泥，1958.X.14；MBM000217，3 簇，北黄海西，金星轮，3007，桁网，72mm，软泥，1958.X.17；MBM000252，1 簇，黄海，盐城，2010，阿氏拖网，45m，褐色软泥，1959.IV.23，陈木；MBM000258，1 簇，黄海，邯郸，3060，桁网，37mm，泥沙，1959.I.28，胡；MBM000274，3 簇，西黄南，2065，三角拖网，79m，灰色硬泥，砂，1958.XI.10；MBM000612，3 簇干标本，黄海，2044，阿氏拖网，34m，褐色沙质泥，1959.IV.15；MBM000624，2 簇，东海，4054，阿氏拖网，69m，沙质泥，1958.XII.8，徐；MBM000627，1 簇，西 y 南，3060，阿氏拖网，32m，未采泥，1958.X.20；MBM000629，2 簇干标本，黄，2062，三角拖网，36m，砂泥碎贝壳，1959.I.28；MBM000630，3 簇干标本，黄海，3005，阿氏拖网，29m，褐色泥块，1959.X.22，陈；MBM000631，1 簇，北黄海，2059，黄褐色细沙，1950.X.31；MBM000632，干标本碎片段，黄海，3003，阿氏拖网，70m，褐色软泥，1959.X.20，胡；MBM000635，干标本碎片段，黄海，2003，阿氏拖网，39.6m，褐色泥沙，碎贝壳，1959.X.24；MBM000636，干标本碎片段，黄海，30，阿氏拖网，37m，褐色砂泥，1959.IV.28，胡；MBM000637，1 簇干标本，黄海，3033，桁网，39m，褐色软泥，1959.IV.24，胡；MBM000638，9 簇，黄海，邯郸，2059，阿氏拖网，46mm，细砂，1959.IV.15，胡；MBM000639，1 簇干标本，黄海，2029，阿氏拖网，26m，褐色软泥，1959.VII.12，江；MBM000640，1 簇，东海，盐域，4005，阿氏拖网，11m，细砂，1959.XII.7，许界善；MBM000641，1 簇，渤海，盐城，1098，桁网，32m，褐软泥，1959.I.29；MBM000643，1 簇，黄海，盐城，2002，阿氏拖网，52m，褐色泥沙，1959.IV.25；MBM000645，3 簇，渤海，盐域，1098，阿氏拖网，60m，褐色泥砂，1959.IV.25，黄宗国；MBM000646，1 簇，黄海，盐域，3003，阿氏拖网，72m，褐色泥砂，1959.VII.11，黄宗国；MBM000647，3 簇，黄海，邯郸，2034，阿氏拖网，47m，砂泥碎贝壳，1959.VII.13，陈木；MBM000648，1 簇，黄海，邯郸，3003，双刃网，70m，褐色软泥，1959.IV.18，胡公一；MBM000649，4 簇，具雄性生殖鞘，黄海，2064，阿氏拖网，72m，褐色泥沙，1959.VII.8；MBM000651，1 簇，东海，C，4008，阿氏拖网，14m，褐色软泥，1959.IV.6，朱谨钊；MBM000657，1 簇，北黄海，金星轮，2064，三角拖网，72m，硬砂，1958.X.13，崔玉珩；MBM000658，3 簇，黄海，盐城，3047，阿氏拖网，34m，泥砂砾石，1959.X.26，陈木；MBM000659，1 簇，黄海，邯郸，2048，阿氏拖网，47m，褐色细砂，1959.VII.11，江锦祥；MBM000661，2 簇，黄海，盐城，3039，阿氏拖网，29m，软泥贝壳，1959.X.31，陈木；MBM000662，4 簇，东海，C，4008，阿氏拖网，47m，泥质砂，1959.X.25，朱谨钊、许界善；MBM000663，2 簇，东海，C，4007，阿氏拖网，39m，硬泥，1959.X.24，朱谨钊、许界善；MBM000664，1 簇，东海，404，4012，阿氏拖网，71m，软泥，1959.X.26，朱谨钊、许界善；MBM000665，4 簇，黄海，盐城，3044，阿氏拖网，31m，泥石石砾，1959.X.29，胡公一；MBM000666，5 簇，东海，C，4010，阿氏拖网，67m，软泥，1959.X.28，朱谨钊、许界善；MBM000667，3 簇，南黄海，404，4006，阿氏拖网，18m，泥质砂，1959.XII.6，许界善；MBM000668，1 簇，黄海，盐域，3049，阿氏拖网，44m，褐色泥砂，1959.X.26，胡公一；MBM000669，1 簇，黄海，盐域，3075，阿氏拖网，54m，褐色泥砂，1959.X.30，胡公一；MBM000670，1 簇，西黄海南，渔政 3，3044，阿氏拖网，29m，1958.X.21；MBM000671，3 簇，渤海，邯郸，1035，阿氏拖网，48.8m，泥砂，1959.X.26，吕玲欣；MBM000672，1 簇，具雄性、雌性生殖鞘，黄海，邯郸，3049，阿氏拖网，30m，石砾砂泥，1959.V.6，江锦祥；MBM000673，1 簇，黄海，盐城，2064，阿氏拖网，67m，细砂，1959.X.17，陈木；MBM000675，3 簇，黄海，盐城，3048，阿氏拖网，43m，褐色泥砂，1959.X.26，胡公一；MBM000676，3 簇，黄海，邯郸，2065，阿氏拖网，71.3m，细砂碎砾，1959.X.18，黄宗国；MBM000677，1 簇，黄海，金星轮，4003，三角拖网，55m，灰色砂质泥、有贝壳，1959.I.22；MBM000679，17 簇，黄海，盐城，3031，29m，软泥石砾，1959.X.23，胡公一；MBM000680，3 簇，黄海，邯郸，2047，阿氏拖网，32m，褐色砂泥，1959.IV.17，胡公一；MBM000681，2 簇，黄海，邯郸，2059，阿氏拖网，46m，细砂，1959.IV.17，胡公一；MBM000736，11 簇，黄海，邯郸，3031，三角拖网，褐色软泥岩石，1959.I.27；MBM000737，2 簇，黄海，盐城，2033，阿氏拖网，23.7m，褐色软泥，1959.IV.22，陈木；MBM000820，10 簇，黄海，盐城，2057，阿氏拖网，68m，褐色泥砂，1959.VII.8，胡公一；MBM000823，5 簇，黄海，3039，阿氏拖网，29m，软泥贝壳，1959.X.31，陈；MBM000825，11 簇，黄海，盐城，3031，阿氏拖网，29m，褐色砂砾，1959.VII.13，黄宗国；MBM000826，1 簇，黄海，盐城，3048，阿氏拖网，35m，褐色细砂，1959.VII.15，胡公一；MBM000827，2 簇，黄海，盐城，2057，阿氏拖网，66.5m，褐色砂泥，1959.X.18，胡公一；MBM000832，14 簇，黄海，盐城，3064，阿氏拖网，72m，褐色软泥，1959.VII.8，胡公一；MBM000834，1 簇，黄海，3004，阿氏拖网，30.5m，软泥；MBM000836，1 簇，黄海，2003，阿氏拖网，38.5m，褐色泥沙，碎贝壳，1959.VII.17，

陈；MBM000838，2 簇，黄海，3060，阿氏拖网，37m，褐色砂泥，1959.IV.28，胡；MBM000840，6 簇，黄海，盐城，3039，阿氏拖网，27m，褐色砂砾，1959.VII，黄宗国；MBM000842，4 簇，黄海，4007，38m，1959.XII.6；MBM000846，2 簇，黄海，盐城，3007，阿氏拖网，71m，褐色砂泥，1959.X.17，胡公一；MBM000847，2 簇，黄海，盐城，3061，阿氏拖网，37m，褐色泥砂，1959.X.30，胡公一；MBM000854，5 簇，黄海，2057，阿氏拖网，68m，褐色泥砂，1959.VII.8，胡；MBM000861，1 簇，东海，4005，阿氏拖网，11m，细砂碎壳，1959.XII.9，许；MBM000862，2 簇，黄海，2049，阿氏拖网，51m，细砂碎壳，1959.VII.11，陈；MBM000864，2 簇，黄海，邯郸，2065，双刃网，71.3m，细砂，1959.VII.8，陈木；MBM000868，1 簇，黄海，盐城，3064，阿氏拖网，72m，褐色泥砂，1959.VII.8，胡公一；MBM000875，1 簇，黄海，盐城，2030，桁网，32m，褐色软泥，1959.II.8；MBM000876，1 簇，黄海，盐城，2065，三角拖网，71m，砂质泥含有石块，1959.I.20；MBM000878，1 簇，黄海，邯郸，2057，三角拖网，66m，泥砂，1959.I.21；MBM000879，4 簇，黄海，3003，双刃网?，66m，岩石，泥，胡；MBM000881，2 簇，黄海，邯郸，2065，阿氏拖网，73m，褐色泥砂，1959.IV.14，胡公一；MBM000887，1 簇，黄海，盐城，3007，阿氏拖网，72m，砂质泥，1959.VII.8，胡公一；MBM000888，1 簇，黄海，阿氏拖网，28.4m，褐色软泥，1959.X.20，江；MBM000901，4 簇，黄海，盐城，3029，阿氏拖网，软泥石砾，1959.X.1，陈木；MBM000905，2 簇，黄海，邯郸，2048，阿氏拖网，48m，褐色砂泥，1959.IV.17，胡公一；MBM001025，5 簇，黄海，邯郸，3044，三角拖网，24m，石块，1959.II.2，胡公一；MBM001030，5 簇，黄海，邯郸，3044，阿氏拖网，25m，石砾砂泥，1959.V.1，江锦祥；MBM001035，2 簇，渤海，1035，阿氏拖网，32.5m，沙泥贝壳，1959.VII.17，江；MBM001059，1 簇，黄海，盐城，3029，阿氏拖网，28mm，1959.X.23，陈；MBM001098，1 簇，黄海，邯郸，3029，桁网，46m，泥，1959.I.24，胡公一；MBM001099，1 簇，黄海，邯郸，3047，阿氏拖网，30m，砂泥砾贝壳，1959.IV.28，江锦祥；MBM001100，2 簇，黄海，邯郸，3031，桁网，35m，砂泥石砾，1959.IV.24，江锦祥；MBM001101，1 簇，渤海，盐城，1054，阿氏拖网，40m，褐色砂泥，1959.IV.27，张均龙、陈木；MBM001307，3 簇，黄海，3031，0.1m^{2}采泥器，29m，褐色软泥，石砾，1959.X.23，胡；MBM001385，5 簇，黄海，3043，0.1m^{2}采泥器，25m，泥砂石砾，1959.X.20，胡；MBM001399，3 簇，具雌性生殖鞘，黄海，3044，0.1m^{2}采泥器，25m，石砾沙泥，1959.V.1，江；MBM001400，2 簇，黄海，2002，0.1m^{2}采泥器，52m，褐色软泥，1959.IV.18，陈；MBM001434，1 簇，黄海，3008，0.1m^{2}采泥器，73.5m，砂泥石块，1959.VII.8，陈；MBM001441，1 簇，黄海，2063，0.1m^{2}采泥器，66m，泥砂，1959.X.19，陈；MBM001459，2 段，黄海，2056，0.1m^{2}采泥器，61m，褐色细砂，1959.VII.8，胡；MBM001460，1 簇，黄海，2002，0.1m^{2}采泥器，54m，细砂碎壳，1959.I.28；MBM001497，3 簇，渤海，1035，0.025m^{2}采泥器，50m，砂质泥，1959.XI.2，程；MBM001499，4 簇，黄海，2063，0.1m^{2}采泥器，67m，褐色砂泥，1959.VII.12，江；MBM001511，碎片段，黄海，2034，0.1m^{2}采泥器，47m，砂泥碎贝壳，1959.VII.13，陈；MBM001523，1 簇，具雌性生殖鞘，黄海，3003，0.1m^{2}采泥器，72m，褐色砂泥，1959.VII.11，黄；MBM001526，3 簇，黄海，3044，0.1m^{2}采泥器，31m，泥沙，石砾，1959.X.29，陈；MBM001530，2 簇，黄海，3047，0.1m^{2}采泥器，33m，褐色砂砾，1959.VII.15，黄；MBM001547，13 簇，渤海，盐城，1099，阿氏拖网，52mm，褐色泥沙，1959.IV.25，黄；MBM063936，1 簇，黄海，金星轮，y308，三角拖网，32.3m，细砂，1958.IV.14；MBM185519，1 簇，大公岛，40m，砂石底，1959.IX.1；MBM185699，16 簇，具雄性、雌性生殖鞘，黄海，3705，阿氏拖网，61m，含贝壳细砂，徐；MBM185705，1 簇，渤海，金星轮，P406，三角拖网，51m，粗砂砾石，1958.IV.4；MBM185736，1 簇，渤海，金星轮，yp，阿氏拖网，52m，泥砂，1958.VII.5；MBM185747，4 簇，具雌性生殖鞘，黄海，y505，三角拖网，24m，软泥，1958.IV.16；MBM185756，1 簇，渤海，金星轮，yp3，三角拖网，29.8m，泥砂，1958.V.4；MBM185773，2 簇，黄海，金星轮，6268，阿氏拖网，30.5m，石砾，1962.III.9；MBM185791，4 簇，具雌性生殖鞘，黄海，y101，三角拖网，43m，软泥，1958.IV.10，唐；MBM185813，1 簇，黄海，金星轮，y408，三角拖网，22m，软泥，1958.III.26；MBM185822，12 簇，渤海，金星轮，P401，三角拖网，52mm，砂质泥，1957.VII.12，唐；MBM185838，1 簇，黄海，金星轮，Y103，三角拖网，46mm，软泥，1958.IV.10；MBM185865，4 簇，黄海，金星轮，y101，三角拖网，42.5m，软泥，1958.III.30；MBM185870，10 簇，具雌性生殖鞘；MBM185872，1 簇，黄海，金星轮，y406，39.5m，砂，1957.XI.14，刘继兴；MBM185888，1 簇，老铁山水道，金星轮，19m，砂，1957.X.8，刘继兴；MBM185901，1 簇，黄海，y101，三角拖网，43m，软泥，1958.IV.10；MBM185905，9 簇，黄海，金星轮，Y503，三角拖网，52.8mm，软泥，1958.IV.16，唐；MBM185910，1 簇，渤海，金星轮，P602，三角拖网，23m，细砂，1958.IV.4；MBM186080，3 簇，东海，V1.6，阿氏拖网，510m，黏泥，1976.VIII.28，唐，张；MBM186666，3 簇，具雌性生殖鞘，1957.VII.14，金星轮；MBM186671，4 簇，黄海，y308，三角拖网，32.3m，细沙，1959.IV.14；MBM186700，1 簇，青岛贵州路养殖场，1960.I.16；MBM186727，1 簇，具雄性生殖鞘，日照县，1957.IV.14，张修吉购买；MBM272603，4 簇干标本，西黄海北，3031，31m，褐色软泥，1958.X.27；MBM282580，3 簇干标本，黄海北，2048，桁网，50m，硬泥，1958.X.13，崔；MBM282583，

碎片段，黄海，3047，0.1m^{2}采泥器，35m，泥沙，1959.I.28，江；MBM282587，3 簇；MBM282588，2 簇，具雌性生殖鞘；MBM282589，2 簇，渤海，1035，0.1m^{2}采泥器，56m，泥质沙，1959.I.31；MBM282590，2 簇，黄海，2002，阿氏拖网，53m，碎壳，泥砂，1959.X.25，黄；MBM282591，3 簇；MBM282596，1 簇，黄海，2049，阿氏拖网，56m，褐色细沙，1959.IV.17，胡；MBM282598，干标本碎片段，具雌性生殖鞘，渤海，1099，0.1m^{2}采泥器，52m，褐色泥沙含贝壳，1959.IV.25，黄；MBM282599，干标本碎片段，渤海，1035，0.1m^{2}采泥器，56m，褐色沙泥，贝壳，1959.I.31；MBM282600，3 簇干标本，黄海北部，2057，双刃网?，70.5m，砂泥，1958.X.13；MBM282601，1 簇干标本，东海，4023，阿氏拖网，53m，砂质泥，碎壳，1959.IV.4；MBM282602，3 簇，渤海，1099，0.1m^{2}采泥器，51m，褐色沙泥，含贝壳、石砾，1959.I.28；MBM282604，1 簇，西 y 南，3047，阿氏拖网，32m，1958.X.20；MBM282770，1 簇干标本，东海，Y0101，三角拖网，43m，软泥，1958.III.30；MBM282776，1 簇，黄海，2060，三角拖网，65.5m，褐色砂泥，1959.I.22；MBM282777，1 簇，黄海，Y0303，1958.IV.14；MBM282778，碎片段，黄海，2043，阿氏拖网，18m，褐色沙质泥，1959.IV.15；MBM282779，碎片段，渤海，1035，0.1m^{2}采泥器，48.8m，褐色沙泥，贝壳，1959.XII.16。

国家自然科学基金委渤黄海共享航次标本：MBM280087，2 簇，黄海，124-8B，37.0922°N，123.9989°E，2011.XI.15；MBM280097，2 簇，黄海，3500-4A，35.0002°N，121.0732°E，细沙、碎石，2010. XI.30；MBM280110，1 簇，黄海，1000B，38.4119°N，121.1146°E，53mm；MBM280119，14 簇，黄海；MBM280129，1 簇，黄海，124-8B，37.0922°N，123.9989°E，2011. XI.15；MBM280136，3 簇，黄海，124-9B，37.9667°N，123.9833°E，2011. XI.15；MBM280146，2 簇，黄海，124-8B，37.0922°N，123.9989°E，2011. XI.15；MBM280148，2 簇，黄海，科学三号，3500-3，33.0001°N，123.4066°E，2010.XI.30，宋希坤、张均龙、宁平、吴旭文；MBM280158，1 簇，黄海，阿氏拖网，2010.XI.20，宋希坤、张均龙、宁平、吴旭文；MBM280159，5 簇，黄海，科学三号，3600-2B，35.9961°N，120.5894°E，阿氏拖网，2010.XI.20，宋希坤、张均龙、宁平、吴旭文；MBM280183，2 簇，黄海，3500-4B，35.0002°N，121.0732°E，阿氏拖网，2009.05.31；MBM280190，1 簇，黄海，3500-4B，35.0002°N，121.0732°E，阿氏拖网，2010.11.30，宋希坤、张均龙、宁平、吴旭文；MBM280237，1 簇，黄海，科学三号，124-9B，37.9667°N，123.9833°E；MBM280268，39 簇，黄海，科学三号，124-8B，37.0922°N，123.9989°E，阿氏拖网，2011.VII.14；MBM280270，3 簇，黄海，3500-4B，35.0002°N，121.0732°E，2011.XI.12；MBM280273，1 簇，黄海，3700B，37.0000°N，123.0000°E，阿氏拖网，软泥，2010.XI.21；MBM280274，1 簇，黄海，科学三号，124-8，37.0922°N，123.9989°E，阿氏拖网，28m，2011.VII.14；MBM280275，1 簇，黄海，1098A，38.6667°N，121.1500°E，2010.VII.12；MBM280276，1 簇，黄海，3875-3A，38.7500°N，123.0333°E，2011.VII.15；MBM280277，1 簇，黄海，3300-2B，32.9833°N，122.8500°E，三角拖网，2011.XI.13；MBM280278，19 簇，黄海，3500-4B，35.0002°N，121.0732°E，2010.VII.17；MBM280279，1 簇，黄海，1098-1B，38.6667°N，121.2500°E，2010.XI.23；MBM280280，3 簇，黄海，1098-2B，38.6667°N，121.1500°E，2010.VII.12；MBM280282，4 簇，黄海，124-8B，37.0922°N，123.9989°E，2011.XI.15；MBM280283，4 簇，黄海，124-9B，37.9667°N，123.9833°E，三角拖网，2010.XI.15，宋希坤、张均龙、宁平、吴旭文；MBM280284，1 簇，黄海，124-8B，37.0922°N，123.9989°E，三角拖网，2011.XI.25；MBM280285，1 簇，黄海，124-7B，35.9833°N，124.0000°E，三角拖网，2010.XI.26，宋希坤、张均龙、宁平、吴旭文；MBM280286，1 簇，黄海，3875-5B，38.7500°N，123.8667°E，三角拖网，2011.VII.15；MBM280287，2 簇，黄海，3600-2B，35.9961°N，120.5894°E，三角拖网，2010.XI.20；MBM280288，2 簇，黄海，3500-4B，35.0002°N，121.0732°E，2011.XI.12；MBM280289，1 簇，黄海，3875-5B，38.7500°N，123.8667°E，2011.XI.15；MBM280290，6 簇，黄海，科学三号，3600-2B，35.9961°N，120.5894°E，拖网，2011.VII.17；MBM280293，1 簇，黄海，3875-1B，38.7074°N，121.9408°E，三角拖网，石块，2011.VII.15；MBM280580，1 簇，黄海，2065，37.5000°N，124.0000°E；MBM280581，4 簇，具雄性生殖鞘，黄海，2065，37.5000°N，124.0000°E；MBM280582，7 簇，黄海，1098-3B，38.6657°N，121.1477°E；MBM280583，1 簇，黄海，2060，38.5000°N ，124.0000°E；MBM280584，5 簇，具雄性生殖鞘，黄海，2060B，38.5000°N，124.0000°E，拖网，2007.VI；MBM282576，8 簇，黄海，3600-6B，35.9913°N，121.9064°E，2010.XI.20，宋希坤、张均龙、宁平、吴旭文；MBM282774，8 簇，黄海，3008-B，37.0000°N，123.7500°E，阿氏拖网，80m，硬泥，2007.VI.14。

东海大陆架调查标本：MBM185415，4 簇，北黄海，87，三角拖网，67m，砂，贝壳，1975.VI.15；MBM185416，4 簇，西黄南，1，三角拖网，77m，硬沙，1975.VI.14；MBM185417，4 簇，北黄海，77m，1975.IV.14；MBM185423，2 簇，北黄海，87，三角拖网，67m，砂，贝壳，1975.IV.12；MBM185442，8 簇，北黄海，三角拖网，68m，沙质，1975.VI.15；MBM185481，10 簇，南黄海，曙光 04，1，桁网，78mm，砂，1976.VI.27；MBM185764，1 簇，南黄海，115，桁网，粉砂，1976.IV.28；MBM280272，5 簇，北黄海，76m，砂，1975.IV.21。

其他标本：MBM185498，2 簇，大公岛，40m，1982.IX.；MBM185539，1 簇，海?岛，40m；MBM185595，

2 簇，具雄性生殖鞘，灵山岛，1，阿氏拖网，软泥，1987.V.15，吴旭文；MBM185700，30 簇，大公岛，40m，沙石底，1982.IX，唐；MBM185739，1 簇，黄海，金星 2 号，3501，38m，粗砂，1992.IX.7；MBM280302，5 簇，黄海，3501，阿氏拖网，38mm，粉砂，1992.IX.7，徐。

（89）*Thuiaria intermedia* (Levinsen, 1913)

NHMD 模式标本：NHMD HYD–000134，共 3 簇，其中 1 簇高约 95mm，具雄性生殖鞘，另外 2 簇高 32–40mm，不具生殖鞘，朝鲜海峡（Korea Strait），91m，1885.I.12，Capt. E. Suenson。

（90）*Thuiaria* sp. 2 (sp. nov.?)

全国第一次海洋普查标本：MBM185865，1 簇，具雄性生殖鞘，MBM185556，1 簇，具雄性生殖鞘，MBM282794，1 簇，具雌性生殖鞘，黄海，金星轮，y101，三角拖网，42.5m，软泥，1958.III.30；MBM000642，1 簇，具雌性生殖鞘，黄海，盐城，2039，三角拖网，32m，褐色软泥，1959.II.8；MBM000678，5 簇，不具生殖鞘，黄海，盐域，2034，阿氏拖网，54m，褐色泥砂，1959.IV.18，黄宗国。

（91）*Thuiaria* sp. 3

全国第一次海洋普查标本：MBM000823，5 簇，不具生殖鞘，黄海，3039，阿氏拖网，29m，软泥贝壳，1959.X.31，陈。

东海大陆架调查标本：MBM186108，2 簇，不具生殖鞘，东海，41644，阿氏拖网，70m，泥质沙，1976.VII.22，唐。

（92）*Sertularia cupressina* Linnaeus, 1758

MHNG-INVE-60970，2 簇，原鉴定为 *Sertularia argentea* Linnaeus, 1758，雌性，MHNG-INVE-60971，1 簇，无生殖鞘，法国罗斯科夫（France，Roscoff）。MHNG-INVE-29949，1 簇，具生殖鞘，冰岛（Gardur，Iceland）。

（93）*Sertularia robusta* (Clark, 1877)

中国第一次北极科学考察：TI200003，1 段，无生殖鞘，TI200306，1 段，无生殖鞘，楚科奇海，雪龙号，J13，70.4833°N，167.1667°W，箱式采泥，50m，粉砂质泥，1999.VII.18，郑凤武。

中国第三次北极科学考察：MBM280408，11 簇，♂，MBM280409，7 簇，♀，白令海，雪龙号，BS09，64.3323°N，167.5052°W，阿氏拖网，29m，泥沙，2008.VII.27，王永强，张光涛，张永山；MBM280382，2 簇，♀，MBM280449，1 簇，附于海鞘表面，无生殖鞘，白令海，雪龙号，BS11，65.5000°N，168.8583°W，阿氏网，60m，泥沙，2008.VII.31，王永强，张光涛，张永山。

中国第四次北极科学考察：MBM280344，3 簇，无生殖鞘，楚科奇海，雪龙号，C05，71.0184°N，167.0378°W，阿氏网，38m，沙，2010.VII.24，王永强，陶振铖，刘群；MBM280325，4 簇，♂，楚科奇海，雪龙号，CC08，68.3026°N，166.9585°W，三角拖网，27m，石块泥，2010.VII.21，王永强，陶振铖，刘群；TI200027，1 段，无生殖鞘，楚科奇海，雪龙号，CC08，68.3026°N，166.9585°W，三角拖网，27m，石块泥，2010.VII.21，王建军；TI200058，1 段，无生殖鞘，雪龙号，布袋编号 368 号，2010.VII–IX，王建军；TI200067，4 段，附于双壳类表面，无生殖鞘，雪龙号，2010.VII–IX，王建军。

中国第五次北极科学考察：TI200112，2 簇，♂，白令海，雪龙号，BL15，62.5615°N，175.2542°W，三角拖网，71.4m，2012.VII.16，林和山；TI200179，1 段，无生殖鞘，白令海，雪龙号，BM03，63.8695°N，172.7178°W，三角拖网，54.9m，2012.VII.17，林和山；TI200091，1 段，♀，TI200095，1 段，无生殖鞘，白令海峡，雪龙号，BN02，64.4474°N，171.3416°W，三角拖网，30.6m，2012.VII.17，林和山；TI200164，8 段，无生殖鞘，白令海峡，雪龙号，BN04，64.4788°N，170.1139°W，三角拖网，37.4m，2012.VII.17，林和山；TI200185，2 段，无生殖鞘，白令海峡，雪龙号，BN08，64.6133°N，167.3733°W，三角拖网，22.4m，2012.VII.18，林和山；TI200120，3 簇，♂，白令海，雪龙号，BS02，61.1203°N，175.5826°W，三角拖网，91m，2012.IX.11，林和山；MBM280226，1 簇，无生殖鞘，MBM280458，4 段主茎，无生殖鞘，MBM280213，1 段，无生殖鞘，白令海，雪龙号，BS06，61.6833°N，167.7167°W，三角拖网，19m，2012.IX.10，林学政；TI200163，2 段，无生殖鞘，楚科奇海，雪龙号，C03，69.0379°N，166.4824°W，阿氏拖网，25.7m，岩石，2012.VII.19，林和山；TI200162，1 段，无生殖鞘，楚科奇海，雪龙号，C06，70.5223°N，162.7443°W，三角拖网，29.3m，2012.VII.20，林和山；MBM280059，1 簇，无生殖鞘，楚科奇海，雪龙号，CC06，68.236°N，167.1454°W，阿氏拖网，36.5m，2012. VII.19，林和山；MBM280066，4 段，无生殖鞘，楚科奇海，雪龙号，CC4，68.1312°N，167.5035°W，三角拖网，43m，2012.VII.19，林和山。

中国第六次北极科学考察：MBM240469，1 簇，♀，附于石块表面，MBM240467，1 段主茎，抽出新枝芽，无生殖鞘，白令海，雪龙号，BS02，64.3339°N，170.9878°W，三角拖网，39.7m，铁板沙，2014.VII.27，王少青；TI200268，2 簇，♀，楚科奇海，雪龙号，C03，71.6125°N，157.9347°W，三角拖网，63m，软泥，2014.VIII.3，林俊辉；TI200241，1 簇，无生殖鞘，楚科奇海，雪龙号，CC04，63.1300°N，167.5120°W，三角拖网，49m，硬

泥，砾石，2014.VII.29，林俊辉；TI200300，1 簇，♂，白令海，雪龙号，NB12，64.0025°N，171.9764°W，三角拖网，52.6m，石块，2014.VII.26，林俊辉；TI200192，1 簇，附于石块表面，无生殖鞘，TI200193，1 簇，无生殖鞘，白令海，雪龙号，NB12，64.0030°N，171.9750°W，箱式采泥，54m，石块，2014.VII.26，林俊辉；MBM240493，1 簇，♂，具端胞，2 簇，♀，主茎部分埋于海绵内，白令海，雪龙号，NB12，64.0025°N，171.9764°W，三角拖网，52.6m，石块，2014.VII.26，王少青；TI200254，2 段稚体，芽鞘近对生，无生殖鞘，楚科奇海，雪龙号，R03，68.6214°N，169.0319°W，三角拖网，52.9m，软泥，2014.VII.29，林俊辉；TI200233，2 段主茎，无生殖鞘，加拿大海盆，雪龙号，S01，71.6125°N，157.9347°W，三角拖网，63m，软泥，2014.VIII.3，林俊辉。

（94）*Sertularia xuelongi* Song, Gravili & Wang, 2016

中国第四次北极科学考察：正模，MBM280308（16S rRNA 序列：KR085169，P249-1，P249-1，P249-2，P249-3，P249-5，P249-6；含 2 片刺细胞玻片），群体 1 簇，基部不完整，高 123mm，宽 24mm，具雌性生殖鞘，白令海，雪龙号，B12，60.3576°N，179.6921°W，渔拖网，800–1500m，岩石，2010.VII.14，王永强，陶振铖，刘群；副模，MBM280309，1 段主茎，高 81mm，宽 12mm，无生殖鞘，采集信息同正模。

（95）*Sertularia* sp. 1

白令海峡，中国第五次北极科学考察，TI200134，12 段主茎，♂，同簇群体上同时存在顶部具 2 根或 3 根棘刺生殖鞘，白令海峡，雪龙号，BN02，64.4474°N，171.3416°W，三角拖网，30.6m，2012.VII.17，林和山。

（96）*Sertularia* sp. 2

美国加利福尼亚州沿岸调查航次：USNM69415，1 簇，不具生殖鞘，美国加利福尼亚州蒙特雷湾（Monterey Bay，Point Pinos，California，USA），信天翁号（Albatross R/V），4557，拖网、采泥，99–97m，1904.VI.9，美国渔业委员会（United States Fish Commission）。

（97）*Sertularia arctica* Allman, 1874

中国第一次北极科学考察：TI200007，1 段，含 3 个芽鞘，芽鞘外弯程度、排列、末端层叠、侧齿等特征明显，无生殖鞘，楚科奇海，雪龙号，J13，70.4833°N，167.1667°W，箱式采泥，50m，粉砂质泥，1999.VII. 18，郑凤武。

中国第四次北极科学考察：MBM280326，4 簇，无生殖鞘，楚科奇海，雪龙号，CC08，68.3026°N，166.9585°W，三角拖网，27m，石块泥，附于石块或海鞘表面，2010.VII.21，王永强，陶振铖，刘群；MBM280428，1 段，无生殖鞘，楚科奇海，雪龙号，C02，69.1270°N，167.3419°W，阿氏网，42m，硬泥，2010.VII.21，王永强，陶振铖，刘群。

中国第六次北极科学考察：MBM240458，5 簇，无生殖鞘，楚科奇海，雪龙号，CC06，68.2400°N，167.1317°W，三角拖网，43m，附于双壳类死壳壳表，沙质泥，砾石，2014.VII.28，王少青；TI200255，1 簇，无生殖鞘，楚科奇海，雪龙号，R03，68.6214°N，169.0319°W，三角拖网，52.9m，软泥，2014.VII.29，林俊辉；TI200271，1 簇，无生殖鞘，楚科奇海，雪龙号，C03，69.0490°N，166.5670°W，三角拖网，33m，软泥，2014.VII.29，林俊辉。

（98）*Sertularia similis* Clark, 1877

美国极地航次标本：USUM69201，1 段，无生殖鞘，白令海，圣马修岛（Bering Sea，St. Matthew Island），1898。

中国第四次北极科学考察：MBM280328，1 簇，无生殖鞘，楚科奇海，雪龙号，CC08，68.3026°N，166.9585°W，三角拖网，27m，石块泥，2010.VII.21，王永强，陶振铖，刘群；TI200053，1 簇，无生殖鞘，雪龙号，布袋样品 213 号，三角拖网，附于海鞘柄部，2010.VII–IX，王建军。

中国第六次北极科学考察：TI200211，1 段，无生殖鞘，白令海，圣劳伦斯岛岛北，雪龙号，63.8561°N，171.5000°W，三角拖网，20m，2014.IX.10，林俊辉。

（99）*Sertularia schmidti* Kudelin, 1914

中国第五次北极科学考察：MBM280058（含 1 片刺细胞玻片），1 簇，无生殖鞘，雪龙号，BN02/C03，三角拖网，2012.VII–IX，林学政；TI200187（含 1 片刺细胞玻片），1 根，无生殖鞘，楚科奇海，雪龙号，C03，69.0379°N，166.4824°W，三角拖网，25.7m，2012.VII.19，林和山。

（100）*Sertularia cupressoides* Clark, 1877

美国 Harriman 阿拉斯加考察：USNM70722（含 1 片刺细胞玻片），5 段，高 2–5mm，宽 1mm，其中 1 个片段具主茎，具 2 个侧枝基部，均无生殖鞘，阿拉斯加湾，亚库塔特湾（Gulf of Alaska，Yakutat Bay），59.67°N，140.00°W，Trevor Kincaid，1899。

（101）*Sertularia plumosa* (Clark, 1877)

根据生殖鞘不同，有两种类型，分别为 type Ⅰ 和 type Ⅱ。

type Ⅰ：中国第四次北极科学考察，MBM280116，4 簇，附于双壳类壳表，♀，白令海，雪龙号，BB02，61.6470°N，176.9116°W，鱼拖网，110m，软泥，2010.VII.16，王永强，陶振铖，刘群。中国第六次北极科学考察，MBM240450，2 簇，♂，白令海，雪龙号，AD01，62.1361°N，173.8636°W，三角拖网，62m，铁板沙，2014.VII.25，林俊辉；MBM240540，2 簇，♂，加拿大海盆，雪龙号，S08，73.8460°N，154.6667°W，三角拖网，水深未知，2014.VIII.3，刘晨临。

type Ⅱ：中国第四次北极科学考察，MBM280371，5 簇，附于双壳类壳表，♀，楚科奇海，雪龙号，71.0130°N，R08，168.9643°W，阿氏网，36.8m，黏土，2010.7.22，王永强，陶振铖，刘群。中国第五次北极科学考察，MBM280225，2 簇，标本曾被当成海藻，阴干后压制成“海藻”标本，现保存于无水乙醇中，27–62mm，♂，R05。中国第六次北极科学考察，MBM240562，芽鞘较大，1♂，1♀，1 簇无生殖鞘，该簇附于双壳类壳表，R05，70.9989°N，168.9950°W，三角拖网，42m，沙，2014.IX.8，王少青。

（102）*Sertularia loculosa* Busk, 1852

全国第一次海洋普查：MBM280295，5 根，高 4–15mm，北部湾，6221 站，21m，泥质中砂，1960. X. 18，采集人不详。

中国科学院南沙群岛科学考察：MBM280300，10 根，高 3–8mm，南沙群岛车轮礁，1988.VII.23，唐质灿。

（103）*Sertularia tongensis* Stechow, 1919

模式标本：ZSM20041550，玻片标本，1 段群体，2 根主茎生长于同一匍匐根上，高 10mm，共 13 对芽鞘，无生殖鞘，汤加群岛，Kirchenpauer，采集时间早于 1876 年。

全国第一次海洋普查标本：MBM004640，1 团，直径 10mm，南海，6176 站，阿氏拖网，148m，1959.V.13，沈寿彭，无生殖鞘。

（104）*Sertularia tumida* Allman, 1877

见 Tang（1991a）。

附录 2　桧叶螅科代表性属种形态特征比较表

学名	A	B			§C（螅枝）									D（芽鞘）																					E（生殖鞘）														F	G	H
	1	1	2	3	1	2	3	4	5	6	7	8	9	1	2	3	4	5	6	7	8	9	10	11	12	13	14	15	16	17	18	19	20	21	1	2	3	4	5	6	7	8	9	10	11	12	13	14	1	1	1
▲*Sertularia cupressina*	0	1	1	1	1	1	0	3	1	1	1	1	1	1	0	0	2	2	2	2	1	0	0	0	1	2	0	0	2	0	2	1	1	0	1	0	0	0	0	0	0	1	1	1	1	1	0	0	0	0	1
▲**S. argentea*	0	1	1	1	1	1	0	3	1	1	1	1	1	1	0	0	2	2	2	2	1	0	0	0	1	2	0	0	2	0	2	1	1	0	1	0	0	0	0	0	0	1	1	1	1	1	0	0	0	0	2
▲*S. plumosa* I	0	1	1	1	1	1	0	3	1	1	1	1	1	1	0	0	2	3	2	3	1	0	0	0	1	2	0	0	2	0	2	1	1	0	1	0	0	0	0	1	0	1	1	1	1	1	0	0	0	0	3
▲*S. plumosa* II	0	1	1	1	1	1	0	3	1	1	1	1	1	1	0	0	2	3	2	3	1	0	0	0	1	2	0	0	2	0	2	1	1	0	1	0	0	0	0	0	0	1	1	1	1	1	0	0	0	0	4
▲*Abietinaria pulchra*	0	1	1	1	1	1	0	3	1	1	1	1	1	1	0	0	2	3	2	3	1	0	0	0	1	0	0	0	0	0	1	1	0	0	1	0	0	0	0	0	0	1	1	1	1	1	0	0	0	0	5
▲*Sertularia xuelongi*	0	1	1	1	1	1	0	3	1	1	1	1	1	1	0	0	2	3	2	3	1	0	0	0	1	2	0	0	2	0	2	1	1	0	1	0	0	0	0	0	0	0	1	1	1	1	0	0	0	0	6
▲*Sertularia robusta*	0	1	1	1	1	1	0	3	1	1	1	1	1	1	0	0	2	3	2	3	1	0	0	0	1	2	0	0	2	0	2	1	1	0	1	0	0	0	0	0	0	1	1	1	1	1	0	0	0	0	7
▲*Sertularia similis*	0	1	0	1	1	1	0	3	1	1	0	0	1	1	0	1	2	1/2	2	1/2	1	0	0	0	1	2	0	0	2	0	2	1	1	0	1	0	0	0	0	0	0	0	1	?	1	?	0	0	0	0	8
▲*Sertularia sinensis*	0	1	1	1	1	1	0	3	1	1	1	1	1	1	0	0	2	3	2	3	1	0	0	0	1	2	0	0	2	0	2	1	1	0	1	0	0	0	0	0	0	1	1	1	1	1	0	0	0	0	9
▲*Thuiaria breitfussi*	0	1	0	1	1	1	0	4	1	1	1	0	1	1	0	0	2	3	6-12	4	2	0	0	0	1	2	0	0	2	0	2	1	1	0	1	0	0	0	0	0	0	0	1	?	0	1	0	0	0	0	10
▲*Thuiaia marktanneri*	0	1	1	1	1	1	0	3	1	1	1	0	1	1	0	0	2	3	2	3	1	0	0	0	1	0	0	0	0	0	1	0	1	0	1	0	0	0	0	0	0	0	1	?	1	1	0	0	0	0	11
▲*Thuiaria articulata*	0	1	1	1	1	1	0	1/3	1	1	0	0	1	1	0	0	2	3	2	3	2	0	0	0	1	0	0	0	0	0	1	0	1	0	1	0	0	0	0	0	0	0	0	?	1	1	0	0	0	0	12
▲**Abietinaria abietina*	0	1	0	1	1	1	0	3	1	1	1	0	1	1	0	0	2	3	2	3	1	0	0	0	1	0	0	0	0	0	1	1	0	0	1	0	0	0	0	0	0	0	0	?	1	?	0	0	0	0	13
▲*Thuiaria* cf. *articulata*	0	1	1	1	1	1	0	3	1	1	?	?	?	1	0	0	2	3	2	3	1	0	0	0	1	0	0	0	0	0	1	0	1	0	?	?	0	?	?	?	?	?	?	?	?	?	?	?	0	?	14
▲*Thuiaria hartlaubi*	0	1	0	1	1	1	0	3	1	1	0	0	1	1	0	0	2	3	6/8	4	2	1	0	0	1	0	0	0	0	0	1	0	1	0	1	0	0	0	0	0	0	0	1	1	1	?	0	0	0	0	15
▲**Thuiaria thuja*	0	1	1	0	1	1	0	3/4	1	1	1	1	1	1	0	0	2	3	2	3	2	0	0	0	1	0	0	0	0	0	1	0	1	0	1	0	0	0	0	0	0	0	1	?	1	1	0	0	0	0	16
▲*Thuiaria obsoleta*	0	1	1	1	1	1	0	3/4	1	1	1	0	1	1	0	0	2	3	3–9	4	2	0	0	0	1	2	0	0	2	0	2	1	1	0	1	0	0	0	0	0	0	0	1	?	?	?	0	0	0	0	17
▲*Thuiaria mirabilis*	0	1	1	1	1	1	0	3	1	1	0	0	1	1	0	0	2	3	2–6	4	1	0	0	0	1	2	0	0	2	0	2	1	1	0	1	0	0	0	0	0	0	0	1	?	1	?	0	0	0	0	18
▲**Nudicaulia pluma*	0	1	0	1	1	1	0	1/3	1	0	0	0	1	0	0	0	0	/	2	3	1	0	0	0	1	2	0	0	2	0	2	1	1	0	1	0	0	0	0	0	0	1	1	?	1	1	0	0	0	0	19

续表

学名	A	B			§C（螅枝）									D（芽鞘）																					E（生殖鞘）														F	G	H
	1	1	2	3	1	2	3	4	5	6	7	8	9	1	2	3	4	5	6	7	8	9	10	11	12	13	14	15	16	17	18	19	20	21	1	2	3	4	5	6	7	8	9	10	11	12	13	14	1	1	1
▲*Abietinaria filicula*	0	1	1	1	1	1	0	3	1	1	1	0	1	1	0	0	2	1/2	2	1/2	1	0	0	0	1	0	0	0	0	0	1	1	0	0	1	0	0	0	0	0	0	0	1	?	1	?	0	0	0	0	20
▲*Sertularia arctica*	0	1	1	1	1	1	1	3	1	1	0	0	1	1	0	1	2	2	2	2	1	0	0	0	1	2	0	0	2	0	2	1	1	0	1	0	0	0	0	0/1	0	0	1	?	1	?	0	0	0	0	21
▲**Hydrallmania falcata*	0	1	1	1	1	1	0	3	1	1	1	0	1	1	0	0	0	/	1/2	3	1	1	0	0	1	2	0	0	2	0	1	1	0	0	1	0	0	0	0	0	0	0	1	?	1	?	0	0	0	0	22
▲**Dynamena pumila*	0	1	0	1	1	1	0	1/3	1	1	1	0	1	1	0	0	2	1	2	1	1	0	0	0	1	2	0	0	2	0	2	1	1	0	1	0	0	0/1	0	0	0	0	1	?	0	1	0	0	1	0	23
▲*Dynamena disticha*	0	1	0	1	0	0	0	0	0	0	0	0	0	1	0	0	2	1	0	0	1	0	0	0	?	2	0	0	2	0	2	1	1	0	1	1	0	0	1	0	0	0	1	?	1	?	0	0	1	0	24
▲*Dynamena moluccana*	0	1	1	1	1	1	0	3	?	?	0	0	?	1	0	0	?	?	2	1	1	0	0	0	?	2	0	0	2	?	?	?	?	?	?	?	0	?	?	?	?	?	?	?	?	?	?	?	?	?	25
▲*Dynamena marginata*	0	1	0	1	1	1	0	3	1	1	0	0	1	1	0	0	2	1	2	1	1	0	0	0	1	2	0	0	2	0	2	1	1	1	1	0	0	0	1	0	0	1	1	1	1	0	0	1	1	0	26
▲*Dynamena tumida*	0	1	0	1	0	0	0	0	0	0	0	0	0	1	0	0	2	1	0	0	1	0	0	0	?	2	0	0	2	0	?	?	?	?	?	?	0	?	?	?	?	?	?	?	?	?	?	?	1	?	27
▲*Dynamena perpusilla*	0	1	0	1	0	0	0	0	0	0	0	0	0	1	0	0	2	1	0	0	1	0	0	0	?	2	0	0	2	0	?	?	?	?	1	0	0	0	1	0	0	0	1	1	?	?	?	?	1	?	28
▲*Dynamena turbinata*	0	1	0	1	0	0	0	0	0	0	0	0	0	1	0	0	2	1	0	0	1	0	0	0	?	2	0	0	2	0	2	1	1	0	?	?	0	?	?	?	?	?	?	?	?	?	?	?	1	1	29
▲*Dynamena unguiculata*	0	1	0	1	1	1	0	3	1	1	0	0	1	1	0	0	2	1/2	2	1	1	0	0	0	?	2	0	0	2	0	2	1	1	0	1	0	0	0	0	0	0	0	1	?	1	?	?	?	1	0	30
▲*Dynamena obliqua*	0	1	0	1	0	0	0	0	0	0	0	0	0	1	0	0	2	1	0	0	1	0	0	0	?	2	0	0	2	1	2	1	1	1	0	0	0	1	0	0	0	0	1	1	1	?	?	?	1	0	31
▲*Dynamena quadridentata*	0	1	0	1	1	0	1	1	0	0	0	0	1	1	0	1	2	1	2	1	1	0	0	0	?	2	0	0	2	1	2	1	1	?	1	0	0	0	1	0	0	0	1	?	1	?	?	?	1	0	32
▲*Amphisbetia minima*	0	1	1	1	1	1	0	1	?	?	1	1	?	1	0	0	2	1	2	1	1	0	0	0	?	2	0	0	2	0	2	1	1	0	1	0	0	0	0	0	0	0	1	1	1	?	?	?	1	0	33
▲**Amphisbetia operculata*	0	0	0	1	1	1	0	1	3	1	1	1	1	1	0	0	2	1	2	1	1	0	0	0	?	2	0	0	2	0	2	1	1	0	1	0	0	0	0	0	0	0	1	1	1	?	?	1	?	0	34
▲*Dynamena distans*	0	1	1	1	1	1	1	3	?	?	0	0	1	1	0	0	2	1	0	0	1	0	0	0	?	3	1	0	2	1	?	?	?	?	1	0	0	0	0	0	0	0	1	?	?	1	?	?	1	0	35
▲*Diphasia delagei*	0	1	0	1	1	1	0	3	?	?	?	0	?	1	0	0	2	1	2	1	1	0	1	0	?	0	0	0	0	0	1	1	0	0	1	0	0	0	1	0	0	0	1	?	?	?	?	?	1	0	36
▲*Diphasia fallax*	0	1	0	1	1	1	0	3	?	?	1	0	1	1	0	0	2	1	2/3	1/4	1	0	0	0	?	0	0	0	0	0	1	1	0	0	1	0	0	0	0	0	1	1	1	?	?	0	1	0	?	0	37
▲*Diphasia pinastrum*	0	1	0	1	1	1	0	3	?	?	1	0	?	1	0	0	2	1/2	2	1/2	1	0	0	0	?	0	0	0	0	0	1	1	0	0	1	0	0	0	0	1	1	1	1	?	?	?	?	?	?	0	38
▲*Thuiaria heteroclada*	0	1	1	1	1	1	0	1/4	1	1	1	1	1	1	0	0	2	3	2–5	3/4	1	0	0	0	1	2	0	0	2	0	2	1	1	0	1	0	0	0	0	1	1	1	1	1	1	1	1	0	0	0	39
▲*Salacia desmoides*	0	1	0	1	1	1	0	1	1	1	1	0	1	1	0	0	2	1	2	1	1	0	0	0	?	0	0	0	0	0	1	0	1	0	1	0	0	1	0	0	0	0	1	1	1	1	0	0	1	0	40
▲*Sertularella simplex*	0	1	1	1	1	1	0	?	?	?	1	0	?	1	0	0	2	3	2	3	1	0	0	0	1	4	1	1	2	1	4	2	2	0	1	0	0	1	0	0	0	1	1	?	?	?	?	?	0	0	41
▲*Sertularella miurensis*	0	1	1	1	1	1	0	3	0	0	0	0	1	1	0	0	2	3	2	3	1	0	0/1	0	1	4	1	1	2	1	4	2	2	0	1	0	0	1	0	0	0	1	1	?	0	?	?	?	0	0	42

续表

学名	A	B			§C（螅枝）									D（芽鞘）																					E（生殖鞘）														F	G	H
	1	1	2	3	1	2	3	4	5	6	7	8	9	1	2	3	4	5	6	7	8	9	10	11	12	13	14	15	16	17	18	19	20	21	1	2	3	4	5	6	7	8	9	10	11	12	13	14	1	1	1
▲*Sertularella mirabilis*	1	0	/	1	1	1	0	/	/	1	1	1	1	/	0	0	/	/	/	/	1	0	1	0	1	4	1	1	2	1	4	2	2	0	1	0	0	1	1	0	0	1	1	?	0	?	?	?	0	0	43
▲**Xingyurella xingyuarum*	0	1	1	1	1	1	0	3	0	1	1	0	1	1	0	0	2	3	2	3	1	0	0	1	1	3	1	2	0	0	3	1	2	0	1	0	0	0	0	0	1	1	1	?	0	?	?	?	0	0	44
▲*Xingyurella turgida*	0	1	1	1	0	1	0	3	1	0	1	0	1	1	0	0	2	3	2	3	1	0	0	1	1	3	1	2	0	0	3	1	2	0	1	0	0	1	1	0	1	1	1	?	0	?	?	?	1	0	45
▲*Sertularella* cf. *fusiformis*	0	1	1	1	?	?	?	3	?	?	?	?	?	?	0	0	2	3	?	?	1	0	0	0	?	4	1	1	2	1	4	2	2	0	?	?	0	?	?	?	?	?	?	?	?	?	?	?	0	?	46
▲*Sertularella ellissi*	0	1	1	1	1	1	?	?	?	?	?	0	1	1	0	0	2	3	2	3	1	0	0/1	0	1	4	1	1	2	1	4	2	2	0	1	0	0	1	1	0	0	1	1	?	?	?	?	?	0	?	47
▲*Sertularella mediterranea*	0	1	1	1	0	0	0	0	0	0	0	0	0	1	0	0	2	3	0	0	1	0	0	0	1	4	1	1	2	1	4	2	2	0	1	0	0	1	1	0	0	1	1	?	?	?	?	?	0	?	48
▲**Sertularella polyzonias*	0	1	0	1	1	1	0	5	0	0	1	1	1	1	0	0	2	3	2	3	1	0	0	0	1	4	1	1	2	1	4	2	2	0	1	0	0	1	0	0	0	1	1	?	?	1	0	?	0	0	49
▲*Sertularella* sp. CM–2011	0	?	0	1	?	?	?	?	?	?	?	?	?	1	0	0	2	3	2	?	?	0	0	0	?	4	1	1	2	1	4	2	2	0	?	?	0	?	?	?	?	?	?	?	?	?	?	?	0	?	50
▲*Sertularella africana*	0	1	1	1	1	1	0	?	?	?	0	0	1	1	0	0	2	3	2	3	1	0	1	0	?	4	1	1	2	0	4	2	2	0	1	0	0	1	1	0	0	1	1	?	?	?	?	?	0	?	51
▲*Sertularella* cf. *unituba*	0	1	1	1	1	1	0	?	?	?	0	0	1	1	0	0	2	3	2	3	1	0	1	0	?	4	1	1	2	0	4	2	2	0	1	0	0	1	1	0	0	0	1	?	?	?	?	?	0	?	52
▲*Sertularella rugosa*	0	1	1	1	1	1	0	3	0	0	0	0	1	1	0	0	2	3	2	3	1	0	0	1	1	4	1	1	2	0	4	2	2	0	1	0	0	1	1	0	0	1	1	?	?	1	0	0	0	0	53
▲*Sertularella* sp. 1	0	1	1	1	1	1	0	3	0	0	1	0	1	1	0	1	2	3	2	3	1	0	1	0	1	4	1	1	2	0	4	2	2	0	1	0	0	1	1	0	0	1	1	?	?	?	0	0	0	0	54
▲*Sertularella gigantea*	0	1	1	1	1	1	0	3	0	0	1	0	1	1	0	1	2	3	2	3	1	0	0	0	1	4	1	1	2	0	4	2	2	0	1	0	0	1	1	0	0	1	1	?	?	?	0	0	0	0	55
▲*Sertularella acutidentata*	0	1	1	1	1	1	0	3	1	1	0	0	1	1	0	0	2	3	2	3	1	0	0	0	0	4	1	1	2	0	4	2	2	0	1	0	0	1	0	0	0	1	0	1	0	?	?	?	0	?	56
▲*S. sanmatiasensis*	0	?	?	1	1	1	0	3	1	1	?	0	1	1	0	1	2	3	2	3	1	0	1	0	1	4	1	1	2	1	4	2	2	0	1	0	0	1	1	0	0	1	1	?	?	1	?	?	0	?	57
▲*Thyroscyphus marginatus*	0	1	1	1	1	1	0	3	1	1	1	0	1	1	1	1	2	3	2	3	0	0	0	0	?	0	0	0	0	0	?	?	?	?	1	0	0	1	0	0	0	0	0	?	0	1	?	?	0	0	58
▲**Thyroscyphus ramosus*	0	1	1	1	1	1	0	3	1	1	1	0	1	1	1	0	2	3	2	3	0	0	0	0	0	4	1	1	2	0	4	2	2	0	1	0	0	0	0	0	0	0	0	?	?	1	?	?	0	0	59
▲**Sertularelloides cylindritheca*	0	1	1	1	1	1	0	3	0	1	1	0	1	1	1	1	2	3	2	3	0	0	0	0	?	4	1	1	2	0	4	2	2	0	1	0	0	1	0	0	0	1	0	?	?	?	?	?	0	0	60
▲*Staurotheca frigida*	1	0	/	/	1	1	0	/	0	1	1	1	1	/	0	1	/	/	2–4	1,2,4	1	0	0	0	?	0	0	0	0	0	?	?	?	?	1	0	1	0	0	0	1	1	1	?	?	?	?	?	0	0	61
▲*Staurotheca compressa*	1	0	/	/	1	1	0	/	0	1	1	1	1	/	0	0	/	/	4	1/4	1	0	0	0	?	2	1	1	0	0	?	?	?	?	1	0	1	0	0	0	1	1	1	?	?	?	?	?	0	0	62
▲*Staurotheca antarctica*	1	0	/	/	1	1	0	/	0	1	1	1	1	/	0	1	/	/	2–4	1,2,4	1	0	0	0	?	0	0	0	0	0	?	?	?	?	1	0	1	0	0	0	1	1	1	?	?	?	?	?	0	0	63

续表

学名	A	B			§C（螅枝）									D（芽鞘）																					E（生殖鞘）														F	G	H
	1	1	2	3	1	2	3	4	5	6	7	8	9	1	2	3	4	5	6	7	8	9	10	11	12	13	14	15	16	17	18	19	20	21	1	2	3	4	5	6	7	8	9	10	11	12	13	14	1	1	1
▲*Staurotheca pachyclada*	0	1	0	?	1	1	0	?	?	?	?	?	?	1	0	1	?	?	6–12	4	2	0	0	0	?	0	0	0	0	0	?	?	?	0	1	0	0	1	0	0	0	1	1	?	?	?	?	?	0	0	64
▲*Staurotheca polarsterni*	0	1	1	1	1	1	0	1/3/4	?	?	1	1	1	1	0	1	?	?	6–10	1,4	2	0	0	0	?	0	0	0	0	0	?	?	?	?	1	0	0	0	0	0	0	1	1	1	?	?	?	?	0	0	65
▲* *Staurotheca dichotoma*	0	0	/	/	1	1	0	5	1	1	1	1	1	/	0	1	/	/	4	1,4	2	0	0	0	?	0	0	0	0	0	?	?	?	?	1	0	0	0	0	0	0	0	1	?	?	?	?	?	0	?	66
▲*Staurotheca vanhoeffeni*	1	0	/	/	1	1	0	5	?	?	1	1	?	/	0	1	/	/	4	1,4	2	0	0	0	?	0	0	0	0	0	?	?	?	?	1	0	0	1	0	0	0	?	1	?	?	?	?	?	0	?	67
▲*Staurotheca glomulosa*	1	0	/	/	1	1	0	5	?	?	1	?	1	/	0	1	/	/	4	1,4	1	0	0	0	?	0	0	0	0	0	?	?	?	?	1	0	0	1	0	0	0	0	1	?	?	?	?	?	0	?	68
▲*Staurotheca nonscripta*	1	0	/	/	1	1	0	5	?	?	1	?	1	/	0	1	/	/	4	1,4	1	0	0	0	?	0	0	0	0	0	?	?	?	?	1	0	0	1	0	0	0	0	1	?	?	?	?	?	0	?	69
▲*Staurotheca densa*	1	0	/	/	1	1	0	5	?	?	1	1	1	/	0	1	/	/	6–8	1,4	1	0	0	0	?	0	0	0	0	0	1	?	?	?	1	0	0	1	0	0	0	0	1	?	?	?	?	?	0	?	70
▲*Antarctoscyphus asymmetricus*	0	1	1	1	1	1	0	3	1	1	1	1	1	1	0	0	2	3	2	3	1	0	0	0	1	3	1	2	0	0	3	1	2	0	1	0	0	0	0	0	0	0	0	?	0	?	?	?	0	?	71
▲* *Ant. elongatus*	0	1	1	1	1	1	0	?	1	1	?	?	1	1	0	0	2	3	2	3	1	0	0	0	1	3	1	2	0	0	3	1	2	0	1	0	0	1?	0	0	0	0	0	?	0	?	?	?	0	?	72
▲*Ant. spiralis*	0	1	1	1	1	1	0	5	1	1	1	1	1	1	0	0	2	3	2	3	1	0	0	0	?	3	1	2	0	1	3	1	2	0	1	0	0	0	0	0	0	0	1	?	?	1	?	?	0	0	73
▲*Ant. grandis*	0	1	0	1	1	1	0	5	1	1	1	1	1	1	0	0	2	3	2	3	1	0	0	0	?	3	1	2	0	0	3	1	2	0	1	0	0	0	0	0	0	0	1	?	?	?	?	?	0	0	74
▲*Symplectocyphus plectilis*	1	0	/	/	1	1	0	5	1	1	1	1	1	1	0	1	/	/	2	3	1	0	0	0	?	3	1	2	0	0	3	1	2	0	1	0	0	0	1	0	0	0	1	?	?	?	?	?	/	0	75
▲*Sym. exochus*	1	0	/	/	1	1	0	?	1	1	?	?	1	/	0	0	/	/	2	3	1	0	0	0	1	3	1	2	0	0	3	1	2	0	1	0	0	0	1	0	0	0	1	?	?	?	?	?	/	0	76
▲*Sym.* sp.	?	?	?	?	?	?	?	?	?	?	?	?	?	?	0	?	?	?	?	?	?	?	?	?	?	3	1	2	0	0	3	1	2	0	?	?	0	?	?	?	?	?	?	?	?	?	?	?	?	?	77
▲*Sym. liouvillei*	0	1	1	1	1	1	0	3/4	1	1	1	1	1	1	0	1	2	3	2	3	1	0	0	0	?	3	1	2	0	0	3	1	2	0	1	0	0	1	0	0	0	0	1	?	?	?	?	?	0	0	78
▲*Sym. tricuspidatus*	0	0	/	1	1	1	0	5	1	1	1	1	1	/	0	1	/	/	2	3	1	0	0	0	1	3	1	2	0	0	3	1	2	0	1	0	0	0	1	0	0	0	1	?	?	?	?	?	0	?	79
▲*Sym. glacialis*	0	0	/	1	1	1	0	5	1	1	1	1	1	/	0	0	/	/	2	3	1	0	0	0	1	3	1	2	0	0	3	1	2	0	1	0	0	0	1	0	0	0	1	?	?	?	?	?	0	?	80
▲*Sym.* sp. 2	0	0	/	1	1	1	0	5	1	1	1	1	1	/	0	0	/	/	2	3	1	0	0	0	1	3	1	2	0	0	3	1	2	0	?	?	0	?	?	?	?	?	?	?	?	?	?	?	0	?	81
▲* *Fraseroscyphus hozawai*	0	1	1	1	1	1	1	5	0	0	1	1	1	1	0	0	2	3	2	3	1	0	1	0	1	3	1	2	0	0	3	1	2	0	?	1	0	1	0	0	0	0	1	?	?	1	?	?	0	1	82
* *Bicaularia tongensis*	0	1	1	1	1	1	1	3	0	0	0	0	1	0	0	1	2	3	2	3	1	0	0	0	1	2	0	0	2	0	2	1	1	1	1	1	0	0	1	0	0	0	1	?	0	?	?	?	0	?	83
* *Calamphora parvula*	2	0	/	/	0	/	/	/	/	/	/	/	/	/	0	0	/	/	1	5	0	0	0	1	?	4	1	1	2	0	4	2	2	0	1	0	0	0	1	0	0	1	1	?	?	?	?	?	0	?	84
* *Caledoniana alata*	0	1	0	?	1	1	0	?	0	1	0	0	?	0	0	0	2	1	2	1	1	0	0	0	?	0	0	0	0	0	1	?	?	0	1	0	0	0	0	0	0	0	0	?	0	?	?	?	0	?	85

续表

学名	A	B			§C（螅枝）									D（芽鞘）																					E（生殖鞘）														F	G	H
	1	1	2	3	1	2	3	4	5	6	7	8	9	1	2	3	4	5	6	7	8	9	10	11	12	13	14	15	16	17	18	19	20	21	1	2	3	4	5	6	7	8	9	10	11	12	13	14	1	1	1
**Caminothujaria molukkana*	0	1	0	?	1	1	0	3	1	1	1	0	?	1	0	1	?	?	2-4	1,3,5	1	0	0	0	1	4	1	1	2	0	4	2	2	0	1	0	0	0	1	0	0	1	1	?	?	?	?	?	0	?	86
**Crateritheca novaezelandiae*	0	1	0	1	1	1	0	2/3	?	?	0	0	1	1	0	0	8-11	4	4-6	4	1	0	0	0	0	6-9	/	/	/	1	?	?	?	?	1	0	?	0	0	0	0	0	0	0	0	?	?	?	0	?	87
**Diphasia rosacea*	0	1	0	1	1	1	0	3	1	1	0	0	1	1	1	0	2	1	2	1	1	0	0	0	?	0	0	0	0	0	1	1	0	0	1	0	0	0	0	1	0	1	1	?	?	1	1	0	1	0	88
**Geminella ceramensis*	0	1	0	1	1	1	0	?	1	1	?	0	1	1	0	1	2	1-3	2	1/2	1	0	0	0	1	3	1	2	0	0	3	2	1	0	1	0	0	1	0	0	0	?	?	?	?	?	?	?	0	?	89
**Gigantotheca raukumarai*	0	1	0	?	1	1	0	2	1	1	?	?	?	1	0	1	2	3	2	3	1	0	0	0	?	0	0	0	0	0	0	0	0	0	1	0	0	0	0	0	1	1	0	?	?	?	?	?	0	0	90
**Gonaxia ampullacea*	0	1	0	?	1	1	0	3	1	1	0	0	?	1	0	1	2	3	2	3	1	0	0	0	1	3	2	1	0	0	?	?	?	?	1	1	0	0	0	0	0	0	0	?	?	?	?	?	0	?	91
**Hypopyxis labrosa*	0	1	0	1	1	1	0	3	1	0	0	0	1	1	0	1	2	1	2	1	1	0	0	0	?	0	0	0	0	0	0	0	0	0	1	0	0	0	0	0	0	0	1	?	?	?	?	?	1	0	92
**Idiellana pristis*	0	1	0	1	1	1	0	3	1	1	1	0	1	1	0	1	2	3	2	1-3	1	0	0	0	?	2	0	0	2	0	1	1	0	1	1	0	0	0	0	1	0	0	1	1	1	?	?	?	0	0	93
**Mixoscyphus antarcticus*	0	1	1	1	1	1	0	3	1	1	1	0	1	1	0	0	2	3	2	3	1	0	0	0	0	2	0	2	0	0	3	2	1	0	1	0	0	0	1	0	0	0	1	?	0	?	?	?	0	0	94
**Papilionella spasskii*	0	1	?	1	1	1	0	3	0	?	1	0	1	1	0	0	2	2	2	2	3	1	0	0	1	0	0	0	0	0	3	2	1	1	1	0	0	0	1	0	0	0	1	?	?	?	?	?	0	0	95
**Parascyphus simplex*	0	1	1	1	1	1	0	3	0	0	0	0	1	1	1	0	2	3	2	3	0	0	0	0	0	3	1	2	0	0	3	2	1	0	1	0	0	0	0	0	0	0	0	?	?	?	?	?	0	0	96
**Polysertularella polyseriata*	0	0	/	/	1	1	0	5	?	?	1	1	1	/	0	0	/	4	5–8	4	2	0	0	0	1	4	1	2	1	0	4	2	2	0	0	1	0	0	1	0	0	0	1	?	?	?	?	?	0	0	97
**Salacia tetracythara*	0	1	0	1	1	1	0	3	1	1	1	0	1	1	0	1	2	2	2	2	2	0	0	0	1	3	1	0	2	0	1	0	1	0	1	0	0	0	0	0	0	0	1	1	1	?	0	?	0	0	98
**Solenoscyphus candelabrum*	0	1	0	1	1	1	0	3	1	1	0	0	1	1	0	0	2	3	2	3	1	0	0	0	?	0	0	0	0	1	1	?	?	0	1	0	0	?	?	?	?	?	?	?	?	?	?	?	0	0	99
**Stereotheca elongata*	0	1	1	0	1	1	0	3	1	1	?	0	1	0	0	2	2	2	2	2	1	0	0	0	?	6	2	2	2	0	0	0	0	0	1	0	0	0	0	0	0	1	1	?	?	?	?	?	0	0	100
**Sym. johnstoni*	0	0	/	1	1	1	0	5	1	1	1	1	1	/	0	1	/	/	2	3	1	0	0	0	1	3	1	2	0	0	3	1	2	0	1	0	0	0	1	0	0	0	1	?	?	?	?	?	0	?	101
**Tamarisca tamarisca*	0	1	0	1	1	1	0	3	1	1	1	1	1	1	0	0	2	1	2	1	1	0	0	0	0	3	1	2	0	0	3	2	1	0	1	0	0	0	0	0	1	1	1	?	?	0	1	?	0	0	102
**Tasmanaria edentula*	0	1	0	1	1	1	0	3	1	1	?	?	1	1	0	0	2	3	2	3	3	0	0	0	1	0	0	0	0	0	3	?	?	?	1	0	0	0	0	1	0	0	0	?	0	?	?	?	0	0	103

* 模式种，或为模式种的同种异名. ▲ 具有 16S rRNA 序列片段的物种，在本表中出现的顺序与其 16S rRNA ML 树中一致。§*Antarctoscyphus asymmetricus*、*A. elongatus*、*A. spiralis*、*A. grandis* 等南极辫螅属种类的腋生芽鞘侧向外弯，不与分枝及垫突位于同一平面；在 *A. elongatus* 的一些不成熟群体中，不存在腋生芽鞘，但在分枝垫突外侧存在一单生芽鞘。

形态特征缩写及编码。A，群体：A1，群体呈（1）或不呈（0）网状；B，螅茎：B1，具（1）或不具（0）明显主茎；B2，主茎呈（1）或不呈（0）"Z"字形；B3，螅茎分节（1）或不分节（0）。C，螅枝：C1，具（1）或不具（0）螅枝；C2，螅枝直接着生于（1）或不直接着生于（0）主茎表面；C3，螅枝从（1）或不从（0）芽鞘内生出；C4，螅枝对生（1），近对生（2），互生（3），轮生（4），或重复双歧分枝（5）；C5，分枝处具（1）或不具（0）垫突；C6，具（1）或不具（0）腋生芽鞘；C7，具

（1）或不具（0）次级分枝；C8，分枝呈（1）或不呈（0）重复双歧分枝模式；C9，螅枝分节（1）或不分节（0）。D，hydrotheca：D1，螅茎具（1）或不具（0）芽鞘；D2，芽鞘基部具（1）或不具（0）垫突；D3，芽鞘末端具（1）或不具（0）层叠；D4，主茎芽鞘排列列数；D5，主茎芽鞘排列方式，对生（1），近对生（2），互生（3），十字交叉芽鞘对（4）或独生（5）；D6，分枝芽鞘排列列数；D7，分枝芽鞘排列方式，对生（1），近对生（2），互生（3），十字交叉芽鞘对（4）或独生（5）；D8，芽鞘不贴生（0），部分贴生（1）或完全贴生（2）；D9，芽鞘排列呈（1）或不呈（0）*Hydrallmania* 型；D10，芽鞘表面具（1）或不具（0）横向细纹或浅纹；D11，芽鞘表面具（1）或不具（0）较深的横向环脊或环纹；D12，具（1）或不具（0）离茎盲囊；D13，芽鞘缘齿数目；D14，芽鞘近茎缘齿数目；D15，芽鞘远茎缘齿数目；D16，芽鞘侧齿数目；D17，芽鞘具（1）或不具（0）内部齿；D18，芽盖瓣数；D19，芽盖近茎瓣数目；D20，芽盖远茎瓣数目；D21，芽盖表面具（1）或不具（0）褶。E，生殖鞘：E1，生殖鞘直接（1）或不直接（0）从螅茎或螅枝表面生出；E2，生殖鞘从（1）或不从（0）芽鞘开口处生出；E3，雌性生殖鞘底部具（1）或不具（0）指状突起；E4，生殖鞘表面具（1）或不具（0）横向细纹或浅纹；E5，生殖鞘表面具（1）或不具（0）较深的横向环脊或环纹；E6，生殖鞘表面具（1）或不具（0）纵向肋；E7，生殖鞘表面（不包括顶部）具（1）或不具棘刺（0）；E8，生殖鞘顶部具（1）或不具（0）棘刺；E9，生殖鞘表面具（1）或不具（0）短领；E10，生殖鞘开口处具（1）或不具（0）顶盖；E11，生殖鞘领部内侧具（1）或不具（0）内部齿；E12，生殖鞘具（1）或不具端胞；E13，生殖鞘具（1）或不具（0）由棘刺围成保护性育儿袋；E14，生殖鞘具（1）或不具（0）退化的水母体；F，绞合关节：主茎或分枝节间具（1）或不具绞合关节（0）。G，附着盘：具（1）或不具（0）附着盘。H，文献（数据来源），如下：

1，Cornelius（1995），Schuchert（2001），本研究；2，Kudelin（1914），Hancock（1956），Cornelius（1995），Schuchert（2001），本研究；3，本研究；4，本研究；5，本研究；6，本研究；7，本研究；8，Kudelin（1914），Naumov（1960），本研究；9，本研究；10，Kudelin（1914），Naumov（1960），本研究；11，本研究；12，Cornelius（1979），Naumov（1960），Moura 等（2011，in this publication，morphological images of specimens for molecular sequences of some species could be available from http://www.morphbank.net/）；13，Kudelin（1914），Naumov（1960），Schuchert（2001）；14，Moura 等（2011）；15，本研究；16，Kudelin（1914），Naumov（1960），Schuchert（2001）；17，Lepchin（1781），Kudelin（1914），Naumov（1960），本研究；18，Kudelin（1914），Naumov（1960），Schuchert（2001），本研究；19，本研究；20，Ellis 和 Solander（1786），Cornelius（1995），Schuchert（2001），Park（2010），本研究；21，Allman（1874），Naumov（1960），Schuchert（2001），本研究；22，Cornelius（1979，1995），Naumov（1960），Schuchert（2001）；23，Kudelin（1914），Leloup（1952），Naumov（1960），Cornelius（1979，1995），Bouillon 等（2006），Schuchert（2001）；24，Calder（1991），Galea（2008），Moura 等（2011），本研究；25，Pictet，1893；26，Kirchenpauer（1864），Calder（1983），Yeh（1995），Migotto（1998），本研究；27，Allman（1877），Fraser（1944），Tang（1991a），本研究；28，Stechow（1919a）；29，Versluys（1899），Nutting（1904），Jarvis（1922），Schuchert（2003）；30，Busk（1852），Hodgson（1950），Ralph（1961）；31，Millard（1975），Hirohito（1995）；32，Ellis 和 Solander（1786），Hirohito（1995），Moura 等（2011），本研究；33，Thompson（1879），Ralph（1961），Millard（1975）；34，Ralph（1961），Millard（1975），Cornelius（1995）；35，Lamouroux（1816），Millard（1975），Moura 等（2011）；36，Billard（1912），Cornelius（1979，1995）；37，Johnston（1847），Naumov（1960），Cornelius（1979，1995），Schuchert（2001）；38，Cuvier（1830），Cornelius（1979），Moura 等（2011）；39，Jäderholm（1902），Levinsen（1913），Park（2010），本研究；40，Torry（1902），Nutting（1904），Millard（1975），Park（2010），Moura 等（2011），本研究；41，Hutton（1873），Bale（1924），Trebilcock（1928）；42，Stechow（1921），Hirohito（1995），Park（2010），本研究；43，Jäderholm（1896），Hirohito（1995），Park（1998，2010），本研究；44，Rho 和 Chang（1974），Rho（1977），Park 和 Rho（1986）；45，Trask（1857），Clark（1877），Hartlaub（1901），Torrey（1902），本研究；46，Moura 等（2011）；47，Deshayes 和 Milne-Edwards（1836），Medel Soteras 和 Vervoort（1998），Moura 等（2011），Gravili 等（2015）；48，Hartlaub（1901），Gravili 等（2015）；49，Cornelius（1979，1995），Moura 等（2011），Gravili 等（2015）；50，Moura 等（2011）；51，Stechow（1919a），Millard（1975）；52，Calder（1991）as *Sertularella gayi unituba*；53，Hincks（1868），Nutting（1904），Naumov（1960），Cornelius（1995），Schuchert（2001），本研究；54，Mereschkowsky（1878），Nutting（1904），本研究；55，Mereschkowsky（1878），Naumov（1960），本研究；56，Billard（1919，1925），Hirohito（1995），本研究；57，Blanco（1984），El Beshbeeshy 和 Jarms（2011）；58，Allman（1877），Splettstösser（1929），Calder（1983，1991），Galea（2008）；59，Allman（1877），Splettstösser（1929），Migotto（1996），Shimabukuro 和 Marques

（2006），Galea（2008，2010）；60，Allman（1888），Vervoort（1959），Ramil 和 Vervoort（1992），Migotto（1996），Medel Soteras 和 Vervoort（1998），Galea（2013）；61，Peña Cantero，Svoboda 和 Vervoort（1997），Peña Cantero 和 Sentandreu（2016），本研究；62，Briggs（1938），Peña Cantero 和 Vervoort（2003），Peña Cantero 和 Sentandreu（2016）；63，Hartlaub（1904），Peña Cantero，Svoboda 和 Vervoort（1997），Peña Cantero 和 Sentandreu（2016），本研究；64，Jäderholm（1904），Peña Cantero 和 Vervoort（2003），Peña Cantero 和 Sentandreu（2016）；65，Peña Cantero，Svoboda 和 Vervoort（1997），Peña Cantero 和 Sentandreu（2016）；66，Allman（1888），Peña Cantero，Svoboda 和 Vervoort（1997），Peña Cantero 和 Sentandreu（2016）；67，Peña Cantero 和 Garcia-Carrascosa（1994），Peña Cantero，Svoboda 和 Vervoort（1997），Peña Cantero 和 Sentandreu（2016）；68，Peña Cantero，Svoboda 和 Vervoort（1997），Peña Cantero 和 Vervoort（2003），Peña Cantero 和 Sentandreu（2016）；69，Peña Cantero，Svoboda 和 Vervoort（1997），Peña Cantero 和 Vervoort（2003），Peña Cantero 和 Sentandreu（2016）；70，Peña Cantero 和 Vervoort（2003），Peña Cantero 和 Sentandreu（2016）；71，Peña Cantero，García Carrascosa 和 Vervoort（1997）；72，Peña Cantero，García Carrascosa 和 Vervoort（1997），Peña Cantero，Svoboda 和 Vervoort（1999），本研究；73，Hickson 和 Gravely（1907），Totton（1930），Peña Cantero，García Carrascosa 和 Vervoort（1997），Peña Cantero，Svoboda 和 Vervoort（1999）；74，Peña Cantero，Svoboda 和 Vervoort（1999）；75，Hickson 和 Gravely（1907），Peña Cantero，Svoboda 和 Vervoort（2002）；76，Blanco（1982），Peña Cantero，Svoboda 和 Vervoort（2002）；77，Peña Cantero，Sentandreu 和 Latorre（2010）；78，Billard（1914），Peña Cantero，Svoboda 和 Vervoort（2002）；79，Schuchert（2001），本研究；80，Jäderholm（1904），Peña Cantero，Svoboda 和 Vervoort（2002）；81，本研究；82，本研究；83，本研究；84，Allman（1888）；85，Galea（2015）；86，Campenhausen（1896），Bouillon 等（2006）；87，Thompson（1879），Ralph（1961），Vervoort 和 Watson（2003）；88，Naumov（1960），Cornelius（1979，1995），Schuchert（2001），本研究；89，Billard（1925），Vervoort（1993），Bouillon 等（2006）；90，Vervoort 和 Watson（2003）；91，Vervoort（1993）；92，Allman（1888）；93，Lamouroux（1816），Hirohito（1995），本研究；94，Peña Cantero 和 Vervoort（2005），本研究；95，Fenyuk（1947），Naumov（1960），Antsulevich（1987），Antsulevich 和 Vervoort（1993），本研究；96，Bale（1915），Ralph（1961），Millard（1975）；97，Antsulevich（2011）；98，Lamouroux（1816），Hirohito（1995），Schuchert（2003），本研究；99，Galea（2015）；100，Millard（1975）；101，Hartlaub（1901b），Ralph（1961）；102，Naumov（1960），Cornelius（1995），Schuchert（2001）；Bouillon 等（2006）；103，Bale（1924），Watson 和 Vervoort（2001），Vervoort 和 Watson（2003）。

附录3　标本索引、保存单位及数量统计

CASIZ：美国加利福尼亚州科学院无脊椎动物收藏馆（Invertebrate Zoology Collection of California Academy of Sciences，USA），8 瓶（号）。

MBM：中国科学院海洋生物标本馆，中国科学院海洋研究所（Marine Biological Museum of Chinese Academy of Sciences，Institute of Oceanology，CAS），1500 瓶（号）标本。

MHNG：瑞士日内瓦自然历史博物馆（Muséum d'histoire naturelle de la Ville de Genève，Switzerland），9 瓶（号）。

NHMD：丹麦自然历史博物馆，哥本哈根大学（Natural History Museum of Denmark，University of Copenhagen，Denmark），2 瓶。

NMVF：澳大利亚维多利亚博物馆（Museum of Victoria，Australia，NMV），标本含前缀 F，9 瓶（号）。

RBCM：加拿大不列颠哥伦比亚博物馆（Royal BC Museum，Canada），4 瓶（号）。

SBMNH：美国圣巴巴拉自然历史博物馆（Santa Barbara Museum of Natural History，USA），2 瓶（号）。

TI：国家海洋局第三海洋研究所（Third Institute of Oceanography，State Oceanic Administration），88 瓶。

UNHM：瑞典乌普萨拉自然历史博物馆，乌普萨拉大学（Uppsala's Natural History Museum，University of Uppsala，Sweden），2 瓶。

USNM：美国国家自然历史博物馆（National Museum of Natural History，USA，NMNH），15 瓶（号）。

XMUB：厦门大学海洋科技博物馆（Museum of Marine Science and Technology, Xiamen University），含前缀 B，代表底栖样品，登记 4 瓶，另有 800 号未登记。

ZSM：德国巴伐利亚动物收藏馆（Zoologische Staatssammlung München，Germany），34 瓶（号）。

附录 4　修订或发表的新分类阶元

1）修订 1 属（Song *et al.* 2016b）

Fraseroscyphus Boero & Bouillon, 1993, revised

2）发表 2 新属（Song *et al.* 2018，2019）

Xingyurella Song, Gravili, Ruthensteiner, Lyu & Wang, 2018 gen. nov.

Bicaularia Song, Lyu, Ruthensteiner, Wang & Gravili, 2019 gen. nov.

3）发表 2 新种（Song *et al.* 2016a，2018）

Sertularia xuelongi Song, Gravili & Wang, 2016 sp. nov.

Xingyurella xingyuarum Song, Gravili, Ruthensteiner, Lyu & Wang, 2018 sp. nov.

4）发表 7 个分类新组合（Song *et al.* 2016b，2018，2019）

Bicaularia tongensis (Stechow, 1919) comb. nov.

Fraseroscyphus hozawai (Stechow, 1931) comb. nov.

Fraseroscyphus irregularis (Trebilcock, 1928 comb. nov.

Fraseroscyphus macrogonus (Trebilcock, 1928) comb. nov.

Xingyurella gotoi (Stechow, 1913) comb. nov.

Xingyurella pedrensis (Torrey, 1904) comb. nov.

Xingyurella turgida (Trask, 1857) comb. nov.

注：笔者在博士学位论文中修订或建议了更多分类阶元（Song 2016）。但本书仅列出通过国际同行评议的分类阶元，均具形态和分子数据支撑。

Note: The author proposed more revised or new taxa in his PhD thesis (Song 2016). Here only peer reviewed taxa supported by both morphological and molecular data are listed out.

附录 5　英文摘要（Abstract）

The formation of China’s natural environment is part of the Earth system. The existence and climate change of the polar regions is related to China's environment and ecosystem. The polar region contains abundant resources such as energy, minerals, fisheries, genetic resources, etc., which are related to the national interests and policy choices of polar and non-polar countries which are promoting the scientific investigation of the polar regions to realize the political, scientific, economic policies and interests of many Countries including China.

In the past 60 years, China has carried out a large number of comprehensive oceanographic surveys in the Chinese Seas as well as the Arctic and the South Oceans, obtained abundant macrobenthos specimens. These specimens are scattered and deposited in the Institute of Oceanology of Chinese Academy of Sciences, the First, and the Third Institute of Oceanography of the Ministry of Natural Resources, and Xiamen University. The main cruises include 1) the National Comprehensive Oceanographic Survey (1958–1960), the Chinese-Vietnamese Beibu Gulf joint Comprehensive Oceanographic Survey (1959–60, 1962), the East China Sea Continental Shelf Comprehensive Oceanographic Survey (1975–1976), the CAS Xisha Islands Marine Biology Investigation (1975–1978) and the Nansha Islands waters Comprehensive Scientific Surveys (1984–2000); 2) the 1st (1999), 3rd (2008), 4th (2010), 5th (2012) and 6th (2014) Chinese National Arctic Research Expeditions (CHINARE 1, 3–6), and the 1st (1984–1985) and 22nd (2005–2006) Chinese National Antarctic Research Expeditions (CHINAARE 1, 22); 3) and recent Yellow Sea & East China Sea Shared Research Expeditions organized by the National Natural Science Foundation of China (2007–2014).

Marine hydroids comprise one of the dominant benthic cnidarians in the above cruises, dwelling as colonies attached to hard substrata throughout the oceans of the world. Some species of the hydroid order Macrocolonia Leclère *et al.* 2009 (Hydrozoa: Leptothecata) form large areas of “marine seagrass beds” on the seafloor, providing habitats for other marine organisms; or occur attached to artificial structures such as wharfs, fishing cages and ship bottoms, comprising an important fouling biological member. Although China has accumulated a large number of hydroid specimens, studies on their systematic and diversity are rarely involved, and there is a lack of systematic research results.

This study has made full use of more than 4,000 hydroid samples accumulated in more than 30 scientific research voyages mentioned above, and carried out a comprehensive investigation of nearly 2000 hydroid samples of the family Sertulariidae (Hydrozoa: Macrocolonia), adopting the integrative approach combining type material, morphological and molecular analyses. As a result, 1) 104 species were described and illustrated, including two new genera (*Bicaularia* gen. nov., *Xingyurella* gen. nov.), two new species (*Sertularia xuelongi* sp. nov., *Xingyurella xingyuarum* sp. nov.), and seven new taxonomic combinations (*Bicaularia tongensis* comb. nov., *Fraseroscyphus hozawai* comb. nov., *F. irregularis* comb. nov., *F. macrogonus* comb. nov., *Xingyurella gotoi* comb. nov., *X. pedrensis* comb. nov., *X. turgida* comb. nov.) were published. 2) Based on character evolutionary correlation analyses of molecular phylogenetics of nearly 90 sertularids and 50 morphological characters, a number of hypotheses regarding morphological characters and distribution could be set up. Simple and complex hydrocauline branching patterns were tracked repeatedly in major monophyletic groups. While convergent evolutionary characters, such as hydrothecae arranging in multiple longitudinal rows or specialized female gonothecal protection structures, were found in different main clades, several synapomorphies were found within the main groups. Some groups are only distributed in the Arctic Ocean and other boreal seas or only in Antarctic Ocean. A few widely distributed species regain the medusa stage.

This book represents the first monograph of animal systematics in China's National Arctic and Antarctic Research Expeditions, as well as the first monograph on hydroid systematics in Chinese Seas, providing basic data on biodiversity knowledge, resource management and conservation of the investigated group. The first chapter of the book introduces the research background. The second chapter introduces the material and methods. The third chapter introduces the molecular phylogenetics. The fourth chapter introduces the systematics and species diversity. The fifth chapter analyzes and discusses the evolutionary trend of the investigated group with a global perspective. Finally, the appendix lists the detailed information of nearly 2000 Sertulariidae specimens that could be further used for biogeographic analysis. All new taxa and some academic views have been recognized by international peers. They were published in several peer review journals including *Polar Biology*, *Zootaxa*, *Invertebrate Systematics*, and *Systematics and Biodiversity*. *Sertularia xuelongi* is the the first new (deep-sea) macrobenthos published by Chinese National Arctic Research Expeditions.

This book also reflects an integration of the research results accumulated during the author's PhD and postdoctoral research careers lasting ten years. It probably represents a pioneering research trend characterized of nearly worldwide sampling but focusing on a closely genetic and evolutionary related biological group. That is a great challenge to the author to sort a large amount of specimens under stereo microscope.

To obtain the molecular data adopting the molecular clone method is also challenging.

The book was completed under the careful guidences of the author's academic advisors, Ruiyu Liu (CAS academician) and Professor Caihuan Ke. The author owns thanks to Professors Jianjun Wang, Kuidong Xu, Suping Zhang, Zhongli Sha, Chaolun Li, Xinzheng Li, Guangtao Zhang, Chenlin Liu and other research scientists including Shaoqing Wang, Yongqiang Wang and Lianmei Shuai. The author was assisted by 22 undergraduates from Liaocheng University (Zefeng Xiao), Ocean University of China (Jinjing Chen, Nan Yu, Xiaoting Wang, etc.) and Xiamen University (Wei Lin, Yulin Huang), and by two foreign professors including Drs Cinzia Gravili and Bernhard Ruthensteiner. Due to the limitations of cruises, specimens and the author's personal abilities, omissions and errors are inevitable. Any comments are appreciated.

This work was supported by the National Natural Science Foundation of China (41876180), the China Postdoctoral Science Foundation (2018T110647, 2018M632579), the Natural Science Foundation of Fujian Province of China (2019J01019), the Asian Polar Science Foundation (KOPRI-APSFP2018) and the MEL Outstanding Postdoctoral Scholarship from Xiamen University. The publication of this book was funded by the Outstanding Academic Monograph Project of the China Postdoctoral Science Foundation (2018). This book is the author's scientific research report QT06.

Xikun Song
May 23th, 2019

中 名 索 引

Z

拉丁名索引

编　后　记

《博士后文库》（以下简称《文库》）是汇集自然科学领域博士后研究人员优秀学术成果的系列丛书。《文库》致力于打造专属于博士后学术创新的旗舰品牌，营造博士后百花齐放的学术氛围，提升博士后优秀成果的学术和社会影响力。

自《文库》出版资助工作开展以来，得到了全国博士后管理委员会办公室、中国博士后科学基金会、中国科学院、科学出版社等有关单位领导的大力支持，众多热心博士后事业的专家学者给予了积极的建议，工作人员做了大量艰苦细致的工作。在此，我们一并表示感谢！

《博士后文库》编委会